▶软件界面

▶以缩略图方式显示素材

▶添加素材到时间线轨道

▶添加视频特效

▶设置素材的速度

◀ 应用波纹剪辑视频

▶ 应用滚动剪辑视频

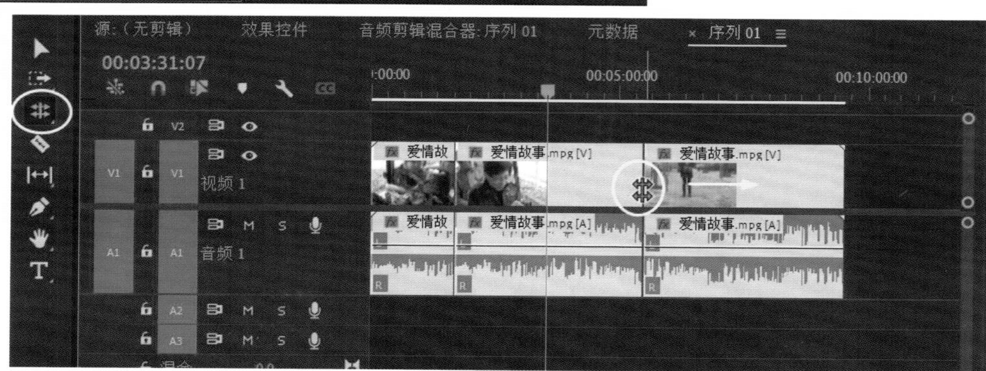

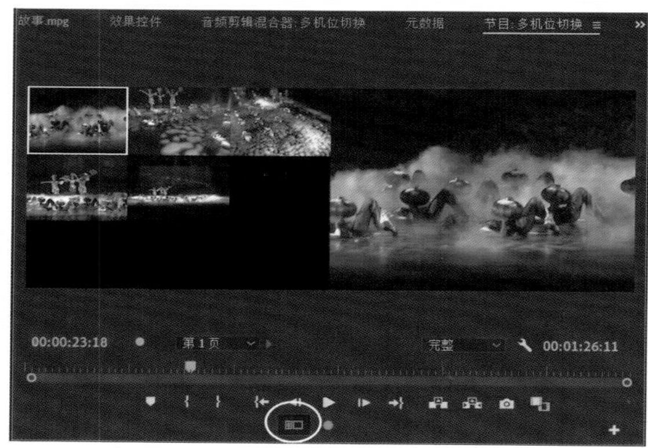

▶ 多机位剪辑

▶ 应用滑动剪辑视频

▶ 时间线序列嵌套的应用

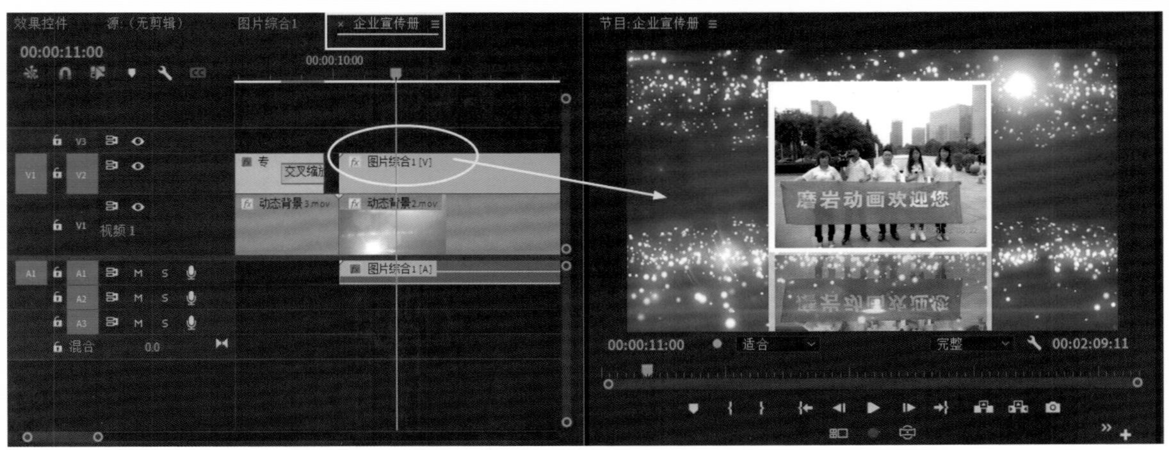

▶制作“企业宣传”相册

▶应用婚庆图形模板

▶从AE导出人名动态图形字幕

▶三人物同屏效果制作

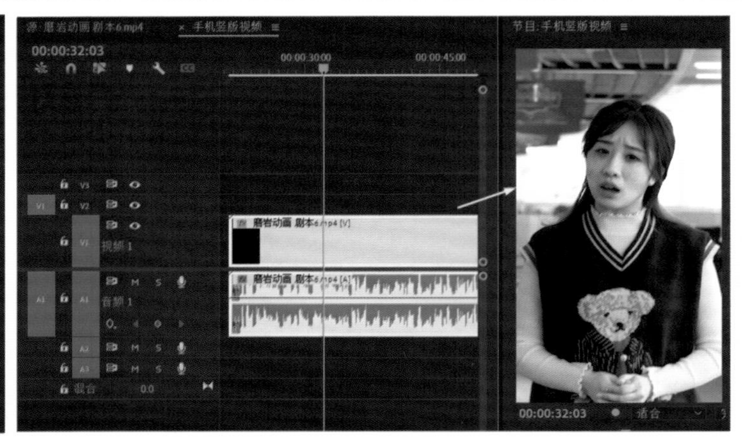

▶横屏视频自动重构手机竖屏

▶影片的“对接镜头”练习

▶《磨岩动画赴猴子坪小学献爱心活动》片尾制作

高等学校“十四五”规划教材·计算机实用教程系列

新编 Premiere Pro 2021
视频剪辑实用教程

马建党　编著

西北工業大學出版社
西　安

【内容简介】本书主要介绍 Premiere Pro 2021 的基础操作，时间线，Premiere Pro 2021 剪辑素材、多机位剪辑和编辑音频，视频转场和效果控制，绚丽的视频特效，以及字幕制作等内容。第 8 章以实例介绍电视广告的制作；第 9 章介绍“三个人物同屏”效果的制作、横屏视频自动重构竖屏的制作和片尾的制作三个上机小实验；第 1～7 章后附有本章小结及思考与练习，便于读者学习时更加得心应手，做到学以致用。

本书结构合理，内容系统全面、循序渐进，理论与实践相结合，既可作为高等学校 Premiere Pro 2021 基础课程的教材，还可供广大视频处理、影视制作爱好者，以及电视台、婚庆公司等的影视后期制作人员学习参考。

图书在版编目（CIP）数据

新编 Premiere Pro 2021 视频剪辑实用教程/马建党编著. —西安：西北工业大学出版社，2022.1

ISBN 978-7-5612-8077-5

Ⅰ. ①新… Ⅱ. ①马… Ⅲ. ①视频编辑软件-教材 Ⅳ. ①TN94

中国版本图书馆 CIP 数据核字（2021）第 280557 号

XIN BIAN Premiere Pro 2021 SHIPIN JIANJI SHIYONG JIAOCHENG

新编 Premiere Pro 2021 视频剪辑实用教程

责任编辑： 张　潼　曹　江　　**策划编辑：** 杨　睿

责任校对： 隋秀娟　　**装帧设计：** 李　飞

出版发行： 西北工业大学出版社

通信地址： 西安市友谊西路 127 号　　**邮编：** 710072

电　　话：（029）88493844　88491757

网　　址： www.nwpup.com

印 刷 者： 陕西宝石兰印务有限责任公司

开　　本： 787 mm×1 092 mm　1/16

印　　张： 18.125

字　　数： 511 千字　　**彩插：** 2

版　　次： 2022 年 1 月第 1 版　2022 年 1 月第 1 次印刷

定　　价： 58.00 元

如有印装问题请与出版社联系调换

前　言

Premiere Pro 2021 是由享有盛名的 Adobe 公司推出的一款专业的非线性编辑软件，主要用于电影、电视剧制作，影视动画制作和多媒体设计的后期制作等。该软件以功能强大、操作简单、性能稳定等特点，为广大的影视制作人员所青睐和推崇。

本书是笔者根据多年来丰富的影视制作工作经验和教学经验编写的。全书系统地介绍了 Premiere Pro 2021 软件及应用技巧，从零基础到高级应用，循序渐进。广大影视爱好者和专业制作人员通过学习，可以全面了解 Premiere Pro 2021 软件的各项功能，快速、直观地掌握 Premiere Pro 2021 的基本使用方法、操作技巧和实际应用。

本书内容

全书共分为 9 章，主要内容包括视频制作的基础知识、Premiere Pro 2021 各视窗的功能以及实际操作方法，以便读者更进一步掌握影视剪辑的有关知识。在第 3～7 章配套相应的课堂实战，通过理论联系实际，帮助读者举一反三，活学活用，进一步巩固所学的知识。书中对每一个案例都进行详细的介绍，步骤清晰易懂。此外，还添加操作提示，对初学者在操作中容易出现的一些问题进行剖析，读者学有所思、学有所想、学有所成。

读者定位

本书既可作为高等学校 Premiere Pro 2021 基础课程的教材，还可供广大视频处理、影视制作爱好者以及电视台、婚庆公司的影视后期制作人员学习参考。

非常感谢西安凯创韵风动画有限公司韩俞水先生，陕西广播电视台原高级摄像师金顺顺、王珍妮为笔者提供“多机位剪辑”素材，以及陕西省宁陕县教育局、宁陕县猴子坪小学、宁陕县委宣传部杨宁的支持和帮助。给本书提供帮助和支持的还有胡凤莲、申玉玲、马琰菊、马乐岩、吴西平、胡海森、胡世佺、申崇录、黄同谦、张天成、伊萌、孟瑞琦、杨春燕、赵蕊、袁柯扬、车卓恩、杨译涵、许承宇、董联军、高娟、张必荣和王浩宇等人，在此一并表示感谢！

虽然在编写本书过程中力求严谨细致，但由于水平有限，书中难免出现疏漏与不足之处，敬请广大读者批评指正。

编著者

2021 年 3 月

目 录

第 1 章　认识 Premiere Pro 2021

Premiere Pro 2021 是享誉盛名的 Adobe 公司推出的一款专业的非线性视频编辑软件，因其具有软件互通性良好、界面布局合理、操作简单等特点，受到广大视频爱好者和专业人士的青睐，被电视台、动画制作公司、个人后期制作工作室以及多媒体工作室选择，广泛用于电影、电视剧、影视动画制作和多媒体设计。Adobe Premiere Pro 2021 软件以其高效、方便、精确编辑视频的优越性著称，已经成为目前最为流行的视频剪辑软件之一。

知识要点

- Premiere Pro 2021 的基本功能
- Premiere Pro 2021 的新增功能
- 软件的启动和退出
- 软件的界面介绍和自定义
- 视频的基础知识

1.1　软 件 简 介

影视制作已经成为当前最为大众化、最具影响力的媒体形式。影视节目制作由依靠专业硬件设备逐渐向计算机软件转移。Adobe 公司的 Premiere Pro 2021 就是一款强大的专业级非线性视频编辑软件。它具有良好的兼容性、稳定性，并且还可以与 Adobe 公司的其他软件相互链接，从而将视频编辑技术又提升到了一个新的高度，可制作出令人震撼的视觉效果。

1.1.1　Premiere Pro 2021 的基本功能

Adobe Premiere Pro 2021 可以支持多种视频格式的编辑，软件界面布局合理，操作简单，更富有人性化，具有可靠的稳定性和兼容性，拥有丰富而绚丽的数百种视频滤镜和视频切换效果，以及专业的广播级色彩校正等特点。Premiere Pro 2021 拥有先进的项目文件工作流程，具备多轨道、多格式视频实时编辑、合成、键控、字幕以及时间线输出等功能。

1．强大的视频处理功能

Adobe Premiere Pro 2021 不但可以处理各种视频、音频、字幕及图形轨道等，还可以制作出令人震撼的视觉效果。该软件借鉴了许多优秀软件的成功之处，将视频剪辑技术进行了又一次的革新，极大地提高了使用者的工作效率和节目制作水平。Adobe Premiere Pro 2021 软件界面如图 1.1.1 所示。

图 1.1.1　Adobe Premiere Pro 2021 软件界面

2．多轨道视频编辑模式

Premiere Pro 2021 软件可以与 Adobe 公司的其他软件紧密结合，实现多轨道分层编辑，如图 1.1.2 所示。

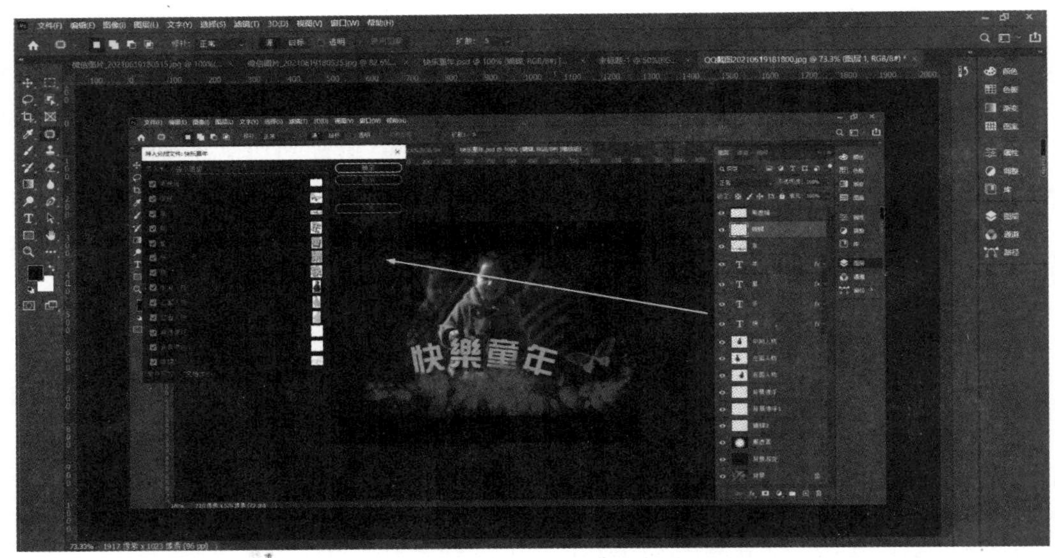

图 1.1.2　将 PS 带图层文件导入 Premiere Pro 2021

3．强大的特效关键帧控制功能

利用“效果控件”面板，可以对特效关键帧进行动画控制，制作出各种令人意想不到的动画效果，如图 1.1.3 所示。

图 1.1.3　“效果控件”面板

4．高质量的视频编辑功能

Premiere Pro 2021 软件不但可以编辑高质量的视频格式，还可以任意、自由地设置时间线序列画面的大小等，如图 1.1.4 所示。

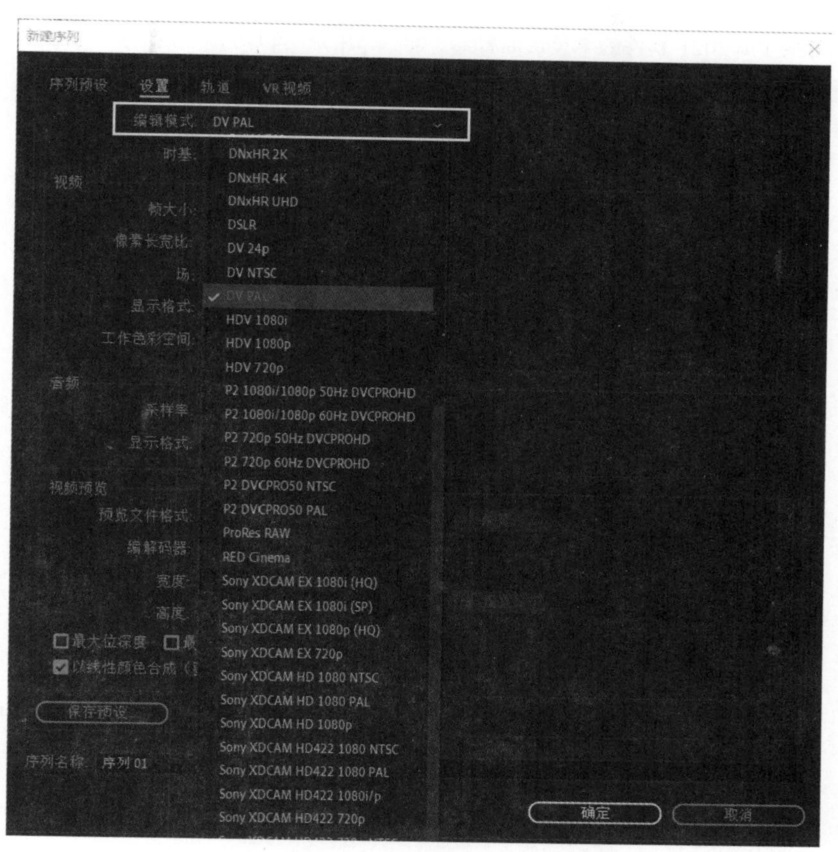

图 1.1.4　“新建序列”对话框

5．丰富绚丽的视频滤镜和视频切换效果

Premiere Pro 2021 软件提供了上百种丰富而绚丽的视频滤镜和视频切换效果供用户选择，如图 1.1.5 所示。

图 1.1.5　添加“视频切换”效果

6．强大的音频处理功能

利用 Premiere Pro 2021 软件的“音轨混合器”面板，用户可以对相应的音频轨道进行单独或整体调整，如图 1.1.6 所示。

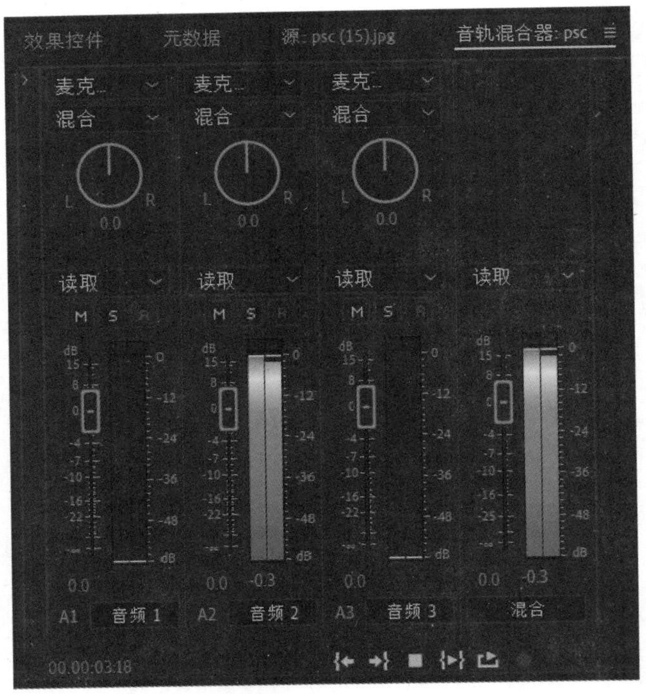

图 1.1.6　“音轨混合器”面板

7．高质量的视频字幕制作

利用 Premiere Pro 2021 软件，用户可以制作出高质量的视频字幕效果，如图 1.1.7 所示。

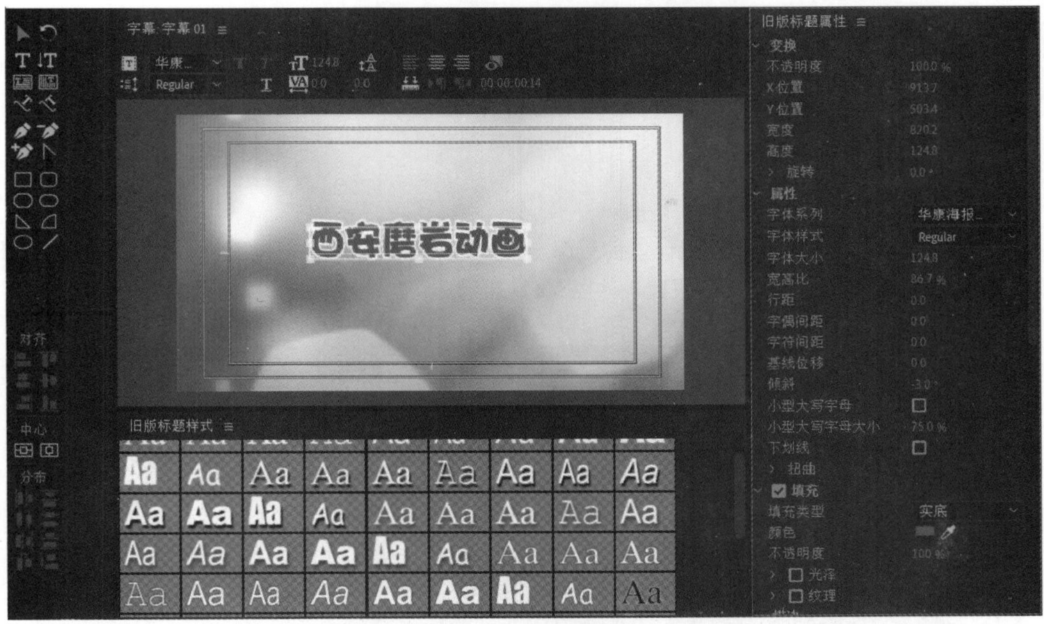

图 1.1.7　“字幕制作”面板

8．多种格式的影视作品渲染输出

在 Premiere Pro 2021 中，用户可根据需要选择所输出的视频格式，软件提供了 30 多种视频格式供用户选择，如图 1.1.8 所示。

图 1.1.8　“导出设置”面板

1.1.2　Premiere Pro 2021 的新增功能

Premiere Pro 2021 在上一版本的基础上又增加了许多新的功能，使 Premiere Pro 2021 软件更加完善，性能更加强大。

1．软件界面布局更合理

Premiere Pro 2021 软件界面颜色比以前更深一些，界面布局更加合理，更具人性化，各面板间相互依靠在一起，操作起来更加方便快捷，如图 1.1.9 所示。

图 1.1.9　Premiere Pro 2021 工作界面

2．全新的序列设置

Premiere Pro 2021 软件全面改进了时间线序列的设置，用户可根据需要设置序列的常规轨道参数。另外，用户还可以自定义序列的画面尺寸大小等，如图 1.1.10 所示。

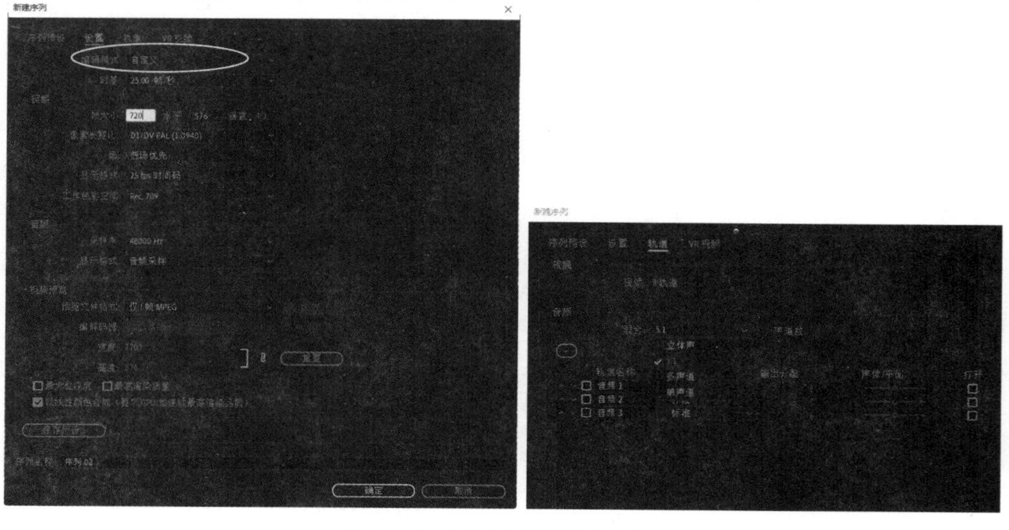

图 1.1.10　自定义序列的画面尺寸

3．编辑 VR 沉浸式视频文件

Premiere Pro 2021 软件可以导入 VR 沉浸式视频文件。软件新增沉浸式视频 VR 分形杂色、VR 投影、VR 旋转等特效，在监视器窗口单击 VR 显示按钮，就可以预览 VR 沉浸式视频，如图 1.1.11 所示。

图 1.1.11　预览 VR 沉浸式视频

4．场景编辑检测

Premiere Pro 2021 软件新增的“场景编辑检测”功能，剪辑时可以在时间线软件根据素材的场景变化而自动产生剪辑标记点，如图 1.1.12 所示。

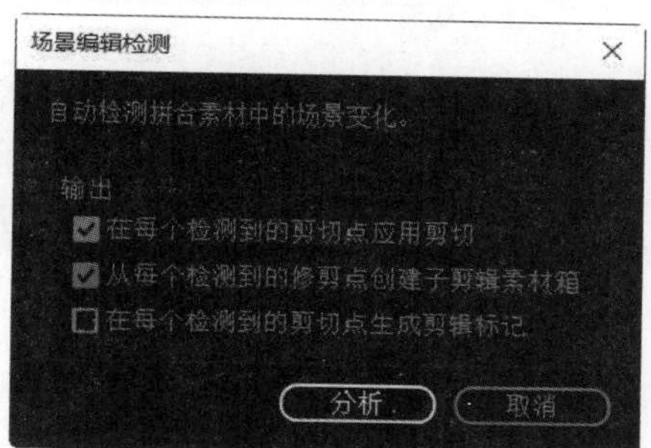

图 1.1.12　“场景编辑检测”面板

5．可以和 Adobe 公司其他软件相互编辑

在时间线上单击鼠标右键，可以和 Adobe 公司其他软件进行相互编辑，以节省大量的剪辑时间，如图 1.1.13 所示。

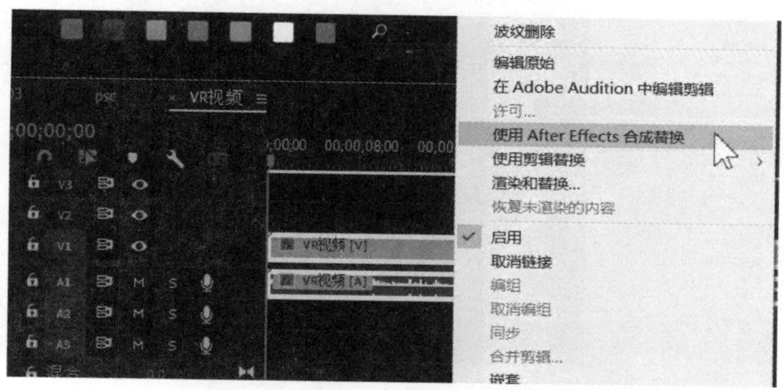

图 1.1.13　和 Adobe 公司其他软件进行相互编辑

6．智能自动重构序列

Premiere Pro 2021 软件新增“自动重构”功能，软件可以自动将横屏视频素材调整成竖屏视频，如图 1.1.14 所示。

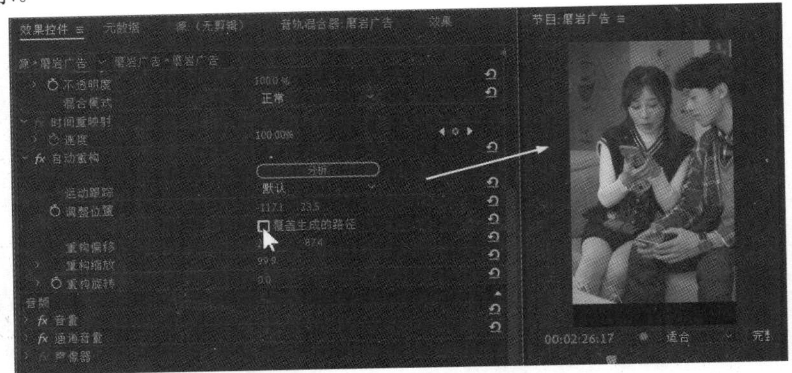

图 1.1.14　软件新增“自动重构”功能

7．时间线面板新增字幕轨道

从 Premiere Pro 2021 开始，在“时间线”面板新增字幕轨道，单击字幕轨道选项按钮 CC，可以显示、隐藏和仅显示活动字幕轨道，如图 1.1.15 所示。

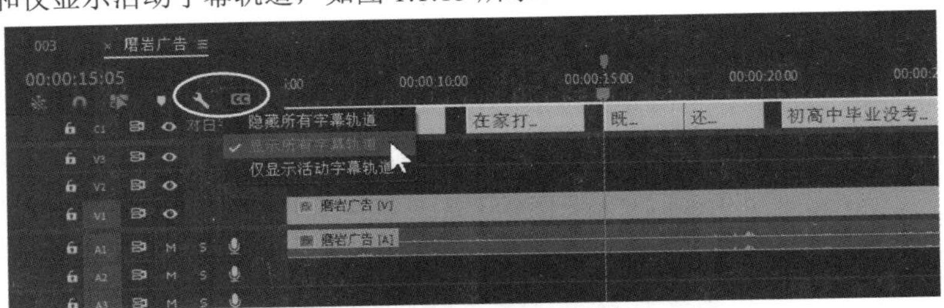

图 1.1.15　时间线面板新增时间线轨道

8．文本编辑面板

在“窗口”菜单可以打开“文本”面板，对字幕的内容进行实时编辑，如图 1.1.16 所示。

图 1.1.16　打开“文本”面板

9．Lumetri 预设的动态预览功能

从 Premiere Pro 2021“效果”面板的 Lumetri 预设缩览图中看到动态更新的当前序列中的帧，从而可以更好地确定要应用的预设，如图 1.1.17 所示。

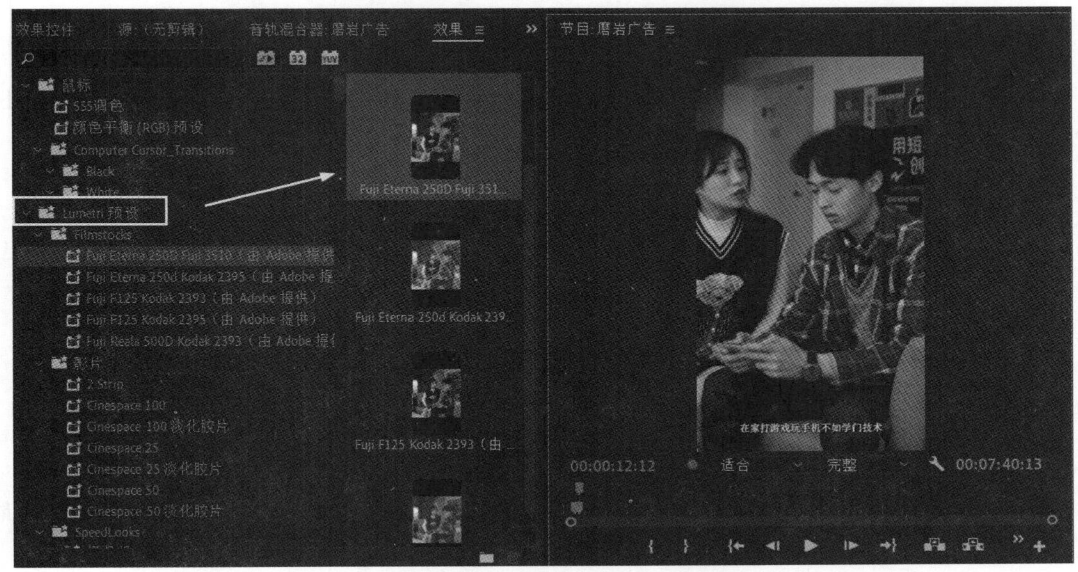

图 1.1.17　Lumetri 预设的动态预览功能

10．基本声音功能

在“基本声音”面板，用户可以根据需要选择对话、音乐、SFX 音效和环境声音，可以在“预设”选项里选择所需的景别声音等，如图 1.1.18 所示。

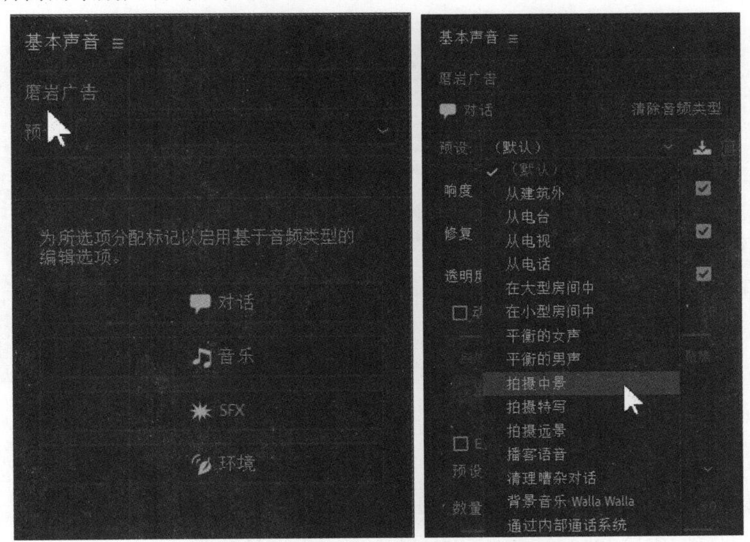

图 1.1.18　“基本声音”面板

11．提高 H.264/HEVC 编码性能

Premiere Pro 2021 进一步缩短了使用 Intel 快速同步硬件加速时的导出时间，速度是 Premiere Pro 14.0 版的 1.8 倍，也就是说 PR 导出 MP4 格式视频的速度更快了。

1.2 启动 Premiere Pro 2021

1.2.1 软件的启动和退出

安装 Adobe Premiere Pro 2021 软件后，在电脑桌面上显示软件的启动快捷方式图标。启动 Adobe Premiere Pro 2021 应用程序的方法和传统软件完全相同，有以下两种打开方式。

（1）在电脑桌面双击 Adobe Premiere Pro 2021 快捷方式图标，如图 1.2.1 所示。

图 1.2.1 Premiere Pro 2021 快捷方式图标

（2）单击菜单“开始”→“所有程序”→“Adobe Premiere Pro 2021”选项，即可打开 Adobe Premiere Pro 2021 软件，如图 1.2.2 所示。

软件启动后，会自动弹出主页界面，主页界面包含了“最近使用项目”“新建项目”和“打开项目”，如图 1.2.3 所示。

图 1.2.2 启动 Adobe Premiere Pro 2021

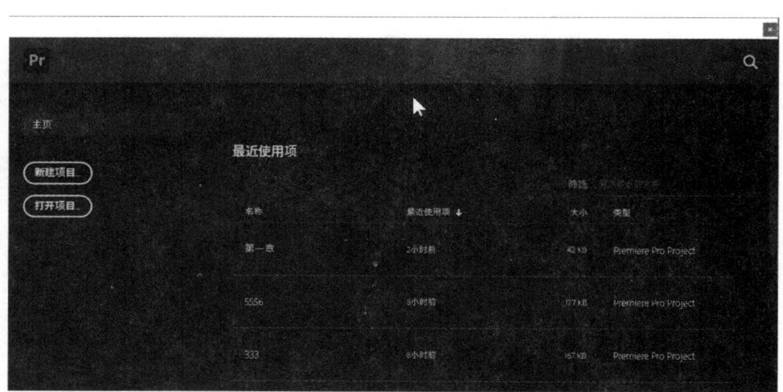

图 1.2.3 Adobe Premiere Pro 2021 主页界面

最近使用项目：软件最近使用的一些工程文件项目，位置在最上面的工程项目离上次关闭时间最近，用户可以根据需要直接单击打开相对应的工程项目文件。

新建项目：创建一个 Adobe Premiere Pro 2021 的工程项目文件。

打开项目：打开一个原有的 Adobe Premiere Pro 2021 的工程项目文件，如图 1.2.4 所示。

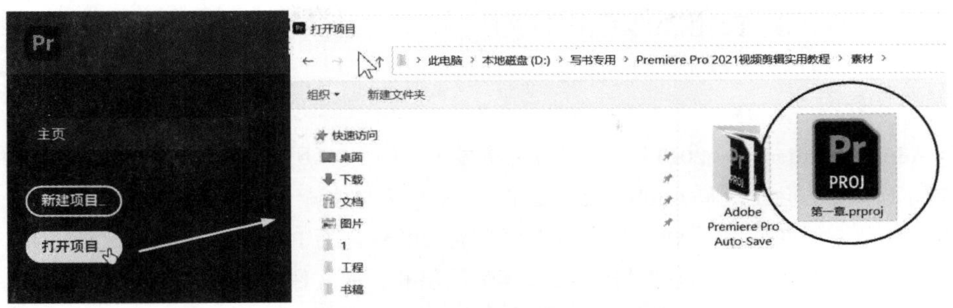

图 1.2.4　通过主页界面打开项目文件

注意：这里的打开项目文件只能是打开*ppj、*prel、*prproj 的 Adobe Premiere 项目工程文件，而不是导入视频文件，如图 1.2.5 所示。

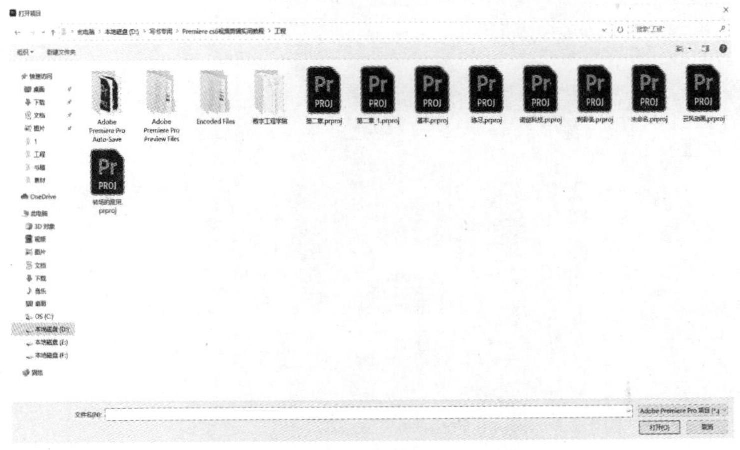

图 1.2.5　“打开项目文件”对话框

退出 Adobe Premiere Pro 2021 应用程序的方法有以下几种。

（1）单击软件窗口右上角的“关闭”按钮 ×。

（2）单击鼠标执行菜单“文件”→“退出”命令，如图 1.2.6 所示。

（3）按键盘快捷键“Ctrl+Q”键。

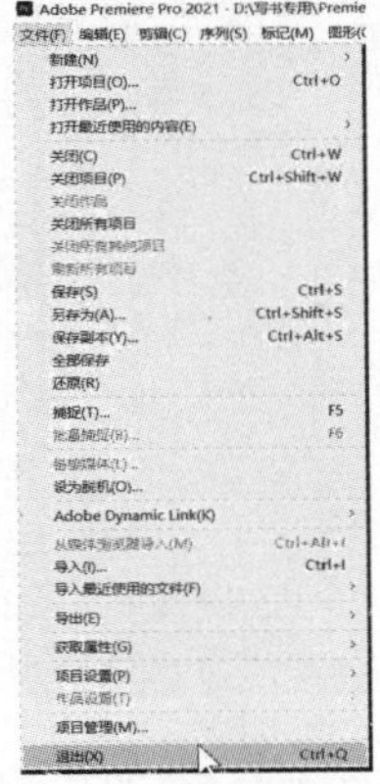

图 1.2.6　退出 Adobe Premiere Pro 2021 软件

1.2.2　软件的界面和工作流程介绍

1．软件的界面

运行 Adobe Premiere Pro 2021 以后，屏幕上将显示如图 1.2.7 所示的窗口。当看到 Adobe Premiere Pro 2021 的窗口时，会发现和 Adobe After Effects 2021 有许多相似的地方，其实 Premiere 和 After Effects 有着千丝万缕的联系。After Effects 是视频合成软件，而 Premiere 是视频剪辑软件，两款软件都是 Adobe 公司的产品，可以把 After Effects 带图层的合成文件通过动态链接导入 Premiere 软件中。Premiere 软件提供了许多几乎和 After Effects 完全相同的视频效果，在剪辑的同时还可以添加一些视频特效。

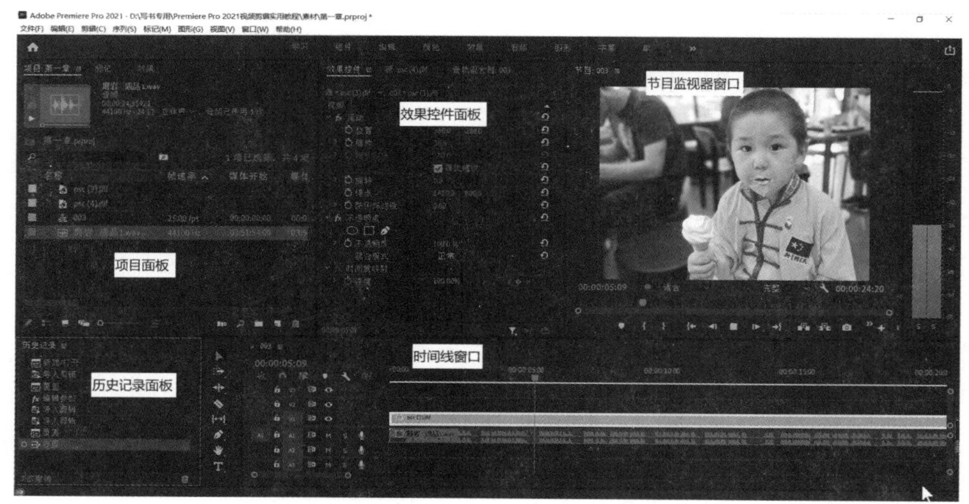

图 1.2.7　Adobe Premiere Pro 2021 软件工作窗口（一）

Adobe Premiere Pro 2021 软件的工作窗口除了标题栏、菜单栏、工具箱、“项目”面板、“效果控件”面板、“节目监视器”窗口、“时间线”窗口、“音频仪表”面板和“历史记录”面板以外，还包括“效果”面板、“音轨混合器”面板、“信息”面板、“字幕设计”面板、“标记”面板、“媒体浏览”面板以及“Lumetri 颜色”面板，如图 1.2.8 所示。

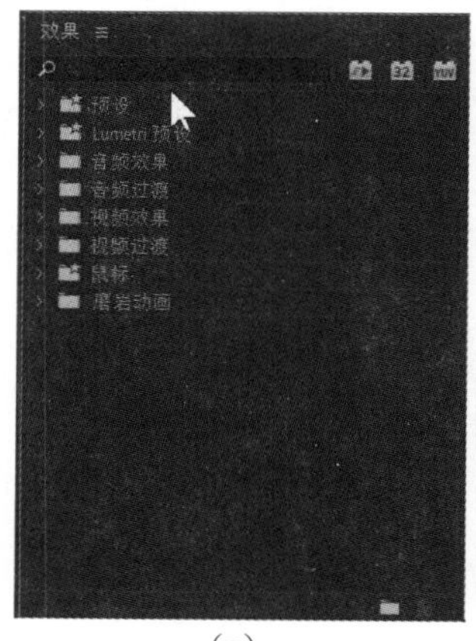

（a）

（b）

（c）

图 1.2.8　Adobe Premiere Pro 2021 软件工作窗口（二）

（a）“效果”面板；（b）“音轨混合器”面板；（c）“信息”面板

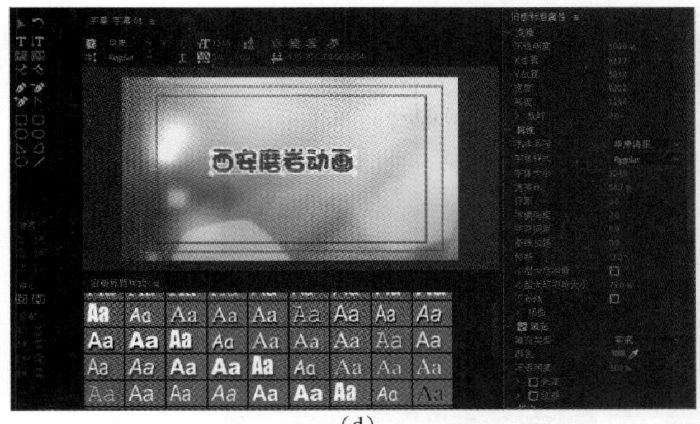

(d)

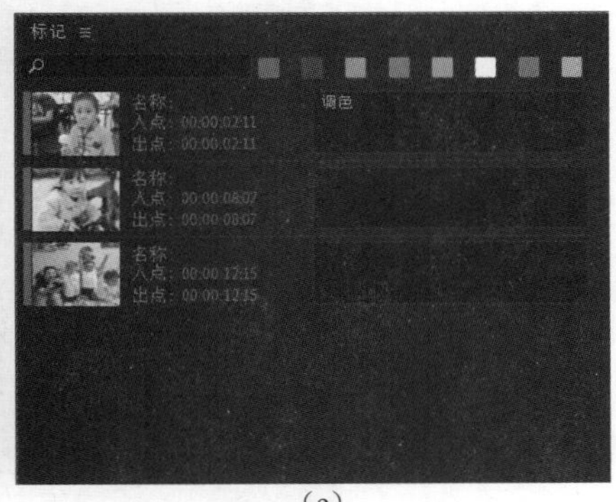

(e)

(f)

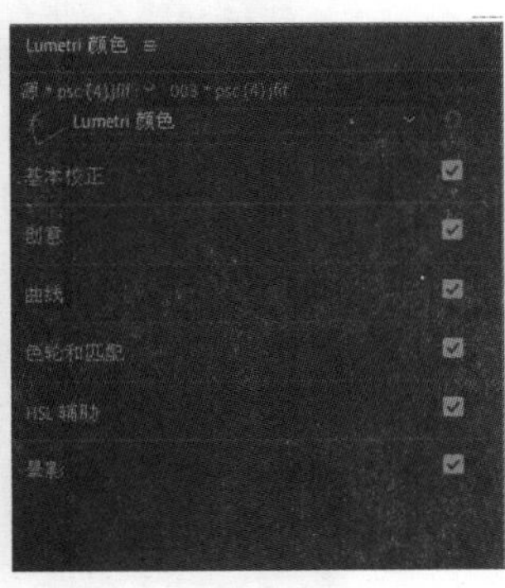

(g)

续图 1.2.8　Adobe Premiere Pro 2021 软件工作窗口（二）

(d)“字幕设计”面板；(e)“标记”面板；(f)“媒体浏览”面板；(g)“Lumetri 颜色”面板

2. 软件的基本工作流程操作

（1）通过“项目”面板导入要编辑的素材并分类管理素材，如图 1.2.9 所示。

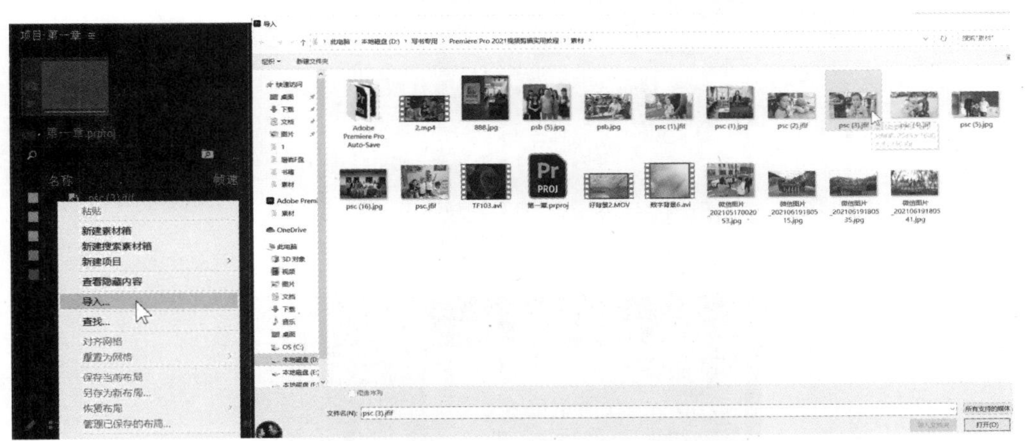

图 1.2.9　在“项目”面板导入素材

（2）将素材添加到时间线序列，或者从源素材监视器窗口插入或者覆盖到时间线序列，如图 1.2.10 所示。

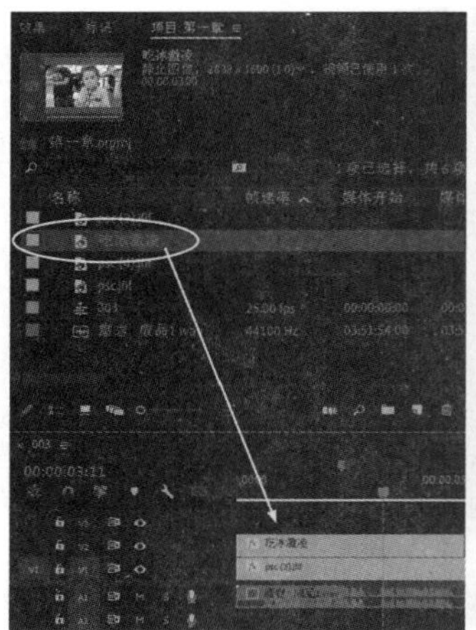

图 1.2.10　添加素材到时间线序列

（3）在工具箱里选择所需要的工具，在时间线序列上对素材进行编辑，如图 1.2.11 所示。

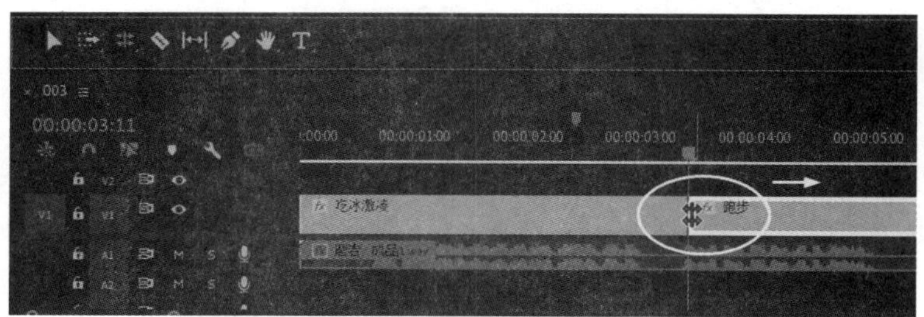

图 1.2.11　选择工具在时间线序列编辑素材

（4）创建视频旧版标题字幕，在“字幕设计”面板设置字幕的属性，如图 1.2.12 所示。

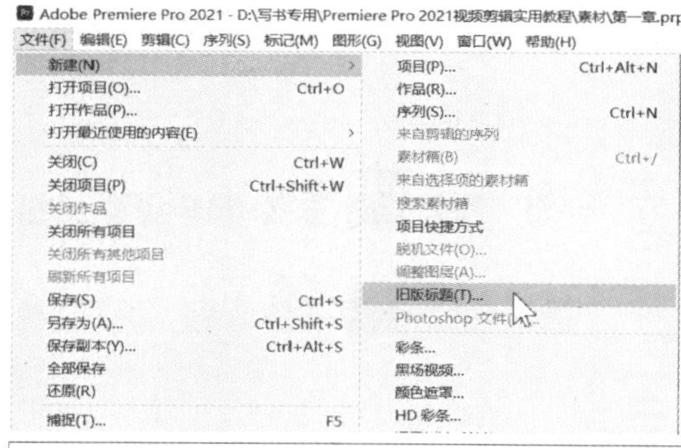

图 1.2.12　创建并设置字幕的属性

（5）在“音轨混合器”面板录制视频解说和控制各音频轨道的音量大小，如图 1.2.13 所示。

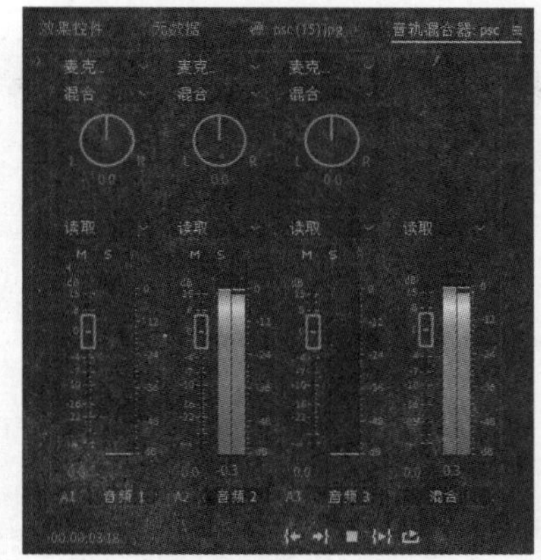

图 1.2.13　“音轨混合器”面板

（6）在“效果”面板添加所需要的视频特效，并在“效果控件”面板设置动画关键帧，如图 1.2.14 所示。

图 1.2.14　添加特效并设置动画关键帧

（7）在节目监视器窗口播放动画预览效果，如图 1.2.15 所示。

图 1.2.15　播放动画预览效果

（8）输出最终视频作品，如图 1.2.16 所示。

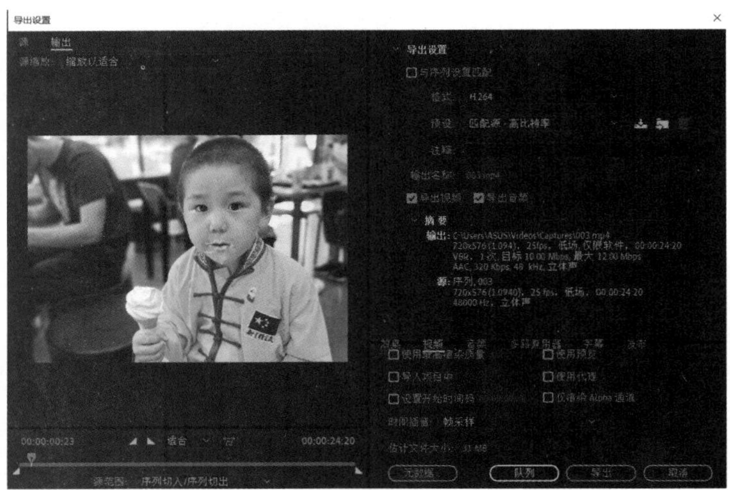

图 1.2.16　输出最终视频作品

1.2.3　工作区的自定义

在 Premiere Pro CS3 版本以后，软件的界面有了许多人性化的改进，而 Premiere Pro 2021 在以前软件的基础上又有了许多改进，更便于用户操作。

1．工作区的显示方式

用户根据需要，可以通过单击菜单“窗口”→“工作区”来选择工作区，Premiere Pro 2021 的工作区分为所有面板、效果、编辑、颜色、字幕、图形、学习和音频等几个区，如图 1.2.17 所示。

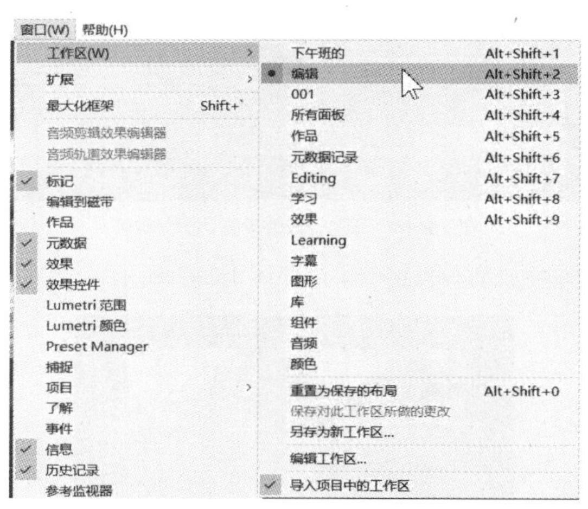

图 1.2.17　软件工作区菜单选择

提示： 选择“另存为新工作区…”选项可以将用户自定义编辑的工作区进行保存；选择“编辑工作区…”选项可以对已有的工作区进行编辑和删除。编辑工作区时，可以通过选择“重置为保存的布局”命令重置到软件默认的工作区状态。

2. 工作区各面板的关闭和打开

工作区面板的关闭有以下几种方法：

（1）单击面板上的关闭按钮，如图 1.2.18 所示。

（2）在面板的右上角单击“面板”选项按钮，选择“关闭面板”选项，如图 1.2.19 所示。

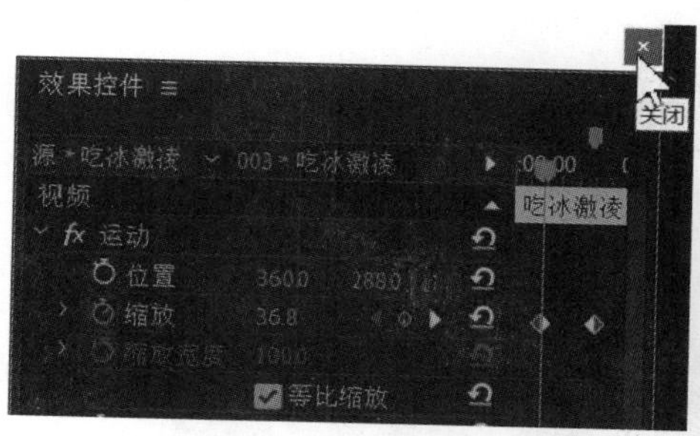

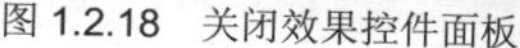
图 1.2.18　关闭效果控件面板

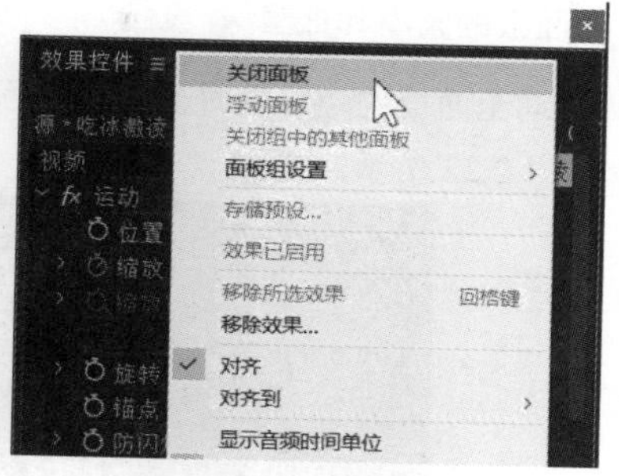

图 1.2.19　面板选项菜单

注意：选择“关闭面板”选项，将关闭当前的“效果”面板；选择“面板组设置”里的“取消面板组停靠”选项，可将整个面板组取消停靠，如图 1.2.20 所示。

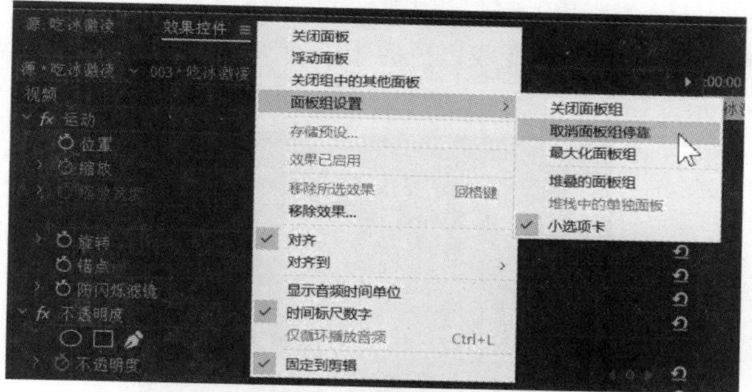

图 1.2.20　执行“取消面板组停靠”命令

关闭了工作区的“项目”面板以后，可以通过单击鼠标菜单“窗口”→“项目”→“第一章.prproj”选项，打开“项目”面板，如图 1.2.21 所示。

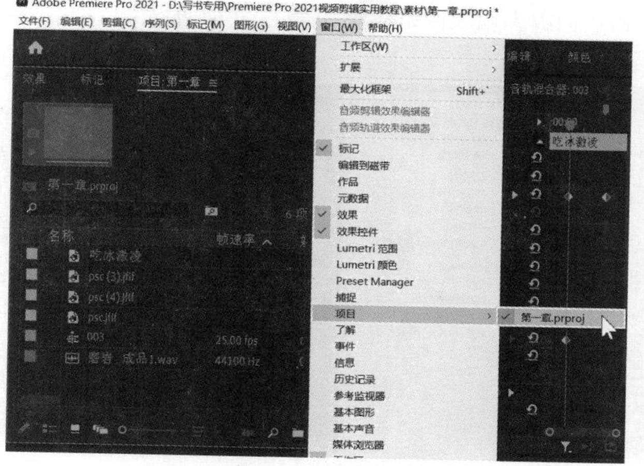

图 1.2.21　打开“项目”面板

提示：软件工作区的其他面板的打开和关闭与“项目”面板的方法完全相同，都可以通过“窗口”菜单选择面板的名称，以便打开或者关闭面板。名称前面有对钩的面板为显示状态，名称前面没有对钩的面板为关闭状态。

3. 改变面板的大小和嵌套

当鼠标移动至面板的边界处时会变成黑色的双向箭头，单击鼠标左键拖动可以改变相邻两个面板的大小，如图 1.2.22 所示。

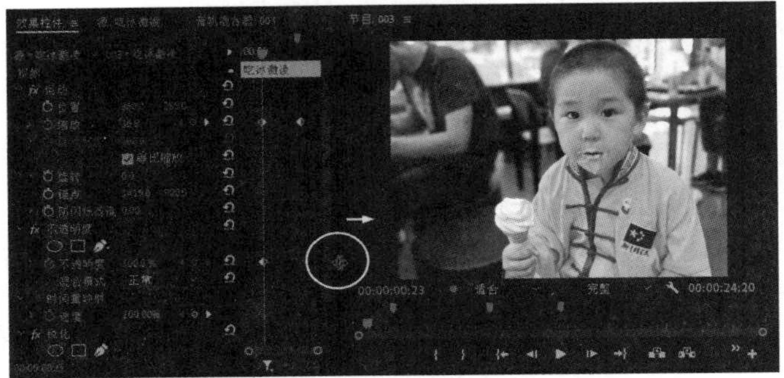

图 1.2.22　改变相邻两个面板的大小

当鼠标移动至多个面板边界处时会变成黑色的十字箭头，单击鼠标左键拖动可以改变相邻的多个面板大小，如图 1.2.23 所示。

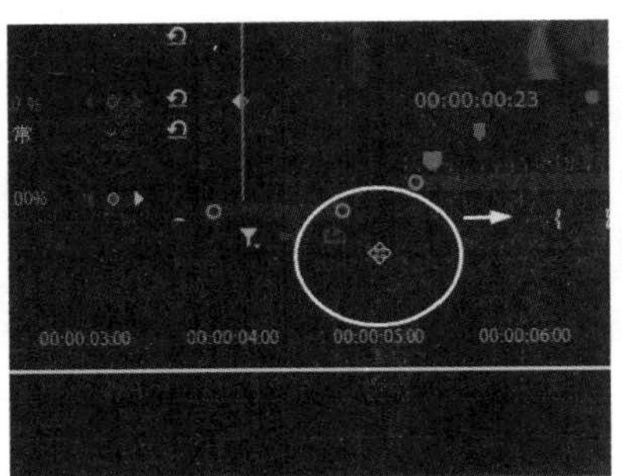

图 1.2.23　改变相邻多个面板的大小

在面板的右上角单击“面板”选项按钮，选择“浮动面板”选项，可以解除面板与窗口的停靠，如图 1.2.24 所示。

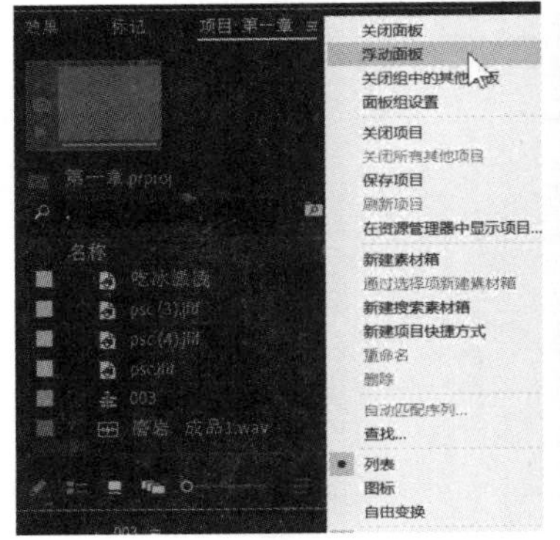

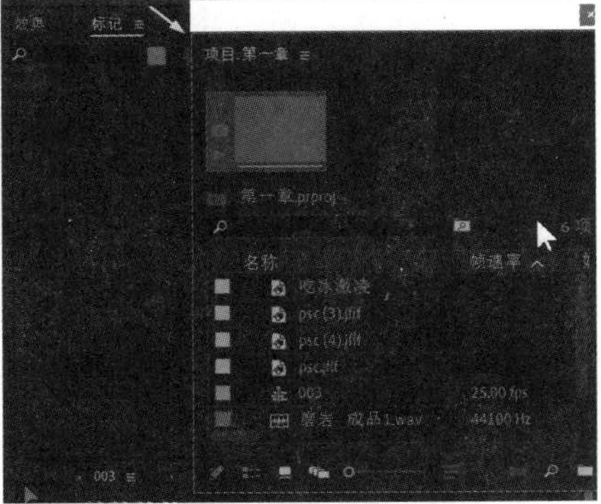

图 1.2.24　解除面板与窗口的停靠

提示：按住键盘“Ctrl”键后，在要解除停靠的面板左上角单击鼠标左键向下拖动，也可以解除面板与窗口的停靠，如图 1.2.25 所示。

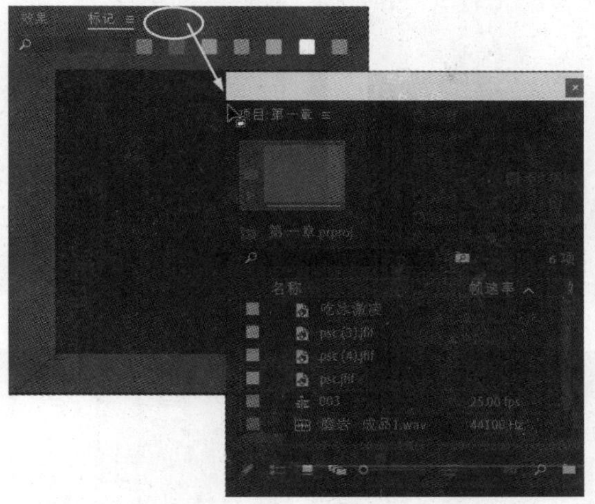

图 1.2.25　用鼠标拖动解除面板停靠

在面板的左上角单击鼠标左键拖动到要嵌套的窗口里，可以将面板嵌套在窗口里，如图 1.2.26 所示。

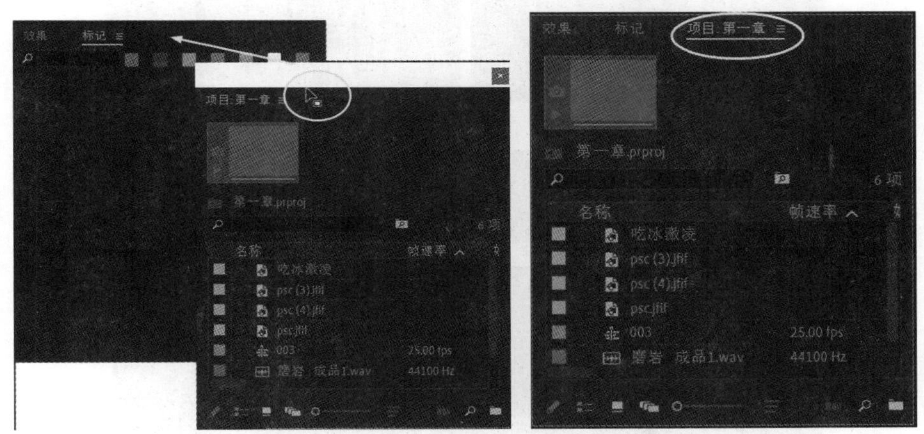

图 1.2.26　将面板嵌套在窗口里

注意：在键盘上按住“Ctrl”键拖动到要嵌套的窗口时，嵌套窗口会有 5 个蓝色块，一定要注意嵌套窗口的面板位置。将面板拖到上面的蓝色块里时，面板会在嵌套窗口的上方；拖到左面的蓝色块里时，面板会在嵌套窗口的左方；拖到中间的蓝色四方块里时，将和嵌套窗口已有的面板并列，如图 1.2.27 所示。

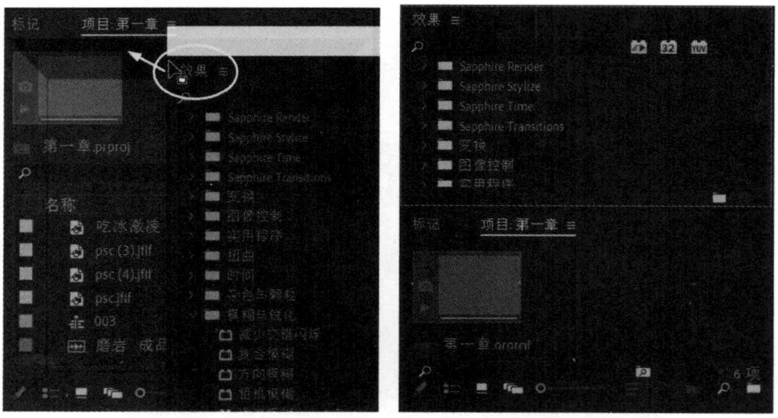

（a）

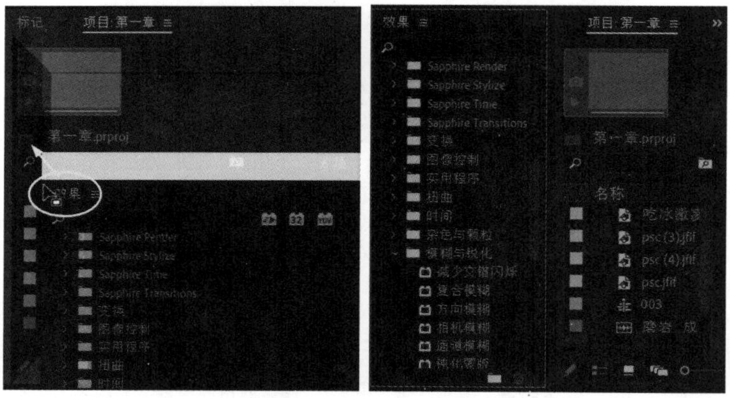

（b）

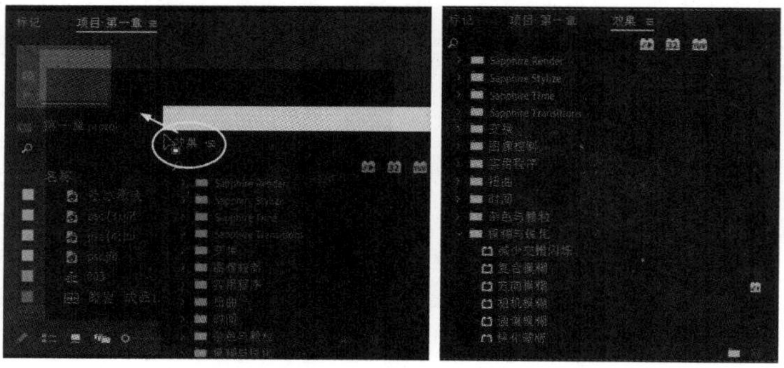

（c）

图 1.2.27　面板嵌套的位置

（a）面板的上方位置；（b）面板的左方位置；（c）面板的并列位置

1.2.4　软件的设置

对于刚安装好的 Adobe Premiere Pro 2021 软件，要对它进行各个参数的设置，这样软件才能更好地为用户所利用，达到事半功倍的效果。

1. 工程项目的设置

（1）用鼠标单击菜单“文件”→“项目设置”→“常规”选项，如图 1.2.28 所示。

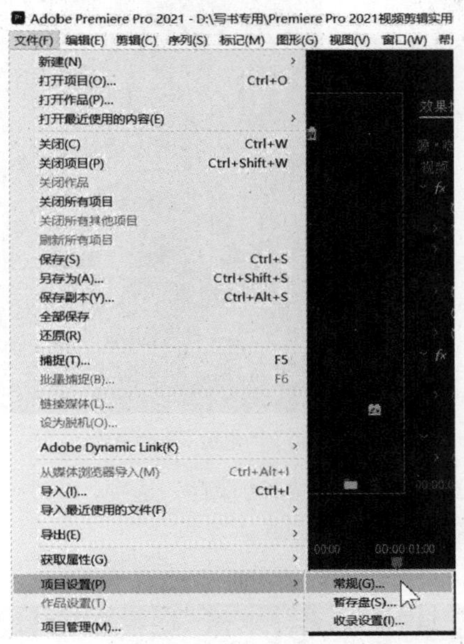

图 1.2.28　项目菜单

（2）在“项目设置”对话框里，用户根据需要，可以对项目的常规和暂存盘进行设置，常规设置包括“动作与字幕安全区域”“视频”“音频”和“捕捉”等选项，如图 1.2.29 所示。

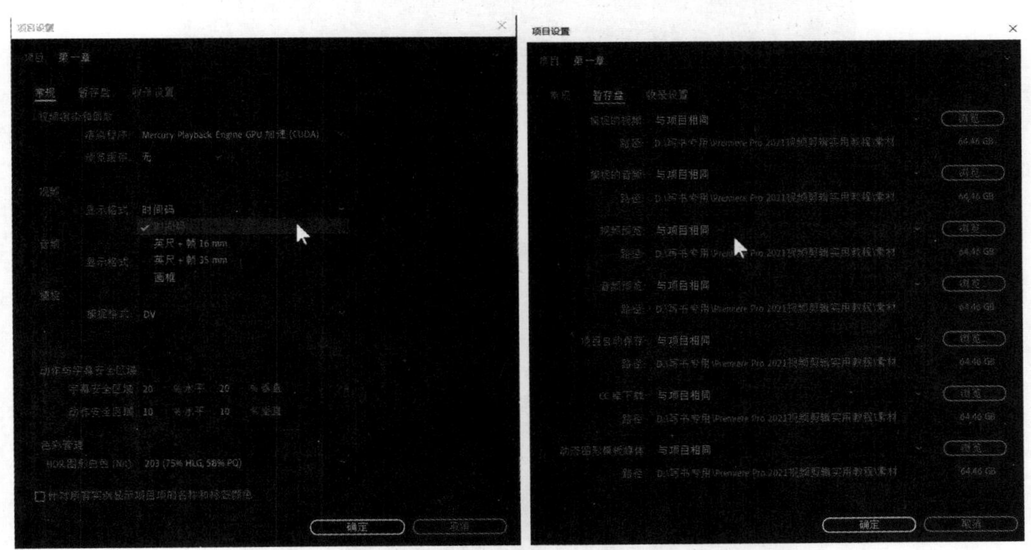

图 1.2.29　“项目设置”对话框

2. 参数设置

（1）用鼠标单击菜单“编辑”→“首选项”→“常规”选项，在弹出的“首选项”选项卡里对常规参数进行设置，如图 1.2.30 所示。

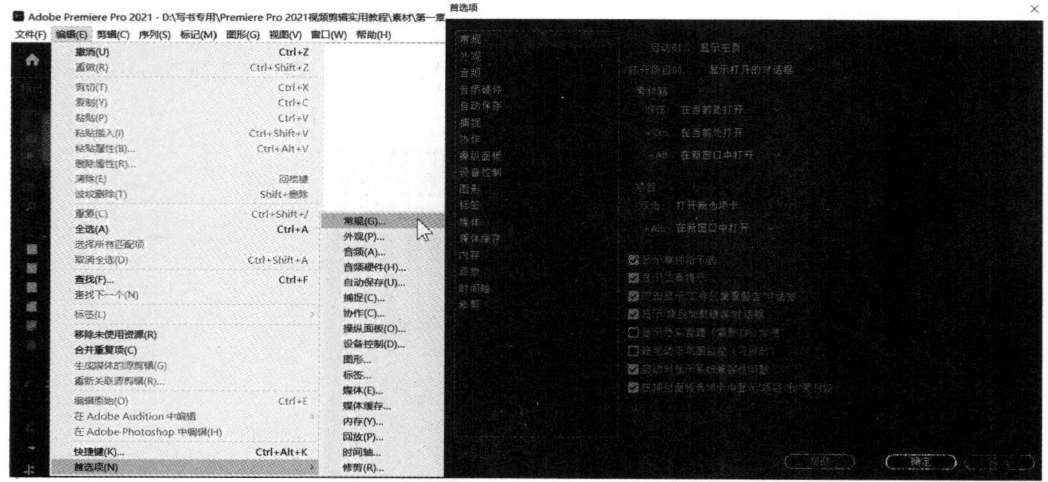

图 1.2.30　“常规”参数设置

（2）单击“首选项”设置选项卡里的“自动保存”选项，选中“自动保存项目”选项，自动保存时间间隔设置为 5 分钟，如图 1.2.31 所示。

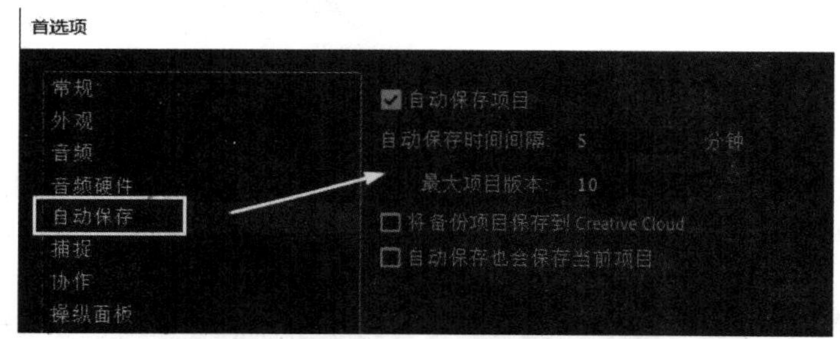

图 1.2.31　“自动保存”设置

（3）单击“首选项”设置选项卡里的“外观”选项，用鼠标单击“亮度”滑块，可以改变软件界面的亮度，如图 1.2.32 所示。

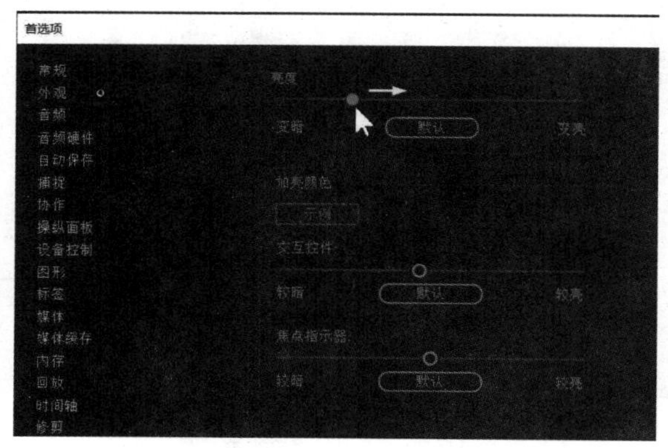

图 1.2.32　界面“亮度”设置

（4）单击“首选项”设置选项卡里的“默认标签”选项，用户根据需要，可以设置标签的颜色，如图 1.2.33 所示。

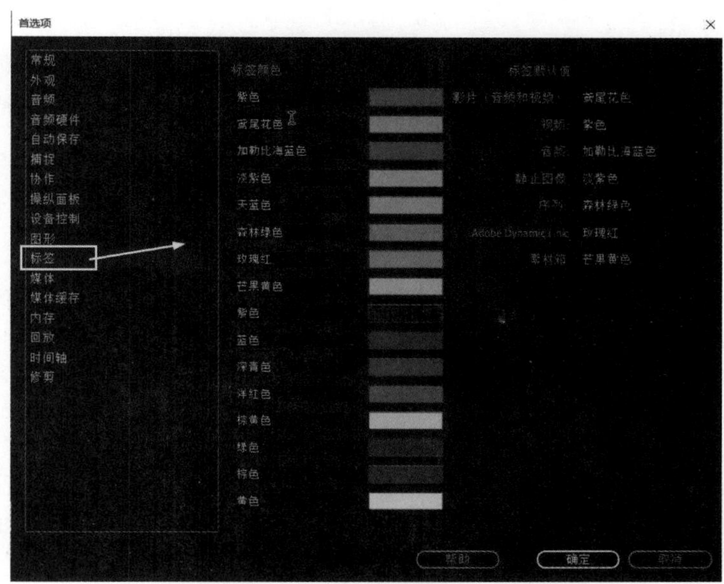

图 1.2.33　“默认标签”设置

1.3　视频的基础知识

要真正掌握并使用一款视频特效软件，不仅要掌握软件的基本操作，还要掌握视频的基础知识，如数字视频的概念、电视制式、帧与场的扫描方式和常用视频格式等常规视频知识。

1.3.1　数字视频的概念

1．视频的概念

电影是以每秒 24 帧的速度放映的，而电视由于制式不同，帧速率也各不相同，由于人眼视觉分辨力存在局限性，所以那些具有连贯性的静态画面，播放时瞬间展现在眼前，就宛如真实运动。

视频是指由一系列静止图像所组成，但能够通过快速播放使其“运动”起来的影像动画记录技术。也就是说，视频的实质就是一系列连贯动作的静止图像所组合而成的动态画面。

2．模拟信号

模拟信号其实就是由连续并且不断变化的物理量来表示的信息，其中电信号的幅度、频率或相位都会随着时间和数值的变化而连续变化。模拟信号的这一特性，使得信号所受到的一切干扰都会造成信号的失真。长期以来的实践应用证明，模拟信号会在复制或传输过程中不断发生衰减，并混入噪波，从而使其保真度大幅度降低。

提示： 在模拟信号的通信应用中，为了提高其信噪比，通常会在信号传输过程中及时对衰减的信号进行放大，这就使得信号在传输过程中所叠加的噪声也同时被放大。传输距离的增加，噪声也会累积得越来越多，使传输质量严重降低。

3．数字信号

与模拟信号不同的是，数字信号的波型幅值被限制在有限的数值范围内，因此其中的抗干扰能力相当强。除此之外，数字信号还具有便于存储、处理和交换，以及安全性高的众多特点，且相应的设备容易实现集成化和微型化等。

1.3.2 帧与场的介绍

在电视系统中，将图像转换成顺序传送电信号的过程称为扫描。在摄像管或显像管中，电子束的扫描运动是依靠偏转线圈中流过锯齿波电流产生磁场来完成的。电子束自左至右水平方向的扫描称为行扫描，自上而下垂直方向的扫描称为帧扫描。

1．帧

视频是由一幅幅静态画面所组成的图像序列，而组成视频的每一幅静态图像便被称为“帧”。也就是说，帧是视频（包含动画）内的单幅影像画面，相当于电影胶片上的每一格影像。

2．场

在采用隔行扫描方式进行播放的显示设备中，每一帧画面都会被拆开进行显示，而拆分后得到的残缺画面被称为“场”。也就是说，视频画面播放为 30fps 的显示设备，实质上每秒需要播放 60 场画面，而对于视频画面播放为 25fps 的显示设备来说，其每秒需要播放 50 场画面。

电视机的显像原理是电子枪发射高速电子来扫描显像管，最终使显像管上的荧光粉发光成像。电子枪扫描图像的方式有以下两种：

逐行扫描：电子束在屏幕上一行接一行的扫描方式。

隔行扫描：一幅（帧）画面分成两场进行，一场扫描奇数行，另一场扫描偶数行。

提示：为了实现准确隔行，要求每场扫描的行数加半行。一幅完整的画面是由奇数场和偶数场叠加后形成的，组成一帧的两场的行扫描线。

1.3.3 电视的制式

在电视系统中，发送端将视频信息以电信号的形式进行发送，电视制式便是在其间实现图像、伴音及其他信号正常传输与重现的方法与技术标准，因此也称为电视标准。目前，应用最为广泛的彩色电视制式主要有 3 种类型，下面便分别对其进行介绍。

1．NTSC 制式

NTSC 制式由美国国家电视标准委员会（National Television System Committee）制定。该制式主要应用于美国、加拿大、日本、韩国、菲律宾等国以及中国台湾地区。

2．PAL 制式

PAL 制式也采用了隔行扫描的方式进行播放，共有 625 行扫描线，分辨率为 720×576 电视线，帧速度为 25fps。目前，PAL 彩色电视制式广泛应用于德国、中国、英国、意大利等国家。

3．SECAB 制式

SECAB 制式同样采用了隔行扫描的方式进行播放，共有 625 行扫描线，分辨率为 720×576 电视线，帧速率则与 PAL 制式相同。目前，该制式主要应用于俄罗斯、法国、埃及等国家。

1.3.4 常用视频格式

在电脑上经常可以看到各种各样的视频格式，视频格式可以分为适合本地播放的本地影像视频和适合在网络中播放的网络流媒体影像视频两大类。

1．AVI

音频视频交错（Audio Video Interleaved，AVI）是由微软公司发布的视频格式，在视频领域可以说是历史最悠久的格式之一。AVI 格式调用方便，图像质量好，压缩标准可任意选择，是应用最广泛的格式。

2．MPEG

动态图像专家组（Motion Picture Experts Group，MPEG），这类格式包括了 MPEG-1、MPEG-2 和 MPEG-4 在内的多种视频格式。MPEG-1 被广泛地应用在 VCD 的制作和一些视频片段下载的网络应用上面，大部分的 VCD 都是用 MPEG-1 格式压缩的，MPEG-2 则多应用于 DVD 的制作。

3．MOV

QuickTime 原本是 Apple 公司用于 Mac 计算机上的一种图像视频处理软件。QuickTime 提供了两种标准图像和数字视频格式，即可以支持静态的*.PIC 和*.JPG 图像格式，以及动态的基于 Indeo 压缩法的*.MOV 和基于 MPEG 压缩法的*.MPG 视频格式。

4．WMV

WMV 是一种独立于编码方式的在 Internet 上实时传播多媒体的技术标准，Microsoft 公司希望用其取代 QuickTime 之类的技术标准以及 WAV、AVI 之类的文件扩展名。WMV 的主要优点有：可扩充的媒体类型、本地或网络回放、可伸缩的媒体类型、流的优先级化、多语言支持、扩展性等。

5．3GP

3GP 是一种 3G 流媒体的视频编码格式，主要是为了配合 3G 网络的高传输速度而开发的，也是目前手机中最为常见的一种视频格式。

6．FLV

FLV 是 FLASH VIDEO 的简称，FLV 流媒体格式是一种新的视频格式。由于它形成的文件极小，加载速度极快，常用于网络观看视频文件。它的出现有效地解决了视频文件导入 Flash 后，导出的 SWF 文件体积庞大，不能在网络上很好地使用等问题。

本章小结

本章主要介绍了 Premiere Pro 2021 的基本功能、新增功能、软件工作区的自定义、软件的工作流程和设置以及视频的一些基础知识等。通过本章的学习，读者能够对 Premiere Pro 2021 软件有新的认识，也能够了解最基本的视频知识，为以后的学习奠定坚实的基础。

操作练习

一、填空题

1．Premiere Pro 2021 是________公司推出的一款专业_______________软件。

2．软件启动后会自动弹出欢迎界面，欢迎界面包含______________、______________、______________和______________。

3．Premiere Pro 2021 的工作区分为_________、__________、__________、色彩校正和音频。

4．软件的工作窗口除了标题栏、________、________、________、“效果控件”面板、“节目监视器”窗口、“时间线”面板、“主音频计量器”面板和“历史记录”面板以外，还包括________、________、“信息”面板、“字幕设计”面板和“媒体浏览”面板。

5．应用最为广泛的彩色电视制式主要有________、________、________等 3 种类型。

二、选择题

1．关闭软件的快捷键为（　）键。

（A）Ctrl+R　（B）Ctrl+Q　（C）Ctrl+G　（D）Q

2．Premiere Pro 2021 是（　）公司推出的一款专业特效合成编辑软件。

（A）Corel　（B）Autodesk　（C）Adobe　（D）以上答案都不对

3．按住键盘（　）键后，在要解除停靠的面板左上角单击鼠标左键向下拖动，也可以解除面板与窗口的停靠。

（A）Ctrl　（B）Tab　（C）Shift　（D）Delete

4．我国的电视制式为（　）。

（A）SECAM　（B）NTSC　（C）PAL　（D）MPEG

三、简答题

1．简述 Premiere Pro 2021 是一款什么软件。

2．简述 Premiere Pro 2021 的基本功能有哪些，新增功能有哪些。

3．简述 Premiere Pro 2021 的工作流程。

4．常用的视频格式有哪些？

四、上机操作题

1．反复练习启动和退出软件。

2．对软件工作区的各面板练习关闭/打开、更改相邻面板大小、面板相互嵌套等。

3．练习界面的亮度、常规参数的设置。

第 2 章　基 础 操 作

本章介绍 Premiere Pro 2021 的基础操作，例如新建、打开和保存，以及如何导入各种素材，视频素材的捕捉和管理，监视器视窗和软件其他面板的介绍。只有先掌握 Premiere Pro 2021 的基础操作，才能更好、更快地处理视频特效。

知识要点

- 项目文件的新建、打开和保存
- 项目面板的介绍
- 导入素材和管理素材
- 监视器视窗的介绍
- 监视器窗口的基本操作
- 工具箱的介绍

2.1　项目文件的操作

启动 Premiere Pro 2021 软件以后，打开或者新建一个项目文件的方法和传统软件基本相同，Premiere Pro 2021 通过“主页界面”里的“打开项目”选项也能直接打开项目文件，这样可以更方便、更快捷地操作。

2.1.1　新建、打开和保存文件

软件项目文件的新建、打开和保存操作方法如下：

（1）单击鼠标执行菜单“文件”→“新建”→“项目”命令，或按“Ctrl+Alt+N”键新建一个项目文件，如图 2.1.1 所示。

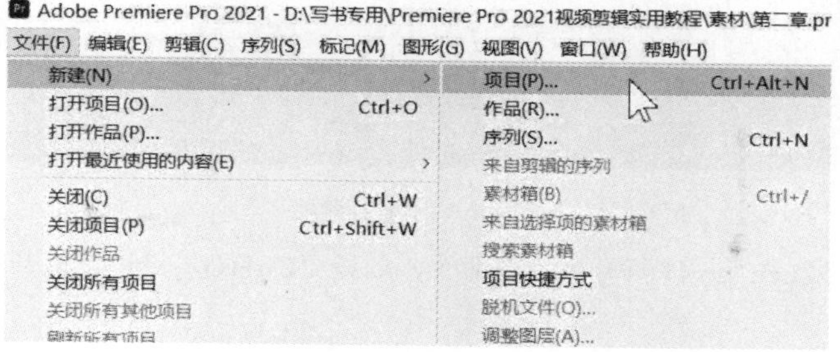

图 2.1.1　新建项目文件

（2）单击菜单“文件”→“新建”→“序列”命令，或按“Ctrl+N”键，新建一个时间线序列，如图 2.1.2 所示。

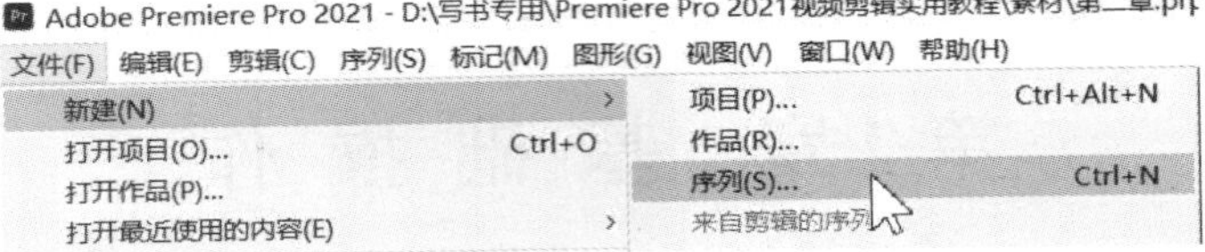

图 2.1.2 新建时间线序列

（3）单击菜单“文件”→“保存”命令，或按“Ctrl+S”键，可以保存项目文件，并输入项目文件名称，如图 2.1.3 所示。

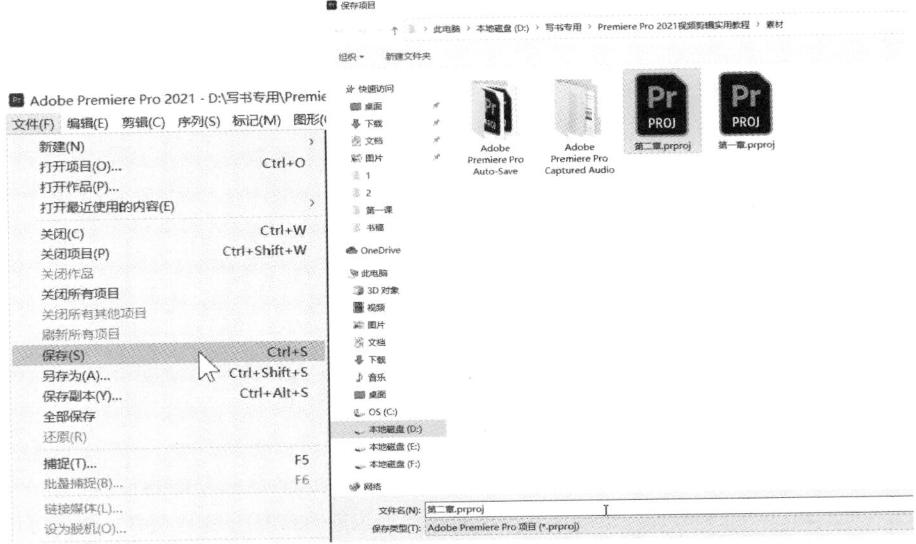

图 2.1.3 保存项目文件

提示：在项目文件保存后，文件名称“第二章.prproj”和文件保存路径会显示在软件标题栏上，如图 2.1.4 所示。

图 2.1.4 软件标题栏

（4）单击菜单“文件”→“打开项目”命令，或按“Ctrl+O”键可以打开项目文件，如图 2.1.5 所示。

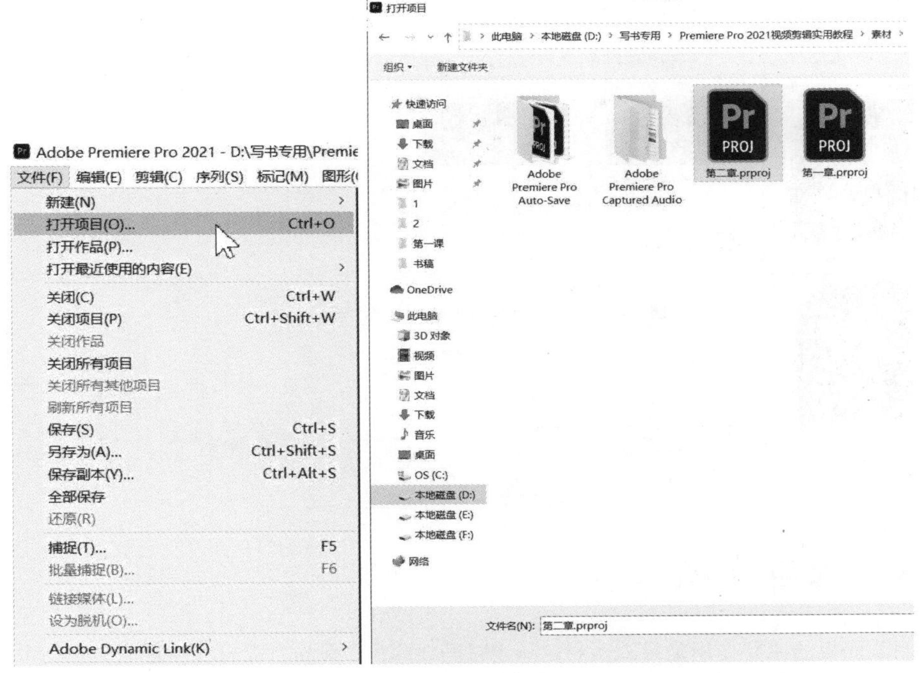

图 2.1.5　打开项目文件

2.1.2　自动保存文件

Adobe Premiere Pro 2021 软件提供了自动存盘功能，使用 Premiere Pro 2021 处理视频遇到电脑死机、断电等突发事件未能及时保存时，可以在项目文件保存的路径下找到自动存盘“Adobe Premiere Pro Auto- Save”文件夹，双击鼠标左键就可以找到自动存盘文件了，如图 2.1.6 所示。

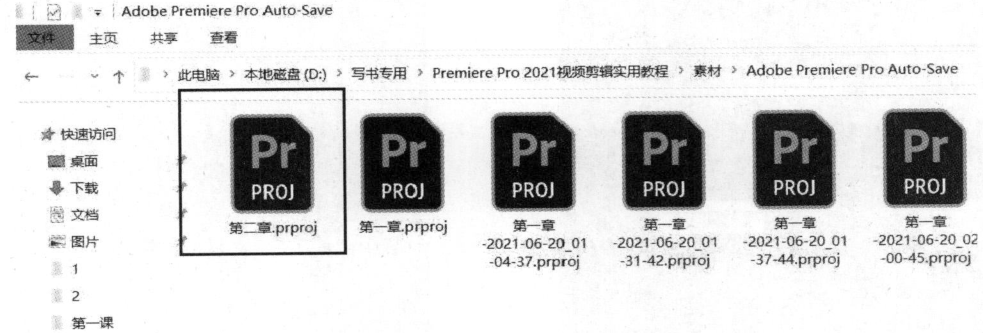

图 2.1.6　自动存盘文件夹

提示： 将鼠标放在图标上，单击鼠标右键打开工程文件的属性，选择一个离电脑关闭时间最近的图标双击就可以打开文件了，如图 2.1.7 所示。

图 2.1.7 自动存盘文件

2.1.3 “项目”面板

“项目”面板的主要作用是导入素材，新建时间线序列，预览、存放和管理当前素材，相当于一个强大的演员库。“项目”面板的打开和关闭在前面的章节中已经介绍过了，通过单击菜单“窗口”→“项目”选项可以打开“项目”面板。

“项目”面板包含了素材的信息和预览窗口、素材列表栏以及工具栏，如图 2.1.8 所示。

提示：在“项目”面板里选择一段素材，可在信息栏里预览素材，显示素材的名称、使用次数、持续时间、帧速率等一些相关信息，如图 2.1.9 所示。

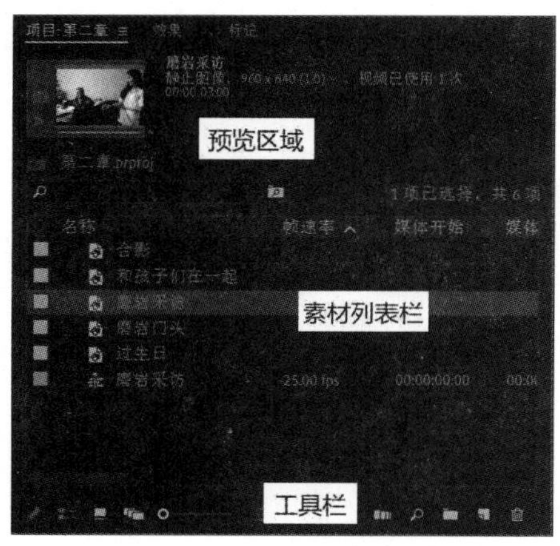

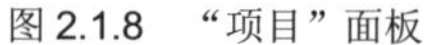

图 2.1.8 “项目”面板

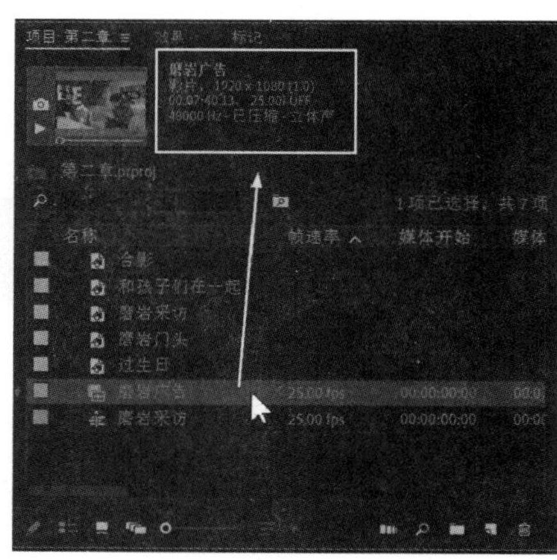

图 2.1.9 素材信息显示

在“项目”面板选定素材后，单击鼠标右键菜单选择“修改”→“解释素材”选项，可以修改影片素材的属性参数，如图 2.1.10 所示。

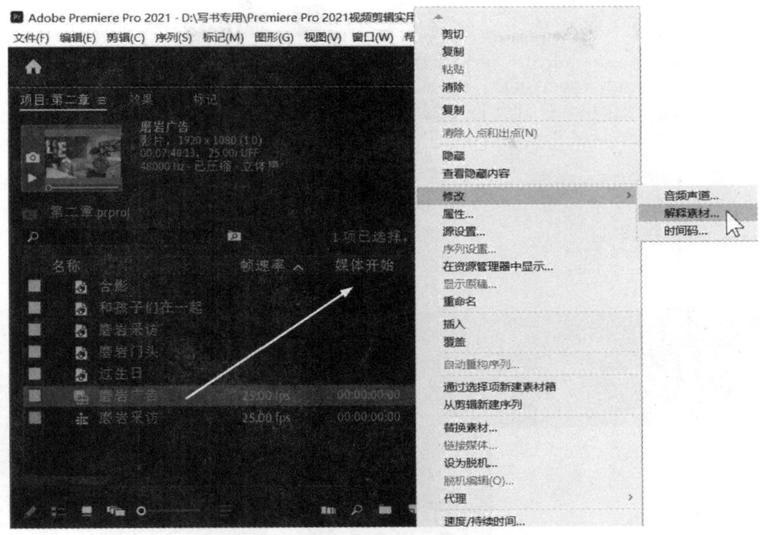

图 2.1.10　修改影片素材的属性参数

在实际工作中，修改素材的操作相当频繁，在“修改剪辑”面板里，用户根据需要可以设置影片素材的帧速率、像素长宽比、场序、Alpha 通道和 VR 属性等参数，如图 2.1.11 所示。

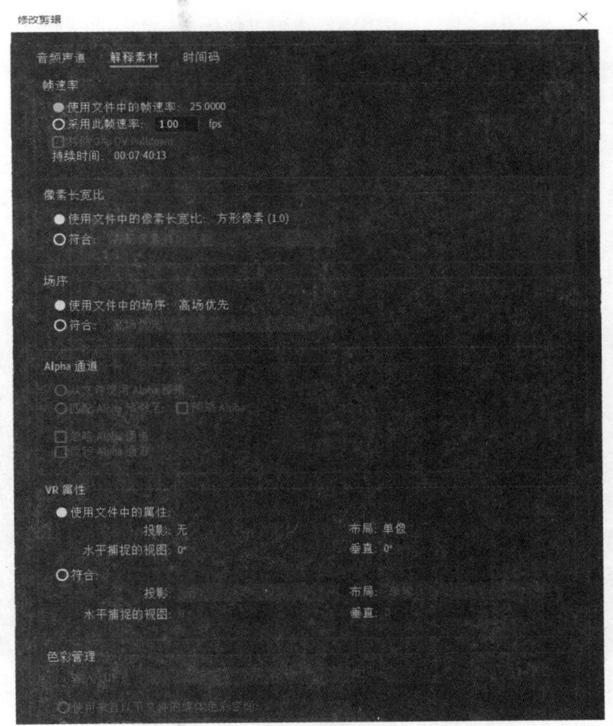

图 2.1.11　“修改剪辑”面板

在“项目”面板里可以通过新建文件夹的方式来管理素材，新建文件的方式有以下几种：

（1）执行菜单“文件”→“新建”→“素材箱”命令，或者按键盘“Ctrl+B”键，如图 2.1.12（a）所示。

（2）在“项目”面板中，单击鼠标右键菜单选择“新建素材箱”选项，如图 2.1.12（b）所示。

（3）在“项目”面板工具栏单击新建文件夹按钮，如图 2.1.12（c）所示。

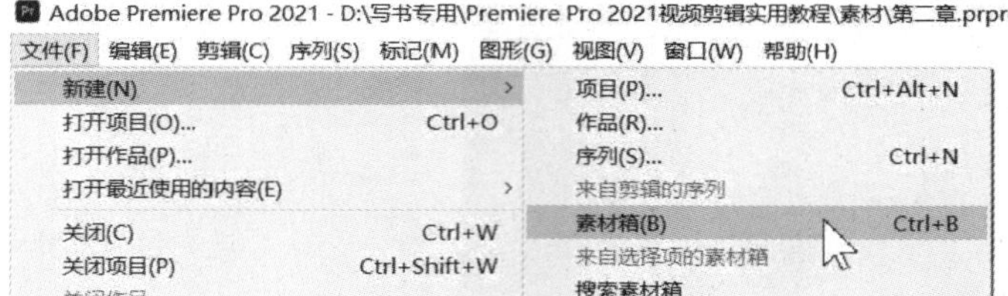

（a）

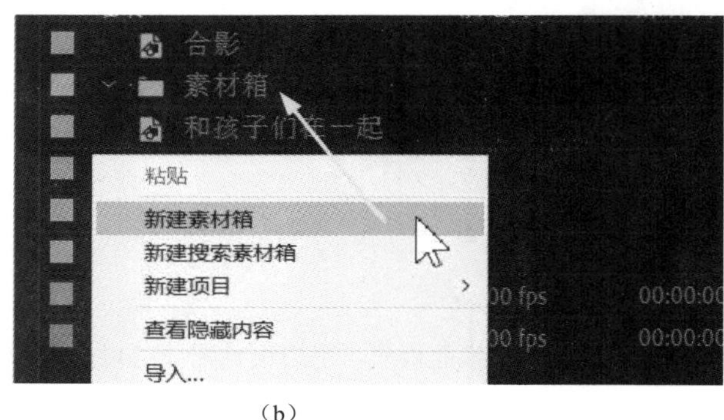

（b）

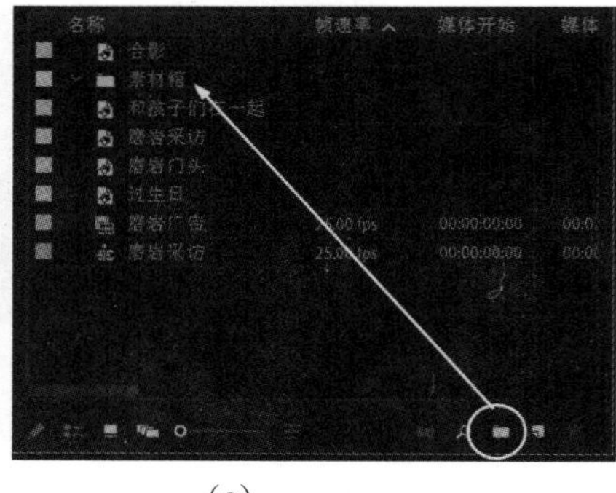

（c）

图 2.1.12　新建文件夹

（a）单击菜单新建文件夹；（b）单击鼠标右键新建文件夹；（c）单击新建文件夹按钮新建文件夹

注意：新建文件夹的时候，如果直接单击新建文件夹按钮，新建的文件夹和以前文件夹为并列关系，如果选择前面的文件夹再单击新建文件夹按钮，那么新建的文件夹将成为前面文件夹的子文件夹，如图 2.1.13 所示。

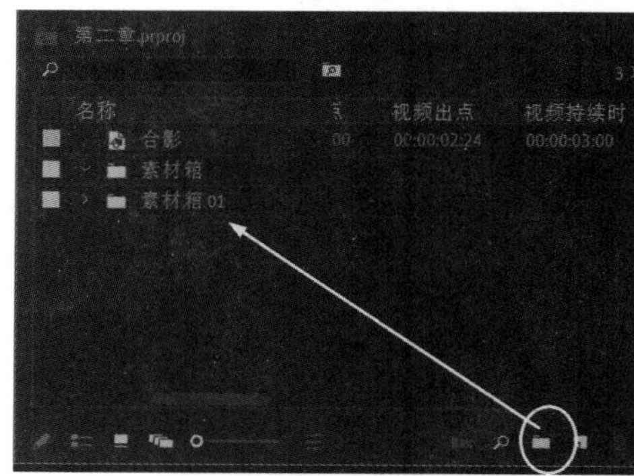

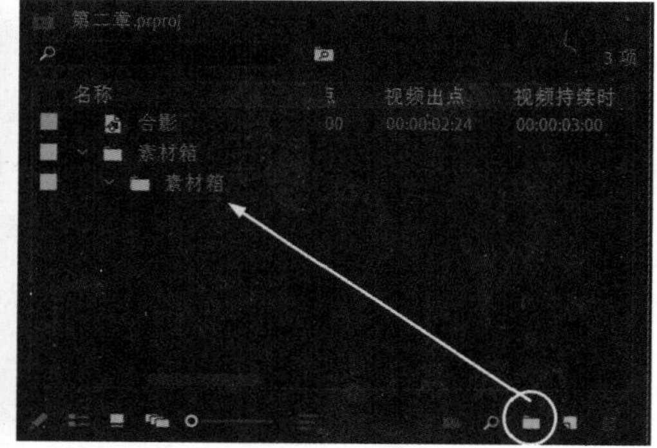

图 2.1.13　新建文件夹演示

在“项目”面板里可以通过单击删除按钮将不用的文件夹和素材删除。选择前面新建的文件夹，单击鼠标右键选择“重命名”选项，可以对素材重新命名，如图 2.1.14 所示。

提示：在需要重新命名的文件夹或者素材文字上单击鼠标左键，然后输入文件夹或者素材的名称即可，如图 2.1.15 所示。

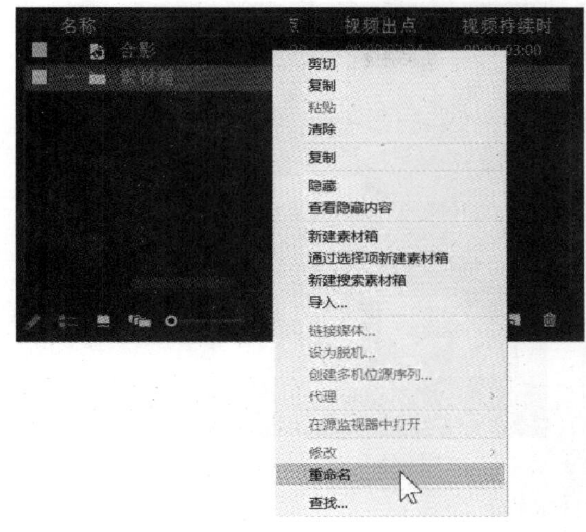

图 2.1.14　利用鼠标右键菜单重命名文件夹

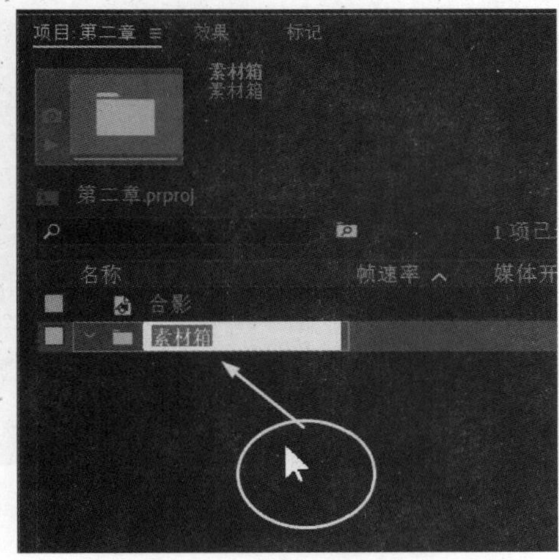

图 2.1.15　利用鼠标在文字上单击重命名文件夹

在“项目”面板新增的搜索功能中，通过输入素材的相关字符可以快速地查找到相对应的素材，或者在工具栏中单击查找按钮，在弹出的“查找”对话框里输入查找目标，同样可以快速地查找到相对应的素材，如图 2.1.16 所示。

图 2.1.16　查找素材

在“项目”面板工具栏中单击新建按钮，在弹出的“新建”下拉菜单中，用户根据需要，可以新建一组新的时间线序列，还可以新建脱机文件、彩条、黑场视频、颜色遮罩、通用倒计时片头和透明视频等，如图 2.1.17 所示。

图 2.1.17　“新建”下拉菜单

在“项目”面板工具栏中，用鼠标单击列表视图按钮，“项目”面板中的素材将以列表方式显示；单击图标视图按钮，“项目”面板中的素材将以图标方式显示，如图 2.1.18 所示。

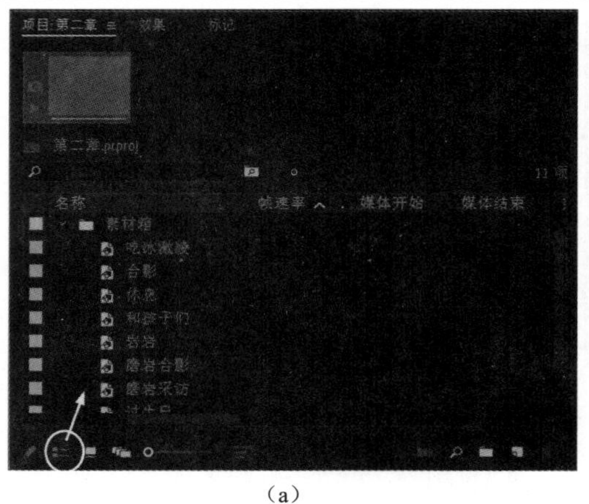
（a）

（b）

图 2.1.18　素材列表的显示方式

（a）以列表方式显示；（b）以图标方式显示

用鼠标单击“项目”面板右上角的“面板”选项按钮▤，在下拉菜单里选择“元数据显示”选项，在弹出的“元数据显示”对话框里，用户根据需要可以添加“项目”面板素材列表的属性，如图 2.1.19 所示。

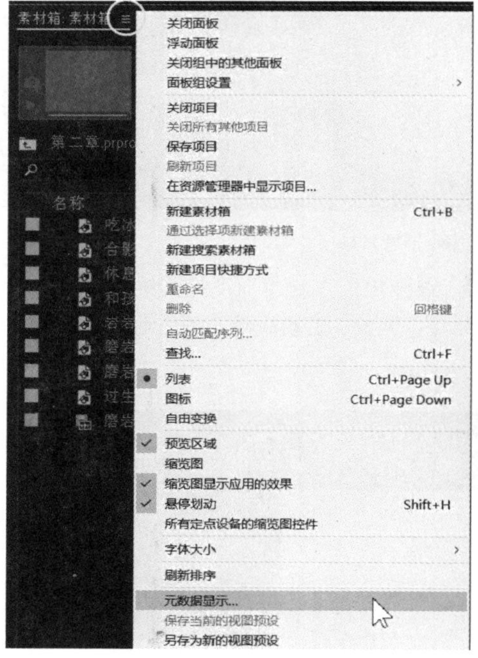

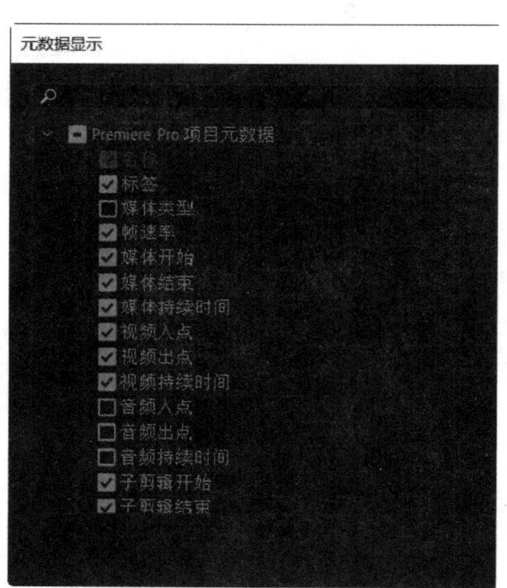

图 2.1.19　添加“项目”面板素材列表属性

提示：把鼠标放在两个信息列表中间时，鼠标变成双向箭头⇹后可以左右拖动来改变当前列表栏的位置和大小，如图 2.1.20 所示。

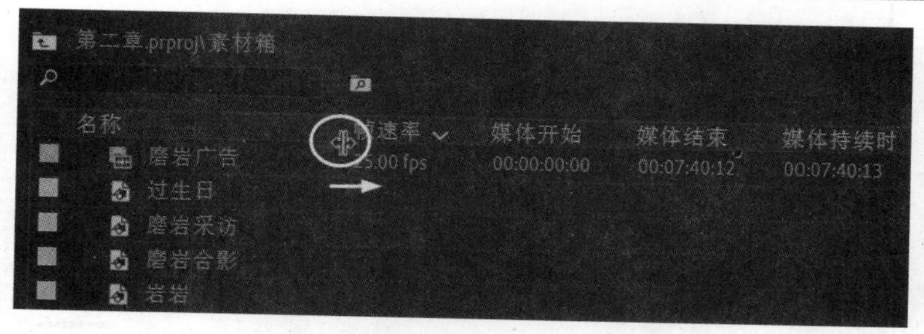

图 2.1.20　更改当前列表栏的位置大小

用户根据需要，可以具体地设置标签的颜色，具体操作步骤如下：

（1）单击鼠标执行菜单“编辑”→“首选项”→“标签”命令，设置“影片(音频和视频)”的标签色为“玫瑰红”，如图 2.1.21 所示。

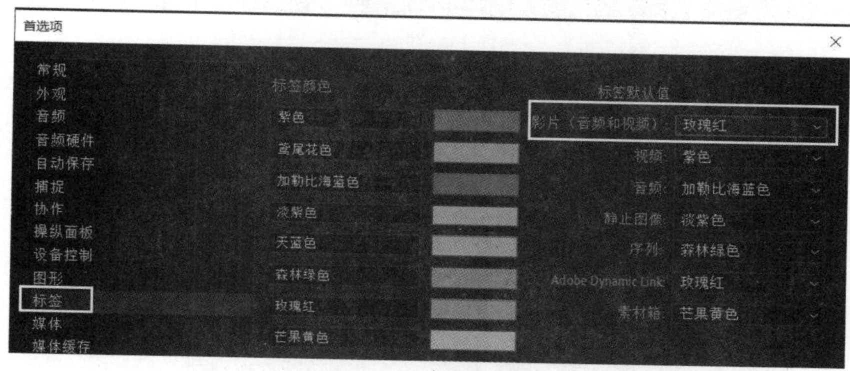

图 2.1.21　“首选项”对话框

（2）在“首选项”对话框中单击选择“标签颜色”栏，用户根据需要可以设置标签的颜色，如图 2.1.22 所示。

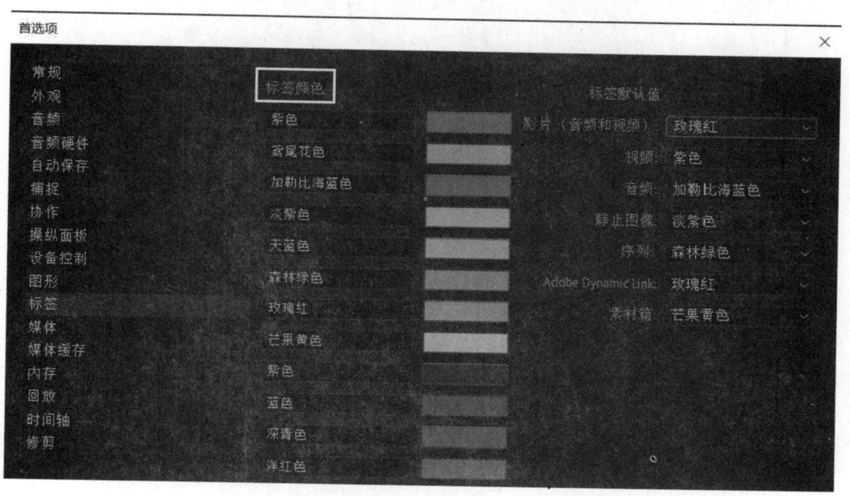

图 2.1.22　设置标签的颜色

（3）在玫瑰红的色块上单击鼠标，在弹出的“拾色器”上拖动以更改颜色，如图 2.1.23 所示。

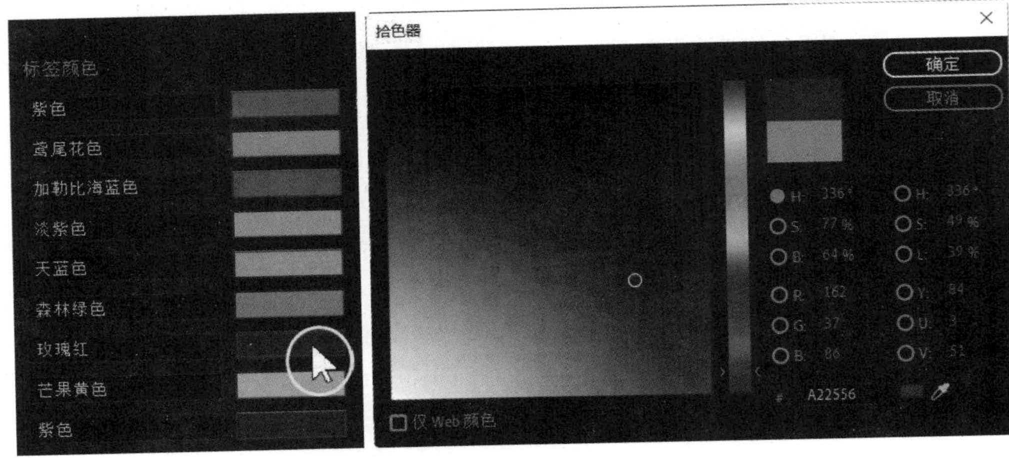

图 2.1.23　更改素材标签颜色

（4）用鼠标单击“确定”按钮，完成素材标签颜色设置，如图 2.1.24 所示。

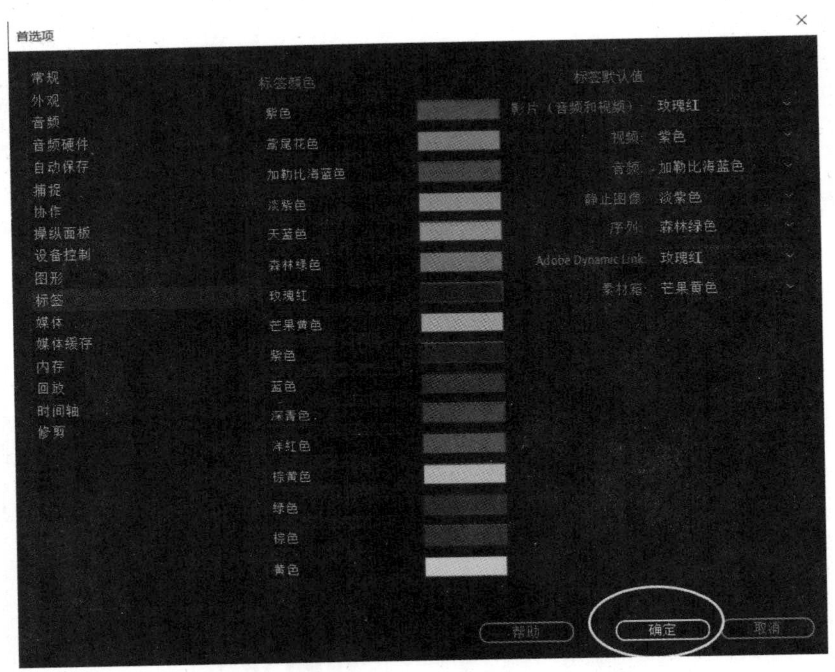

图 2.1.24　完成素材标签颜色设置

2.1.4　导入素材

软件可以导入的素材分为视频素材、音频素材、音视频素材、静态图片素材、动画序列素材及时间线序列等，根据图标可以识别不同类别的素材，方便对素材进行分类管理，如图 2.1.25 所示。

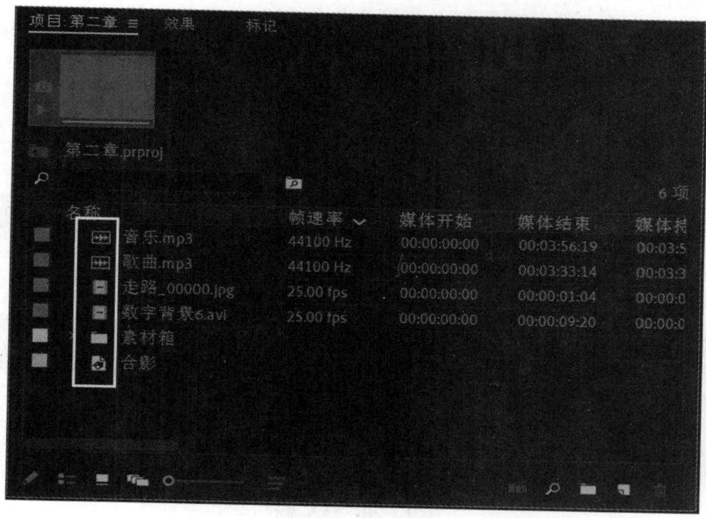

图 2.1.25　素材的分类管理

可通过以下几种方式导入素材，具体操作步骤如下：

（1）单击执行菜单“文件”→“导入”命令，或按键盘“Ctrl+I”键，如图 2.1.26 所示。

图 2.1.26　文件菜单

（2）在“项目”面板空白处单击鼠标右键执行菜单“导入”命令，如图 2.1.27 所示。

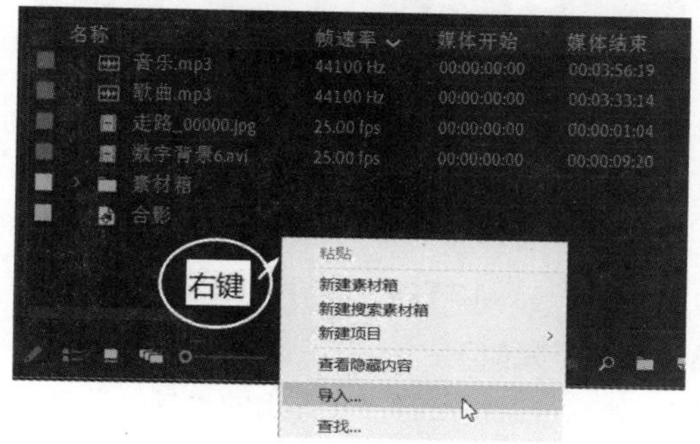

图 2.1.27　鼠标右键菜单

（3）最快捷的方法就是在“项目”面板空白处双击鼠标，如图 2.1.28 所示。

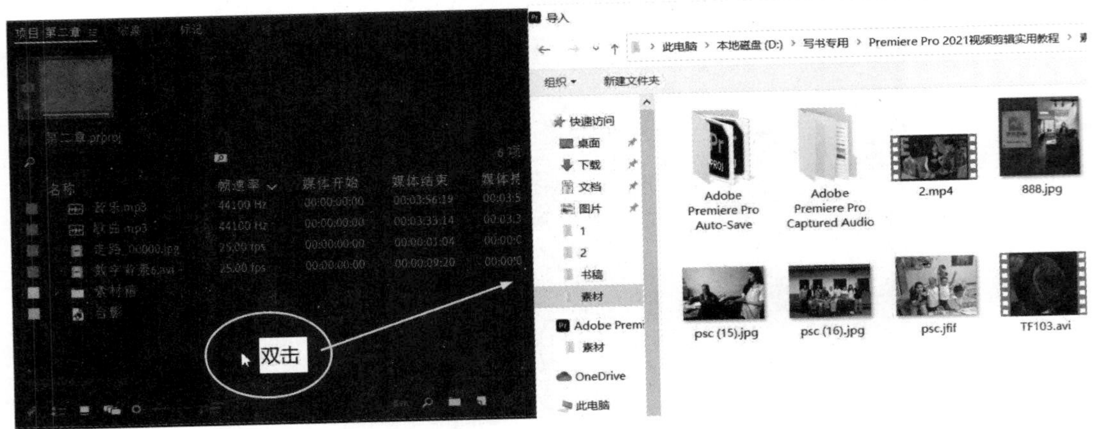

图 2.1.28　导入素材

2.1.5　动画序列素材的导入

前面已经介绍了素材的分类和管理，在工作实践中经常会遇到由许多连续图片组合起来的动画序列素材，如图 2.1.29 所示。

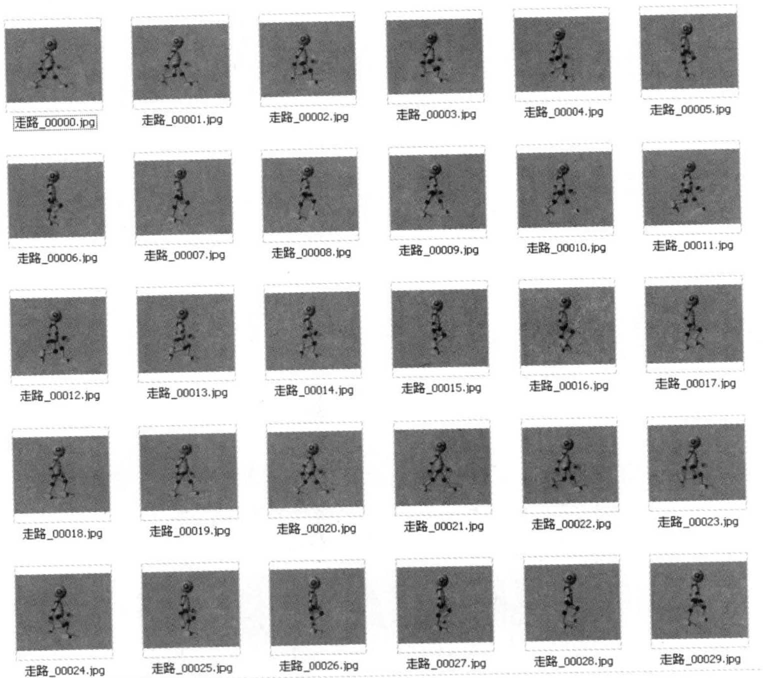

图 2.1.29　动画序列素材

导入动画序列素材的具体操作步骤如下：

（1）在“项目”面板空白处双击鼠标左键，在弹出的“导入”对话框里选择要导入的序列素材起始图片，如图 2.1.30 所示。

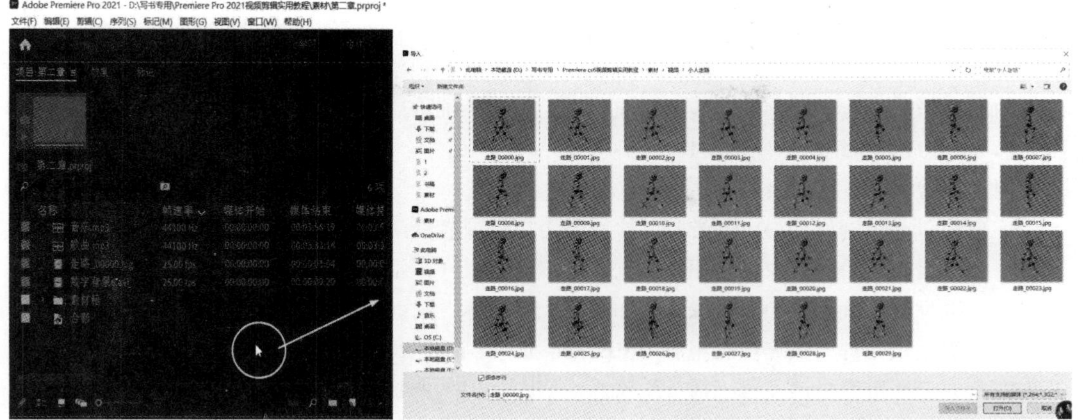

图 2.1.30　选择要导入的序列素材起始图片

（2）在“导入”对话框里一定要勾选“图像序列”选项，这样导入的才是一个动画序列素材，如图 2.1.31 所示。

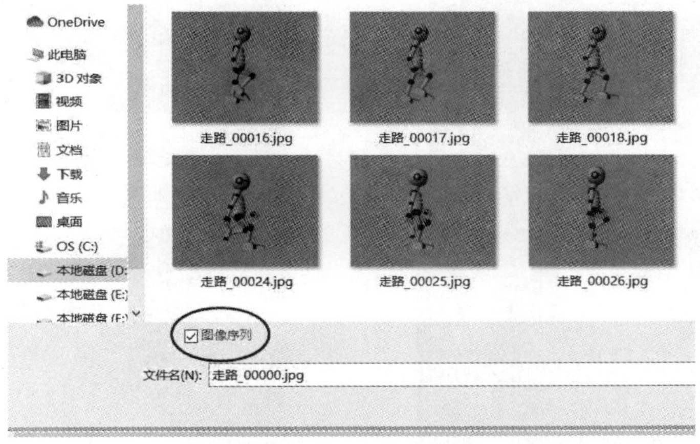

图 2.1.31　勾选“图像序列”选项

（3）在“导入”对话框里单击 打开(O) 按钮即可导入动画序列素材，如图 2.1.32 所示。

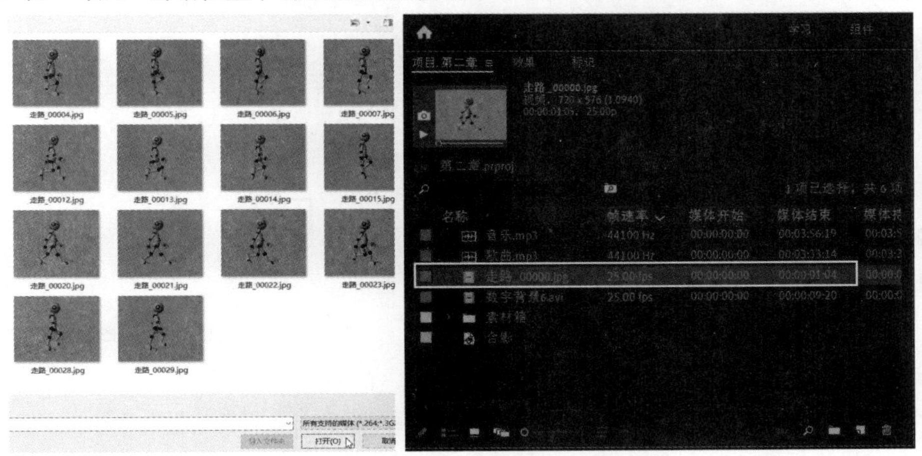

图 2.1.32　导入动画序列素材

2.1.6　捕捉素材

视频捕捉是每个剪辑软件必备的功能，拍摄完了一段精彩的视频以后，先把摄像机里拍摄的影像信息捕捉，使其成为系统可识别的文件。

在捕捉前应注意以下几点：

（1）取出以前录制好的 DV 磁带，并检查是否完好或者受潮，如图 2.1.33 所示。

（2）将磁带放入 DV 摄像机，如图 2.1.34 所示。

（3）用数据线正确连接 DV 摄像机，如图 2.1.35 所示。

（4）将数据线另外一头连接至电脑 IEEE1394 插口，如图 2.1.36 所示。

（5）打开 DV 摄像机调整至“播放”状态，如图 2.1.37 所示。

（6）将摄像机和电脑正确连接后，在打开摄像机以后，电脑的任务栏就会弹出一个 DV 图标，表示电脑已经识别到了摄像机，如图 2.1.38 所示。

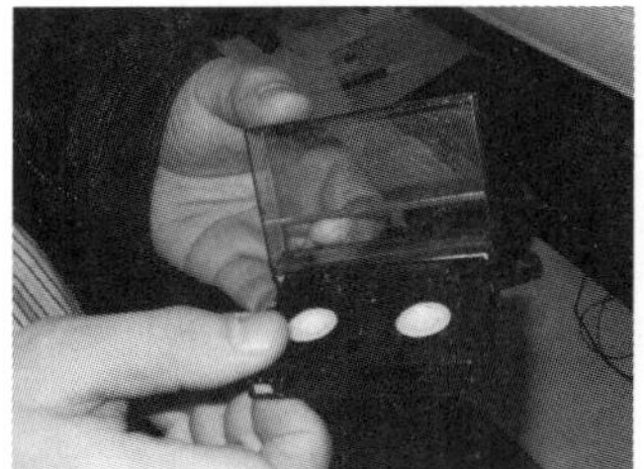

图 2.1.33　取出磁带并检查

图 2.1.34　将磁带放入 DV 摄像机

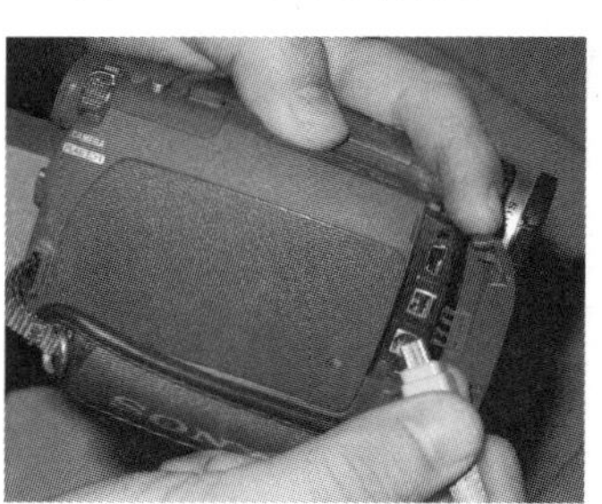

图 2.1.35　正确连接 DV 摄像机

图 2.1.36　正确连接电脑插口

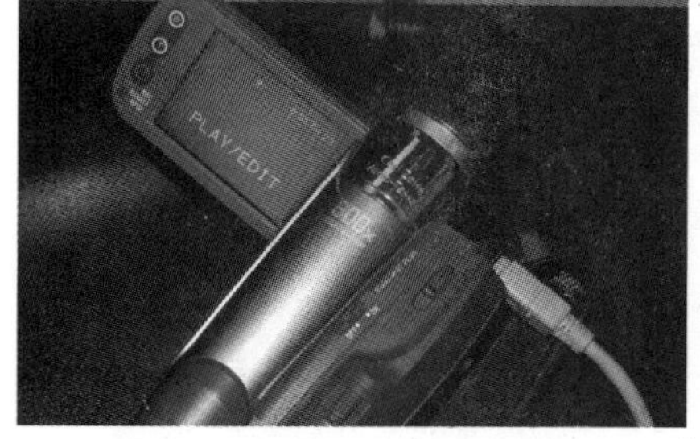

图 2.1.37　将 DV 摄像机调整至“播放”状态

图 2.1.38　任务栏显示 DV 图标

注意：在捕捉时一定要取消电脑的“显示屏幕保护”，否则在捕捉时电脑自动启用“显示屏幕保护”会中断捕捉。

具体操作步骤如下：

（1）单击菜单，执行“文件”→“捕捉”命令，或者按快捷键 F5 键，如图 2.1.39 所示。

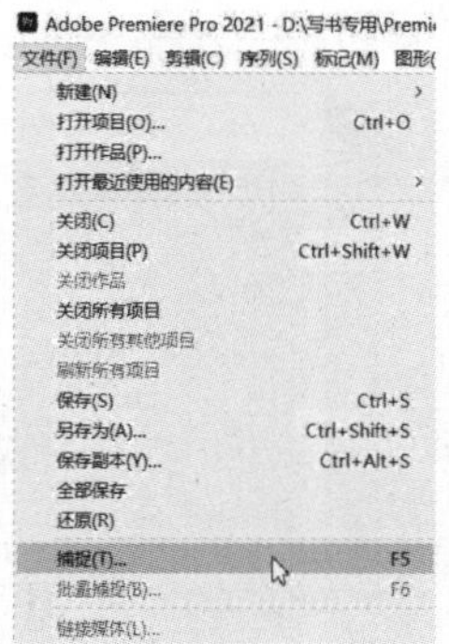

图 2.1.39　“文件”菜单

（2）在弹出的“捕捉”面板里的“捕捉设置”栏单击“编辑”按钮，在弹出的“捕捉设置”面板选择捕捉格式为“HDV”，如图 2.1.40 所示。

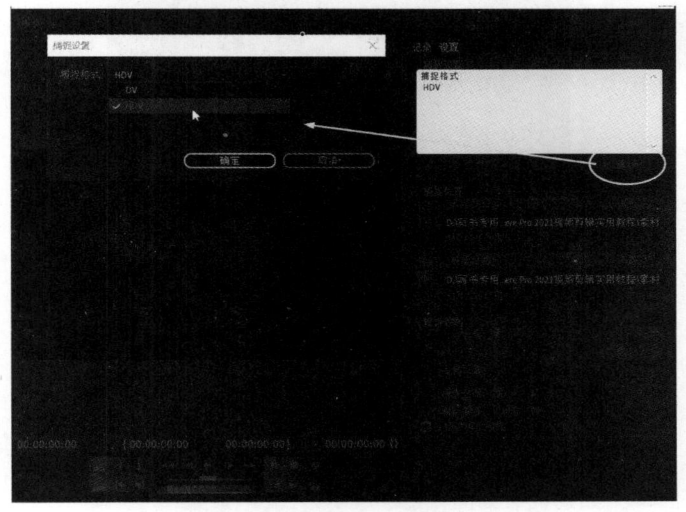

图 2.1.40　选择设备捕捉格式

（3）在面板的“捕捉位置”栏单击 浏览... 按钮，在弹出的“指定文件夹”对话框里设置视频捕捉的位置，如图 2.1.41 所示。

图 2.1.41　设置视频捕捉的位置

（4）接着在“设备控制”栏单击选项...按钮，在弹出的“DV/HDV 设备控制设置”面板里设置视频制式、设备类型等，如图 2.1.42 所示。

（5）在“剪辑数据”栏设置磁带名称和剪辑名称，如图 2.1.43 所示。

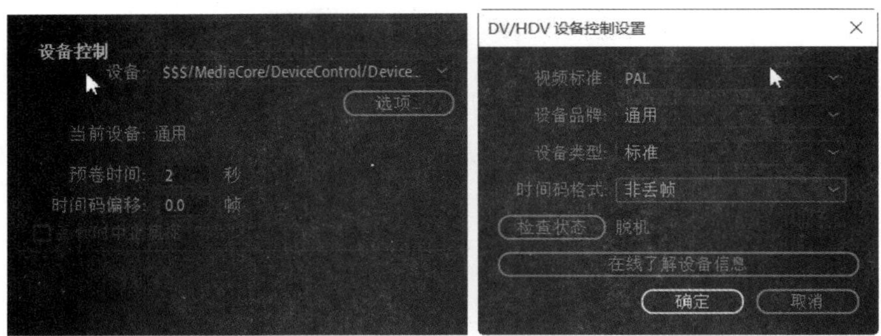

图 2.1.42　设置视频制式、设备类型

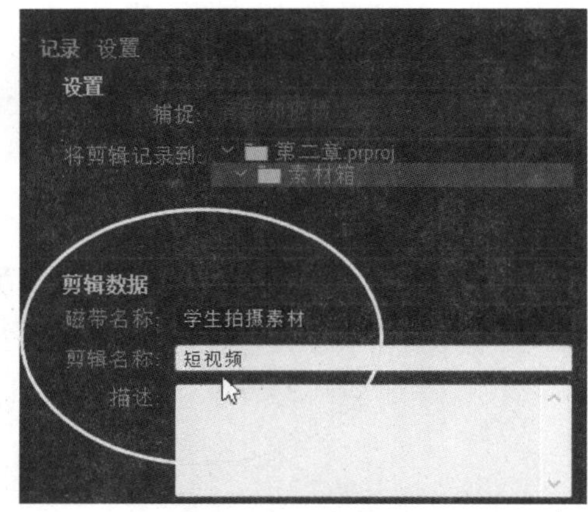

图 2.1.43　设置磁带名称和剪辑名称

（6）在“捕捉”面板单击快退按钮，将磁带倒回到需要捕捉的位置，在单击录制按钮的同时，单击播放按钮开始捕捉，如图 2.1.44 所示。

图 2.1.44　捕捉视频

（7）捕捉完成后单击停止按钮，在弹出的“保存已采集素材”面板设置已捕捉素材的素材名、描述和记录注释等，单击确定按钮将已捕捉的“学生采集”素材自动添加到“项目”面板，如图 2.1.45 所示。

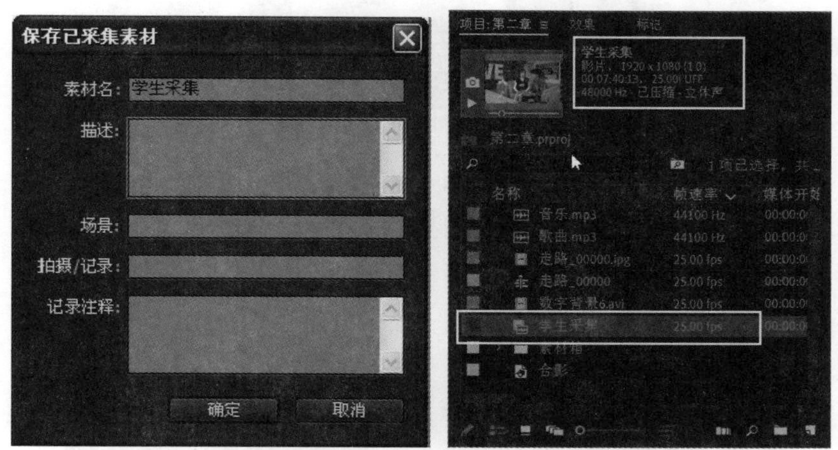

图 2.1.45　保存已捕捉视频

2.1.7　替换素材

在工作实际中经常会遇到替换素材的操作，在 Premiere Pro 2021 中替换素材的方法有两种。

第一种具体方法操作如下：

（1）在“项目”面板选择将要替换的素材后单击鼠标右键菜单选择“替换素材”选项，如图 2.1.46 所示。

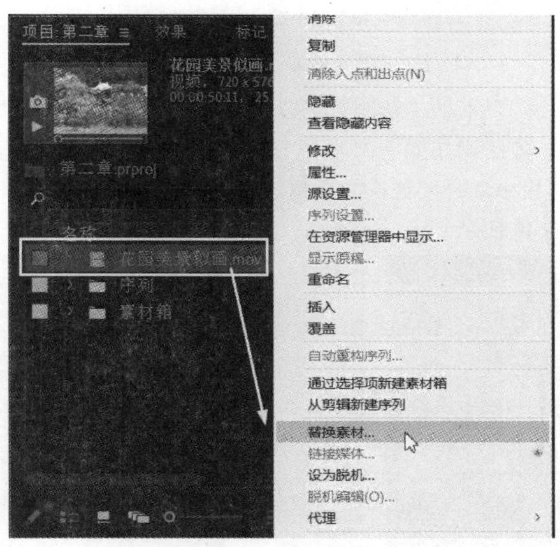

图 2.1.46　选择“替换素材”选项

（2）在弹出的“替换‘花园美景似画.mov’素材”对话框里选择要替换的“玫瑰花.mpg”素材，单击选择按钮，如图 2.1.47 所示。

图 2.1.47　“替换‘花园美景似画.mov’素材”对话框

（3）“项目”面板的“花园美景似画”素材被替换成了“玫瑰花”素材，如图 2.1.48 所示。

（a）

（b）

图 2.1.48　替换影片素材文件对比

（a）替换影片素材前；（b）替换影片素材后

从图 2.1.48 中可以看出，以前的“花园美景似画”素材已经成功地被“玫瑰花”素材所替换。

第二种替换素材的具体方法操作如下：

（1）在“时间线”面板中选择要替换的素材，单击鼠标右键菜单执行“使用剪辑替换”→“从源监视器”命令，如图 2.1.49 所示。

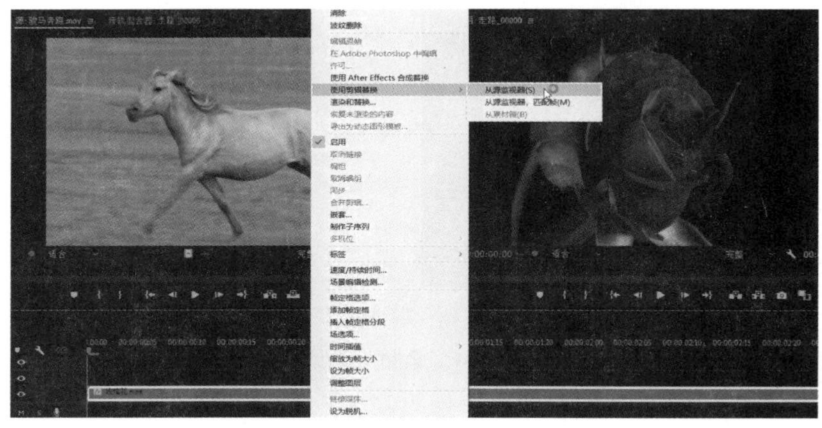

图 2.1.49　在“时间线”面板中选择要替换的素材

（2）原来在时间线上的“玫瑰花”素材成功地被源监视器窗口的“骏马奔跑”所替换，如图 2.1.50 所示。

图 2.1.50　替换源监视器窗口素材

提示：在时间线上选择将要替换的素材，然后单击鼠标右键菜单执行“使用剪辑替换”→“从素材箱”命令，可以将“项目”面板选定的素材“花园美景似画”素材成功替换，如图 2.1.51 所示。

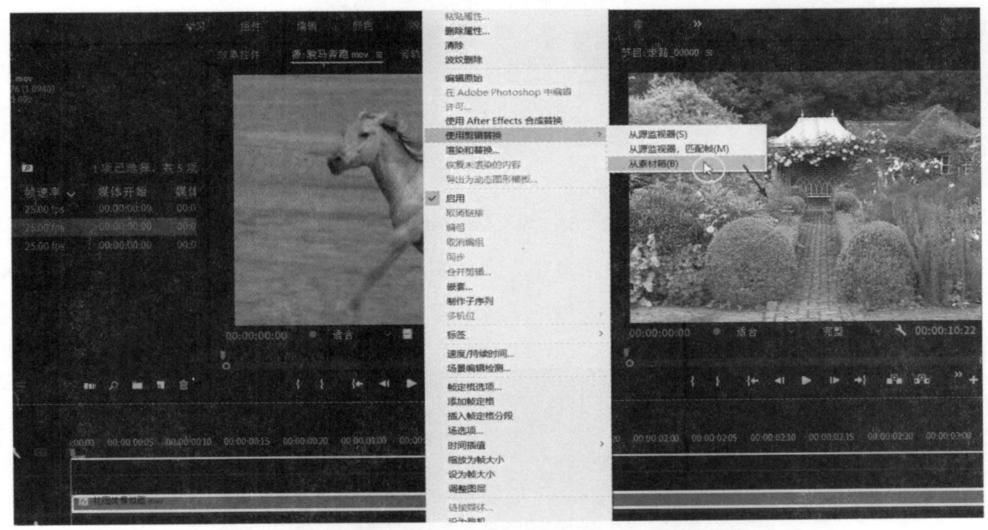

图 2.1.51　从素材箱替换素材

2.1.8　导入 Photoshop 文件素材

在 Premiere Pro 2021 里，不但可以将 Photoshop 素材文件导入到时间线，还可以保留 Photoshop 素材的图层和 Alpha 通道信息等，具体操作步骤如下：

（1）打开 Photoshop 软件，打开一幅以前做好的“快乐童年”作品，如图 2.1.52 所示。

图 2.1.52　在 Photoshop 中打开“快乐童年”作品

（2）在“项目”面板双击鼠标左键，在弹出的“导入”对话框里打开“快乐童年”PS 文件，如图 2.1.53 所示。

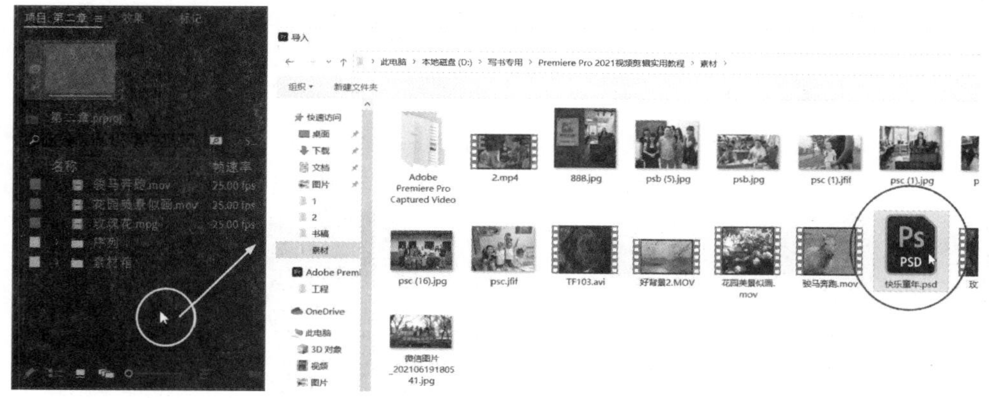

图 2.1.53　导入 Photoshop 作品

（3）在弹出的“导入分层文件：快乐童年”对话框里，在“导入为”选项栏里选择“序列”选项，还可以选择 PS 文件里的“单个图层”导入，如图 2.1.54 所示。

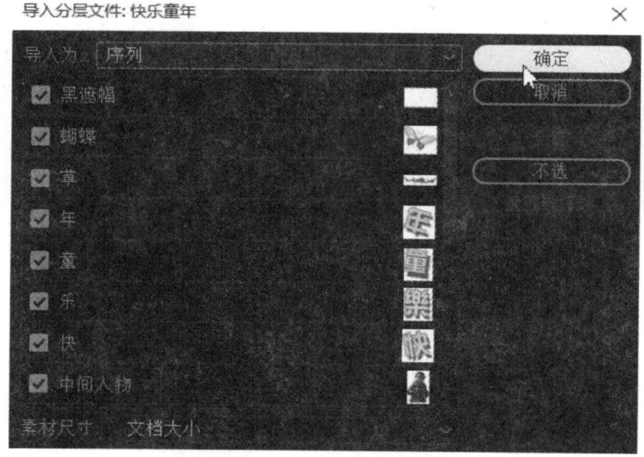

图 2.1.54　导入“快乐童年”素材

提示：在“导入为”选项栏里选择“合并所有图层”选项，导入的 Photoshop 文件会在自动合并图层后导入 Premiere Pro 2021，如图 2.1.55 所示。

（4）在“导入分层文件：快乐童年”对话框里单击 确定 按钮，完成 Photoshop 分层文件导入，如图 2.1.56 所示。

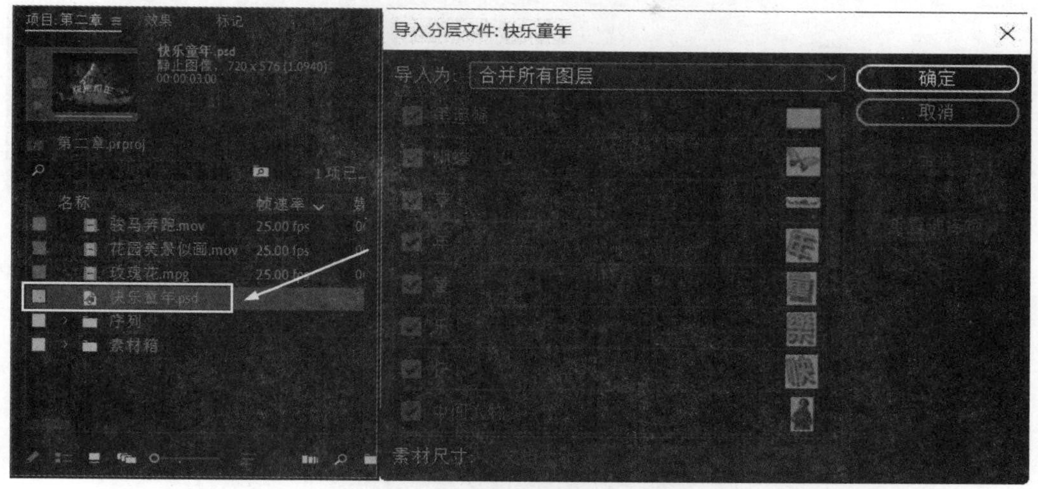

图 2.1.55　选择“合并所有图层”

图 2.1.56　完成 Photoshop 分层文件导入

2.1.9　离线素材的链接

打开项目文件后，有时会自动弹出一个“链接媒体”对话框，表明“花园美景似画.mov”素材已经和项目文件呈脱节离线状态，如图 2.1.57 所示。

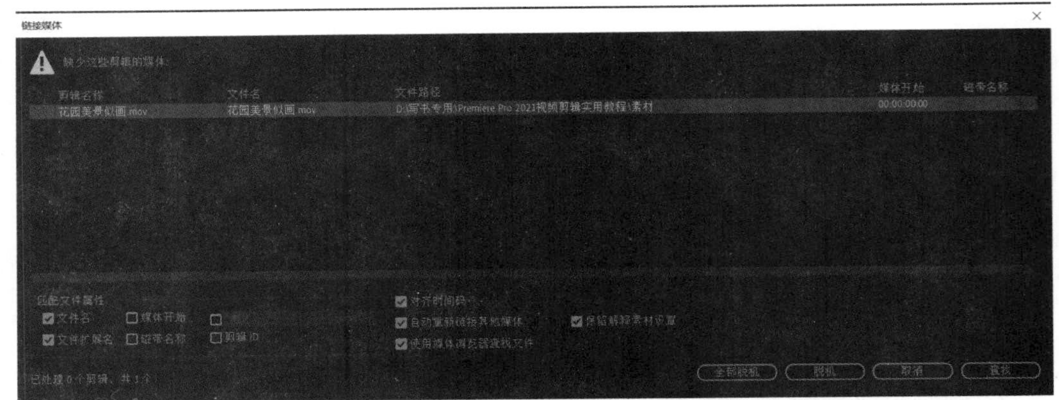

图 2.1.57　自动弹出“链接媒体”对话框

单击 查找 按钮后，可以继续找到脱机的“花园美景似画.mov”素材后再次链接；单击 取消 按钮后，时间线序列上的素材和“项目”面板的离线素材预览都呈“媒体脱机”显示，如图 2.1.58 所示。

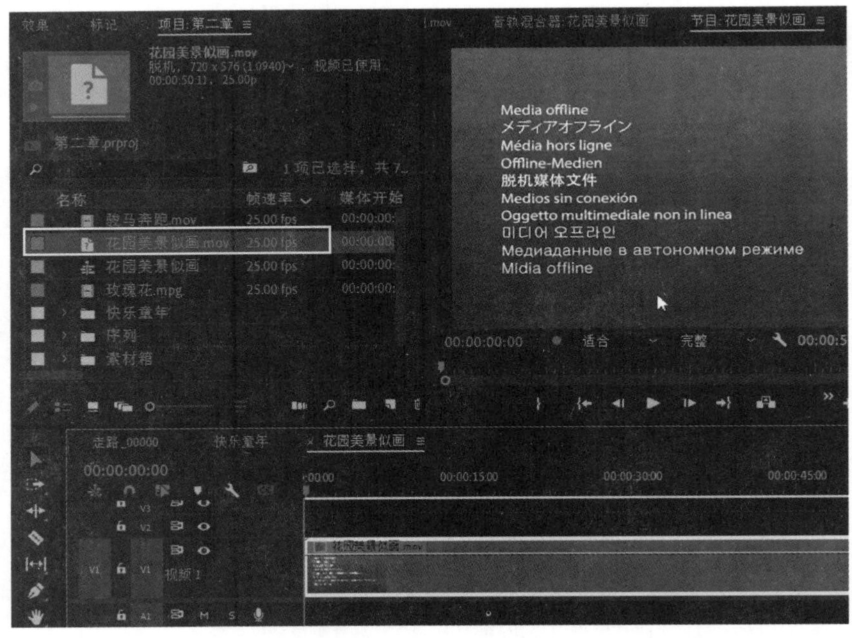

图 2.1.58　离线素材预览呈“媒体脱机”显示

注意：素材离线的原因主要是素材的保存路径或者名称发生了改变。因此，做片子的时候最好在工程文件夹里建立相应的文件夹，以将素材分类进行管理。例如，要把在家里电脑做好的工程文件拷贝到公司的电脑上时，拷贝文件的时候，最好连同素材和工程文件一起拷贝，家里的电脑保存路径和公司的保存路径保持一致，包括电脑盘符也一致，这样不容易造成素材离线，如图 2.1.59 所示。

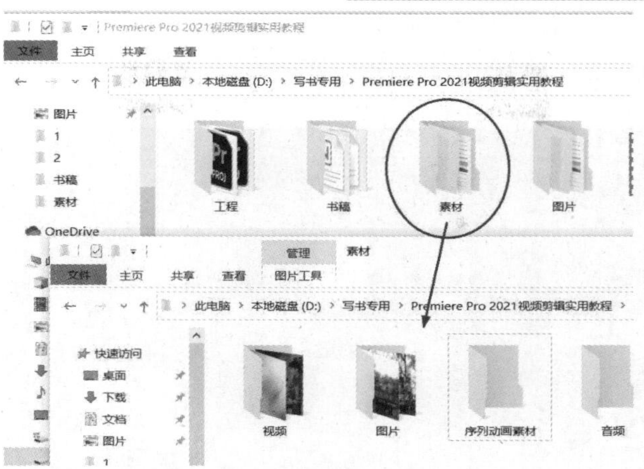

图 2.1.59　分类管理素材

恢复离线素材的具体操作步骤如下：

（1）在“项目”面板选择离线素材后，单击鼠标右键菜单选择“链接媒体”选项，如图 2.1.60 所示。

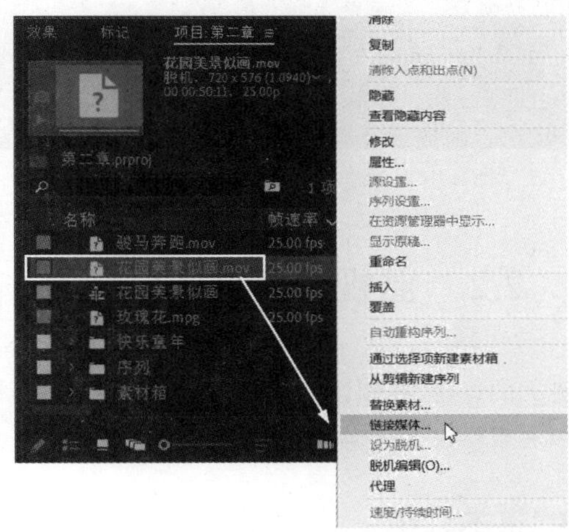

图 2.1.60　选择“链接媒体”选项

（2）在弹出的“链接媒体”对话框，单击离线素材“花园美景似画.mov”，单击 查找 按钮，如图 2.1.61 所示。

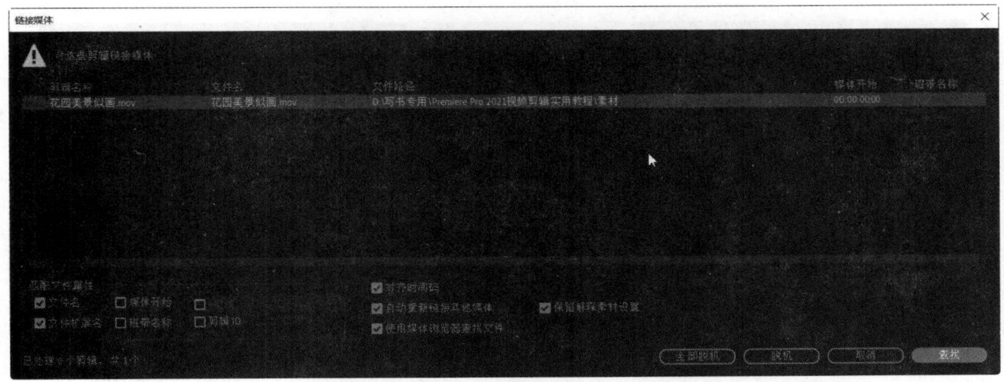

图 2.1.61　“链接媒体”对话框

（3）在弹出的“查找文件‘花园美景似画.mov’”对话框，单击离线素材“花园美景似画.mov”，单击 确定 按钮后，项目文件中的脱机离线素材已经被成功链接，如图 2.1.62 所示。

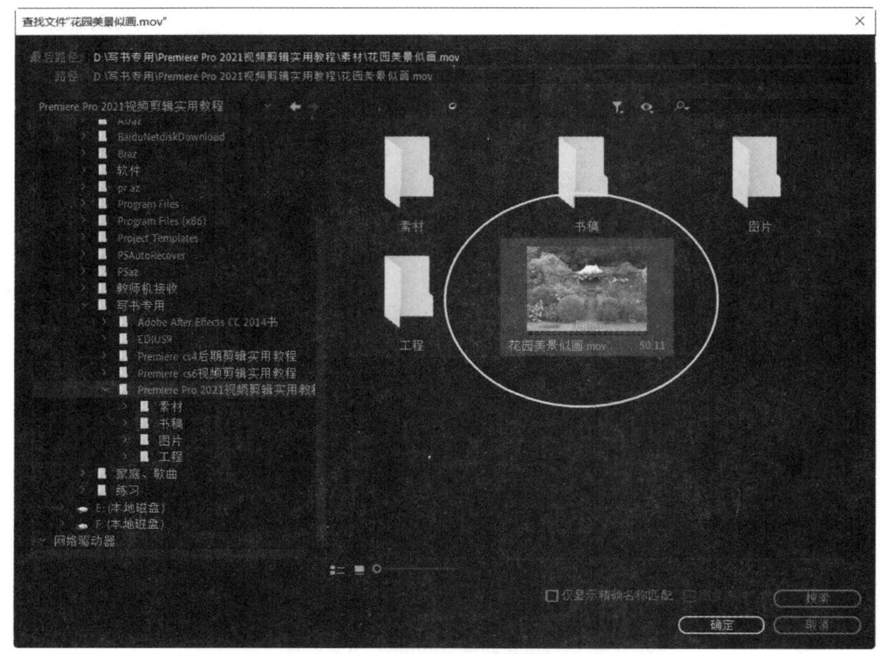

图 2.1.62　脱机离线素材已经被成功链接

2.2　监视器窗口的介绍

监视器窗口相当于一个庞大的舞台，在制作的过程中可以直接通过监视器对各种视频素材和时间线上的动画进行预览，还可以对素材进行精确的编辑和修剪等操作。

2.2.1　监视器窗口的基本介绍

Premiere Pro 2021 软件在默认状态下分为源素材监视器窗口和节目监视器窗口，左边为源素材监视器窗口，右边为节目监视器窗口，如图 2.2.1 所示。

图 2.2.1　软件监视器窗口

从表面上看这两个窗口好像一模一样，但它们的用途其实各不相同。源素材监视器窗口主要功能是提前预览和裁剪素材，而节目监视器窗口可以同步显示时间线序列上的素材信息。两个窗口不能同时播放，用鼠标在窗口上单击选择，被选择的窗口外框会有一个线框，只播放被选择的窗口，如图 2.2.2 所示。

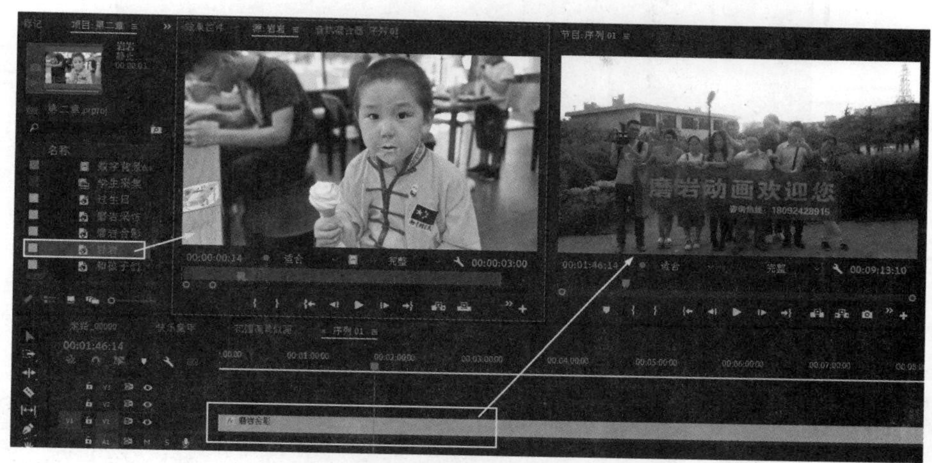

图 2.2.2　预览素材

2.2.2　添加素材到监视器窗口

在编辑素材以前，首先要将素材从“项目”面板添加到源素材监视器和时间线上，具体方法有以下几种：

（1）在“项目”面板选择“骏马奔跑”素材，单击鼠标右键菜单执行“插入”命令，即可将选定素材插入时间线，如图 2.2.3 所示。

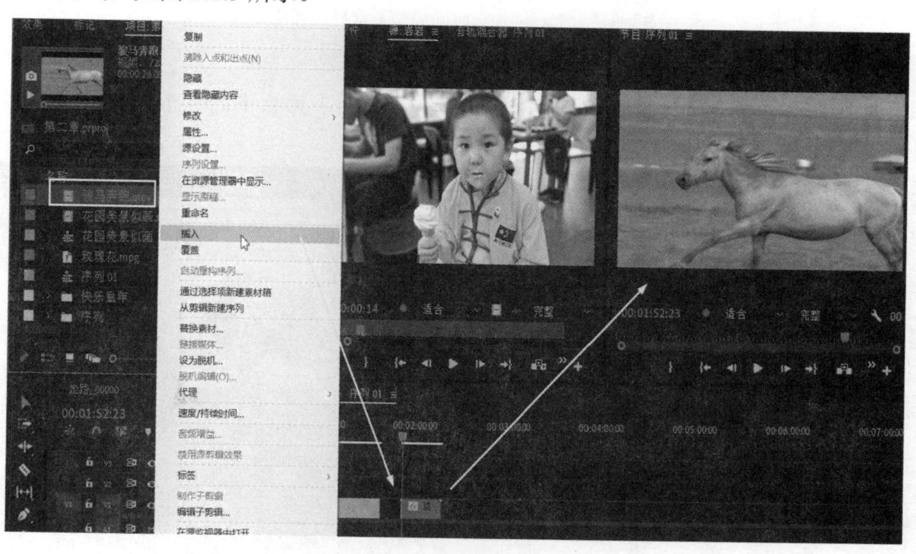

图 2.2.3　插入素材到时间线

在“项目”面板中选择“花园美景似画”素材，双击鼠标左键即可将该素材添加到源素材监视器，如图 2.2.4 所示。

图 2.2.4　将素材添加到源素材监视器

（2）在“项目”面板中选择“骏马奔跑”素材，单击鼠标左键直接将“骏马奔跑”素材添加到时间线或者源素材监视器窗口，如图 2.2.5 所示。

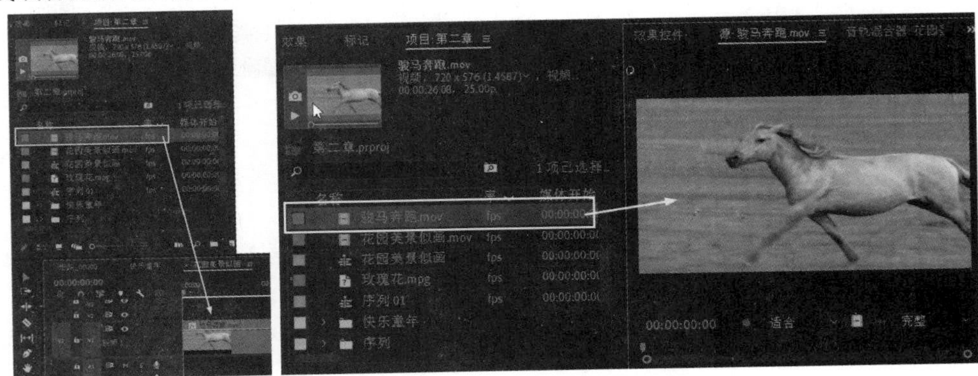

图 2.2.5　将素材添加到时间线和源素材监视器窗口

提示：在 Premiere Pro 2021 软件中，可以将“项目”面板中的多个素材同时选中并添加到时间线上，如图 2.2.6 所示。

图 2.2.6　将多个素材同时添加到时间线

（3）在“项目”面板中选择“磨岩合影”素材，在“项目”面板工具栏单击自动匹配到序列按钮，在弹出的“序列自动化”对话框里单击确定按钮即可，如图 2.2.7 所示。

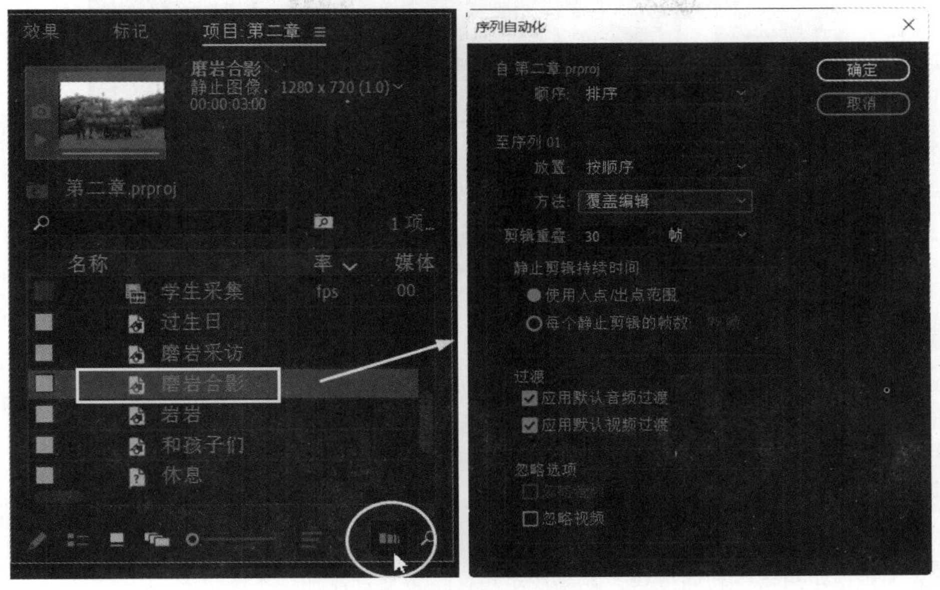

图 2.2.7　将选定素材匹配到序列

提示：当导入的素材画面太大，在节目监视器窗口未能完全显示时，可以在时间线上选定该素材，单击鼠标右键菜单，执行“设为帧大小”命令即可，如图 2.2.8 所示。

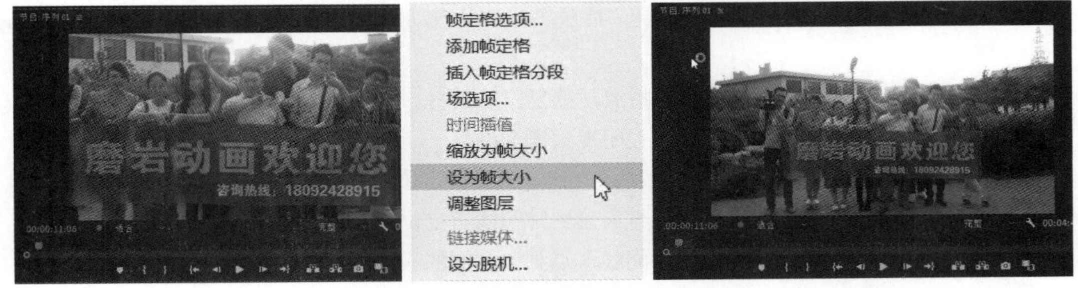

图 2.2.8　适配为当前画面大小

2.2.3　监视器窗口的基本操作

监视器窗口（见图 2.2.9）分为显示区和控制区，从外表上来看，源素材监视器和节目监视器两个窗口控制区的按钮基本相同。一般情况下，将素材添加到时间线和源素材监视器以后，通过监视器显示区域来观看素材效果，通过控制区域来控制素材的播放、停止和倒退等操作。

播放按钮：单击该按钮，素材以正常速度播放，再次单击该按钮暂停播放，快捷键为空格键。

停止按钮：单击该按钮停止播放素材。

前进一帧：单击一次播放头向前进一帧，快捷键为键盘上的右方向键“→”。按住右方向键为播放状态。

后退一帧：单击一次播放头向后退一帧，快捷键为键盘上的左方向键“←”。按住左方向键为倒退状态。

图 2.2.9 监视器窗口

设置入点：单击该按钮为素材设定入点位置，快捷键为“I”。

设置出点：单击该按钮为素材设定出点位置，快捷键为“O”。

跳转到入点：单击该按钮以后，播放头指针自动跳转至素材的入点位置。

跳转到出点：单击该按钮以后，播放头指针自动跳转至素材的出点位置。

播放入点到出点：单击该按钮以后，软件只播放入点到出点间的素材，不播放其他区域的素材。

添加标记：单击该按钮以后，在播放头指针位置自动添加一个标记点。

跳转至前一标记点：单击该按钮以后，播放头指针将自动跳转至前一个标记点位置。

跳转至下一标记点：单击该按钮以后，播放头指针将自动跳转至下一个标记点位置。

跳转至前一编辑点：单击该按钮以后，播放头指针将自动跳转到上一个编辑点，快捷键为“Page Up”键。

跳转至下一编辑点：单击该按钮，播放头指针将自动跳转到下一个编辑点，快捷键为“Page Down”键。

循环播放：单击该按钮，循环播放，重复回放素材。

安全框：单击该按钮，打开或关闭视频安全框。

插入：单击该按钮，将选定素材插入到时间线指定位置。

覆盖：单击该按钮，将选定素材覆盖到时间线指定位置。

提升：单击该按钮，将提升时间线入点到出点间的素材。

提取：单击该按钮，将提取时间线入点到出点间的素材。

播放邻近区域：单击该按钮，可以自动播放指针邻近区域的素材。

输出单帧：单击该按钮，可以自动输出单帧图像。

全局 FX 静音：单击该按钮，可以关闭该素材上所有的效果。

显示标尺：单击该按钮，可以打开和关闭监视器窗口的标尺。

切换多机位视图：单击该按钮，可以在监视器窗口打开多机位视图模式。

切换 VR 视频显示：单击该按钮，可以在监视器窗口预览 VR 沉浸式视频模式。

比较视图：单击该按钮，可以在监视器窗口对素材编辑前后进行对比。

在节目监视器对齐：单击该按钮，可以在监视器窗口让素材对齐到参考线。

显示参考线：单击该按钮，可以在监视器窗口显示和隐藏参考线。

切换代理：单击该按钮，可以打开素材代理模式。

提示：在监视器窗口单击“按钮编辑器”按钮➕后，软件会自动展开监视器窗口所有的操作按钮，如图 2.2.10 所示。

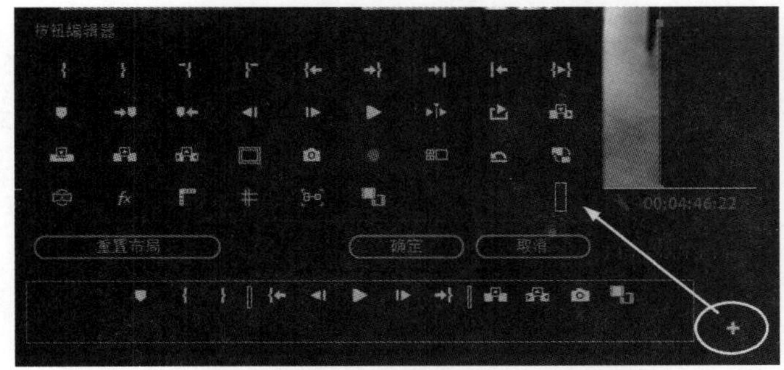

图 2.2.10　单击“按钮编辑器”按钮

2.3　其他面板的介绍

除了上述的“项目”面板和监视器窗口以外，Premiere Pro 2021 软件还有其他的一些面板，比如“工具箱”面板、“信息”面板、“历史”面板、“效果”面板、“音轨混合器”面板和“效果控件”面板等。

2.3.1　“工具箱”面板、“信息”面板和“历史”面板

“工具箱”面板里主要存放了一些常用的工具，方便编辑时使用。另外，在“工具”面板被关闭后，可以通过用鼠标单击菜单，执行“窗口”→“工具”命令，打开“工具箱”面板，如图 2.3.1 所示。

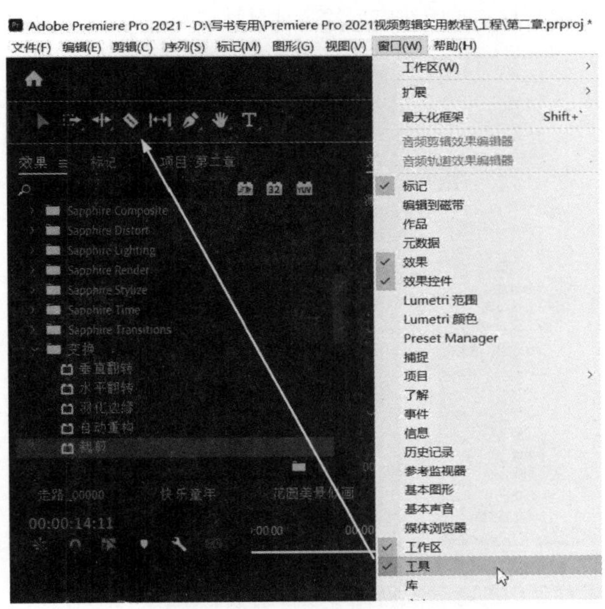

图 2.3.1　打开“工具箱”面板

Premiere Pro 2021 软件工具箱里包括常用的各种工具按钮，通过使用这些工具按钮，可以对各种素材进行选择、移动、编辑和添加/删除关键帧等各种操作，如图 2.3.2 所示。

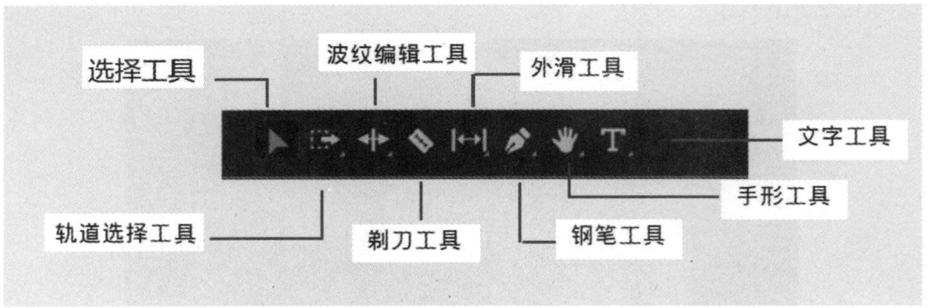

图 2.3.2　常用的各种工具按钮

如果要使用一般的工具按钮，可以按以下任意一种方法来操作：

（1）鼠标单击所需的工具按钮，例如单击工具箱中的剃刀工具按钮，即可使用当前工具。

（2）在键盘上按工具按钮相对应的快捷键，可以对图像执行相对应的操作，例如按“C”键可以选择剃刀工具。

提示：将鼠标放在工具箱面板任意一个工具按钮上停留 2 ~ 3s 以后，软件就会自动提示该工具的名称以及快捷键，如图 2.3.3 所示。

图 2.3.3　显示工具按钮的提示

同样利用鼠标单击执行菜单“窗口”→“信息”命令，可以显示/隐藏“预览控制台”面板，“信息”面板主要用于显示选定素材和时间线序列的各种属性信息，如图 2.3.4 所示。

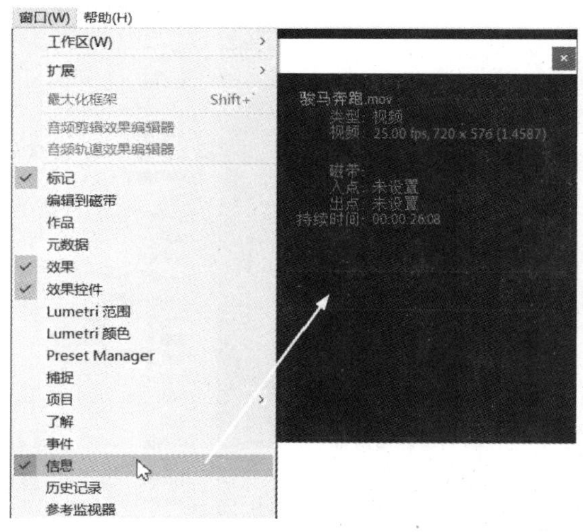

图 2.3.4　显示“信息”面板

在 Premiere Pro 2021 软件中的每一次操作步骤都会被记录在“历史记录”面板里，可以利用鼠标单击选择前面的步骤，达到返回前面操作的目的，如图 2.3.5 所示。

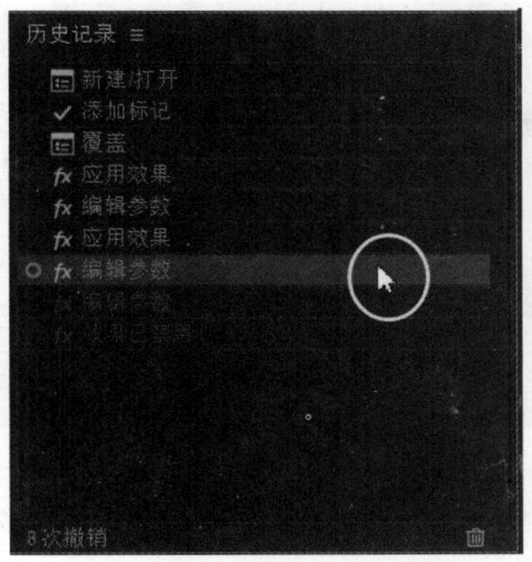

图 2.3.5　“历史记录”面板

2.3.2　“效果”“音轨混合器”和“效果控件”面板

Premiere Pro 2021 软件的“效果”面板（见图 2.3.6）里提供了上百种音频特效、视频特效和视频过渡效果，不但可以很方便地为时间线上的素材添加特效，还可以把自己经常使用的一些特效放置在自定义文件夹内，新增了特效查找功能，使用起来更加快捷。

“音轨混合器”面板（见图 2.3.7）的主要作用是完成对各轨道音频素材的效果处理工作，可以通过音轨混合器调整混合音频轨道，调整各轨道的音量大小及各声道平衡，或者录制视频同期音等。

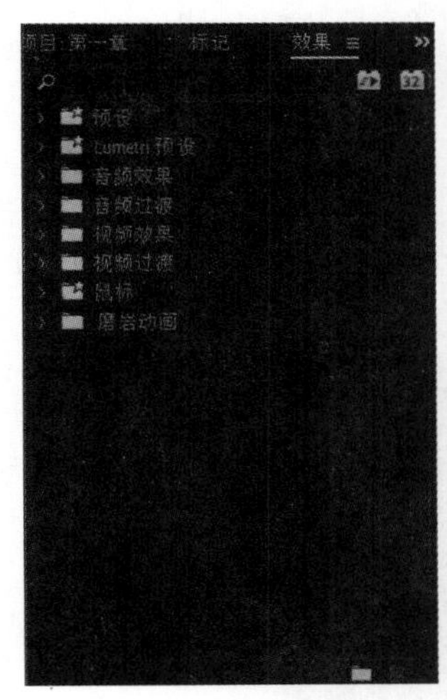

图 2.3.6　“效果”面板

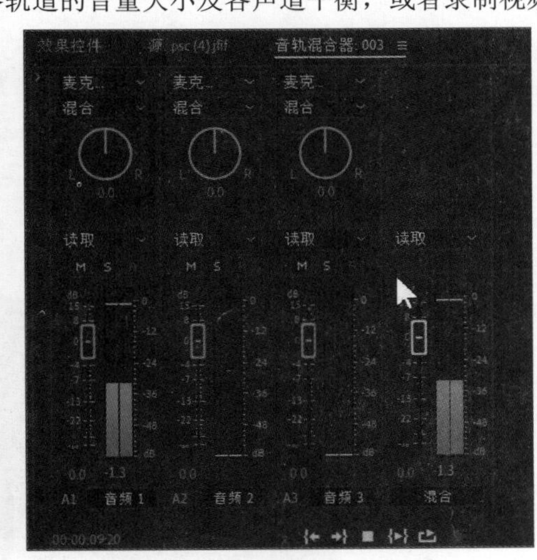

图 2.3.7　“音轨混合器”面板

“效果”面板主要是对时间线上所添加的素材进行参数设置以及关键帧动画的设置等操作，具体操作步骤如下：

（1）在“效果”面板里找到需要添加的视频过渡效果“圆划像”，用鼠标拖拽至素材，如图 2.3.8 所示。

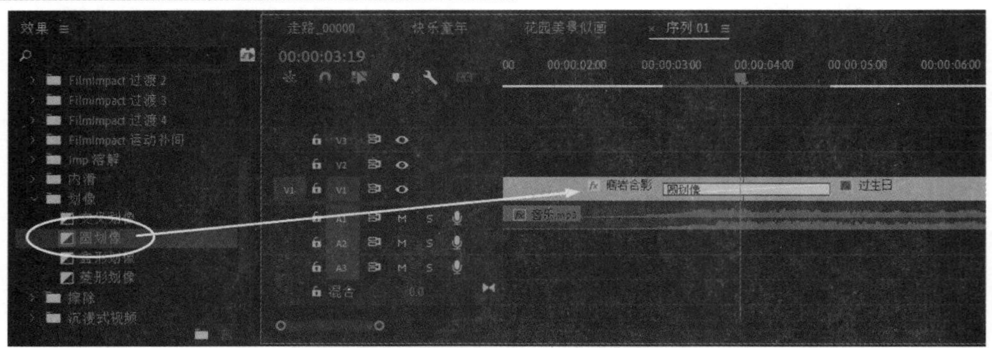

图 2.3.8　添加“圆划像”效果

（2）在鼠标放至“位置”的数值上单击左键拖拽，可以调整其参数，还可以直接单击输入数值，即可改变该素材的位置参数，如图 2.3.9 所示。

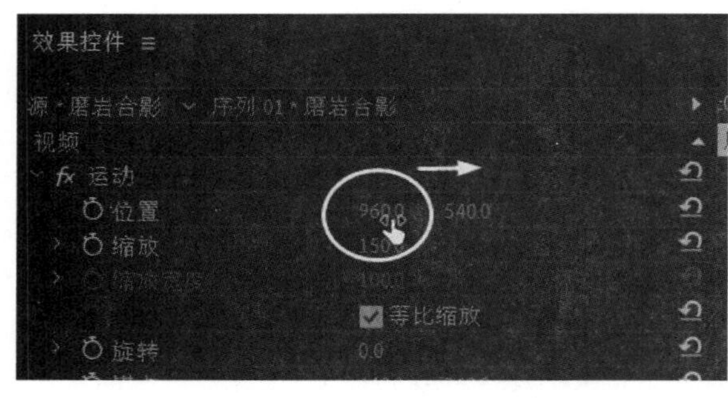

（a）

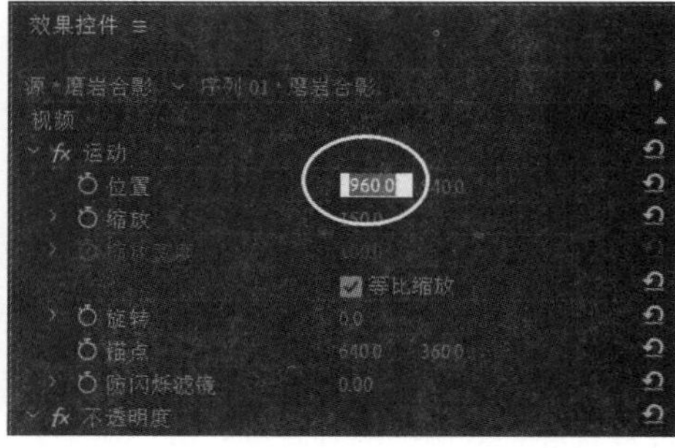

（b）

图 2.3.9　更改位置参数

（a）单击左键拖拽可以调整其参数；（b）直接单击输入数值可改变该素材的位置参数

注意：在调整特效数值时，可以单击“缩放”前面的三角图标，通过拖动数值滑杆来调整参数，如图 2.3.10 所示。

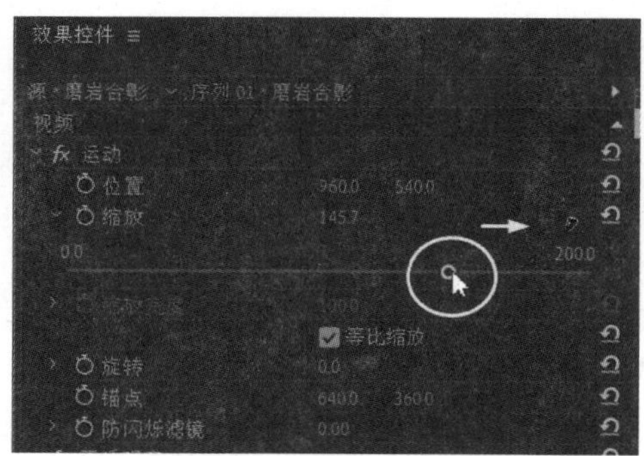

图 2.3.10　调整特效相关参数

提示：如果想撤销对上一次“缩放”参数的设置，可以在“缩放”选项上单击鼠标右键选择“撤销”选项。单击“运动”选项右边的重置按钮，可以将“运动”特效里所有的参数重置，如图 2.3.11 所示。

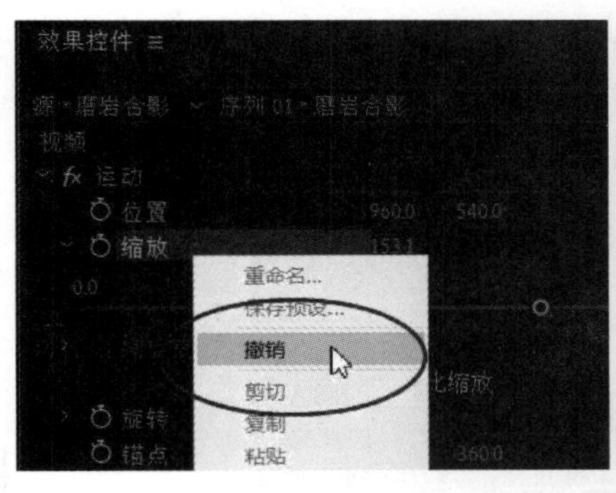

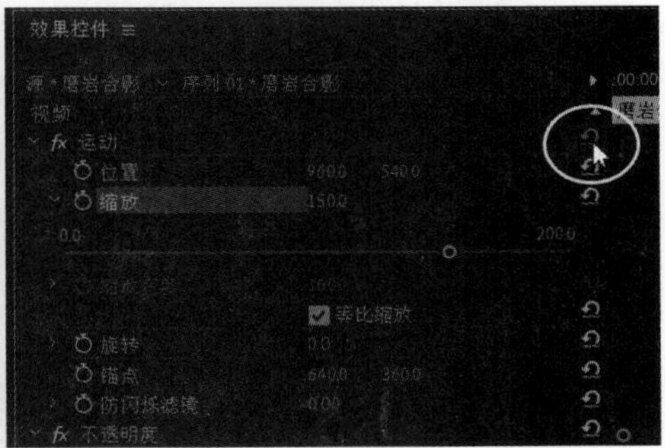

图 2.3.11　撤销/重置特效参数

2.3.3　创建代理和 VR 沉浸式视频

在剪辑 4K 以上画面分辨率的视频时，在电脑配置太低的情况下，可以在 Premiere Pro 2021 软件中为素材创建代理，具体步骤如下：

（1）在菜单栏单击执行“文件”→“新建”→“序列”命令，如图 2.3.12 所示。

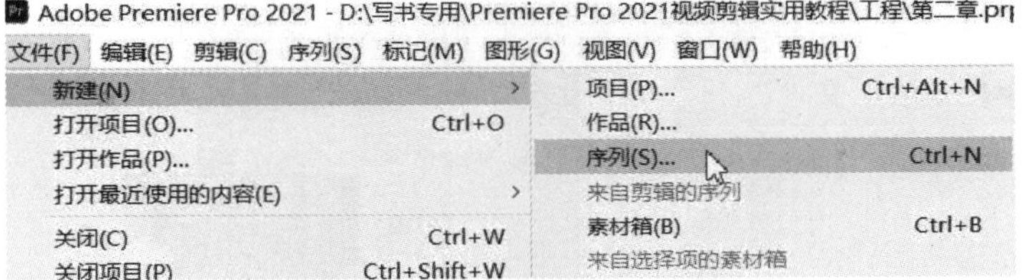

图 2.3.12　新建序列

（2）在弹出的“新建序列”面板设置编辑模式为 DNxHR 4K，如图 2.3.13 所示。

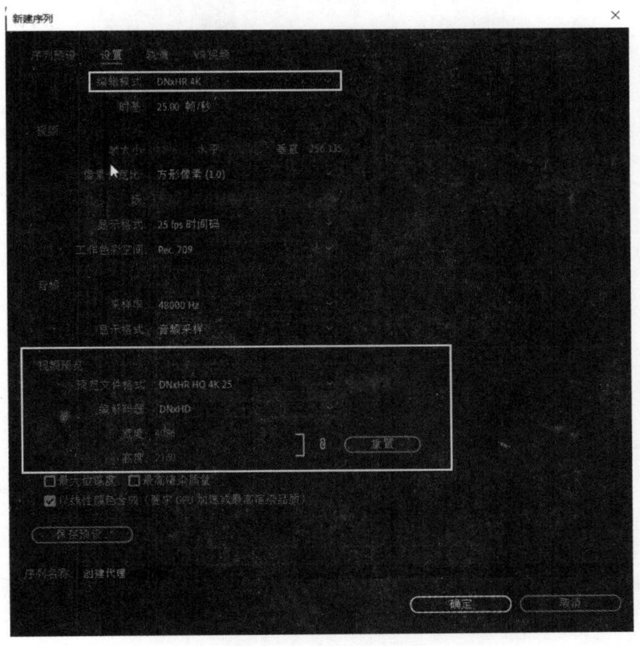

图 2.3.13　设置编辑模式

（3）在“项目”面板导入 4K 风景素材，该素材的画面尺寸为 4 096×2 160 px，如图 2.3.14 所示。

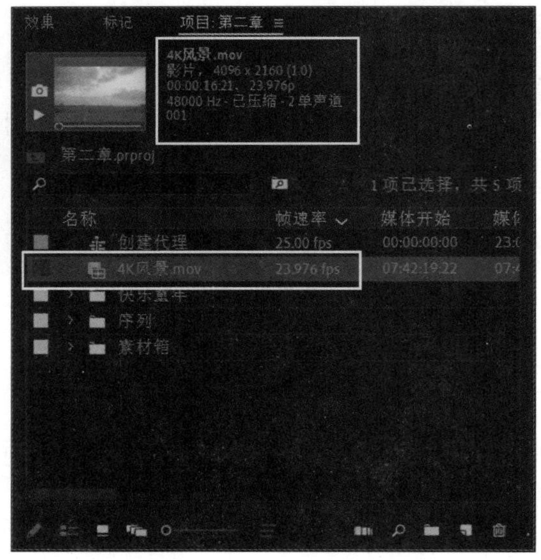

图 2.3.14　在“项目”面板导入 4K 风景素材

（4）在菜单栏单击“文件”→“项目设置”→“收录设置”选项，如图 2.3.15 所示。

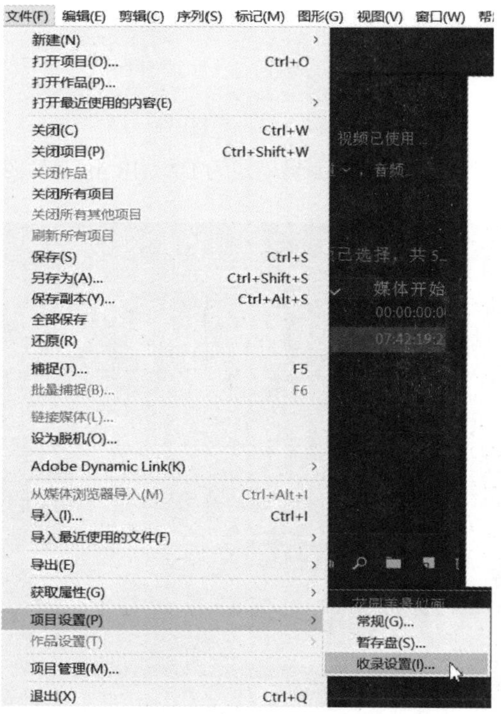

图 2.3.15　单击“收录设置”选项

（5）在“项目设置”面板里设置收录的预设和主要目标，如图 2.3.16 所示。

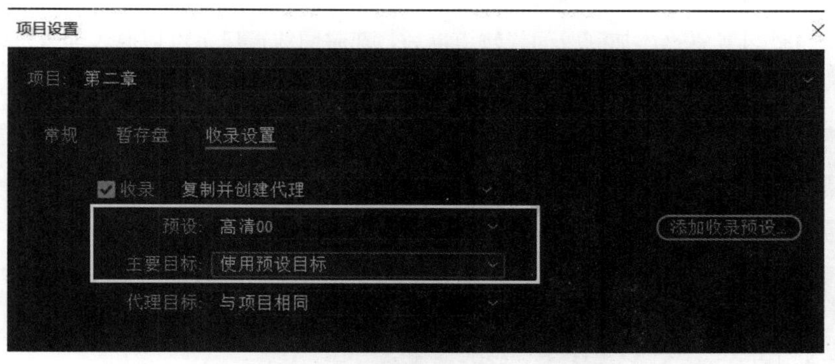

图 2.3.16　设置收录的预设和主要目标

（6）在“项目”面板选择 4K 风景素材，单击鼠标右键选择“代理”→“创建代理”选项，如图 2.3.17 所示。

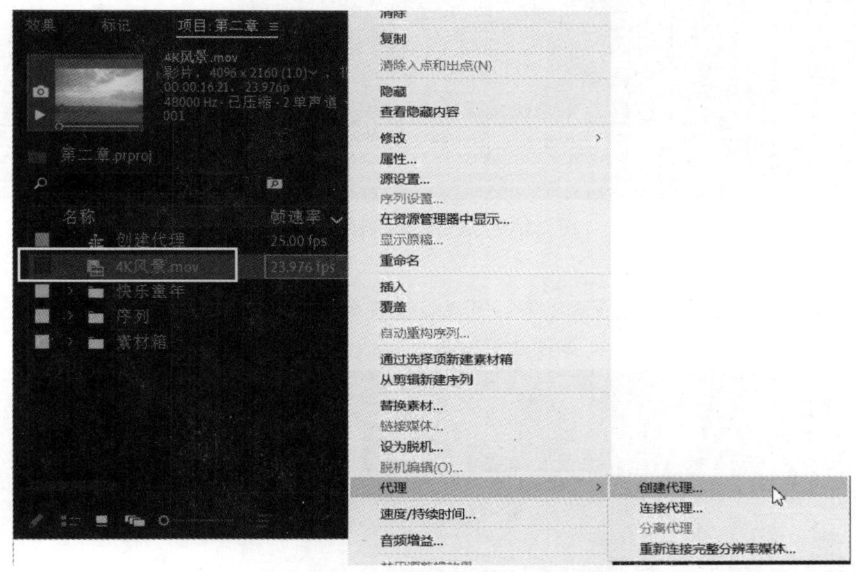

图 2.3.17　选择“创建代理”选项

（7）在弹出的“创建代理”面板选择预设为 H.264 Low Resolution Proxy，如图 2.3.18 所示。

图 2.3.18　在“创建代理”面板选择预设

（8）将 4K 风景素材添加到时间线轨道以后，在时间线窗口单机切换代理按钮并启用代理模式，如图 2.3.19 所示。

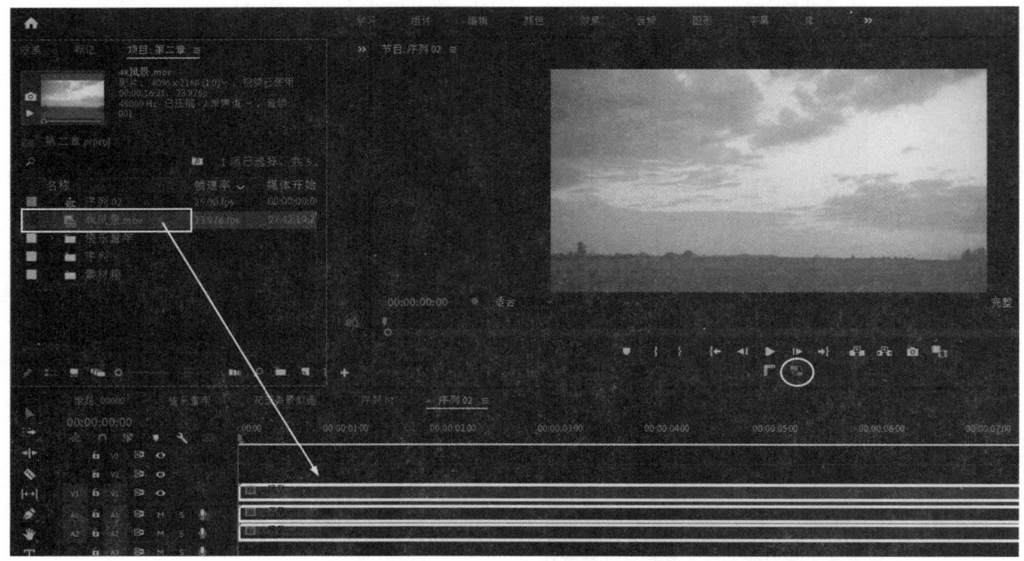

图 2.3.19　添加素材到时间线轨道并启用代理模式

提示：导入 VR 全景视频素材，可以在监视器窗口单机切换 VR 视频；点击显示按钮，可以预览和编辑 VR 沉浸式视频，如图 2.3.20 所示。

图 2.3.20　切换 VR 视频显示

本 章 小 结

本章主要介绍了 Premiere Pro 2021 的基础操作，帮助读者进一步深入了解软件的“项目”面板、监视器窗口、工具箱和项目文件的基本操作等知识。通过对本章的学习，读者对 Premiere Pro 2021 软件能有更进一步的了解。

操 作 练 习

一、填空题

1. “项目”面板的主要作用是_________，_________，_________存放和管理素材，相当于一个强大的_________。

2. “项目”面板包含了素材的信息和预览窗口、_________以及_________。

3. 在“项目”面板里选择一段素材，可在信息栏里预览素材，显示素材的_________、_________、_________和帧速率等一些相关信息。

4. 软件可以导入的素材分为视频素材、_________、_________、_________、动画序列素材及_________等。

5. 在 Premiere Pro 2021 软件中，可以将“项目”面板中的________素材同时选中并添加到时间线上。

二、选择题

1. 单击菜单“文件”→“新建”→“序列”命令，或按键盘（　）键新建一个时间线序列。

（A）Ctrl+R　　（B）Ctrl+K

（C）Ctrl +N　　（D）Q

2. 在“项目”面板里可以通过新建文件夹的方式来管理素材，执行菜单“文件”→“新建”→“文件夹”命令，或者按键盘（　）键。

（A）Ctrl　　（B）Shift

（C）Alt　　（D）Ctrl+/

3. 单击菜单执行“文件”→“导入”命令，或按键盘（　）键，可以将素材导入“项目”面板。

（A）Ctrl+I　　（B）Ctrl+ Shift+I

（C）Shift+I　　（D）I

4. 当导入的素材画面太大，在节目监视器窗口未能完全显示时，可以在时间线上选定该素材并单击鼠标右键菜单执行（　）命令即可。

（A）插入　　（B）嵌套

（C）适配为当前画面大小　　（D）激活

5. 在 Premiere Pro 2021 软件中的每一个操作步骤都会被记录在（　）里，可以利用鼠标单击选择前面的步骤达到返回前面操作的目的。

（A）“历史”面板　　（B）“效果”面板

（C）“媒体浏览”面板　　（D）“项目”面板

三、简答题

1．简述 Premiere Pro 2021 素材离线的原因。

2．如何替换和定义影片素材？

3．“效果控件”面板的主要作用是什么？

4．视频捕捉前应该做好哪些准备工作？

四、上机操作题

1．进行项目文件的新建、打开和保存练习。

2．反复练习在 Premiere Pro 2021“项目”面板导入各种素材，定义影片素材和替换素材。

3．视频的捕捉设置练习。

第 3 章　时　间　线

“时间线”面板是 Premiere Pro 2021 软件的动画核心部分，视频编辑的大量工作都是在“时间线”面板上完成的，在使用该软件之前先了解时间线各个工具的用途、功能和自定义时间线，在以后的剪辑工作中才能达到事半功倍的效果。

知识要点

- “时间线”面板的介绍
- 重命名、添加和删除轨道
- 编辑素材
- 时间线序列的设置
- 序列的嵌套应用

3.1　应用“时间线”面板

在“时间线”面板中，可以对各种素材进行剪辑、移动、叠加、添加动画关键帧等编辑操作，它几乎包含了 Premiere Pro 软件中的一切操作。“时间线”面板主要包括时间线工作区和轨道控制区两大部分，如图 3.1.1 所示。

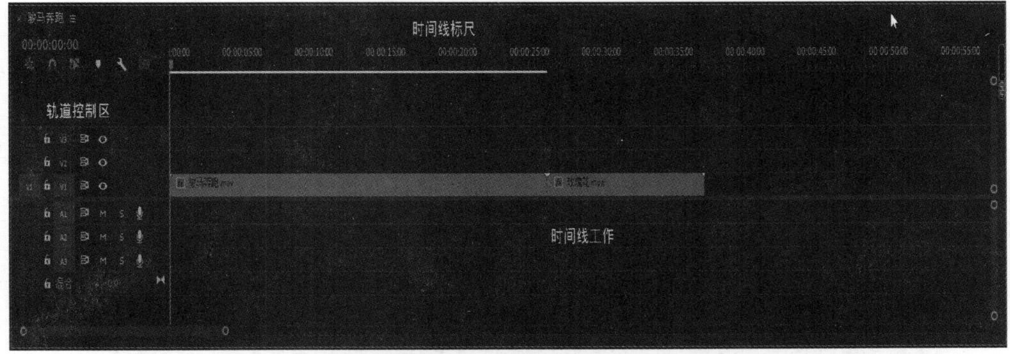

图 3.1.1　“时间线”面板

3.1.1　轨道控制区

轨道控制区主要是对时间线各轨道之间进行显示/隐藏、锁定、切换同步锁定和静音的控制，如图 3.1.2 所示。

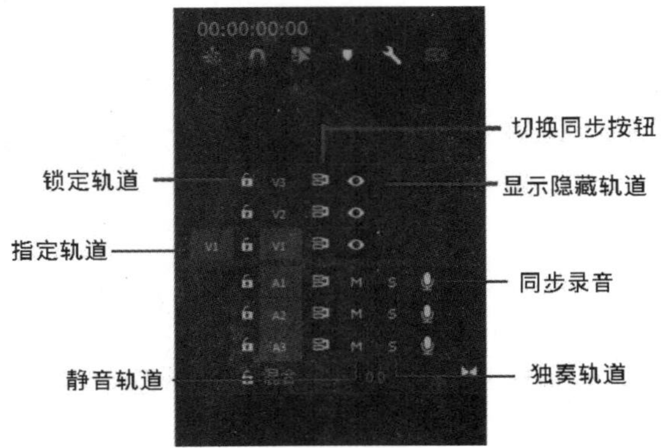

图 3.1.2 “时间线”面板轨道控制区

导入一段视频到“时间线”面板，来具体解释控制区域，具体操作步骤如下：

（1）在“项目”面板选择“玫瑰花”素材并拖拽至时间线“视频 1”轨道上，如图 3.1.3 所示。

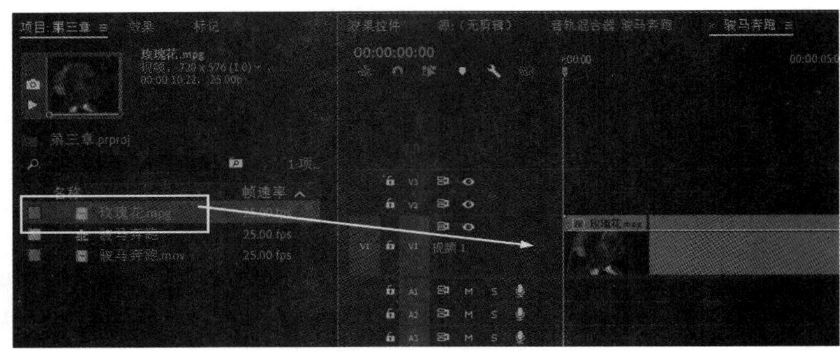

图 3.1.3 添加素材到时间线“视频 1”轨道

提示：在“项目”面板单击选择要导入的“玫瑰花”素材，按键盘“,”（逗号）键也可以将素材插入时间线指定轨道，如图 3.1.4 所示。

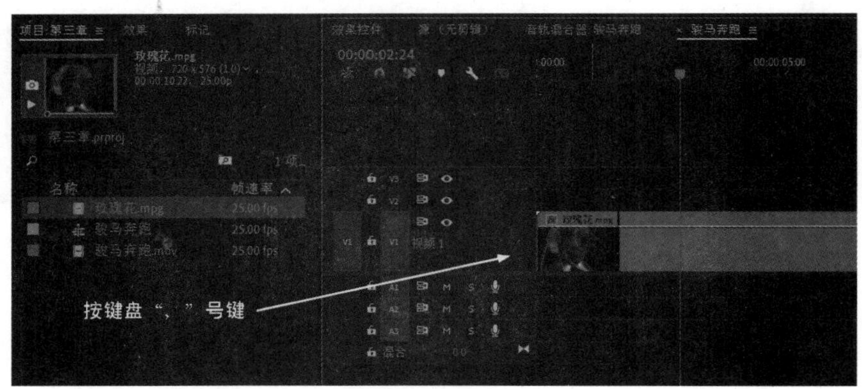

图 3.1.4 使用快捷键插入素材到时间线指定轨道

（2）在时间线“视频 1”轨道上单击显示/隐藏按钮，可以对该轨道进行显示和隐藏操作，如图 3.1.5 所示。

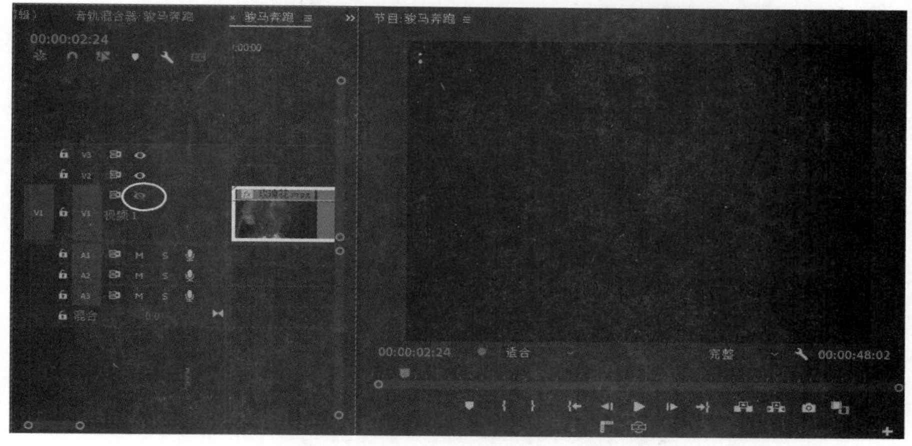

（a）

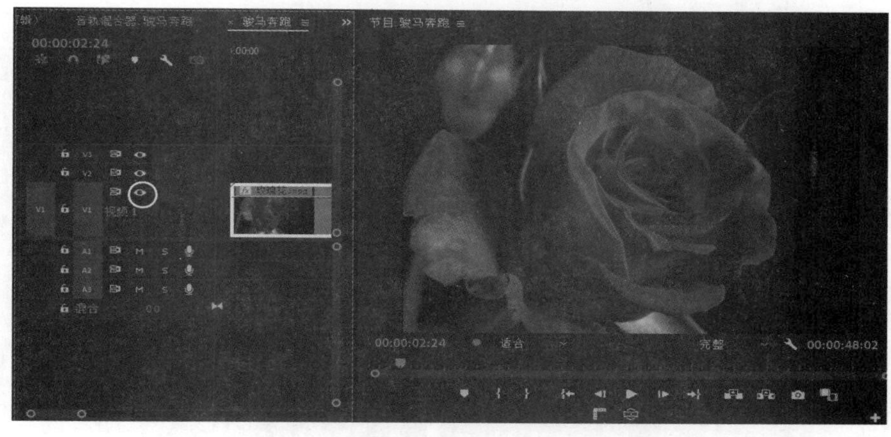

（b）

图 3.1.5　隐藏和显示轨道

（a）隐藏轨道；（b）显示轨道

（3）在时间线“音频 1”轨道单击音频输出/静音轨道按钮M，可以在音频和静音模式下相互切换，单击独奏轨道按钮S，可以将当前音频轨道设置为独奏模式，如图 3.1.6 所示。

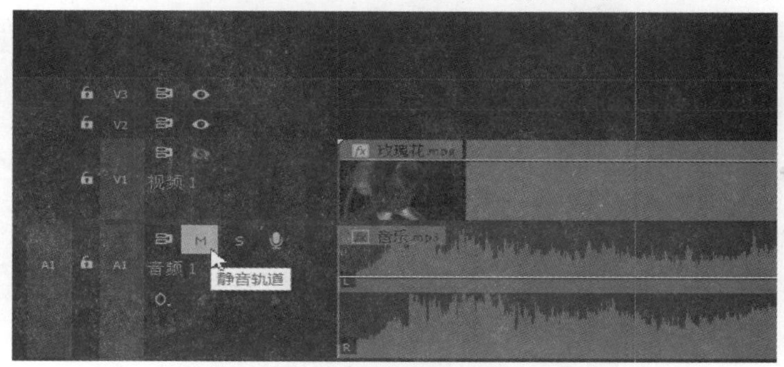

图 3.1.6　在音频和静音模式下相互切换

（4）在“时间线轨道”面板单击时间轴显示样式按钮，在下拉菜单里选择“显示视频缩略图”选项，如图 3.1.7 所示。

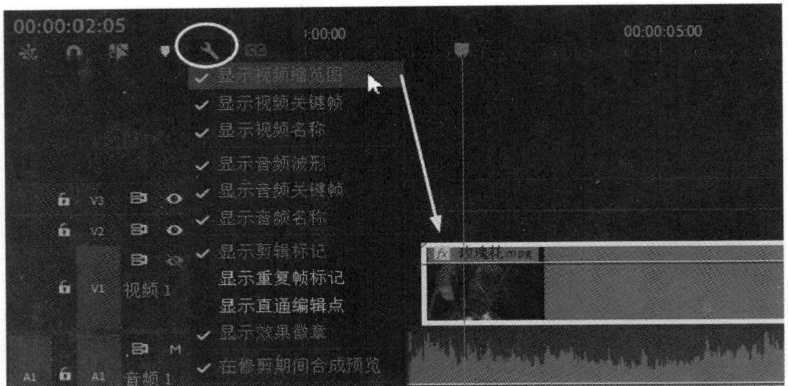

图 3.1.7　选择“显示视频缩略图”选项

在“时间线轨道”面板单击时间轴显示样式按钮🔧，在下拉菜单里选择“显示音频波形”选项，可以显示和关闭音频波形，如图 3.1.8 所示。

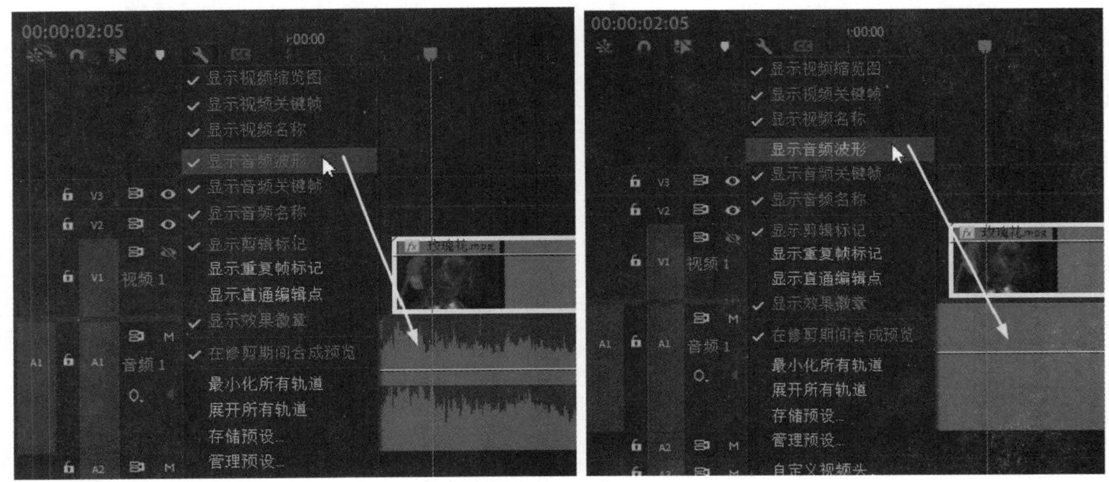

图 3.1.8　显示和关闭音频波形

（5）在时间线“视频 1”轨道单击轨道锁定按钮🔒，轨道被锁定后，不能进行任何编辑操作，再次单击按钮🔒解锁轨道，如图 3.1.9 所示。

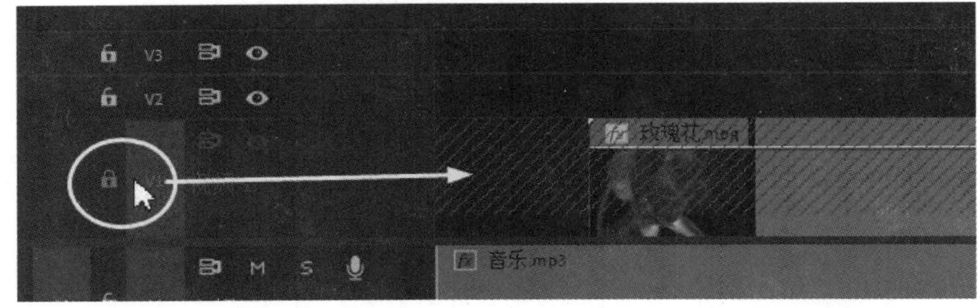

图 3.1.9　锁定轨道

（6）在“时间线轨道”面板单击时间轴显示样式按钮🔧，在下拉菜单里选择“显示视频关键帧”选项，可以显示/隐藏关键帧，如图 3.1.10 所示。

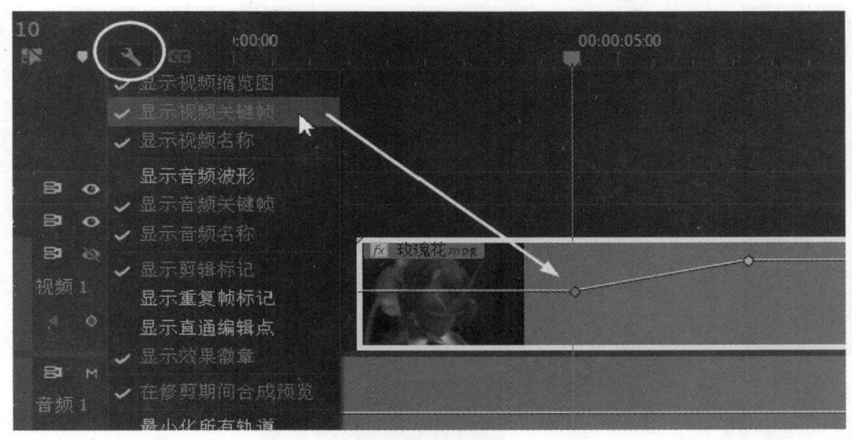

图 3.1.10　显示/隐藏关键帧

（7）在时间线选择“视频 2”轨道并单击指定源视频按钮，在“项目”面板上选择“玫瑰花”素材并单击鼠标右键执行“插入”命令，选择的“玫瑰花”素材就插入到了被指定的“视频 2”轨道，如图 3.1.11 所示。

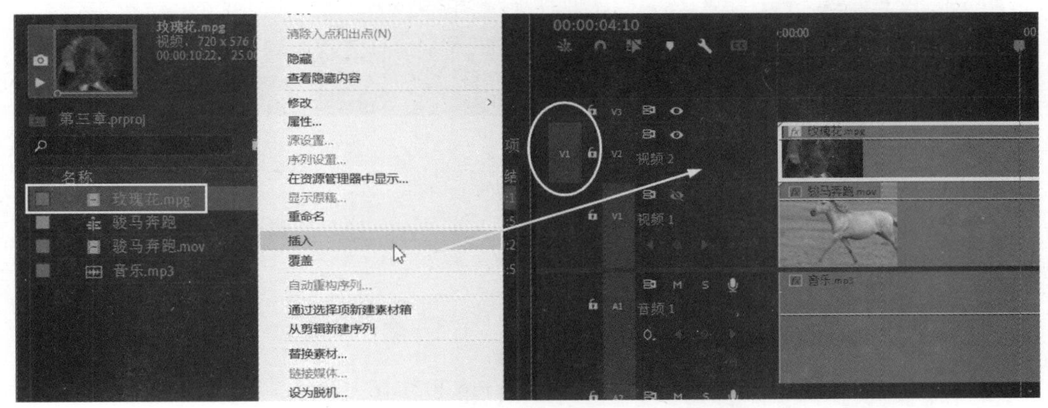

图 3.1.11　“玫瑰花”素材插入到指定轨道

提示：将“视频 1”轨道的指定源视频按钮单击并拖拽到“视频 2”轨道即可，“视频 2”轨道就为指定源视频轨道，如图 3.1.12 所示。

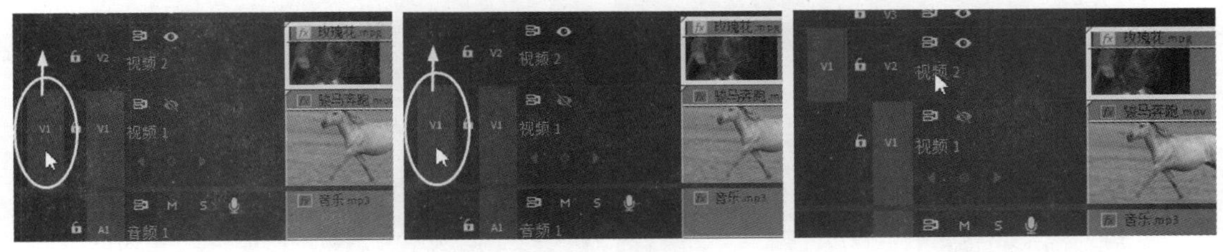

图 3.1.12　移动指定源视频轨道

（8）打开切换同步锁定按钮，在插入素材、删除波纹时能保证各轨道之间的同步模式，也可以对单个轨道取消同步模式，如图 3.1.13 所示。

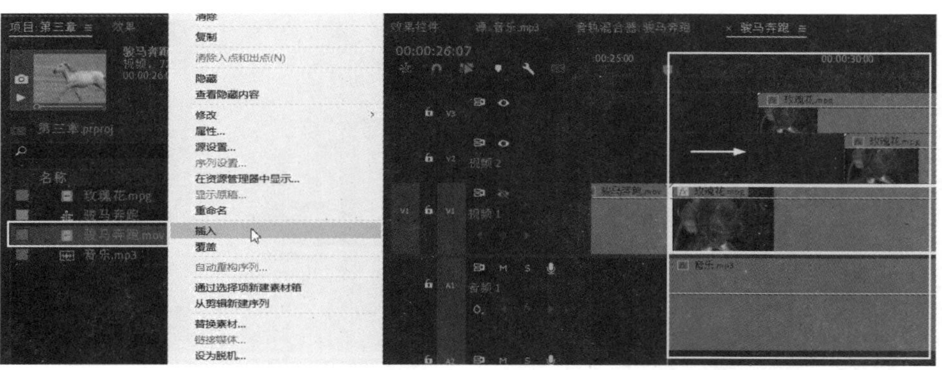

（a）

（b）

图 3.1.13　轨道间的同步模式

（a）打开所有轨道的同步锁定按钮；（b）关闭“视频 3”轨道的同步锁定按钮

3.1.2　重命名、添加和删除轨道

在“时间线”面板轨道控制区可以看到，Premiere Pro 2021 在大的范围分为视频轨道和音频轨道，中间的隔档上面为视频轨道，隔档的下面为音频轨道。根据需要可以对轨道进行重命名、添加和删除等操作，具体操作步骤如下：

（1）在“视频 1”轨道面板上单击鼠标右键菜单并选择“重命名”选项，输入“玫瑰花”文字，即可将“视频 1”轨道命名为“玫瑰花”轨道，如图 3.1.14 所示。

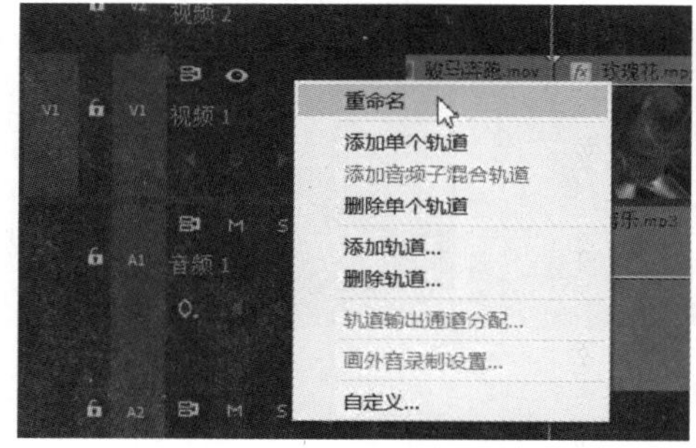

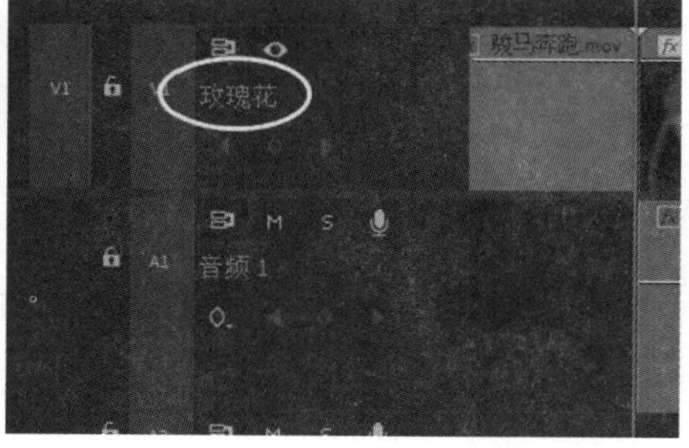

图 3.1.14　重命名轨道

（2）在“玫瑰花”轨道面板上单击鼠标右键菜单选择“添加轨道”选项，在弹出的“添加视音轨”对话框里设置添加轨道的数目和位置即可，如图 3.1.15 所示。

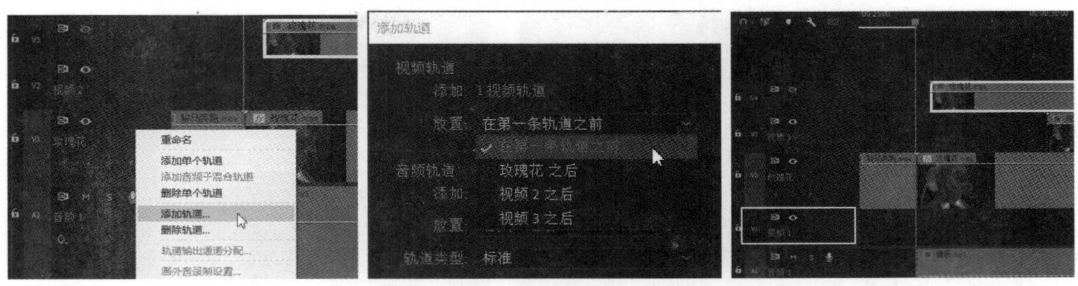

图 3.1.15　添加轨道

（3）选择“视频 3”轨道面板并单击鼠标右键菜单，选择“删除轨道”选项，在弹出的“删除轨道”对话框里选择要删除的轨道即可，如图 3.1.16 所示。

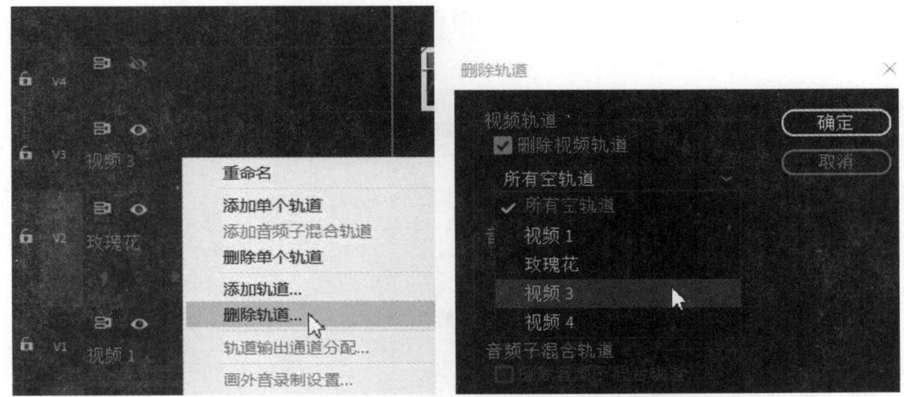

图 3.1.16　删除轨道

3.1.3　时间线工作区域

时间线工作区域主要是对轨道上的各种素材进行选择、移动、剪辑和设置透明控制等操作。时间线工作区域包括时间线标尺、播放头指针以及标记点等，如图 3.1.17 所示。

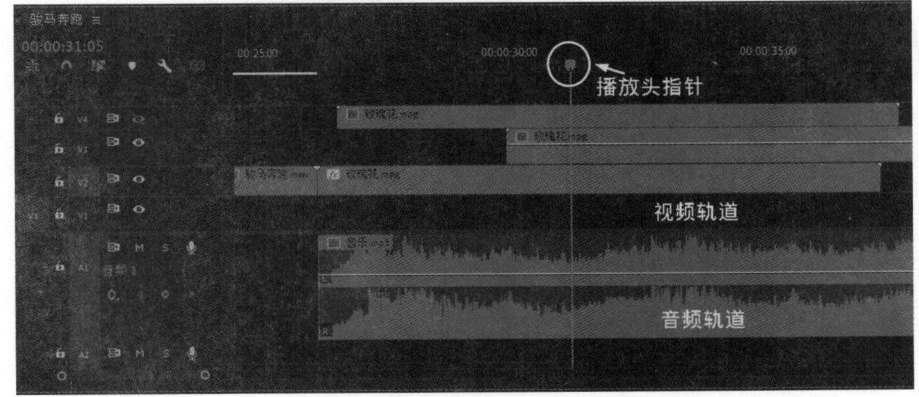

图 3.1.17　时间线工作区域

时间线标尺主要显示时间信息，在时间显示上单击鼠标右键，根据需要设置时间线标尺的显示方式，如图 3.1.18 所示。

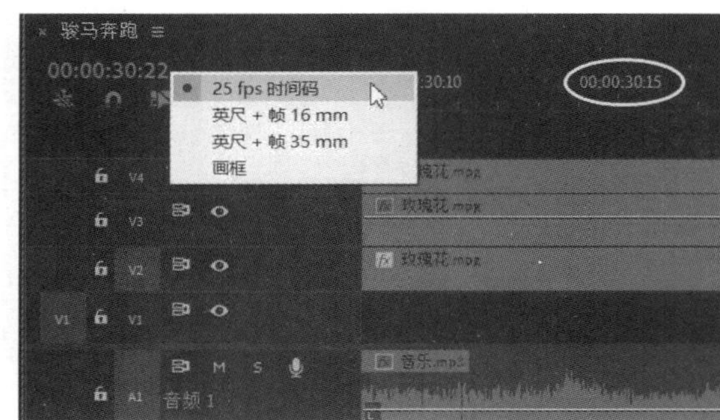

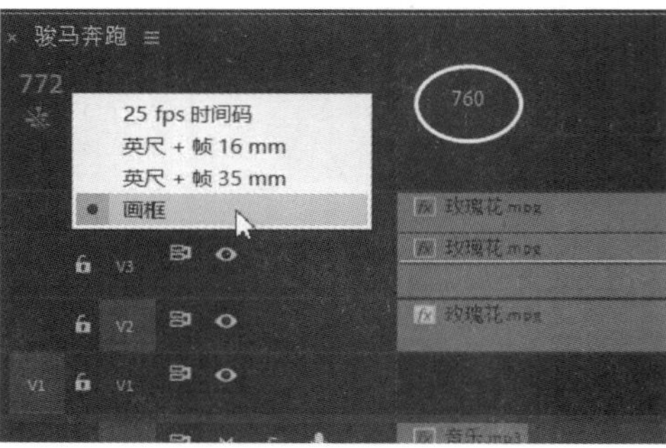

图 3.1.18　设置时间线标尺的显示方式

用户可以根据需要放大或者缩小时间线标尺，具体操作方式有以下几种：

在时间线窗口下方向左拖动时间滑块两头的缩放按钮，可以放大时间线标尺，向右拖动缩放按钮则可以缩小时间线标尺，如图 3.1.19 所示。

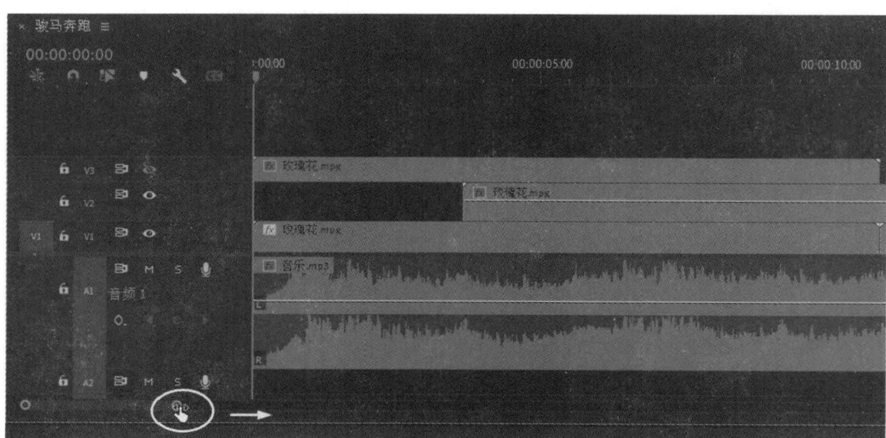

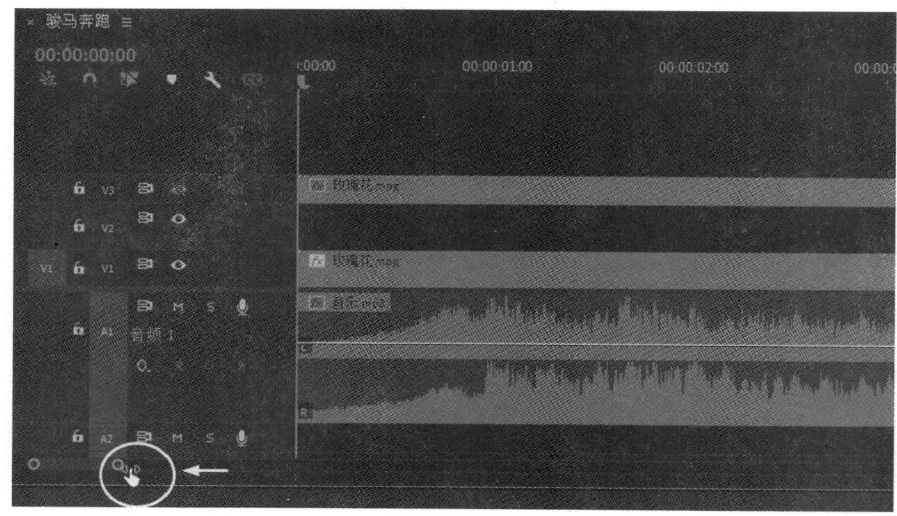

图 3.1.19　时间线标尺的缩放（一）

提示：直接单击鼠标左键向左或者向右拖动滑块，可以平移时间线，如图 3.1.20 所示。

（2）在软件默认情况下，按大键盘加号“+”键为放大时间线标尺，按大键盘减号“－”键为缩小时间线标尺。

（3）按住“Alt”键的同时滚动鼠标中键，同样可以放大和缩小时间线标尺。

（4）在工具箱单击缩放工具，再在时间线上单击放大时间线标尺，按键盘“Alt”键单击缩小时间线标尺。

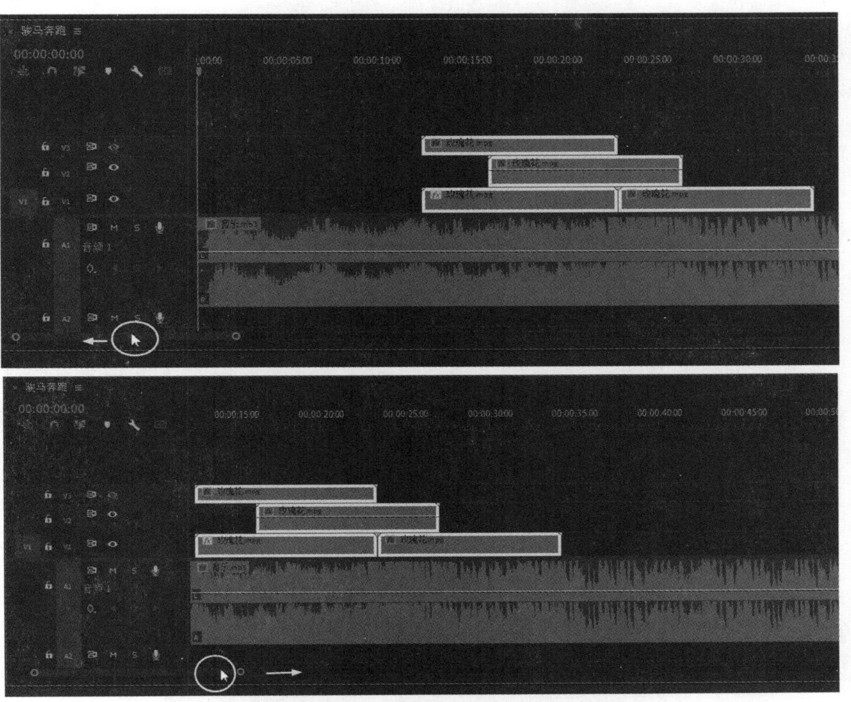

图 3.1.20　时间线标尺的缩放（二）

注意：在“时间线”面板右边单击“展开面板”选项按钮，在“面板”选项菜单里选择“显示音频时间单位”选项，可以音频单位的方式显示时间，如图 3.1.21 所示。在“面板”选项菜单里选择“开始时间”选项。可以设置时间线序列的 5s 起始时间，如图 3.1.22 所示。

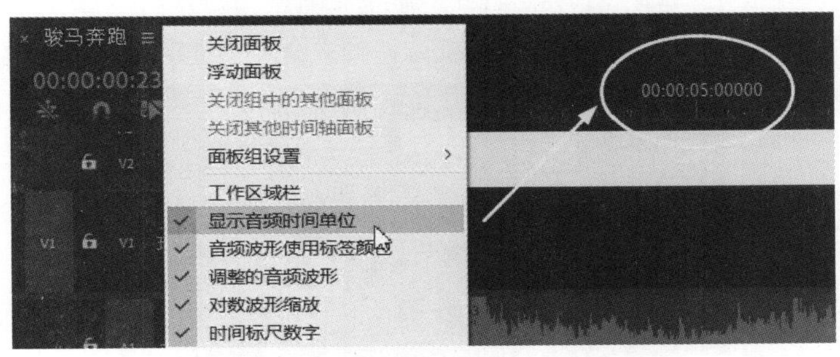

图 3.1.21　选择“显示音频时间单位”选项

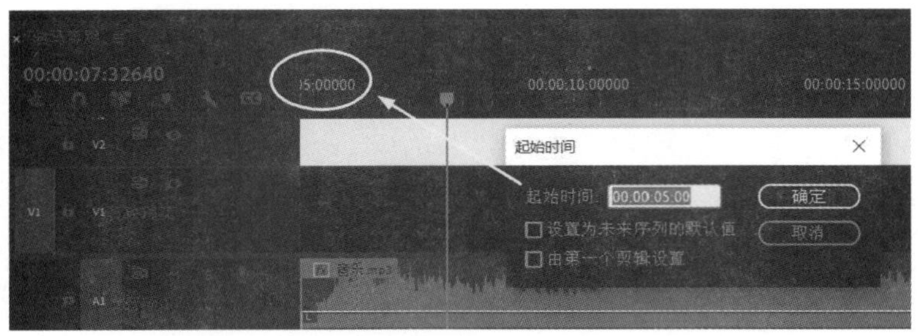

图 3.1.22　设置时间线序列的 5s 起始时间

用鼠标拖动播放头指针，可以在时间线上预览整个动画效果，“时间线”面板和节目监视器显示的时间就是播放头指针在时间线上所处的位置，如图 3.1.23 所示。

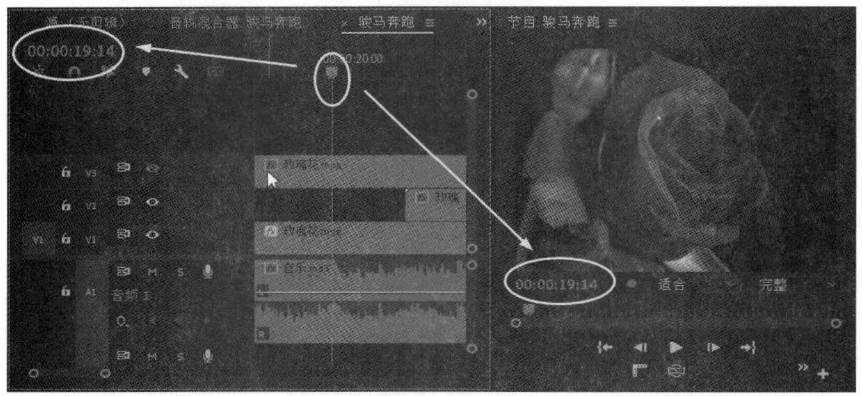

图 3.1.23　播放头指针在时间线上的位置

通过改变时间显示的位置，也可以更改播放头指针在时间线上所处的位置，有以下几种方式：

（1）将鼠标移至“时间线”面板左上角的时间显示位置，当鼠标变成形状时，可以左右拖动来改变当前时间，如图 3.1.24 所示。

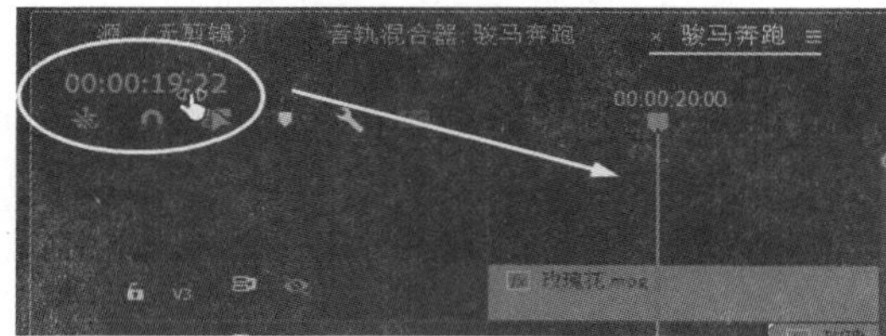

图 3.1.24　用鼠标在时间显示处拖动改变当前时间

（2）用鼠标单击时间线窗口左上角的时间显示，直接输入时间数值，如图 3.1.25 所示。

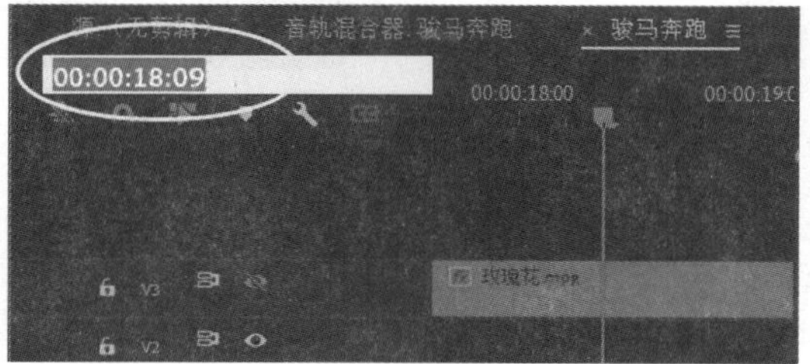

图 3.1.25　用鼠标在时间显示上单击直接输入时间数值

提示：在“时间线”面板的时间显示位置输入数值时有两种快捷方式，例如让当前时间指示器跳转至 2s 处，第一种方式为在时间显示里直接输入数值“200”后按回车键，第二种方式为在时间显示里输入数值“2.”后按回车键，如图 3.1.26 所示。

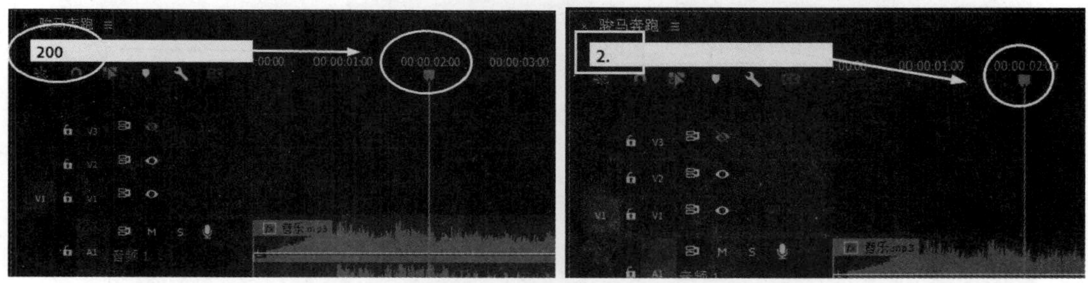

图 3.1.26　输入时间显示的两种方法

（3）在时间线标尺任意位置单击鼠标左键即可改变播放头指针的位置，如图 3.1.27 所示。

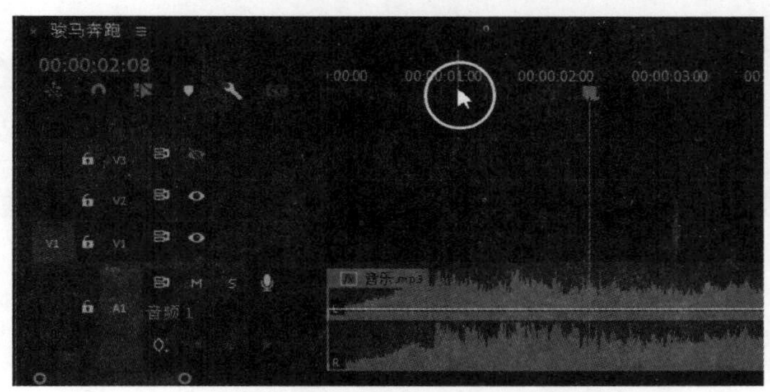

图 3.1.27　更改播放头指针的位置

时间线工作区域放大后，可以使用以下两种方式对工作区域进行平移。

（1）在按键盘“Shift”键的同时滚动鼠标中键可以对工作区域进行平移，如图 3.1.28 所示。

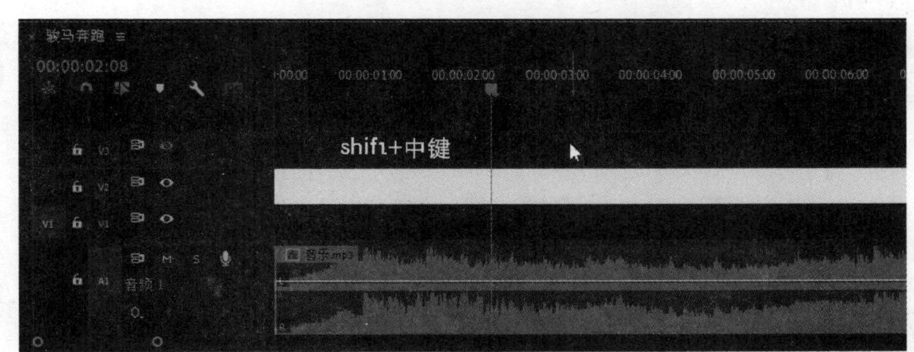

图 3.1.28　平移工作区域

（2）在工具箱单击手形工具，在鼠标变成以后，在工作区单击左右移动，或者滚动鼠标中键，同样可以对工作区域进行平移，如图 3.1.29 所示。

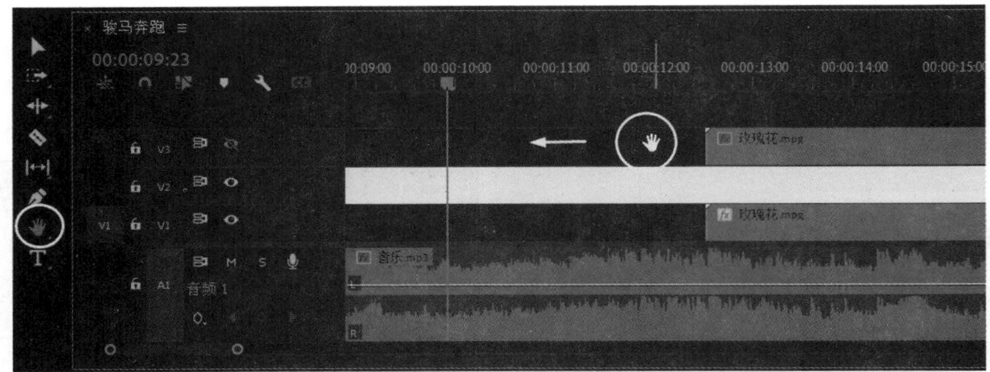

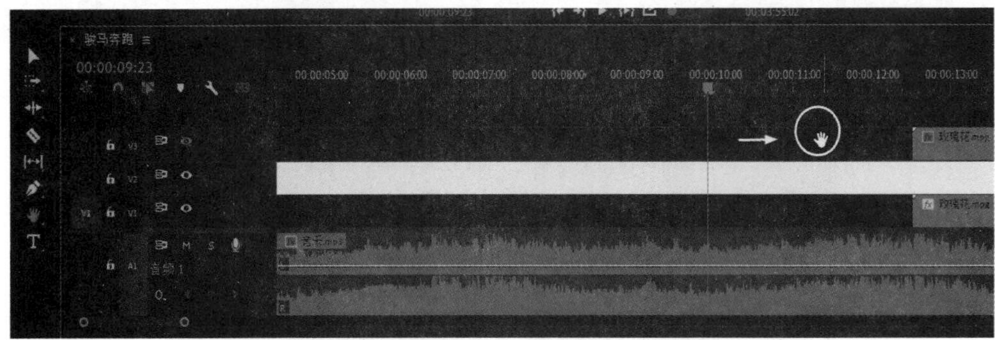

图 3.1.29　利用手形工具平移工作区域

3.1.4　调整轨道的透明度

Premiere Pro 2021 轨道之间的关系和 Photoshop 软件中各图层间的关系类同，上轨道的“玫瑰花”视频会完全把下轨道的“骏马奔跑”视频遮住，如图 3.1.30 所示。

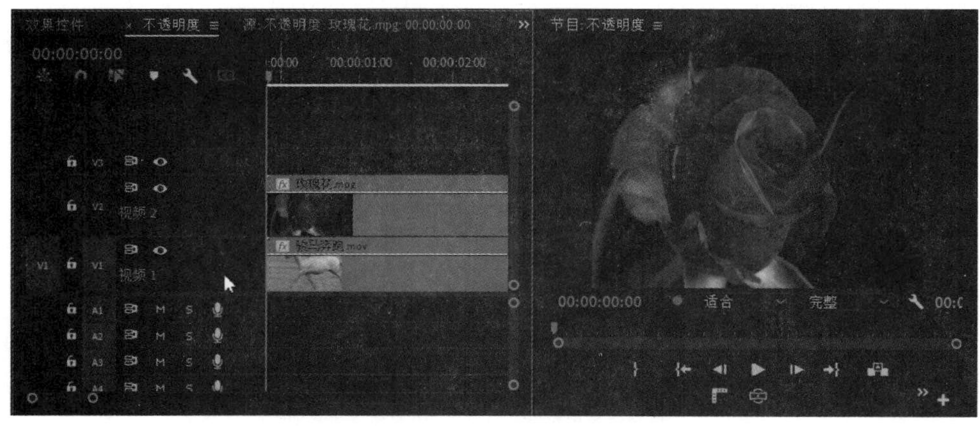

图 3.1.30　上轨道视频在节目监视器显示

调整轨道的透明度动画，可以使上轨道实现“淡出”效果，具体操作步骤如下：

（1）在时间线窗口单击时间轴设置按钮，在下拉菜单中选择“显示视频关键帧”，可以显示透明度关键帧控制线，如图 3.1.31 所示。

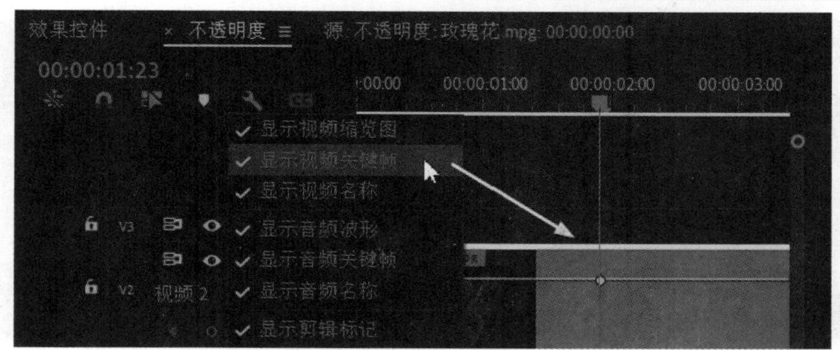

图 3.1.31　显示透明度关键帧控制线

（2）将鼠标移至透明控制线处，当鼠标呈 形状时，单击鼠标左键向下拖拽即可降低“玫瑰花”的透明度，如图 3.1.32 所示。

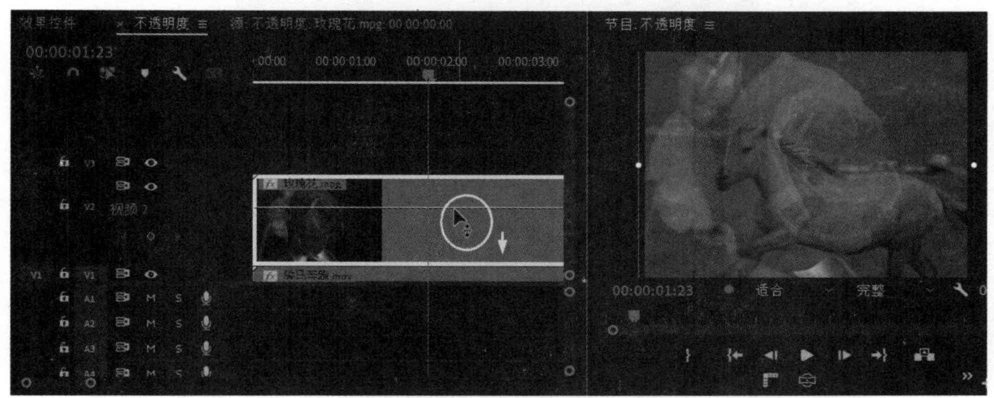

图 3.1.32　设置轨道的透明度

提示：为了方便地调整轨道的透明度，可以将鼠标移至轨道上方的边界处，当鼠标呈形状时单击鼠标向上拖拽，可以改变轨道的高度，如图 3.1.33 所示。

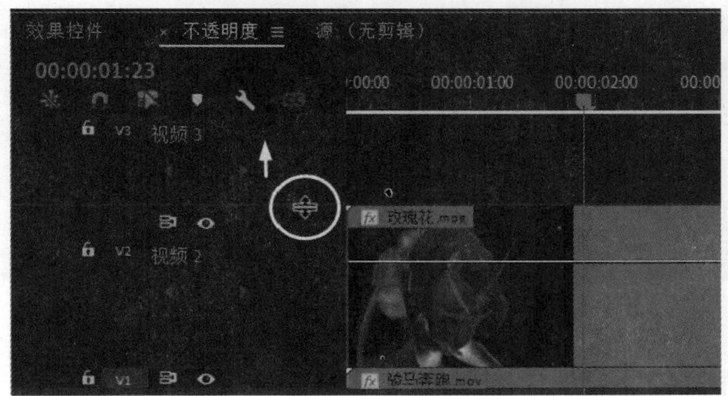

图 3.1.33　改变轨道的高度

（3）在“轨道”面板单击“添加/移除关键帧”按钮，可以在播放头指针位置添加一个动画关键帧，再将播放头指针移至下一个位置继续添加关键帧，并将关键帧向下拖拽，使“玫瑰花”素材“淡出”到“骏马奔跑”轨道，如图 3.1.34 所示。

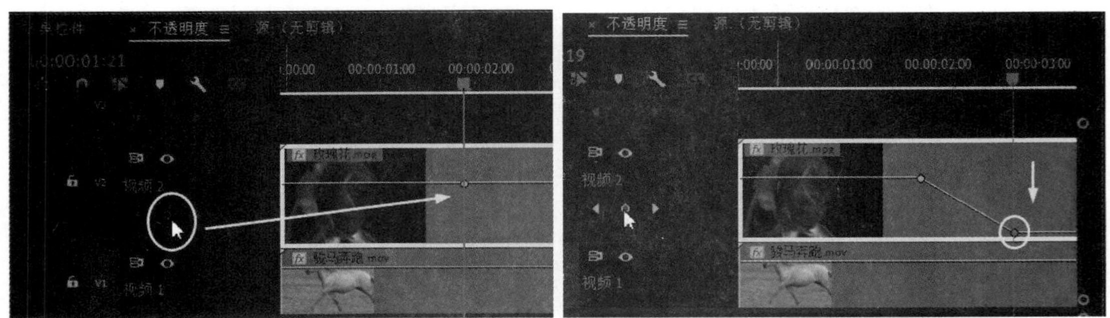

图 3.1.34　制作透明度动画关键帧

（4）在关键帧上单击鼠标右键，选择“贝塞尔曲线”选项，通过调整贝塞尔曲线控制手柄来编辑动画运动曲线，如图 3.1.35 所示。

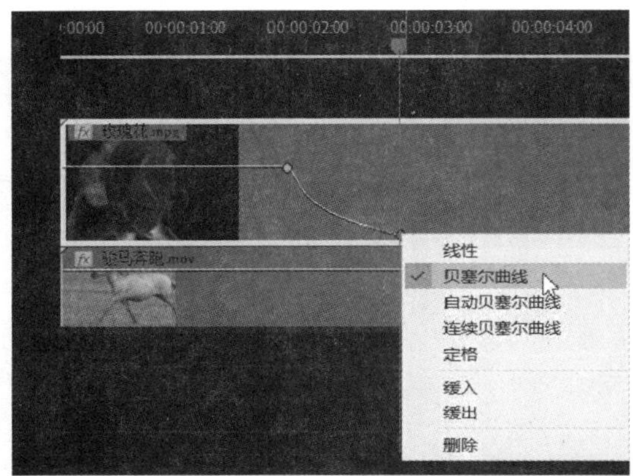

图 3.1.35　设置动画关键帧节点类型

提示：在工具箱通过钢笔工具配合键盘“Alt”键同样可以控制轨道的透明度，还可以在轨道的透明控制线上添加动画关键帧，如图 3.1.36 所示。

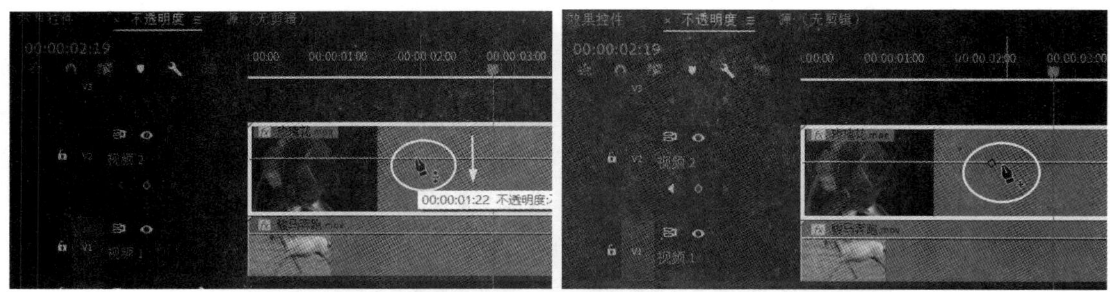

图 3.1.36　利用钢笔工具控制轨道透明度

3.1.5　添加标记和渲染过载区域

在剪辑过程中，通过添加标记的形式可以对某段素材或者时间线序列的位置进行解释、标记和提示，相当于添加一个记号，方便剪辑师的操作，将鼠标放置在标记处时，软件会自动提示该标记点的名称，如图 3.1.37 所示。

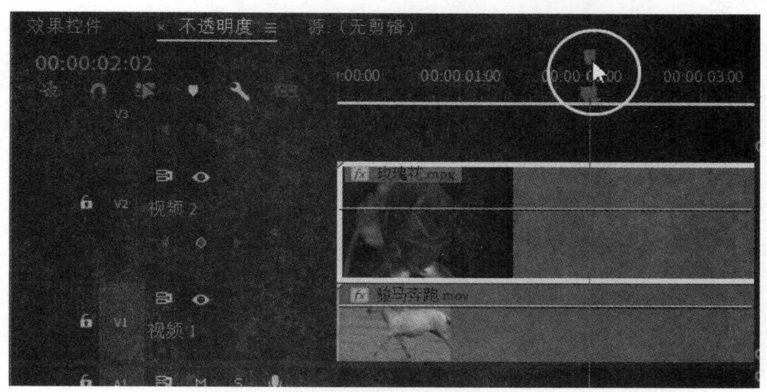

图 3.1.37　时间线标记的提示

标记分为素材出入点标记和序列标记，在时间线添加的标记为序列标记，在源节目监视器窗口添加的标记为素材标记。单击“时间线”面板上的添加标记按钮，可以为当前时间线添加一个序列标记，如图 3.1.38 所示。

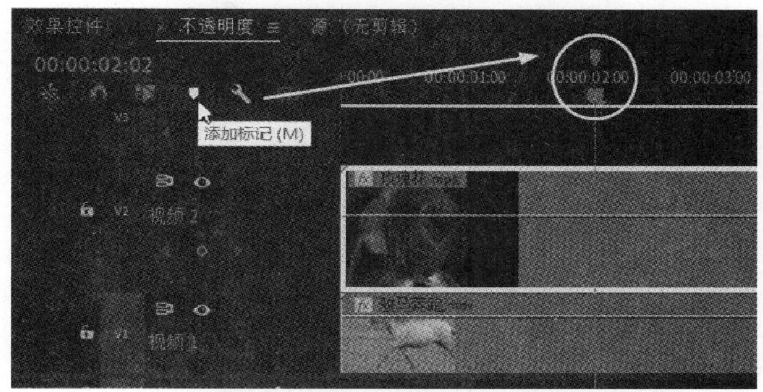

图 3.1.38　添加序列标记

另外，在时间线标尺位置单击鼠标右键菜单执行“添加标记”命令，同样可以为时间线添加一个无编号序列标记，如图 3.1.39 所示。

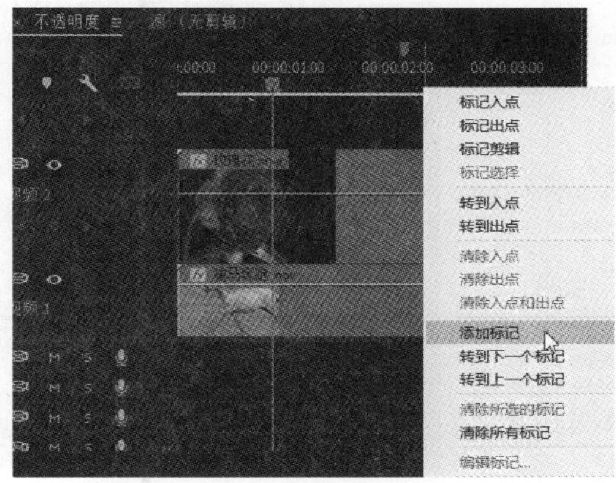

图 3.1.39　添加无编号序列标记

提示：在时间线标尺位置单击鼠标右键菜单执行“标记出点”命令，或者按键盘“O”键，可以为时间线添加一个出点序列标记，如图 3.1.40 所示。

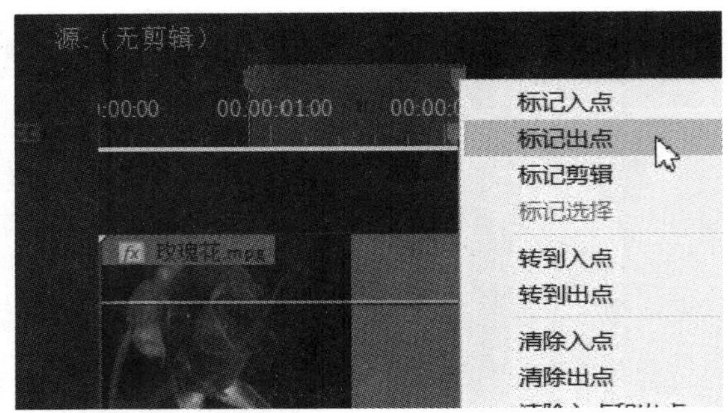

图 3.1.40　添加出点序列标记

在时间线标尺位置单击鼠标右键，在右键菜单可以进行跳转序列标记和清除序列标记等操作，如图 3.1.41 所示。

图 3.1.41　跳转和清除序列标记

在右键菜单中选择“编辑标记”选项，或者在要编辑的编辑点上双击鼠标左键，可以编辑该标记点的名称、时间和标签颜色等，如图 3.1.42 所示。

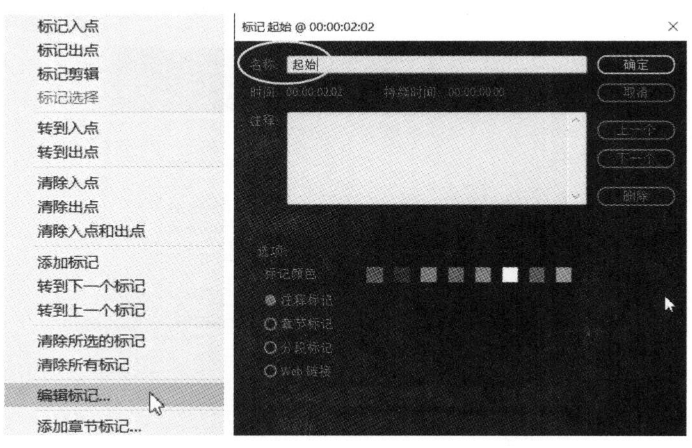

图 3.1.42　编辑序列标记

在源素材监视器窗口的时间区域单击鼠标右键菜单，执行“添加标记”命令，可以在播放头指针位置自动添加一个无编号素材标记，将素材添加到时间线序列后会显示在素材上，如图 3.1.43 所示。

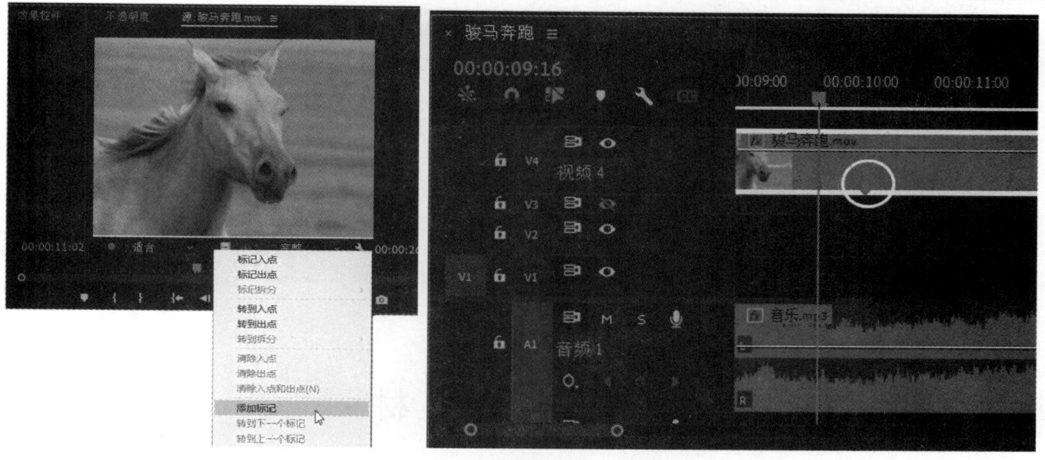

图 3.1.43　添加无编号素材标记

将素材添加到时间线上以后，在时间线标尺下面会显示一条红色的线条，表示该段素材为过载区域，不能平滑播放，画面甚至有时比较卡，如图 3.1.44 所示。

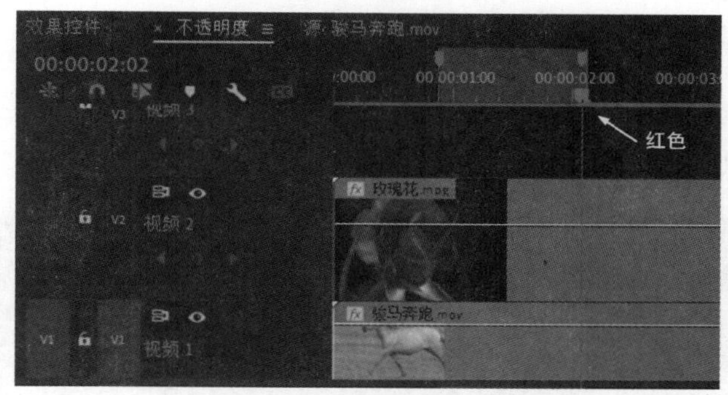

图 3.1.44　显示过载区域

提示：将素材添加到时间线序列后，软件会自动对该段素材进行监测，正常情况下在时间线标尺下面的线条呈黄色，加载过满以后呈红色，经过渲染则呈绿色。

单击菜单执行“序列”→“渲染入点到出点的效果”命令，或者按键盘“Enter”键对工作区进行渲染，如图 3.1.45 所示。

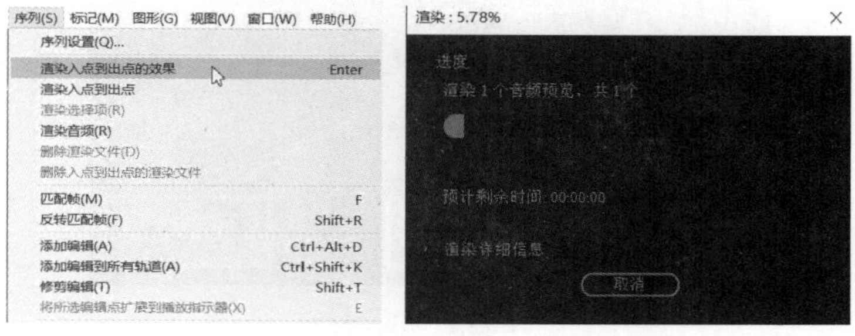

图 3.1.45　渲染工作区（一）

经过渲染以后时间线标尺下面的线条变成了绿色，如图 3.1.46 所示。

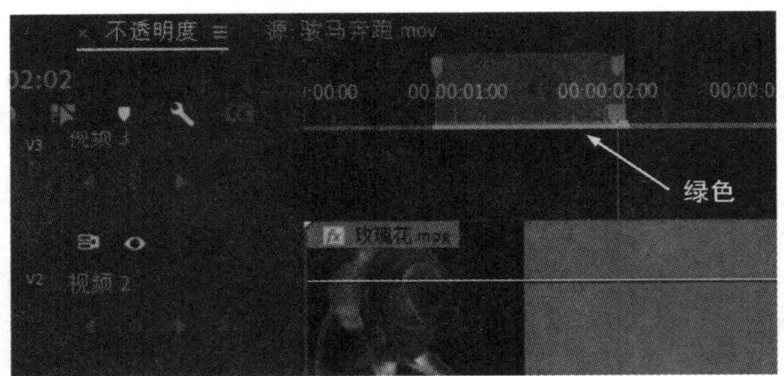

图 3.1.46　渲染工作区（二）

3.2　编 辑 素 材

将素材添加到时间线序列以后，对素材进行的基本编辑包括选择素材，移动、复制、剪辑素材，调整素材的速度和持续时间等。

3.2.1　素材的选择和移动

用鼠标在工具箱单击选择工具▶后，在“轨道”面板上单击“玫瑰花”素材，可以选择该素材，在轨道空白处点击可以取消选择，如图 3.2.1 所示。

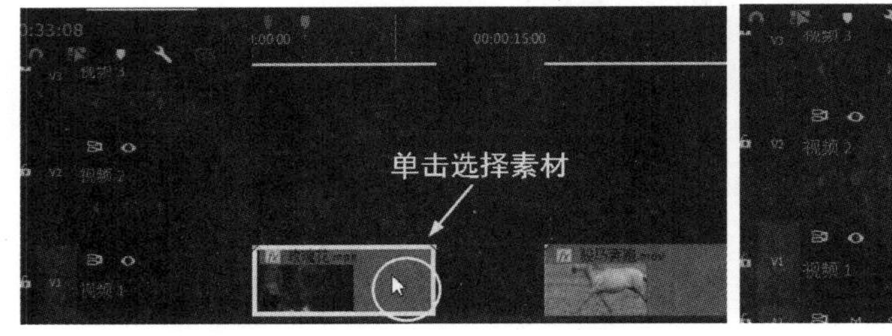

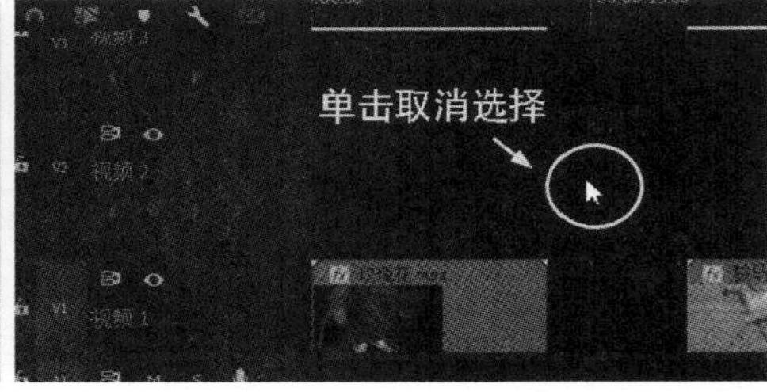

图 3.2.1　选择/取消选择素材

利用选择工具▶选择“玫瑰花”素材以后，按住“Shift”键单击“骏马奔跑”素材，可以加选“骏马奔跑”素材，如图 3.2.2 所示。

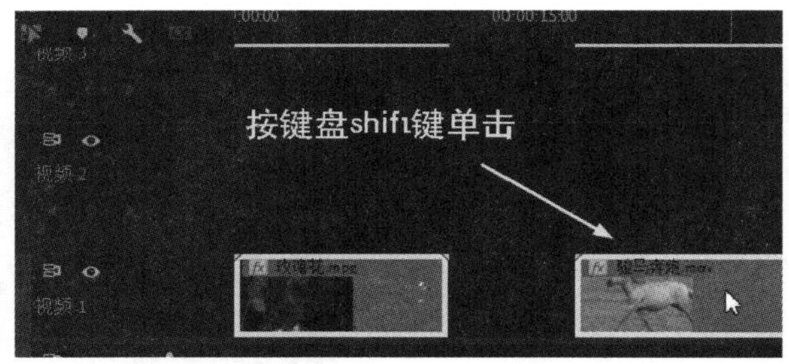

图 3.2.2　加选素材

利用选择工具▶在轨道上拖拽出一个矩形区域，矩形区域以内的素材都会被选择，如图 3.2.3 所示。

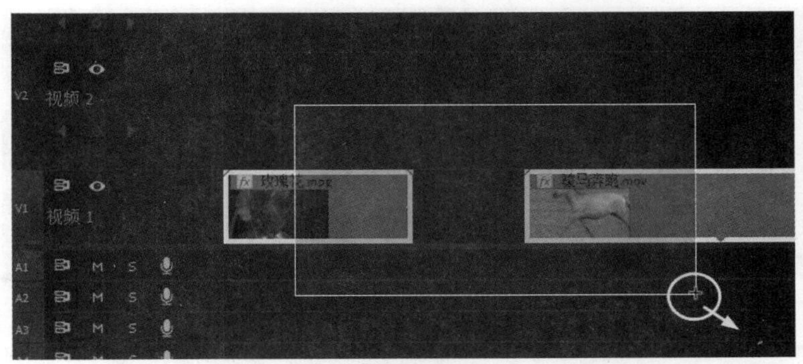

图 3.2.3　利用鼠标框选素材

通过工具箱选择轨道选择工具，按键盘“Shift”键，在“骏马奔跑”素材上单击，可以将 “骏马奔跑”素材后面同一轨道上的素材全部选择，如图 3.2.4 所示。

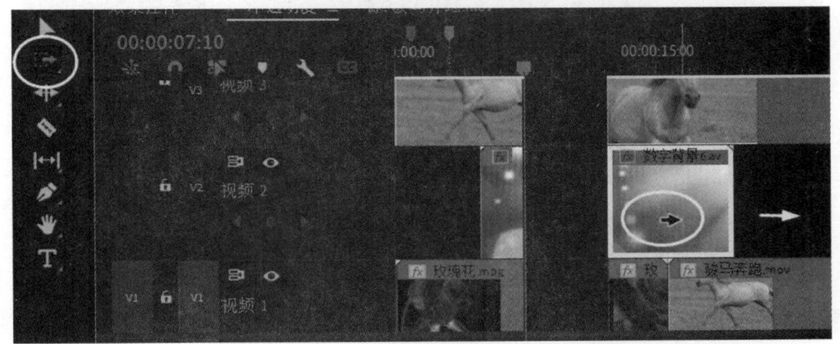

图 3.2.4　应用轨道选择工具选择同一轨道上的全部素材

单击轨道选择工具后，当鼠标呈形状时在“骏马奔跑”素材上单击，可以将 “骏马奔跑”素材后面不同轨道上的素材全部选择，如图 3.2.5 所示。

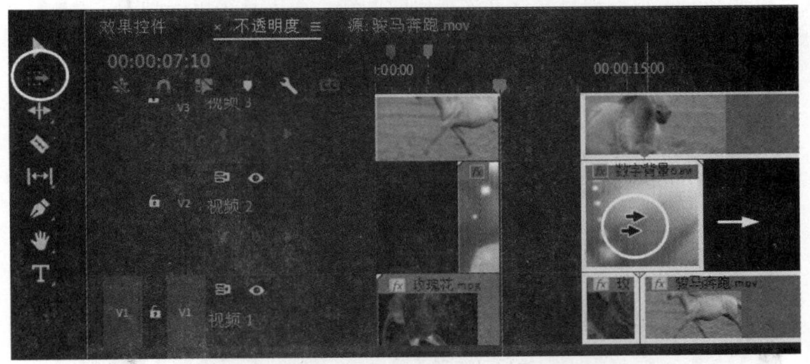

图 3.2.5　应用轨道选择工具选择不同轨道上的素材

提示：利用选择工具在素材上单击并向右拖拽可以移动选定素材，利用轨道选择工具选择素材以后，单击向右拖拽同样可以移动不同轨道的选定素材，如图 3.2.6 所示。

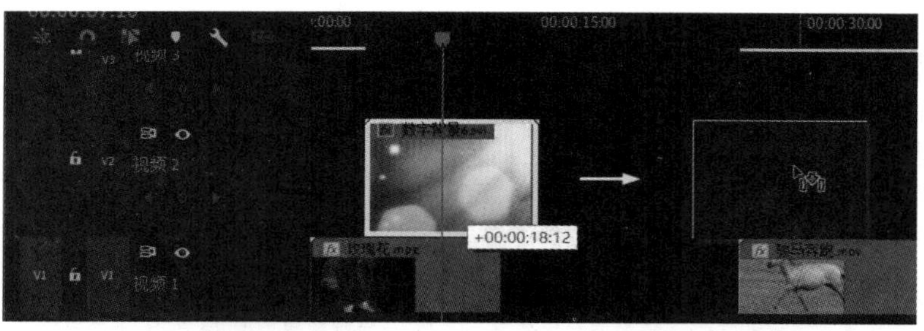

(a)

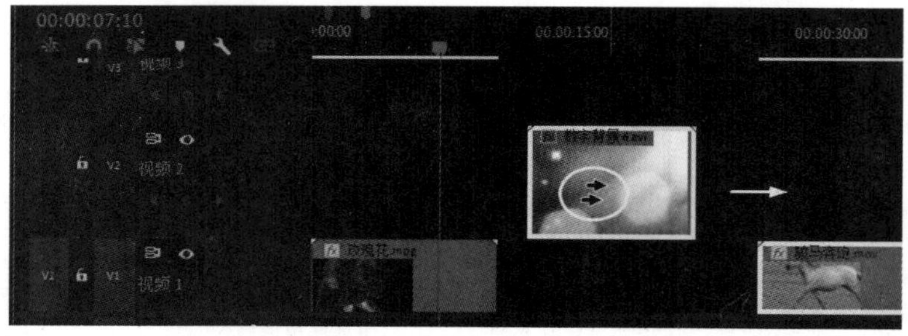

(b)

图 3.2.6　移动素材

(a) 利用选择工具移动素材；(b) 利用轨道选择工具移动素材

3.2.2　素材的剪辑

在视频制作中，经常会对某段视频进行分割和裁剪等，相当于用“剪刀”将素材一分为二，在 Premiere Pro 2021 软件中剪辑素材的方式有以下几种：

(1) 导入“玫瑰花”素材到项目文件并添加到时间线，在工具箱单击剃刀工具，或者按键盘“C”键，当鼠标呈形状时在素材需要分割的地方单击，可以将选定素材一分为二，如图 3.2.7 所示。

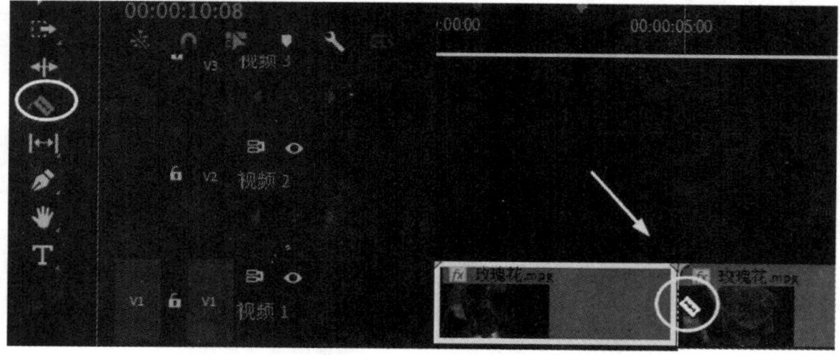

图 3.2.7　应用剃刀工具剪辑素材

(2) 将播放头指针放至需要剪辑的位置，单击菜单执行“序列”→“添加编辑”命令，或者按键盘“Ctrl+Alt+D”键，同样可以将选定素材一分为二，如图 3.2.8 所示。

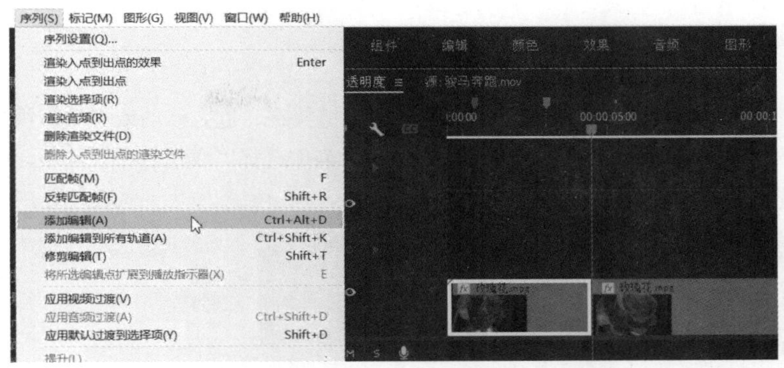

图 3.2.8　应用相关命令或快捷键剪辑素材

提示：单击菜单执行"编辑"→"快捷键"命令，可以执行"添加编辑"命令，在键盘自定义快捷键，如图 3.2.9 所示。

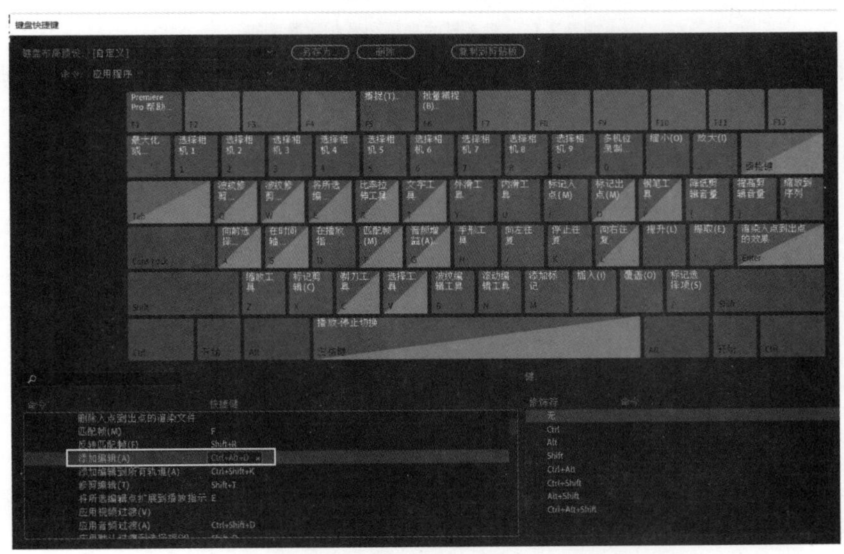

图 3.2.9　自定义快捷键

（3）单击选择工具将鼠标移至素材尾部，当鼠标呈形状时再次单击鼠标并向左拖动，可以将后面的素材裁剪掉，如图 3.2.10 所示。

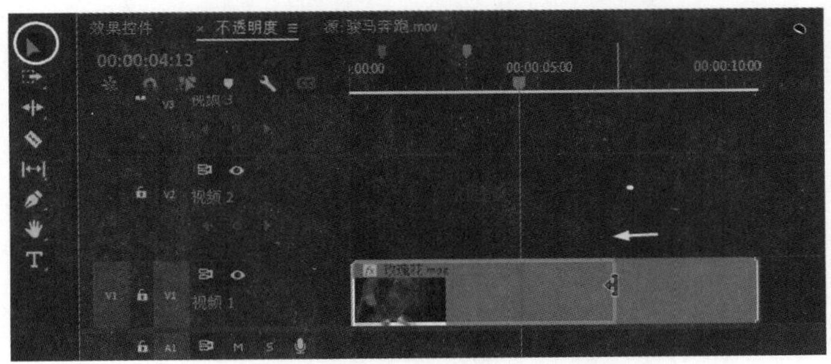

图 3.2.10　利用选择工具裁剪素材

3.2.3　解除视音频链接

在剪辑视音频素材时，发现音频部分和视频部分相链接在一起，移动或者剪辑视频部分时，音频部分也会跟着被移动或者剪辑。在素材上单击鼠标右键菜单选择“取消链接”选项，可以将素材的视频和音频解除链接，如图 3.2.11 所示。

图 3.2.11　将素材的视频和音频解除链接

素材的视频和音频解除链接以后，就可以对其中的视频和音频分别单独进行编辑。利用鼠标在素材上选择视频和音频部分并单击鼠标右键菜单，选择“链接”选项，可以将素材的视频和音频部分再次链接，如图 3.2.12 所示。

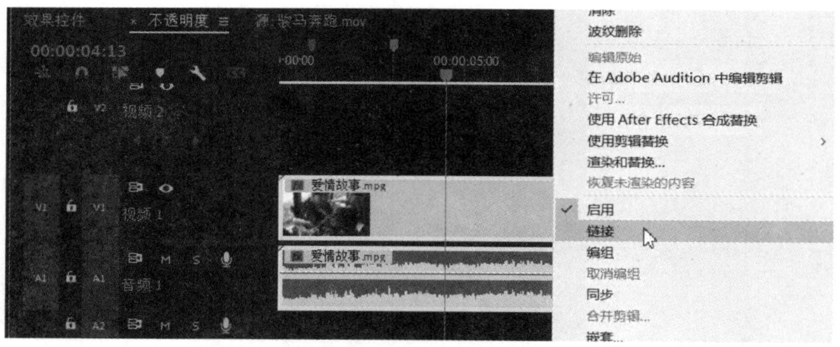

图 3.2.12　链接视音频素材

提示：按键盘“Alt”键，也可以单独选择视音频素材的视频或者音频部分；按键盘“Alt”键单击视音频素材的视频部分并拖动鼠标，可以单独移动视频部分，如图 3.2.13 所示。

图 3.2.13　单独移动视频部分素材

3.2.4　调整素材的速度和持续时间

人们经常在电视上看到一些快镜头或者慢镜头画面，这是以正常速度拍摄以后，在后期剪辑时设置了素材的速度，具体操作步骤如下：

（1）导入“汽车”素材添加到时间线，这是一段汽车在马路上匀速行驶的素材。把素材从中间分割成三段，如图 3.2.14 所示。

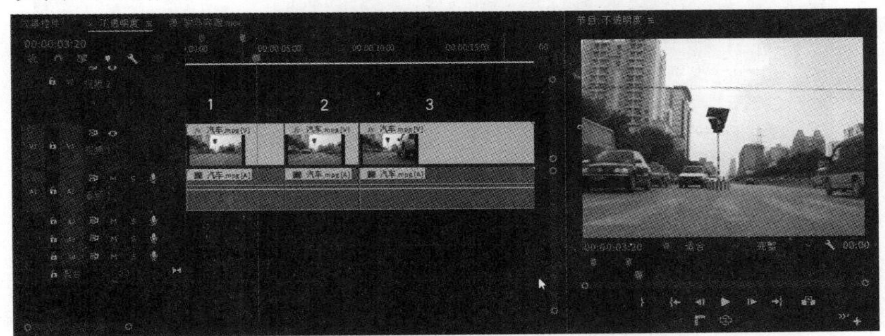

图 3.2.14　把素材从中间分割成三段

（2）选择前段素材，单击鼠标右键菜单选择“速度/持续时间”选项，如图 3.2.15 所示。

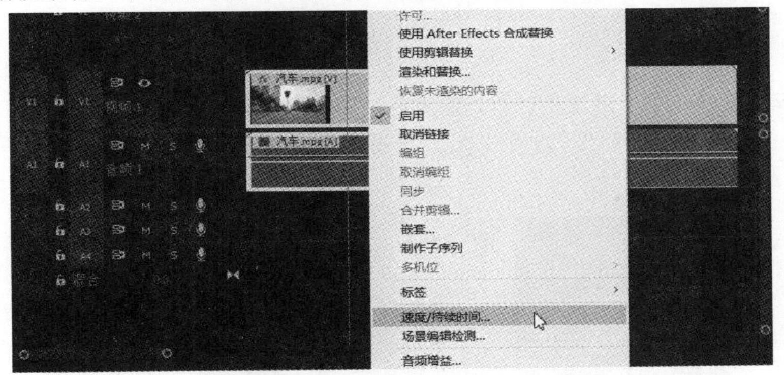

图 3.2.15　选择“速度/持续时间”选项

（3）在弹出的“剪辑速度/持续时间”对话框里调整“速度”的参数，如图 3.2.16 所示。

（4）在“剪辑速度/持续时间”对话框里单击链接按钮，可以控制速度和持续时间的链接，还可以单独调整素材的持续时间，如图 3.2.17 所示。

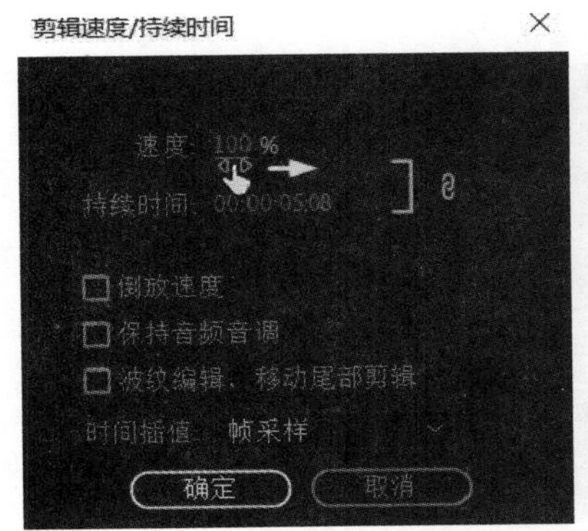

图 3.2.16　调整“速度”的参数

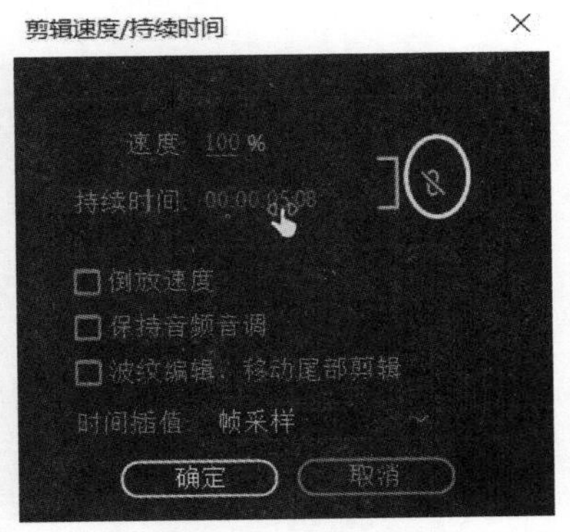

图 3.2.17　单独移动视频部分素材的持续时间

（5）在“剪辑速度/持续时间”对话框里单击“倒放速度”选项，可以设置素材为倒放，如图 3.2.18 所示。

图 3.2.18　设置素材为倒放

注意：在“剪辑速度/持续时间“对话框里，通过设置素材的速度参数来改变素材的快、慢镜头，默认情况下素材的参数 100%为正常速度，参数大于 100%为快镜头素材，参数小于 100%为慢镜头素材。素材被设置成了快镜头后，素材在时间线上的长度明显变短。实际上素材入点和出点间的长度并未发生改变，素材速度加快就像海绵被挤压了一样。

提示：素材设置成慢镜头以后，播放时画面会闪动，这是由于素材的场序被打乱了。在慢镜头素材上单击鼠标右键选择“场选项”，在“场选项”对话框里选择“消除闪烁”选项即可，如图 3.2.19 所示。

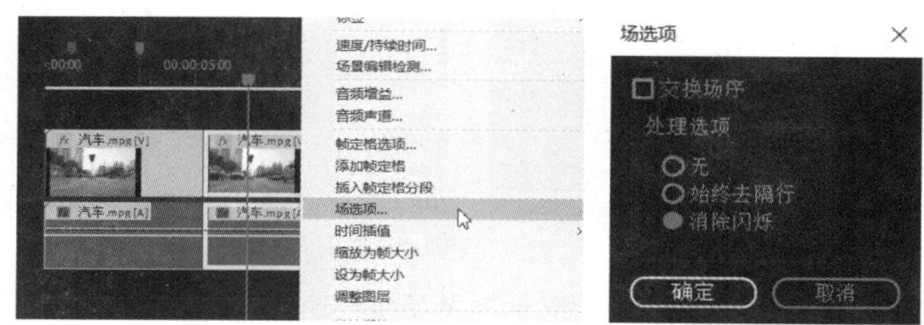

图 3.2.19　在“场选项”对话框里选择“消除闪烁”

（6）单击选择速率伸缩工具，在素材的尾部进行拖动同样可以改变素材的速度，如图 3.2.20 所示。

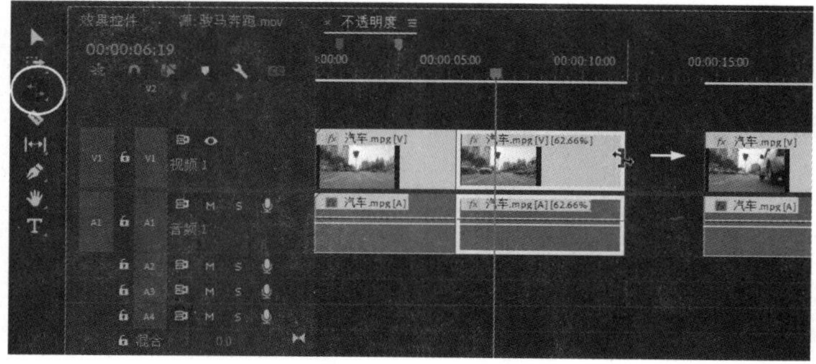

图 3.2.20　改变素材的速度

3.2.5　设置素材的帧定格

人们经常在电视上看到节目结束时画面会被“定格”不动。以前制作这样的效果时，经常会将最后一帧画面输出成静帧图像紧跟在视频画面的后面。现在可以利用“帧定格”来实现这种效果，具体操作步骤如下：

（1）导入“上学”素材并添加到时间线序列，从将要定格的位置将素材剪断，如图 3.2.21 所示。

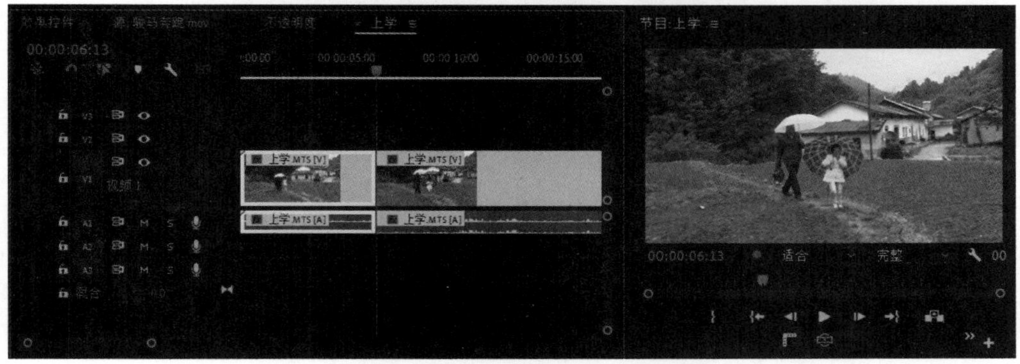

图 3.2.21　添加素材并剪辑

（2）选择要定格的素材后单击鼠标右键菜单选择“添加帧定格”选项，如图 3.2.22 所示。

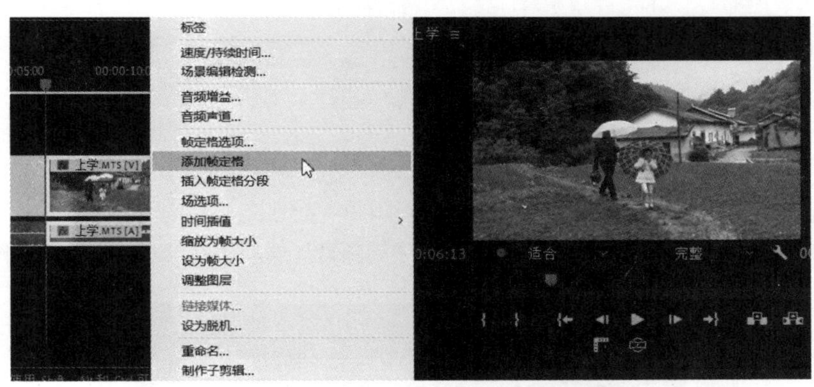

图 3.2.22　选择“添加帧定格”选项

（3）在弹出的“帧定格选项”选项卡里勾选“定格位置”的选项，并选择“入点”选项，如图 3.2.23 所示。

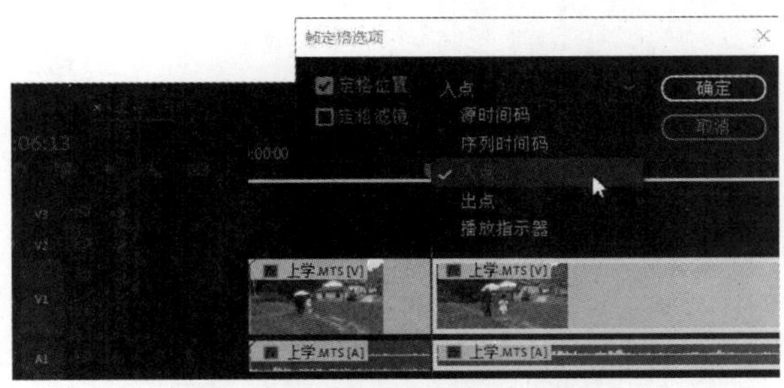

图 3.2.23　选择“入点”选项

提示：素材设置成帧定格以后，整段素材就会和静帧画面一样保持静止，如果要取消帧定格效果，可以继续打开“帧定格选项”选项卡，将“定格位置”选项取消选择即可，如图 3.2.24 所示。

图 3.2.24　取消帧定格效果

3.3　编辑时间线序列

在新建一个项目文件后，还要再创建一个时间线序列，只有在时间线序列里才能将素材添加到时间线轨道上，而且各时间线序列之间可以相互嵌套和编辑。

3.3.1　新建时间线序列

新建时间线序列的具体操作步骤如下：

（1）单击菜单执行“文件”→“新建”→“序列”命令，或者按键盘“Ctrl+N”键，如图 3.3.1 所示。

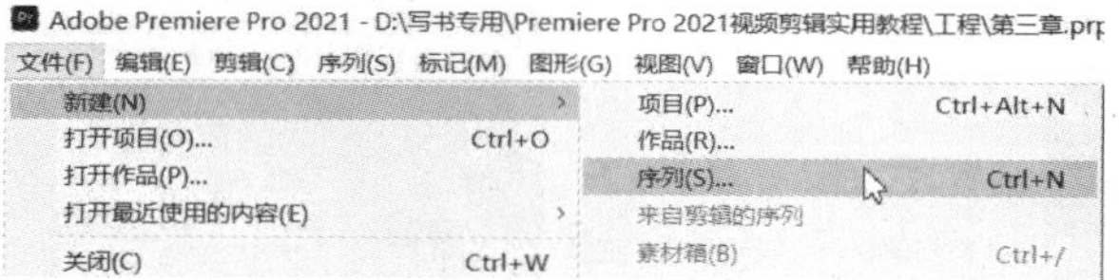

图 3.3.1　新建序列菜单

（2）在弹出的“新建序列”对话框里选择“序列预设”选项并输入序列名称，如图 3.3.2 所示。

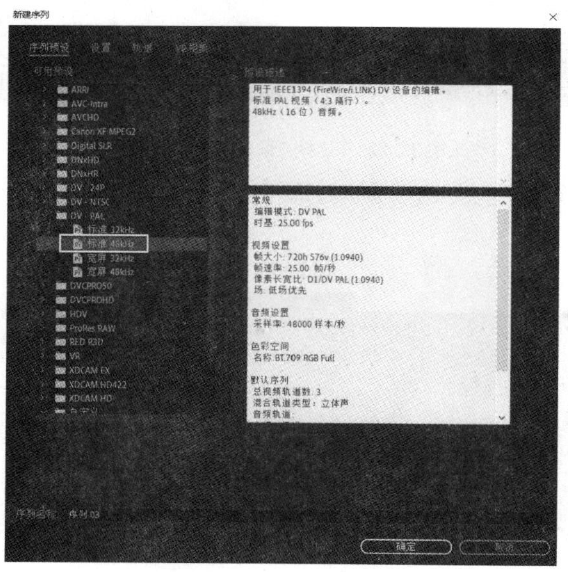

图 3.3.2　“新建序列”对话框

（3）在“新建序列”对话框里单击选择“设置”标签，设置序列的编辑模式、时基、视频、音频和视频预览等选项，如图 3.3.3 所示。

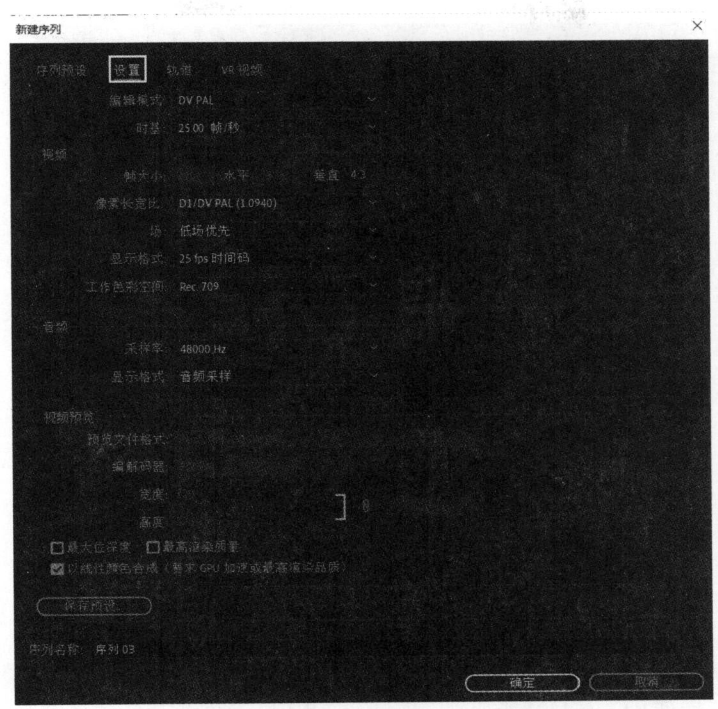

图 3.3.3　时间线序列的“设置”标签

（4）在“新建序列”对话框里继续单击选择“轨道”标签，设置序列的视频、音频轨道数目，在混合里选择“立体声”选项，如图 3.3.4 所示。

（5）在“新建序列”对话框里单击 保存预设... 按钮，打开“保存序列预设”对话框，将当前设置进行保存，如图 3.3.5 所示。

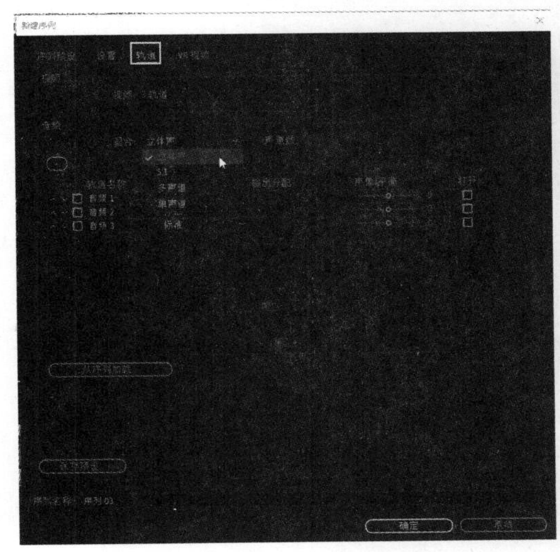

图 3.3.4　时间线序列的“轨道”设置

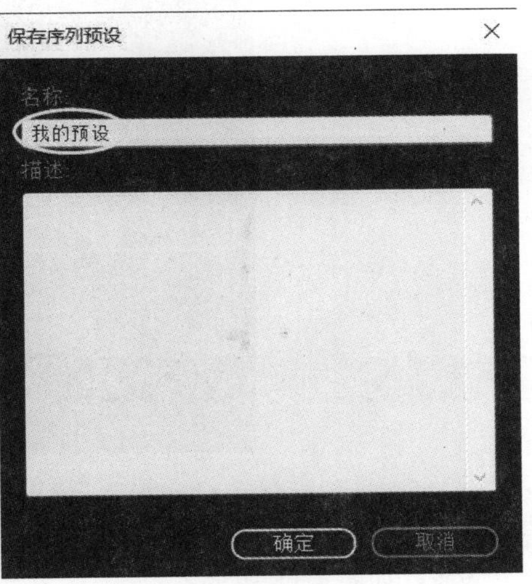

图 3.3.5　“保存序列预设”对话框

（6）以后新建序列时，在“自定义”里选择已经保存的“我的预设”即可，并单击 确定 按钮，如图 3.3.6 所示。

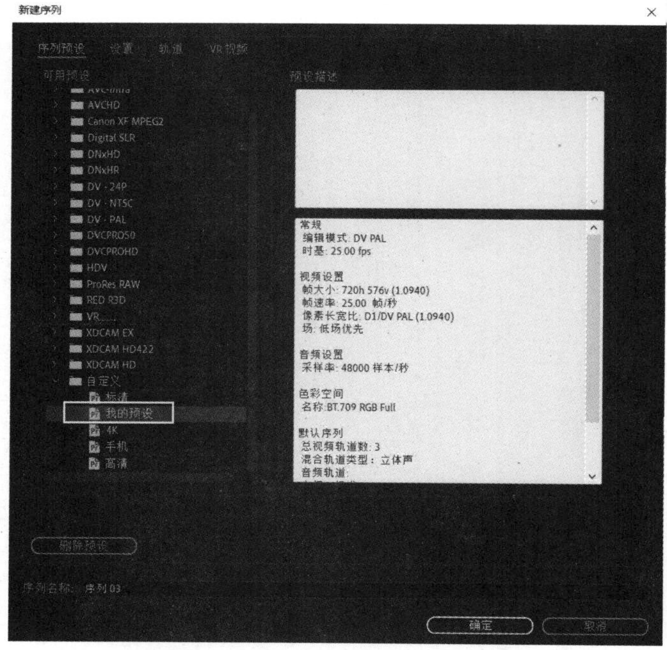

图 3.3.6 “新建序列”对话框

（7）新建的“序列 03”会自动添加到“项目”面板中，序列的属性信息显示在“项目”面板的信息栏，如图 3.3.7 所示。

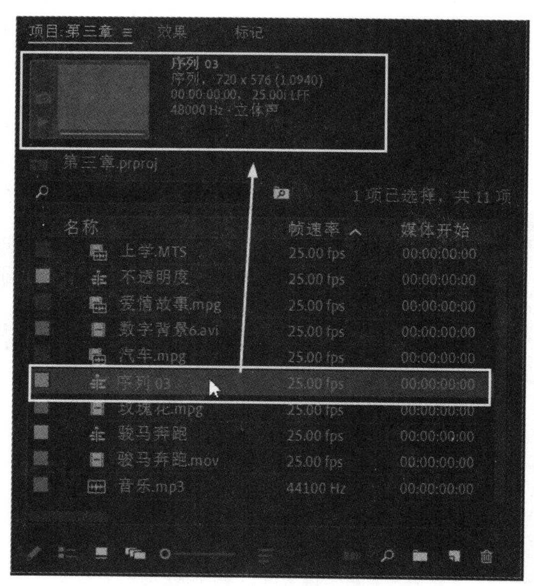

图 3.3.7 显示序列的信息

（8）单击菜单执行“序列”→“序列设置”命令，在弹出的“序列设置”对话框里可以对当前序列进行设置，如图 3.3.8 所示。

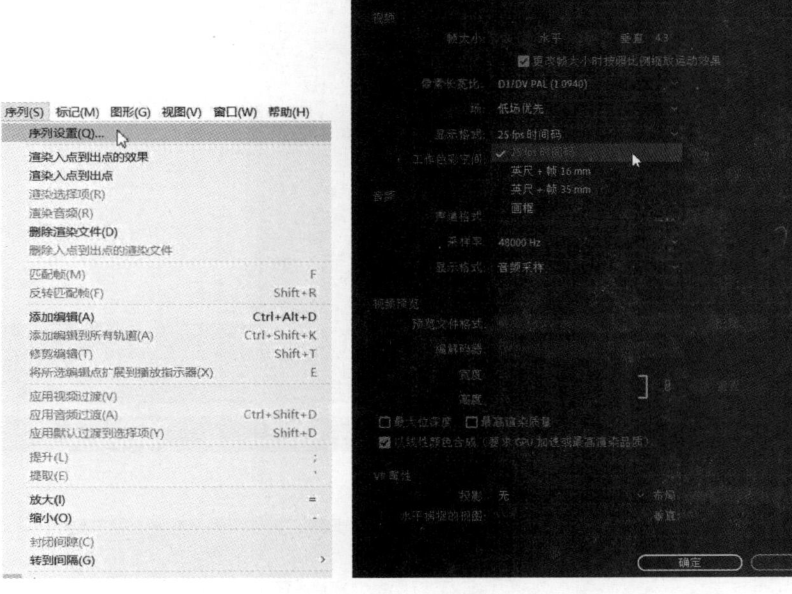

图 3.3.8　打开“序列设置”对话框

提示： 在“时间线”面板上单击关闭按钮，可以将当前的“序列 03”在“时间线”面板关闭；在“项目”面板双击“序列 03”，可以打开“作业练习”序列，如图 3.3.9 所示。

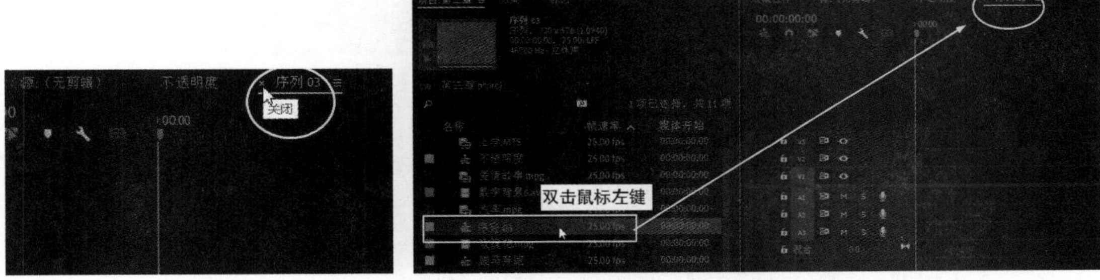

图 3.3.9　打开、关闭“序列 03”序列

3.3.2　序列的嵌套应用

如果要对时间线上的所有素材同时进行编辑，可以将这个序列嵌套到一个新的序列里进行整体编辑，被嵌套进来的序列可以当作素材一样执行添加特效和制作关键帧动画等操作。

序列嵌套的具体步骤如下：

（1）单击菜单执行“文件”→“新建”→“序列”命令，或者按键盘“Ctrl+ N”键，在弹出的“新建序列”对话框里设置序列名称为“照片素材”，如图 3.3.10 所示。

（2）在“项目”面板导入照片素材并添加到“照片素材”时间线的“视频 1”轨道，如图 3.3.11 所示。

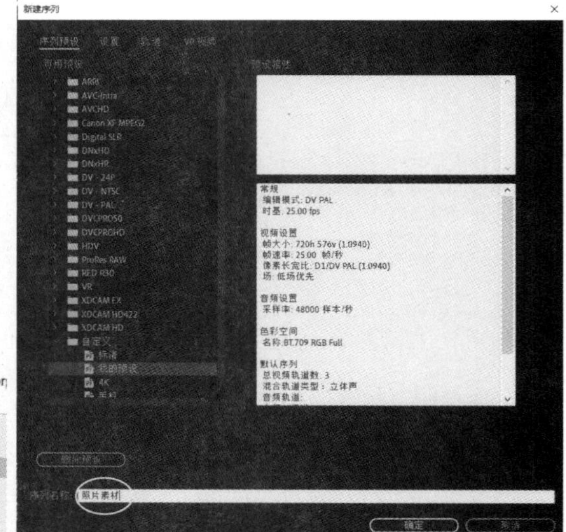

图 3.3.10　“新建序列”对话框

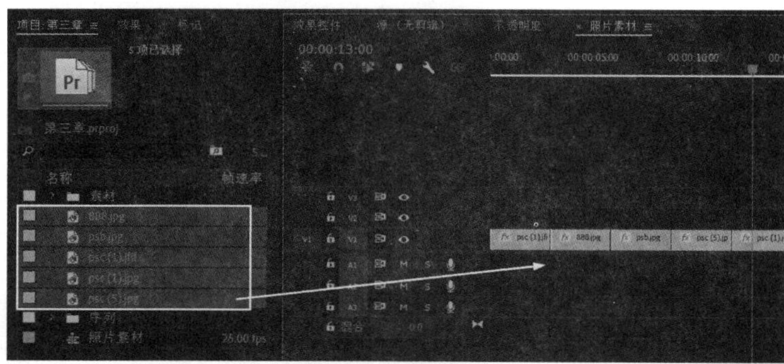

图 3.3.11　添加素材到“照片素材”序列

提示：把所有的照片添加到“时间线”面板后，如果要对这些照片逐一进行校色或者添加特效，既费时又费力，可以把“照片素材”序列添加到新序列里进行整体编辑，这就是序列嵌套的最大优点。

（3）再次新建“序列嵌套”序列，在“项目”面板中将“照片素材”序列添加到“序列嵌套”的“视频 1”轨道上，如图 3.3.12 所示。

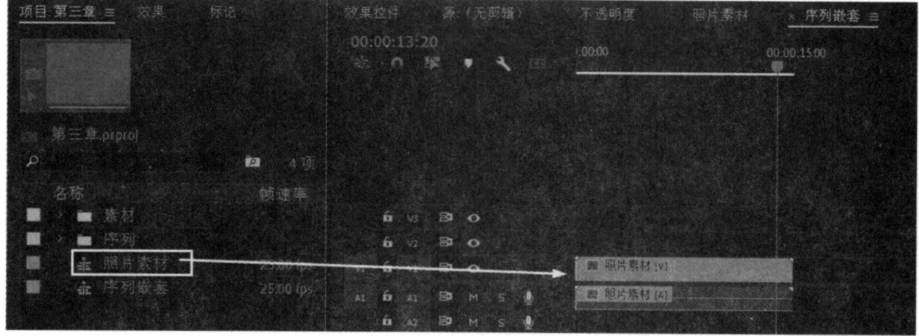

图 3.3.12　再次新建“序列嵌套”序列

（4）给“照片素材”序列添加“快速色彩校正器”效果，可以对“照片素材”整个序列进行整体校色，如图 3.3.13 所示。

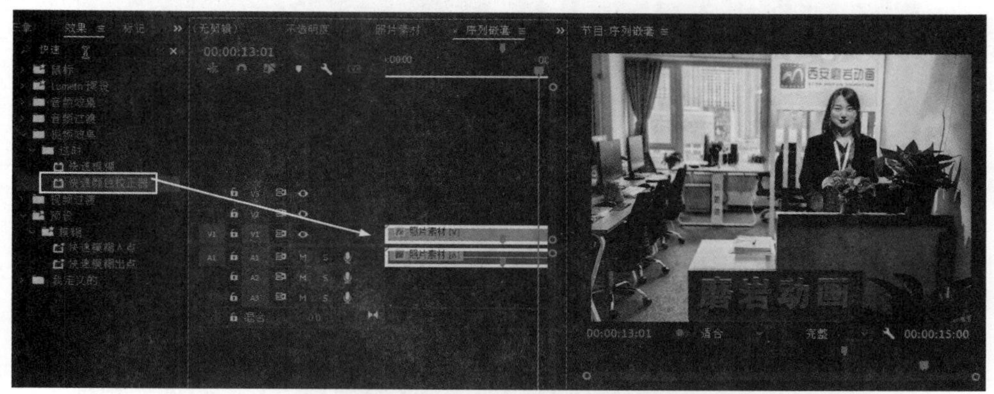

图 3.3.13　添加“快速色彩校正”效果

（5）在“照片素材”序列上双击鼠标打开该序列，可以对“照片素材”序列里的素材继续进行编辑，如图 3.3.14 所示。

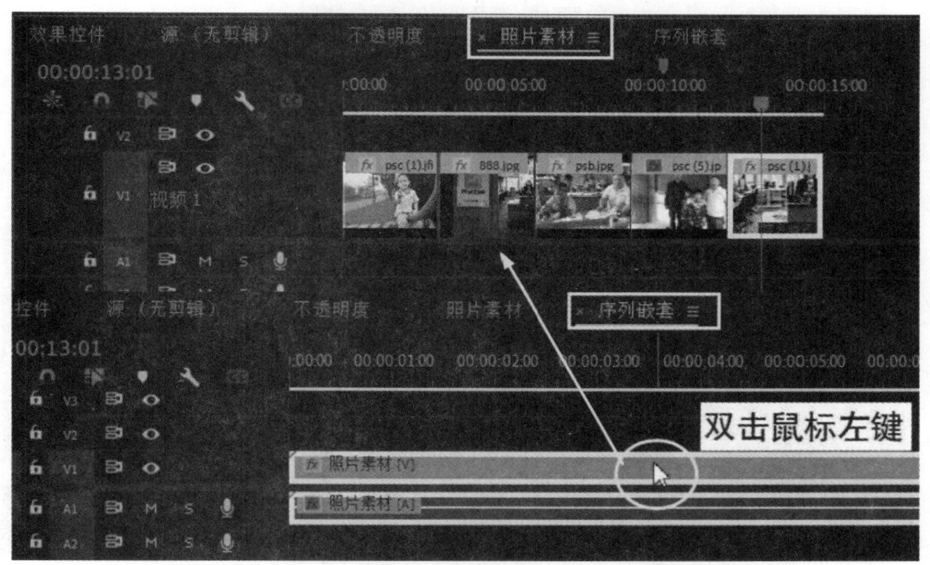

图 3.3.14　打开嵌套序列

提示：在时间线窗口单击关闭序列嵌套按钮，从“项目”面板将“照片素材”添加到时间线轨道时将以整个序列导入。在时间线窗口单击打开序列嵌套按钮，从“项目”面板将“照片素材”添加到时间线轨道时将以序列里面的所有的素材导入，如图 3.3.15 所示。

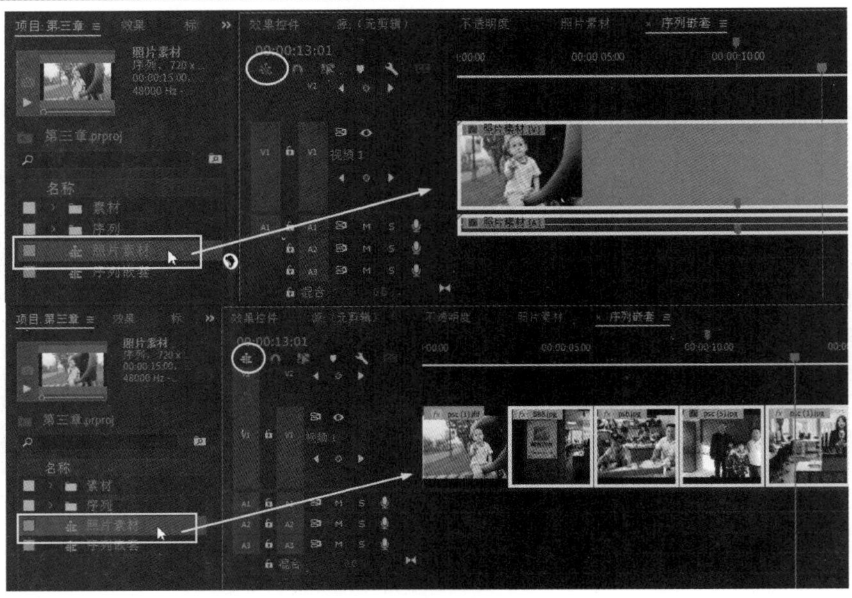

图 3.3.15　嵌套按钮的打开和关闭

3.3.3　波纹模式和轨道同步模式

将一段素材剪断并删除以后，发现在时间线轨道上被删素材的位置留有一段空隙，节目监视器窗口显示为黑色，如图 3.3.16 所示。

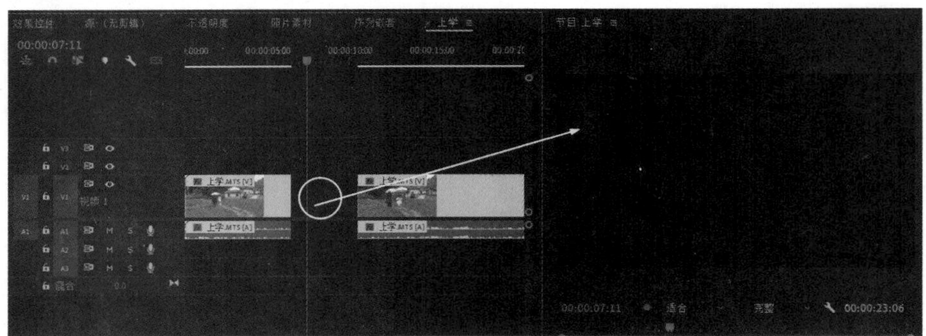

图 3.3.16　视频间隙显示为黑色

在轨道上视频间隙的位置单击鼠标右键选择“波纹删除”，后面的素材会自动跟进，如图 3.3.17 所示。

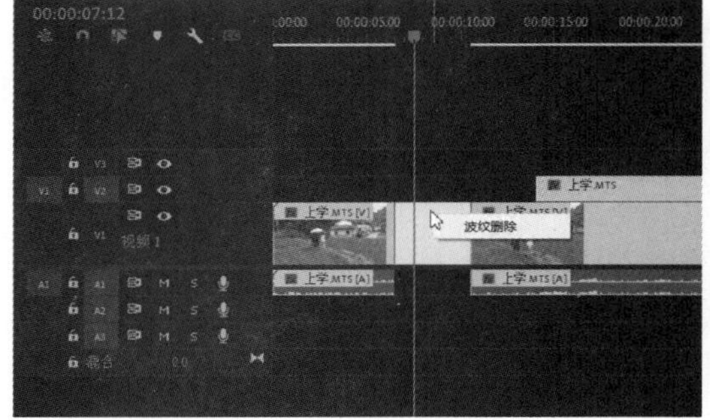

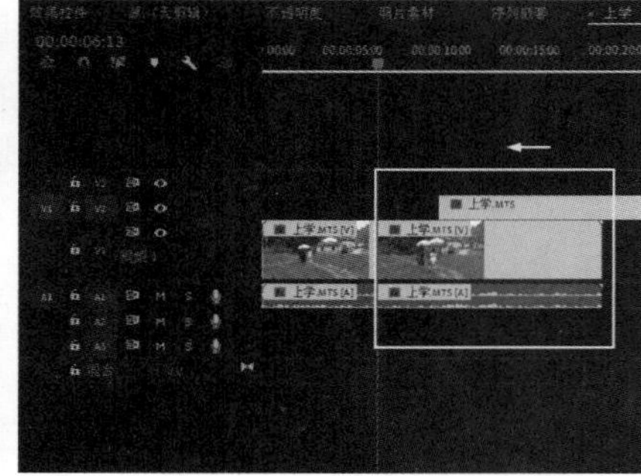

图 3.3.17　删除波纹（一）

提示：在删除素材时配合键盘“Shift”键，软件在删除素材的同时删除波纹，如图 3.3.18 所示。

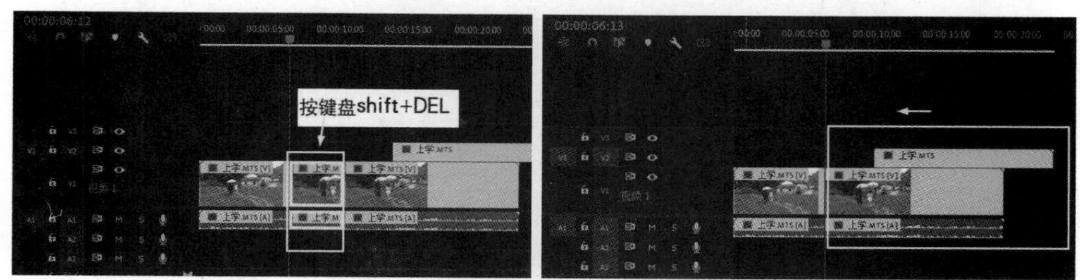

图 3.3.18　删除波纹（二）

在打开轨道的切换同步锁定按钮以后，“时间线”面板的各轨道为同步模式。当删除波纹或者插入素材时，后面轨道的素材都会同步跟着移动，如图 3.3.19 所示。

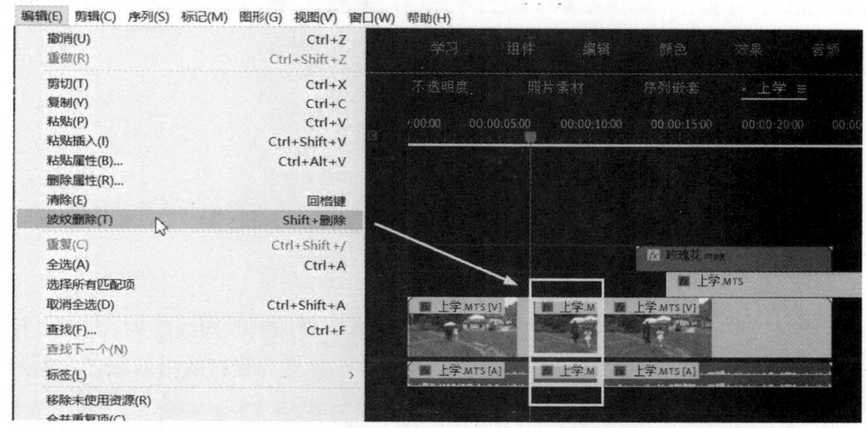

（a）

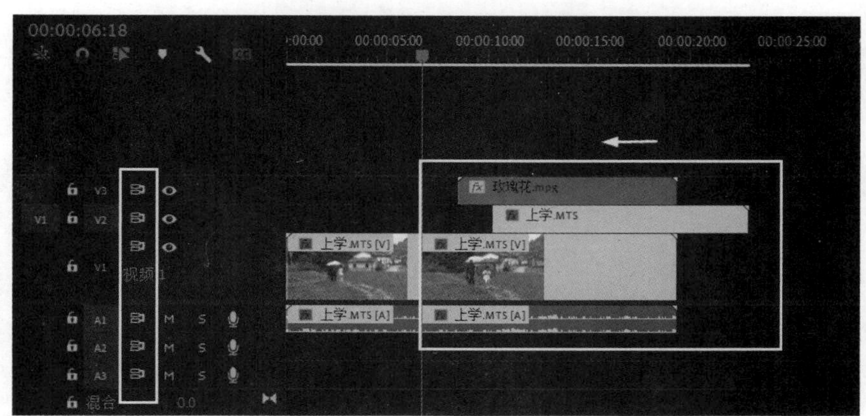

（b）

图 3.3.19　在同步模式下波纹删除前后对比

（a）波纹删除前；（b）波纹删除后

将"视频 3"轨道切换同步锁定按钮关闭以后，再次删除波纹或者插入素材时，"视频 3"轨道将不再和其他轨道同步，如图 3.3.20 所示。

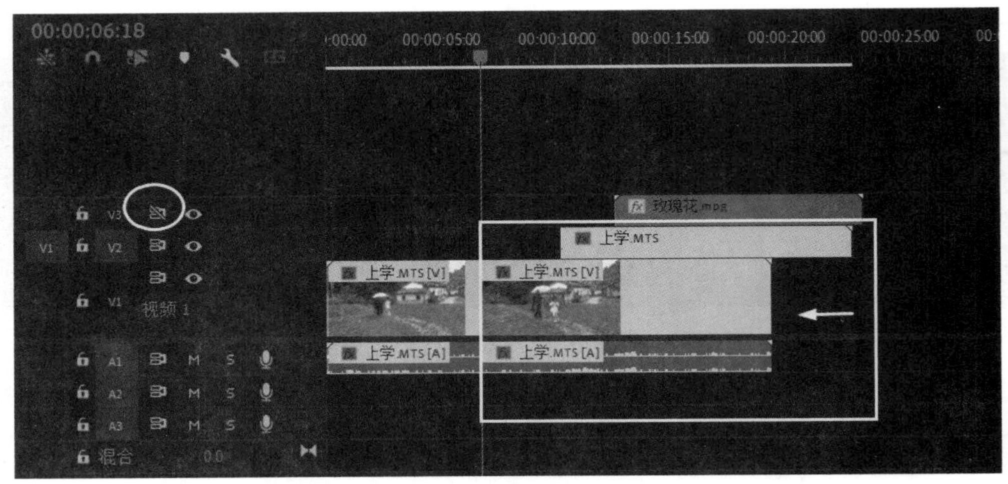

图 3.3.20　关闭轨道同步锁定

3.4　课堂实战

3.4.1　"剃彩条"练习

利用前面所学新建项目文件、新建序列以及素材的导入、添加到时间线序列、选择、移动和剪辑等知识，将"剃彩条"素材里的所有"彩条"部分剔除掉，并正确排列素材的播放顺序，如图 3.4.1 所示。

图 3.4.1　正确排列"剃彩条"素材的播放顺序

操作步骤如下：

（1）打开 Premiere Pro 2021 软件，在弹出的“主页”界面用鼠标单击“新建项目”按钮，如图 3.4.2 所示。

图 3.4.2　在“主页”界面用鼠标单机“新建项目”按钮

（2）在弹出的“新建项目”面板里，设置新建项目文件的“常规”参数，并单击浏览...按钮，为新建项目文件选择一个保存路径，如图 3.4.3 所示。

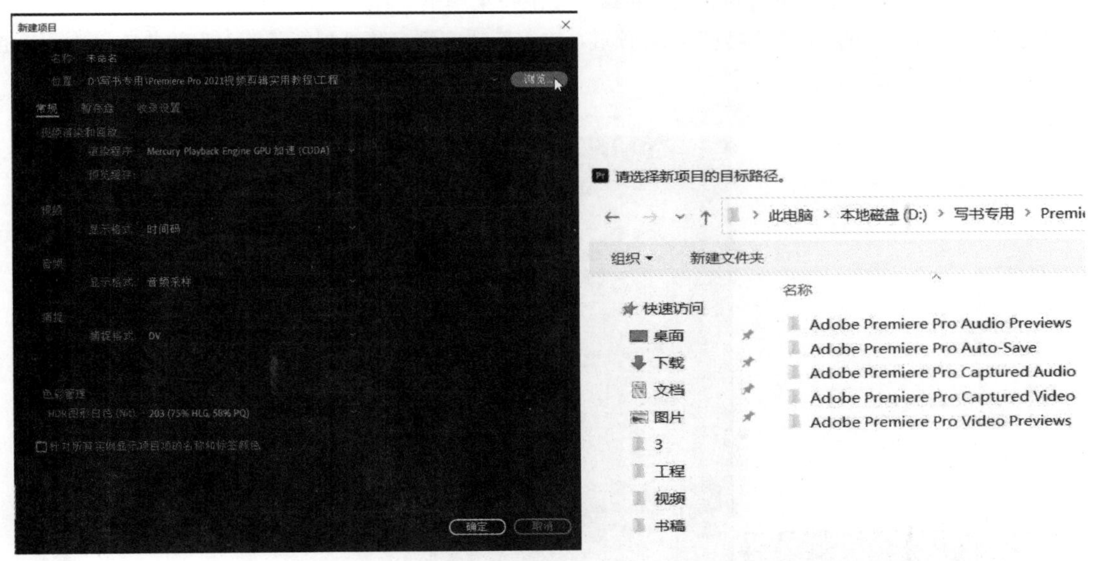

图 3.4.3　设置新建项目文件的“常规”参数并选择保存路径

（3）在“新建项目”面板里，将新建项目的文件名称设置为“剃彩条”并单击确定按钮，如图 3.4.4 所示。

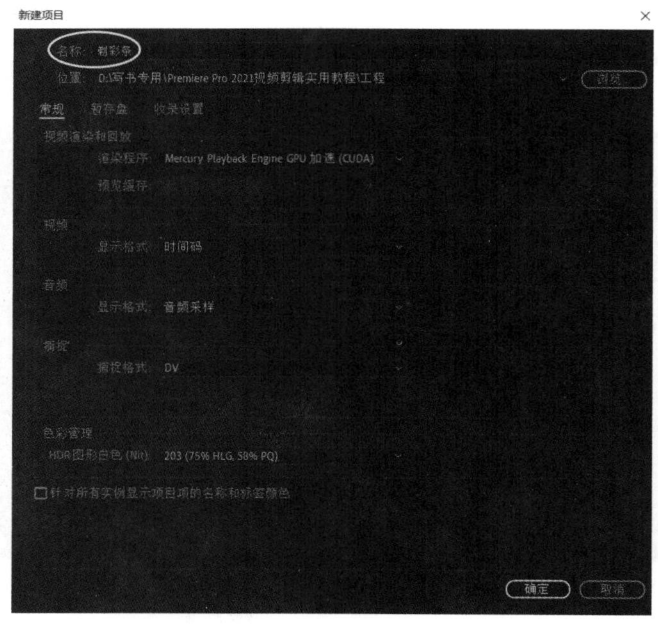

图 3.4.4　输入新建项目名称为“剃彩条”

（4）在“项目”面板单击新建按钮，在下拉菜单里选择“序列”选项，在“新建序列”面板里选择以前自定义的“我的预设”序列预置，输入新建序列名称“剃彩条练习”并单击确定按钮，如图 3.4.5 所示。

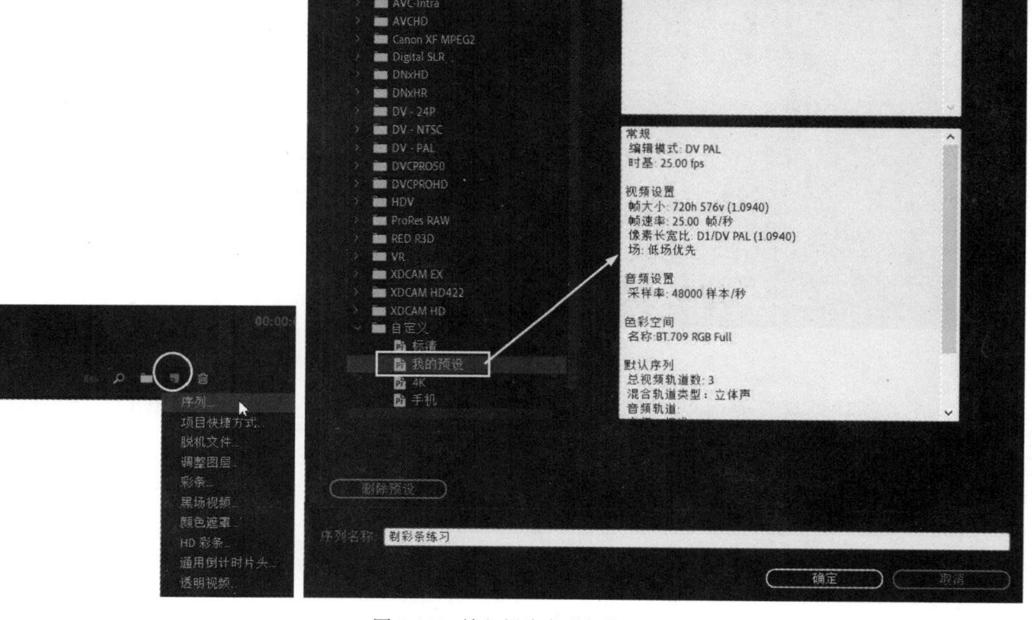

图 3.4.5　输入新建序列名称

（5）在“项目”面板工具栏单击新建文件夹按钮，将“剃彩条”序列放置在“序列”文件夹中，如图 3.4.6 所示。

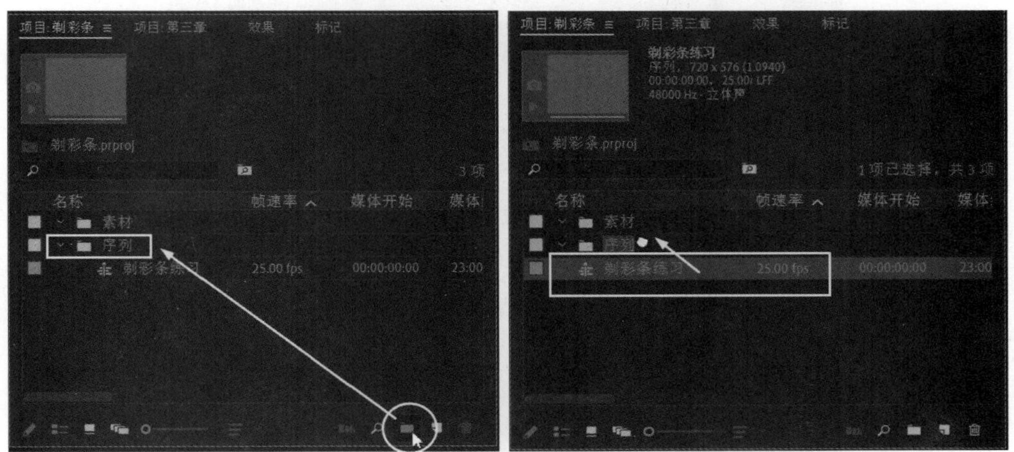

图 3.4.6　建立文件夹并管理素材

（6）导入“剃彩条 4”素材并添加到时间线“视频 1”轨道，如图 3.4.7 所示。

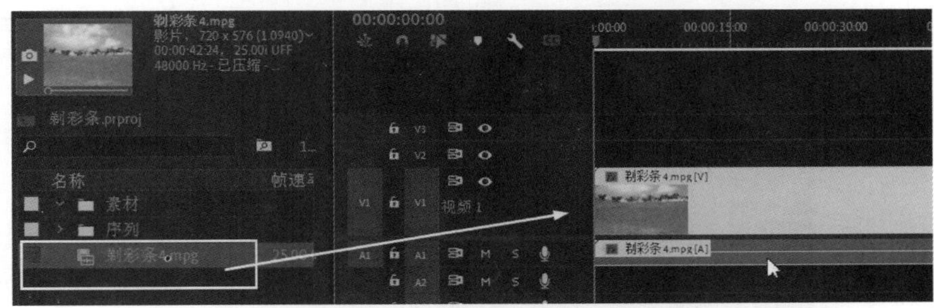

图 3.4.7　将“剃彩条 4”素材添加到时间线

（7）在节目监视器里按播放按钮，或者按键盘空格键播放素材，发现中间穿插了许多彩色条，如图 3.4.8 所示。

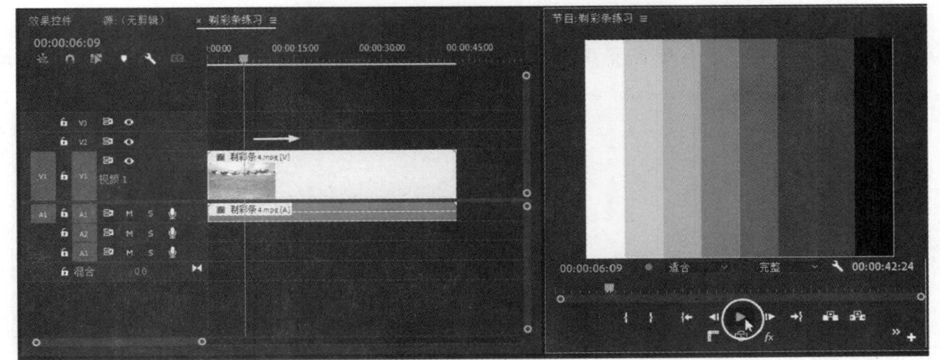

图 3.4.8　播放“剃彩条 4”素材

提示：为了更方便地应用剃刀工具，可以将“添加编辑”设置为快捷键，如图 3.4.9 所示。

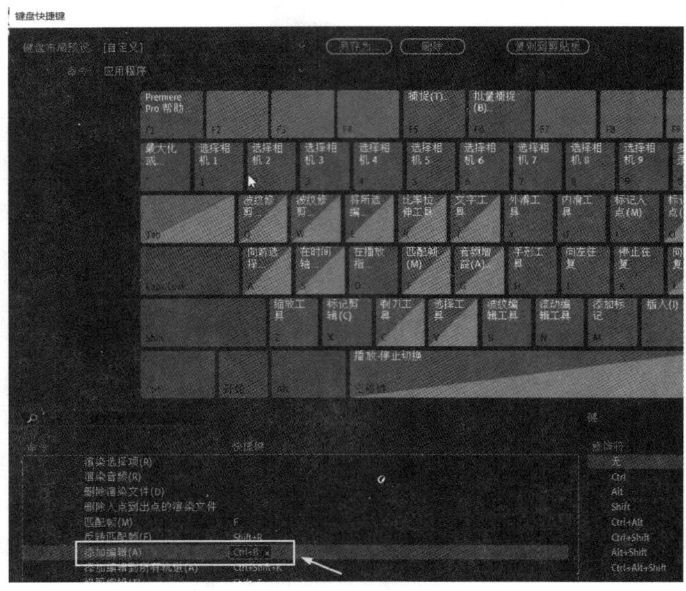

图 3.4.9　将“添加编辑”设置为快捷键

（8）将播放头指针放到“彩条”开始处剃一刀，然后在“彩条”的结束处剃一刀，如图 3.4.10 所示。

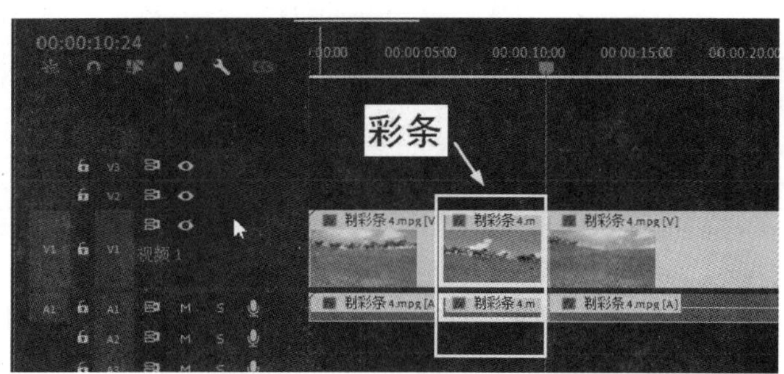

图 3.4.10　在“彩条”开始和结束处各剃一刀

（9）选择“彩条”部分并单击菜单执行“编辑”→“波纹删除”命令，如图 3.4.11 所示。

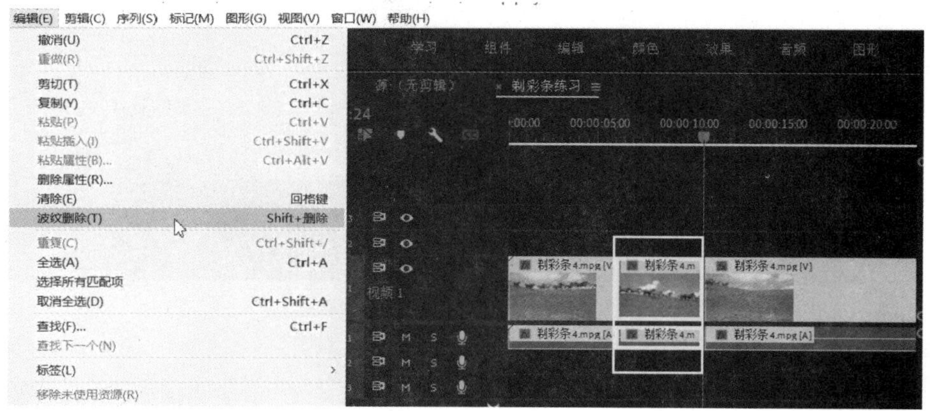

图 3.4.11　执行“波纹删除”命令

（10）继续将播放头指针放置在下一段“彩条”位置，分别给“彩条”的开始和结束位置设置入点和出点，如图 3.4.12 所示。

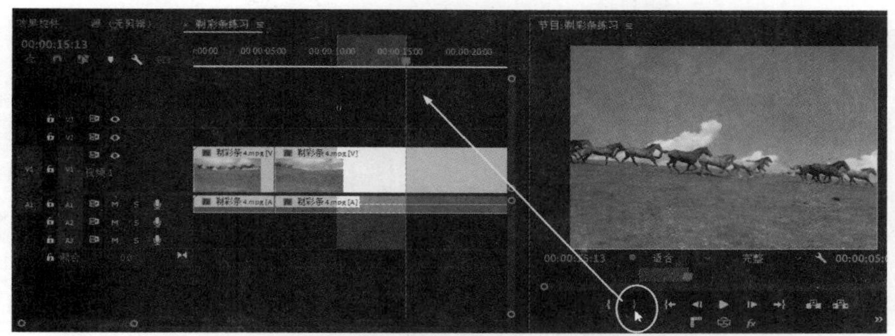

图 3.4.12　给“彩条”的开始和结束位置设置入点和出点

（11）选择“彩条”部分并单击节目监视器窗口提取按钮，可以将“彩条”部分提取出去，如图 3.4.13 所示。

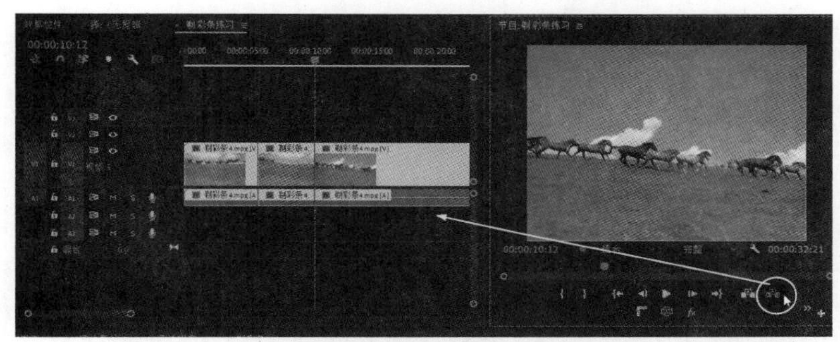

图 3.4.13　提取“彩条”部分

提示：把“剃彩条 4”素材里面的所有“彩条”部分删除以后，再次播放素材时发现画面中的马一开始就在中间，而中间画面中的马却在左面。按常理来说马应该是从画面的左面跑向右面，很明显是素材的前后排列顺序不对所造成的，如图 3.4.14 所示。

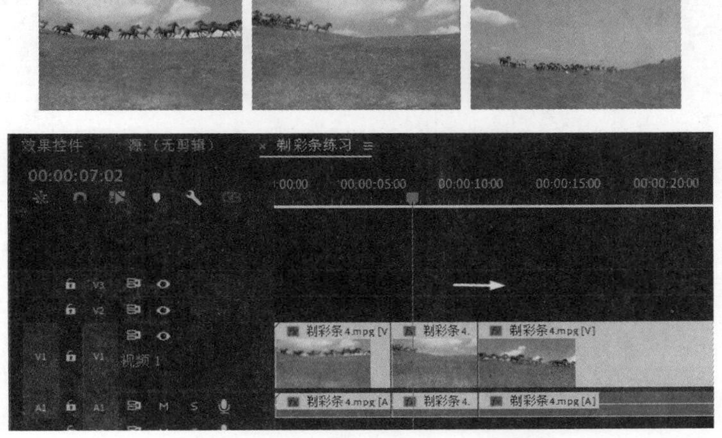

图 3.4.14　再次播放“剃彩条 4”素材

（12）在工具箱选择“轨道选择”工具，单击选择第二段素材的同时向后拖动，如图 3.4.15 所示。

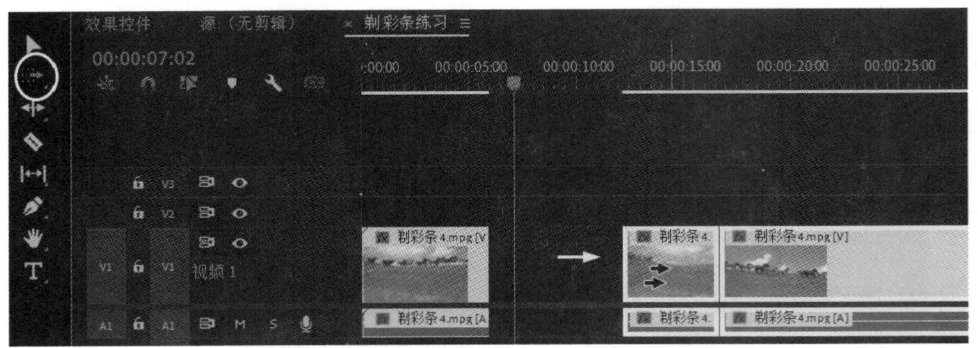

图 3.4.15　应用“轨道选择”工具

（13）利用选择工具将顺序排列错误的两段素材相互对调，如图 3.4.16 所示。

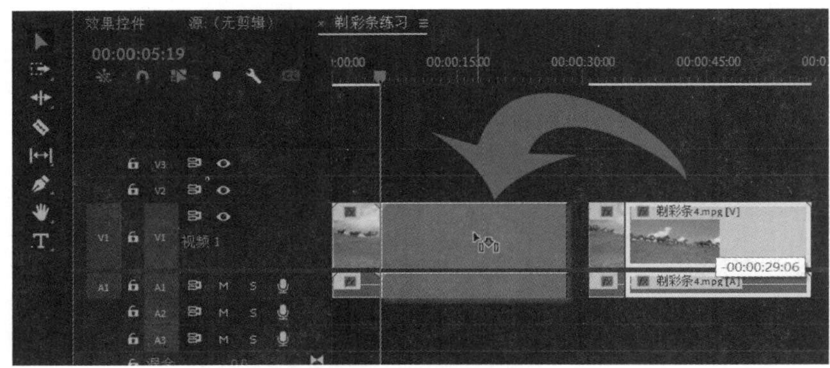

图 3.4.16　将顺序排列错误的两段素材相互对调

（14）在轨道面板空白处单击鼠标右键选择“波纹删除”，如图 3.4.17 所示。

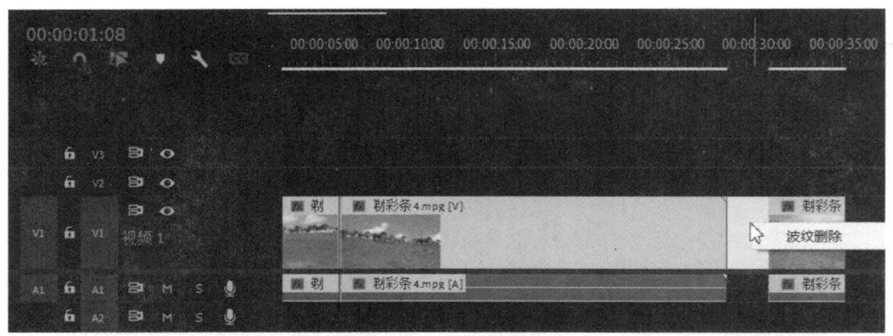

图 3.4.17　选择“波纹删除”

（15）排列完素材先后顺序以后，按键盘空格键播放素材并查看最终效果。

3.4.2　快、慢镜头的设置

本例主要运用本章学习的素材的速度/持续时间、速率伸缩工具以及素材的速度重置等命令，制作快、慢镜头效果，最终效果如图 3.4.18 所示。

图 3.4.18　快、慢镜头最终效果图

操作步骤

（1）在“项目”面板空白处单击鼠标右键菜单，选择“新建项目”→“序列”选项，创建“快慢镜头的设置”序列，如图 3.4.19 所示。

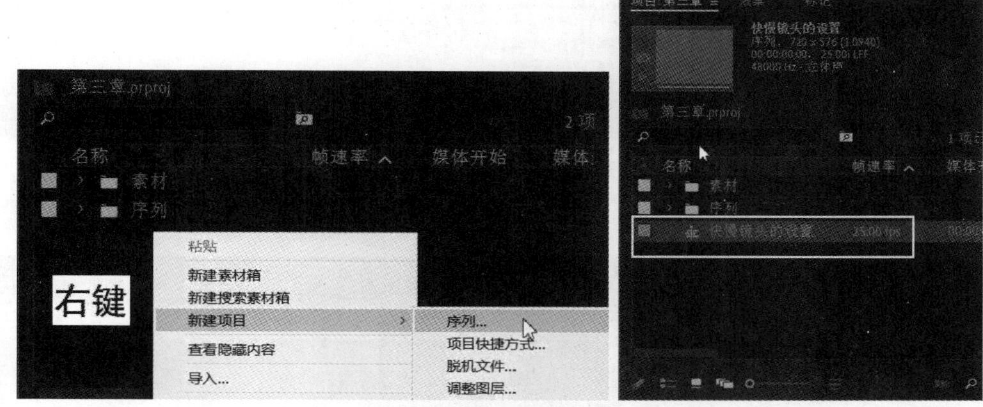

图 3.4.19　新建序列

（2）导入“女孩走路”素材并添加到时间线，如图 3.4.20 所示。

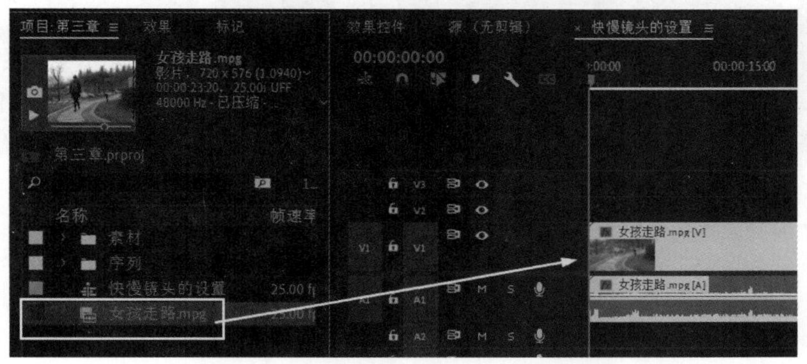

图 3.4.20　导入“女孩走路”素材并添加到时间线

（3）播放“女孩走路”这段素材，画面是女孩从远处缓慢走来，如图 3.4.21 所示。

图 3.4.21　预览“女孩走路”素材

（4）将播放头指针移至素材中间，当女孩正好走到画面中间位置时，剪断该素材，如图 3.4.22 所示。

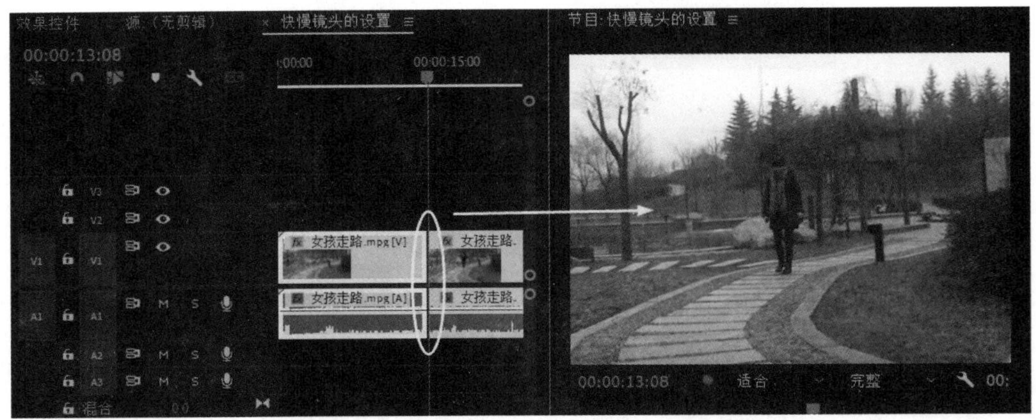

图 3.4.22　剪断素材

（5）单击速率伸缩工具将前端素材设置为快镜头，如图 3.4.23 所示。

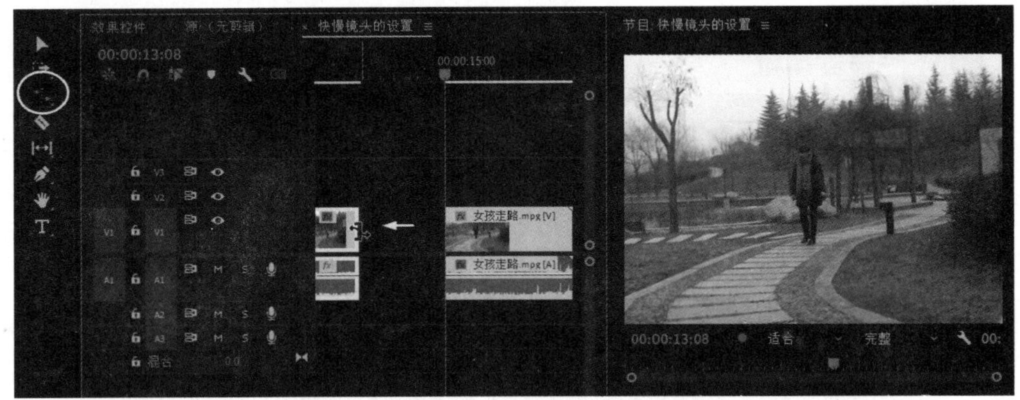

图 3.4.23　速率伸缩工具的应用

（6）在轨道间隙位置单击鼠标右键选择“波纹删除”命令，如图 3.4.24 所示。

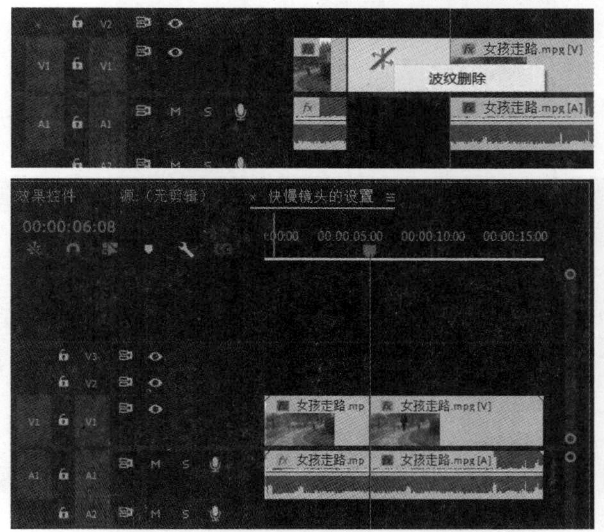

图 3.4.24　选择“波纹删除”命令

注意：将前一段素材设置为快镜头以后，播放时发现人物走路时两条腿走得特别快，这样画面很不协调。因此，在剪辑时可以保留女孩快镜头素材两端的画面，尽量将中间走路部分的素材删除，如图 3.4.25 所示。

图 3.4.25　删除中间走路部分的素材

（7）将前面两段素材设置为快镜头，后面的素材设置为慢镜头，让画面产生一种由快到慢的“顿挫缓冲”效果，如图 3.4.26 所示。

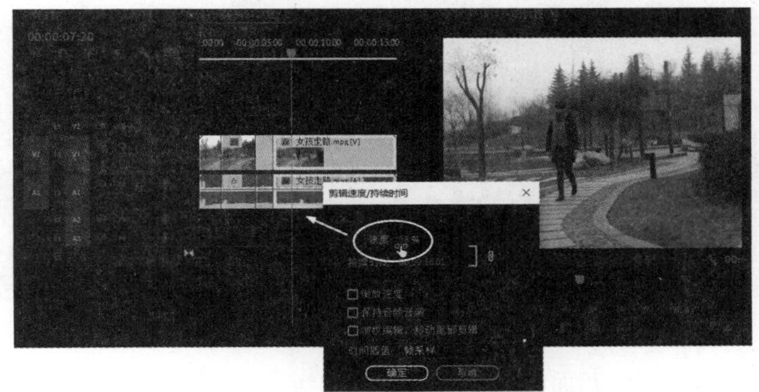

图 3.4.26　设置前面素材为快镜头、后面的素材为慢镜头效果

（8）按键盘空格键播放素材并查看最终效果。

利用时间重映射制作快、慢镜头效果的操作步骤如下：

（1）将“女孩走路”素材添加到时间线，在“效果控件”面板将播放头指针移至中间位置，如图 3.4.27 所示。

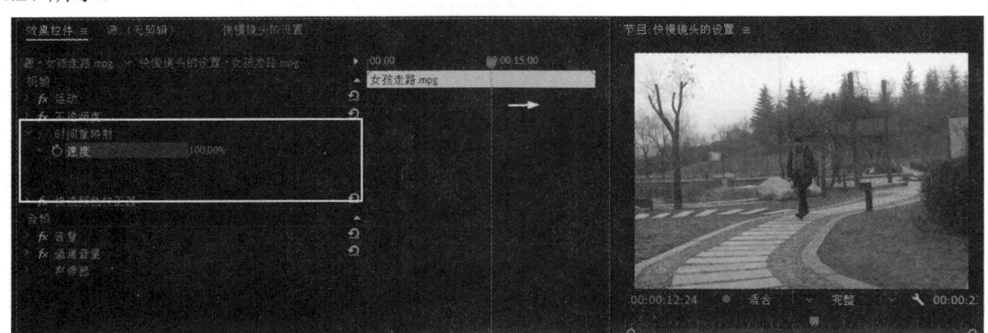

图 3.4.27　在“效果控件”面板将播放头指针移至中间位置

（2）在时间重置里单击“速度”前面的启用动画关键帧按钮，并单击添加/删除关键帧按钮添加动画关键帧，如图 3.4.28 所示。

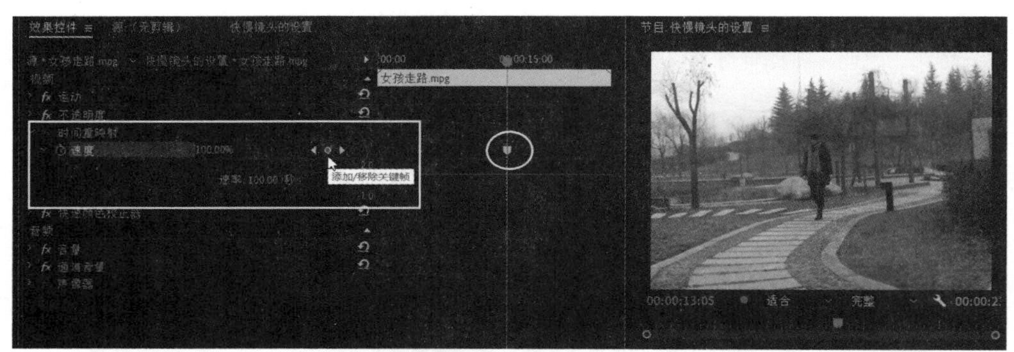

图 3.4.28　设置“速度”关键帧动画

（3）将鼠标移至关键帧前面的“速度控制线”，当鼠标呈形状时单击左键并向上拖动，可将素材设置为快镜头，如图 3.4.29 所示。

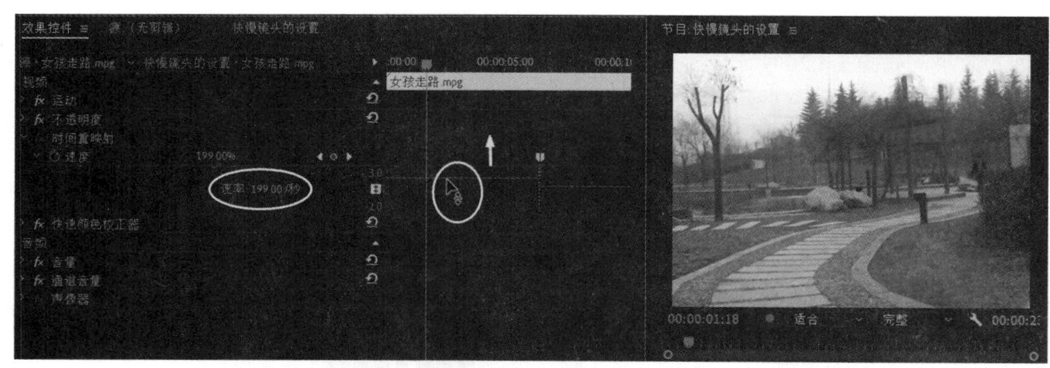

图 3.4.29　设置素材为快镜头效果

（4）再将鼠标移至关键帧后面的“速度控制线”，当鼠标呈形状时单击左键向下拖动，可将素材设置为慢镜头，如图 3.4.30 所示。

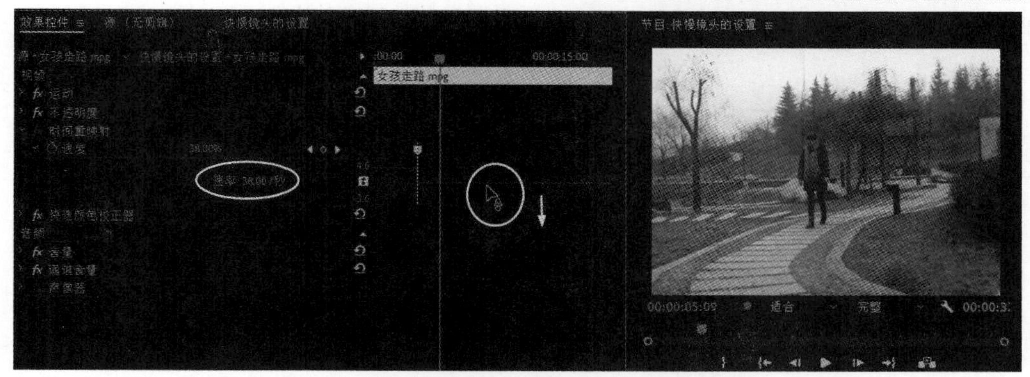

图 3.4.30　设置素材为慢镜头效果

（5）同样将女孩走路快镜头的中间部分删除，在这里就不详细阐述了。最后，按键盘空格键播放素材并查看最终效果。

本 章 小 结

本章系统地介绍了 Premiere Pro 2021 时间线各个部分的功能和应用，详细介绍了“时间线”面板的轨道控制区、时间线工作区、时间线标尺的缩放、添加标记和渲染过载区域以及素材的各种编辑操作。通过本章的学习，读者可以了解 Premiere Pro 2021“时间线”面板，并且能够熟练编辑素材，掌握轨道的类型、调整素材的速度和持续时间、解除视音频的链接和时间线序列嵌套的应用等内容。

操 作 练 习

一、填空题

1．“时间线”面板是 Premiere Pro 2021 软件的动画核心部分，视频编辑的_________都是在“时间线”面板上完成的。

2．在“时间线”面板中，可以对各种素材进行_________、_________、叠加、_________等编辑操作，它几乎包含了 Premiere Pro 软件中的一切操作。

3．“时间线”面板包括_________和_________两大主要部分。

4．切换同步锁定按钮是 Premiere Pro 2021 软件新增的一个按钮，在插入素材、波纹删除时可以保证___________的同步模式，也可以对单个轨道取消同步模式。

5．从“时间线”面板轨道控制区可以看到，Premiere Pro 2021 从大的范围分为______轨道和______轨道。

二、选择题

1．在“项目”面板单击选择要导入的素材，按键盘（　）键也可以将素材插入到合成时间线。

（A）Ctrl+R　　　　（B）Ctrl+K

（C）“，”　　　　（D）“。”

2．在轨道选择素材后，单击菜单执行“编辑”→“波纹删除”命令，或者按键盘（　）键，可将素材连同波纹一起删除。

（A）Ctrl+L （B）Shift+Del

（C）Del （D）Ctrl+ Shift+Del

3．单击菜单执行“图像合成”→“新建合成组”命令，或者按键盘（　）键。

（A）Ctrl+R （B）Ctrl+ Shift+R

（C）Ctrl+N （D）Ctrl+Alt+R

4．单击选择速率伸缩工具，在素材的尾部进行拖动，同样可以改变素材的（　）。

（A）位置 （B）持续时间

（C）速度 （D）颜色

5．在“速度/持续时间“对话框里通过设置素材的速度参数来改变素材的快、慢镜头，默认情况下素材的参数 100%为正常速度，大于 100%为（　）素材。

（A）快镜头 （B）慢镜头

（C）倒放 （D）正常速度

三、简答题

1．简述“时间线”轨道的类型。

2．“时间线”面板主要由哪些部分组成？

3．简述如何重命名以及添加和删除轨道。

4．简述如何缩放时间线标尺，如何设置素材的帧定格。

四、上机操作题

1．反复练习素材的选择、移动、复制，调整素材的速度及持续时间等操作。

2．练习剪辑素材和时间线序列的嵌套应用。

3．熟练操作课堂作业“剔除彩条练习”和“快、慢镜头的设置”两个实例。

第 4 章　Premiere Pro 2021 进阶

本章主要学习在 Premiere Pro 2021 中剪辑素材的方法，如快速剪辑、滚动剪辑、波纹剪辑和滑动剪辑等。通过几个简单的实例制作来介绍素材的剪辑技巧，如“移形换位”的制作和“影片对接镜头”的练习等内容，由浅入深地对知识点进行讲解，使读者能够深入了解该软件的相关功能和具体应用，熟练掌握各种剪辑技巧等。

知识要点

- 快速剪辑、波纹剪辑、滚动剪辑和滑动剪辑
- 三、四点剪辑的介绍
- 多机位剪辑的介绍和应用
- 音频编辑

4.1　剪 辑 素 材

将素材添加到时间线轨道以后，需要对素材进行各种编辑和剪辑。Premiere Pro 2021 是一款专业的视频编辑软件，不但可以快速地对素材进行编辑，在传统编辑的基础上还提供了滚动剪辑、波纹剪辑和滑动剪辑等剪辑模式，对相邻两段素材进行快速编辑，如图 4.1.1 所示。

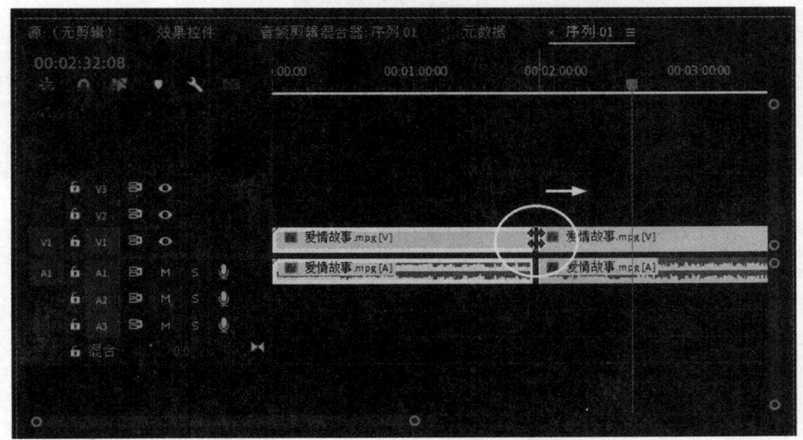

图 4.1.1　对相邻两段素材进行快速编辑

4.1.1　快速剪辑

将素材添加到时间线轨道以后，除了利用传统的剃刀工具在素材上进行分割以外，还可以利用选择工具对素材进行快速剪辑，如图 4.1.2 所示。

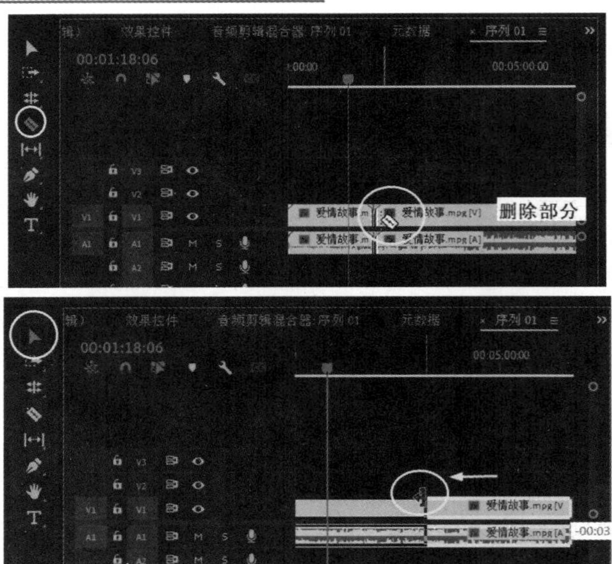

图 4.1.2　用剃刀工具剪辑和快速剪辑的对比

将选择工具▶放在素材的结束位置，当鼠标呈⇤形状时，可以单击左键拖动编辑素材的出点位置，拖动鼠标时可以通过节目监视器预览出点画面；将选择工具▶放在素材的开始位置，当鼠标呈⇥形状时可以单击左键拖动编辑素材的入点位置，拖动鼠标时同样可以通过节目监视器预览入点画面，如图 4.1.3 所示。

（a）

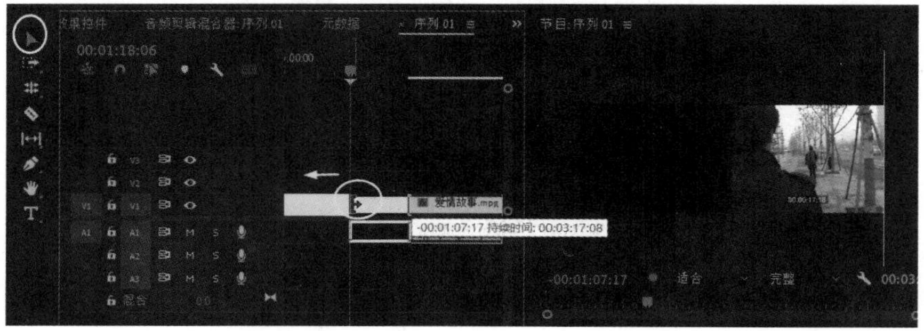

（b）

图 4.1.3　编辑素材的出点和入点位置

（a）出点位置；（b）入点位置

提示：将选择工具放在素材的入点、出点位置时单击并拖动，可以将已经剪辑掉的素材拖拽出来，如图 4.1.4 所示。

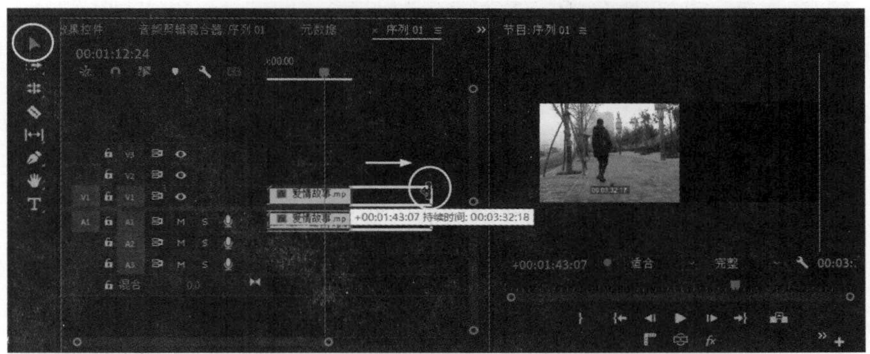

图 4.1.4　拖拽出已经剪辑掉的素材

注意：利用选择工具编辑素材的入点或者出点时，有时鼠标拖到一定的程度就拖不动了。因为导入的素材为动画素材，凡是动画素材都会有固定的动画持续时间，当鼠标拖到它本身的动画长度时就再也拖不动了。素材的开始部分或者结束部分的右上角有一个白色三角标记，证明素材已经被拖拽到头了，如图 4.1.5 所示。

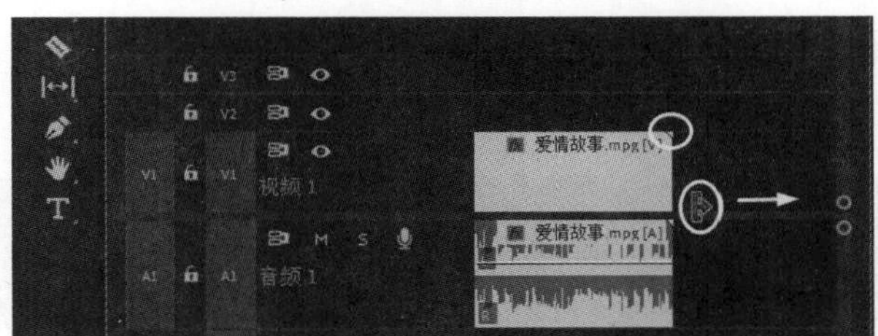

图 4.1.5　素材的开始部分或者结束部分的右上角有一个白色三角标记

4.1.2　波纹剪辑

利用波纹编辑工具可以改变选定素材入点和出点的位置，而相邻素材不发生改变。在工具箱单击波纹编辑工具，将鼠标放置在前段素材的出点位置，当鼠标呈形状时单击拖拽，前段素材变长，后段素材往后移动，长度不发生改变，如图 4.1.6 所示。

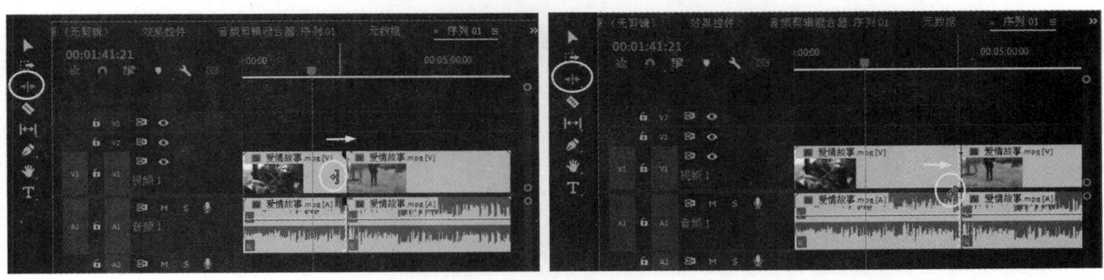

图 4.1.6　应用波纹编辑工具编辑素材出点位置

添加三段素材到时间线轨道，将鼠标放置在中间那段素材的入点位置，当鼠标呈形状时单击拖拽，中间选择的素材变长，后段素材往后移动，前面和后面素材的长度都不发生改变，如图 4.1.7 所示。

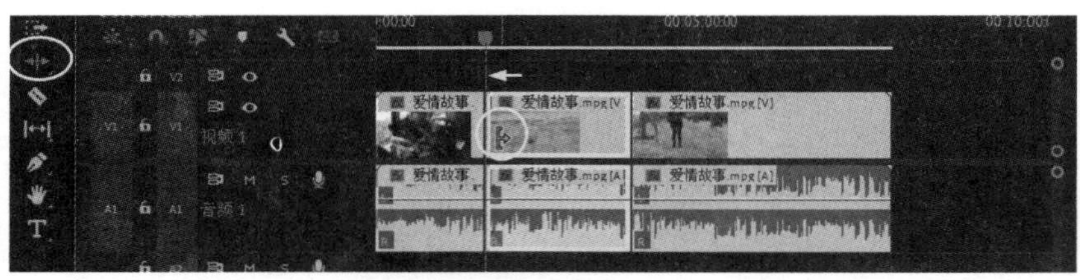

（a）

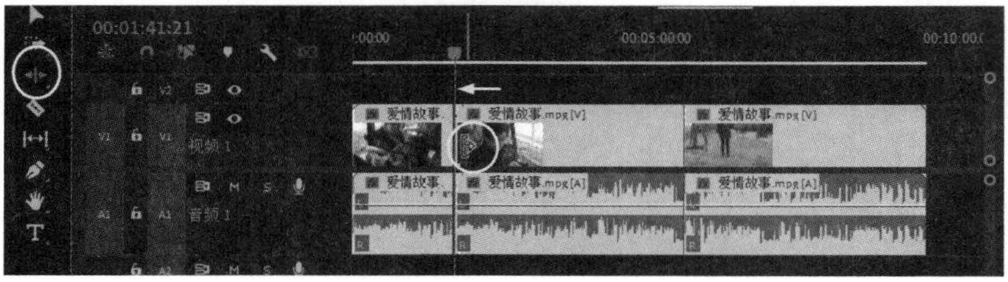

（b）

图 4.1.7　应用波纹编辑工具编辑素材入点位置

（a）应用波纹编辑以前；（b）应用波纹编辑以后

利用波纹编辑工具在相邻两段素材之间编辑时，同样可以通过节目监视器查看前段素材的入点画面和后段素材的出点画面，如图 4.1.8 所示。

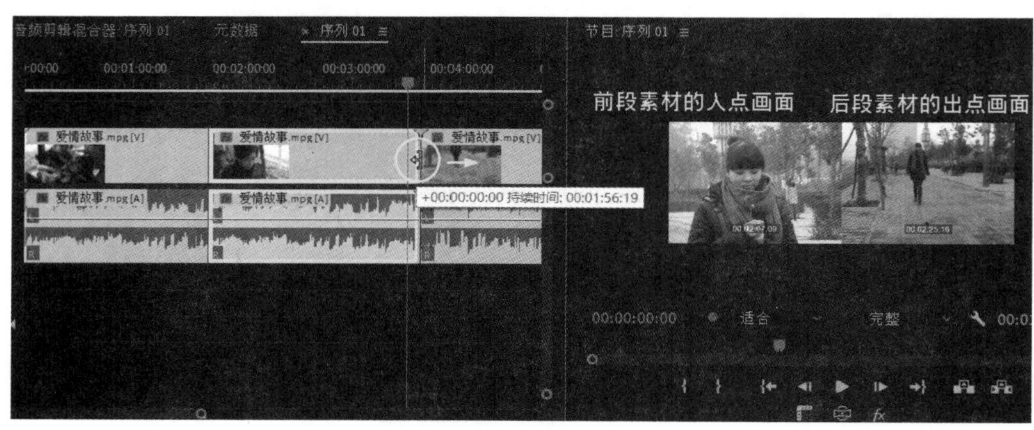

图 4.1.8　应用波纹编辑工具查看素材画面

注意：利用波纹编辑工具时，当鼠标呈形状时为不可用状态，只有在两段相邻素材的边界呈编辑出点形状或者编辑入点形状时方可使用，如图 4.1.9 所示。

（a）

（b）

图 4.1.9　应用波纹编辑工具

（a）波纹编辑工具为不可用状态时；（b）波纹编辑工具为可用状态时

4.1.3　滚动剪辑

在时间线上应用滚动编辑工具可以改变相邻两段素材的入点和出点位置。在工具箱单击滚动编辑工具，将鼠标放置在前段素材的出点位置，当鼠标呈形状时单击拖拽，前段素材变长，后段素材自然变短，前段素材拖拽出的长度会把后段部分素材覆盖掉，如图 4.1.10 所示。

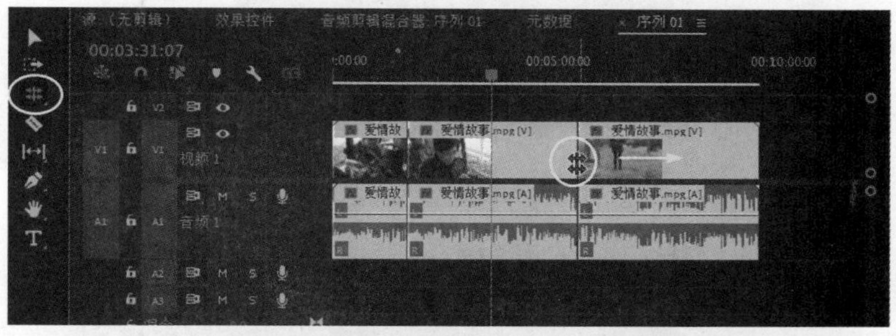

图 4.1.10　应用滚动编辑工具改变相邻两段素材的入点和出点位置

提示：应用滚动编辑工具在相邻两段素材之间编辑时，都可以通过节目监视器查看前段素材的入点画面和后段素材的出点画面，如图 4.1.11 所示。

图 4.1.11　应用滚动编辑工具时查看素材画面

4.1.4　滑动剪辑

在保持素材持续时间不变的情况下，应用内滑工具在素材上滑动，可以改变素材的入点和出点位置，而素材的长度始终不发生变化。在工具箱单击内滑工具，将鼠标放置在选定素材上，当鼠标呈形状时单击左键拖拽，素材的出入点发生改变而长度不发生改变，如图 4.1.12 所示。

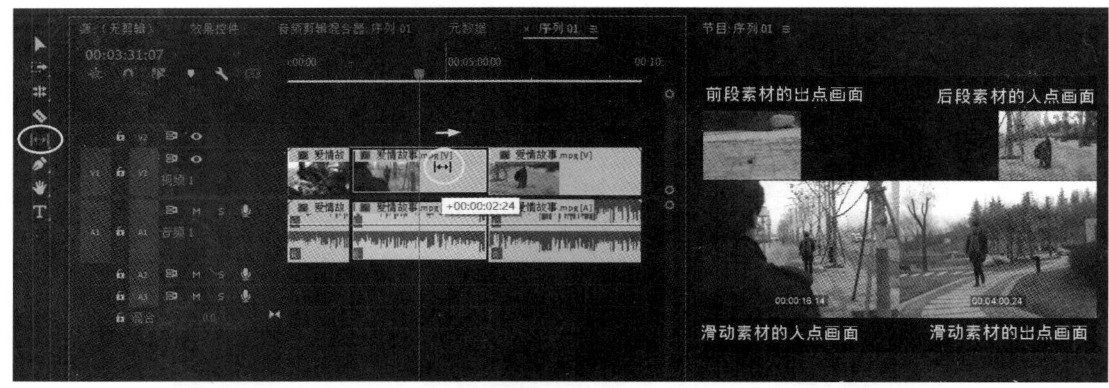

图 4.1.12　应用内滑工具编辑素材

在保持被选定素材持续时间不变的情况下，应用外滑工具在素材上滑动，可以改变素材入点和出点的位置，被选定素材的长度同样不会发生改变，但是前后相邻两段素材的长度会因选定素材的滑动而发生改变。在工具箱单击外滑工具，将鼠标放置在选定素材上，当鼠标呈形状时单击左键拖拽，素材的出入点发生改变而长度不发生改变，相邻的前段素材变短，后段素材相应变长，如图 4.1.13 所示。

图 4.1.13　应用外滑工具编辑素材

4.1.5　修正剪辑的应用

应用修正剪辑可以快速、精确地确定相邻两段素材的准确位置。在菜单栏单击“序列”→“修剪编辑”选项，或者按键盘“shift+T”键即可打开修正监视器窗口，如图 4.1.14 所示。

图 4.1.14　打开修正监视器窗口

将鼠标放在左边的出点画面查看窗口上，当鼠标呈出点编辑形状时单击左键拖拽，或者利用出点微调按钮 -1 调整素材的出点准确位置；将鼠标放在右边的入点画面查看窗口上，当鼠标呈入点编辑形状时单击左键拖拽，或者利用入点微调按钮 +1 调整素材入点的准确位置；将鼠标放在两个窗口的中间，当鼠标呈形状时，单击左键拖拽，如图 4.1.15 所示。

图 4.1.15　应用修正监视器窗口编辑素材

4.1.6　三、四点剪辑的介绍

在专业视频剪辑实际工作中，应用三、四点剪辑方式，可以大大提高剪辑工作的效率和准确性。

三点剪辑方式是将源节目监视器入点和出点两点间的素材，以时间线序列设定的入点或者出点为基准，覆盖到时间线指定轨道的三点剪辑方式。源素材节目监视器设定的入点和出点为两点，第三点是以时间线为基准的入点或者出点，如图 4.1.16 所示。

（a）

图 4.1.16　应用三点剪辑方式

（b）

序图 4.1.16 应用三点剪辑方式

（a）忽略序列出点；（b）忽略序列入点

四点剪辑方式是将源节目监视器入点和出点两点间的素材，覆盖到时间线序列设定的入点和出点之间两点间的四点剪辑方式。源素材节目监视器素材设定的入点和出点为两点，时间线序列的入点和出点即为四点，如图 4.1.17 所示。

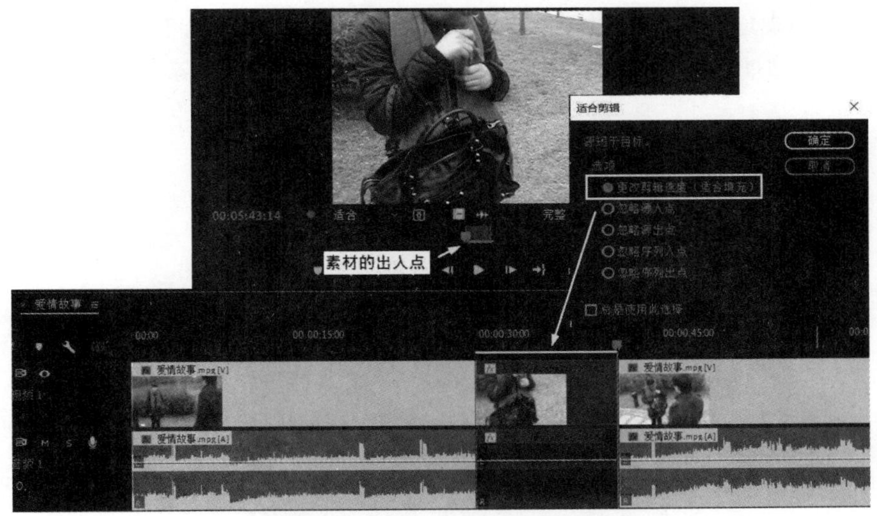

图 4.1.17 应用四点剪辑方式

提示： 利用四点剪辑方式编辑，源节目监视器出、入点间的素材长于或短于序列出、入点间的距离时，软件将自动调整素材的速度，将完全和序列出入点间距离匹配，调整速度的速率也会显示在素材上，如图 4.1.18 所示。

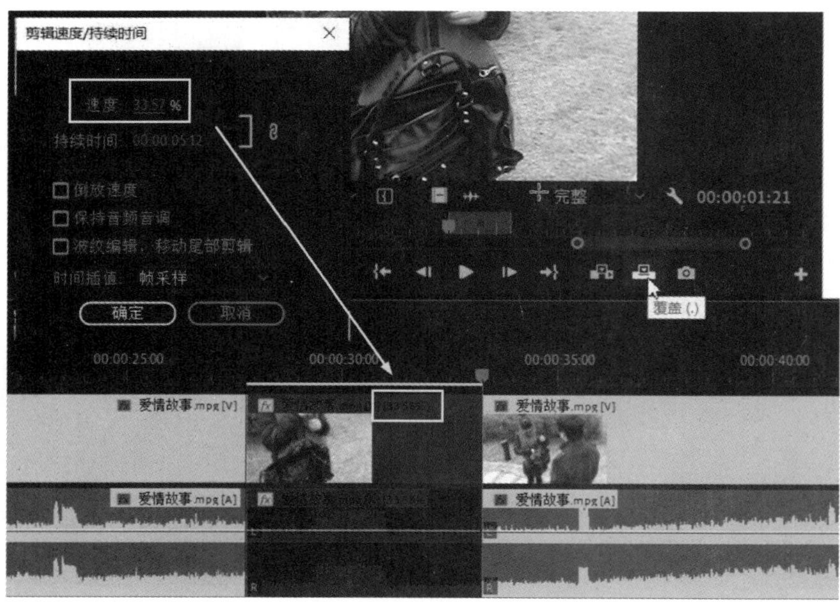

图 4.1.18　应用四点剪辑方式显示素材速度

4.2　多机位剪辑

目前，越来越多的电影和电视节目已经开始使用多台摄像机对画面同时拍摄。例如一台摄像机拍摄全景推至中景，而同时另一台摄像机拍摄高角度固定镜头，还有一台活动摄像机位。多机位拍摄通常应用于体育赛事现场直播以及一些大型文艺节目等，通过多机位拍摄，可以从多个角度，全方位地对现场进行拍摄，通过导演切换控制台对画面进行切换操作。现场直播或文艺节目的舞台简单布局如图 4.2.1 所示。

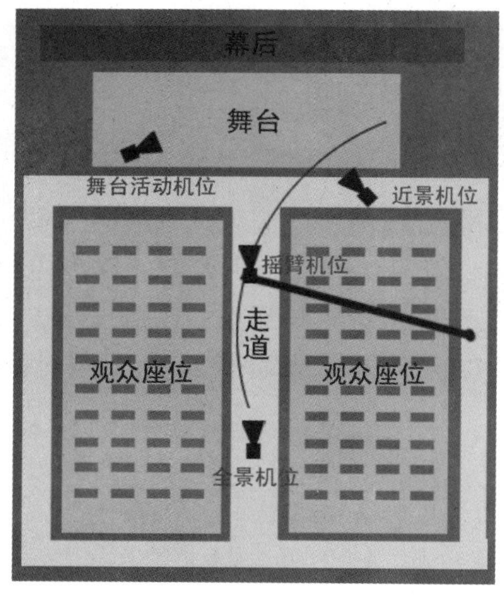

图 4.2.1　舞台简单布局

4.2.1　多机位剪辑的介绍

现场直播时将多个摄像机从不同角度同时拍摄，通过导演切换台对几个机位进行现场切换。在 Premiere Pro 2021 软件中，同样可以使用多机位模式对从不同角度拍摄同一内容的素材进行剪辑。

多机位剪辑具体操作步骤如下：

（1）新建序列名称为“多机位剪辑”，在“新建序列”对话框里设定新建序列的轨道数目，如图 4.2.2 所示。

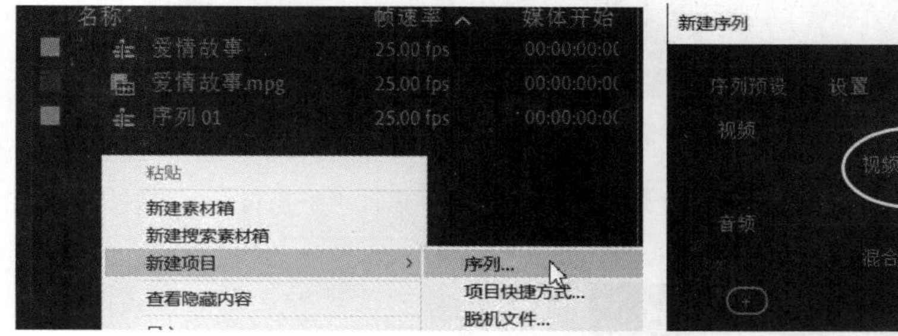

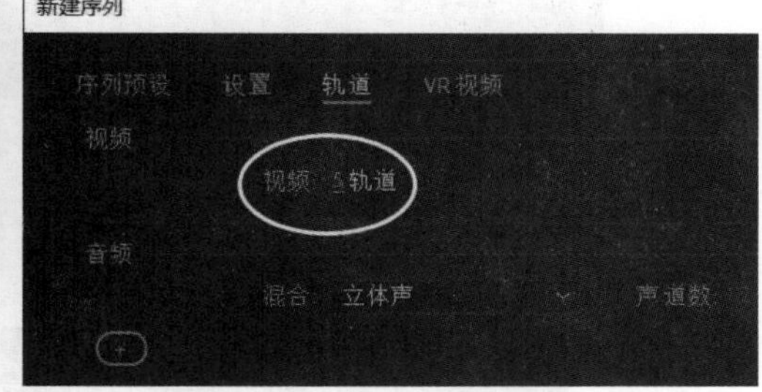

图 4.2.2　设定新建序列的轨道数目

（2）导入多机位素材，按照不同机位将素材添加到时间线，如图 4.2.3 所示。

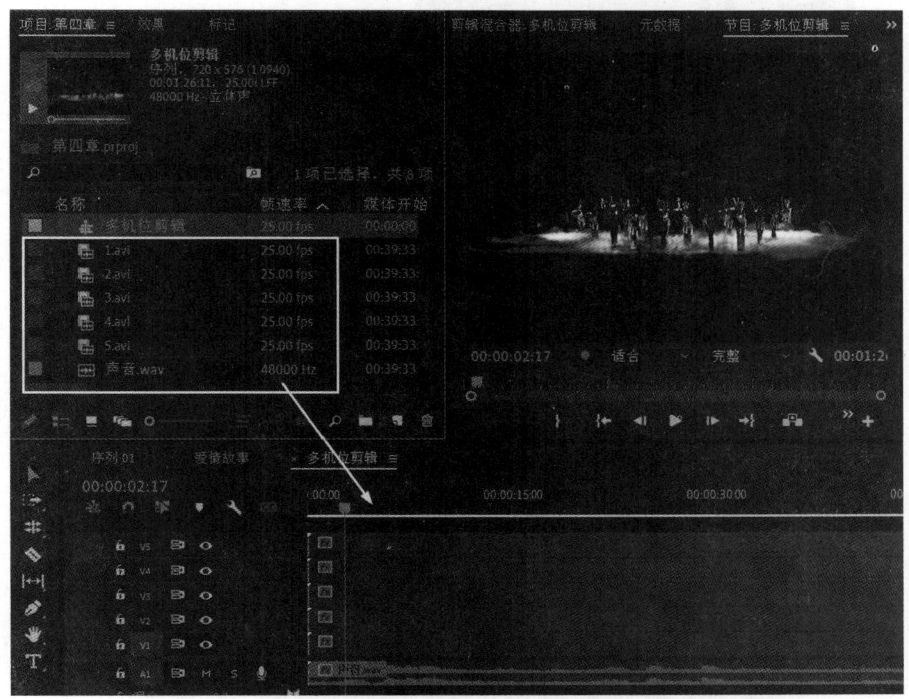

图 4.2.3　导入“多机位”素材

（3）再次新建“多机位切换”序列，将“多机位剪辑”序列添加到“多机位切换”序列“视频 1”轨道，如图 4.2.4 所示。

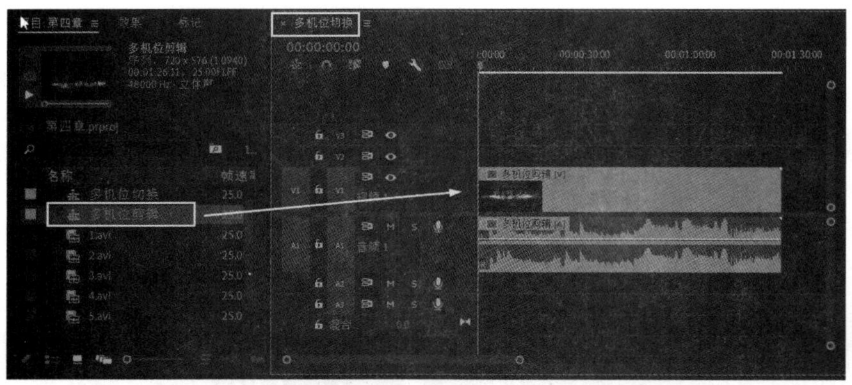

图 4.2.4　将“多机位剪辑”序列添加到“多机位切换”序列

（4）在时间线轨道上选择“多机位剪辑”序列，单击右键菜单执行“多机位”→“启用”命令，如图 4.2.5 所示。

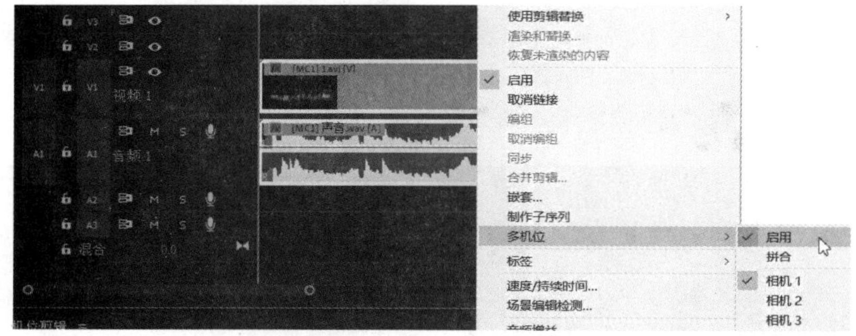

图 4.2.5　启用多机位模式

（5）在节目监视器窗口单击切换多机位视图按钮，从多机位视图里可以看出，这是一场具有陕西文化特色的文艺晚会拍摄视频，5 个画面拍摄的都是同一段舞蹈，只是拍摄角度有所区别，如图 4.2.6 所示。

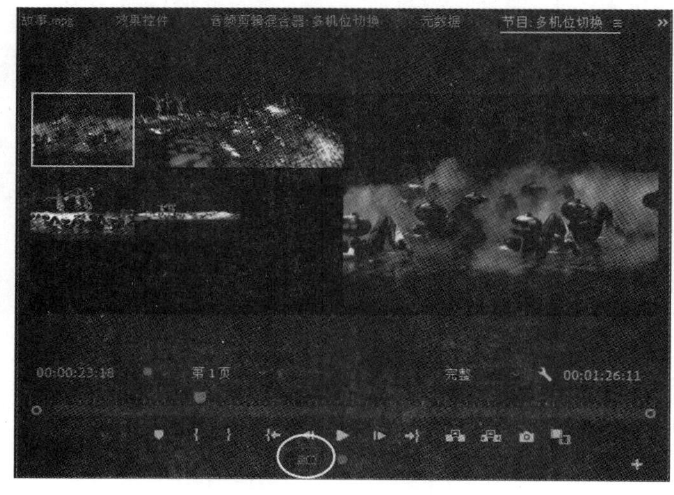

图 4.2.6　打开“多机位视图”

（6）在“多机位监视器”窗口用鼠标单击查看每个机位的素材状况，完成整个剪辑前的准备工作，如图 4.2.7 所示。

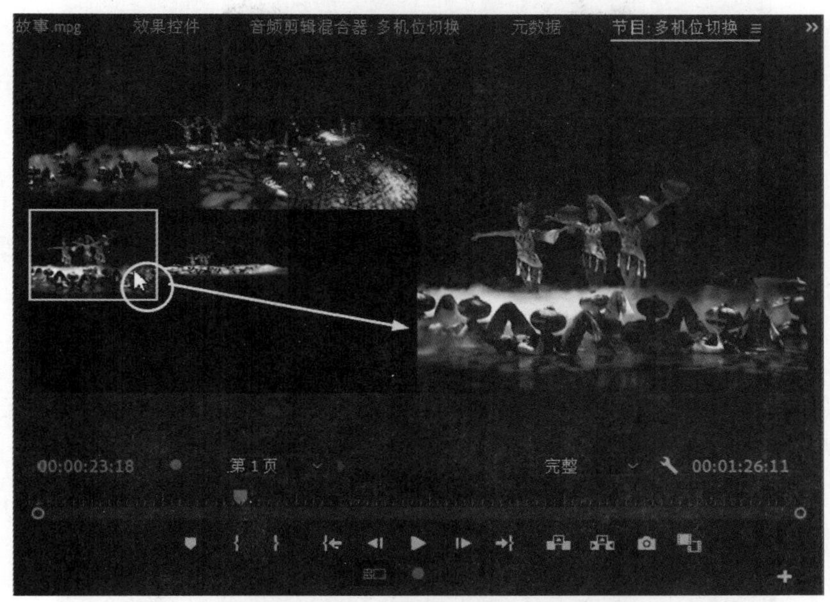

图 4.2.7 查看每个机位的素材状况

4.2.2 剪辑多机位的应用

剪辑多机位的操作步骤如下：

（1）舞蹈开始时先将画面切到“全景机位”，在屏幕上选择 1 号全景机位，单击打开录制开关以后再次单击播放按钮，如图 4.2.8 所示。

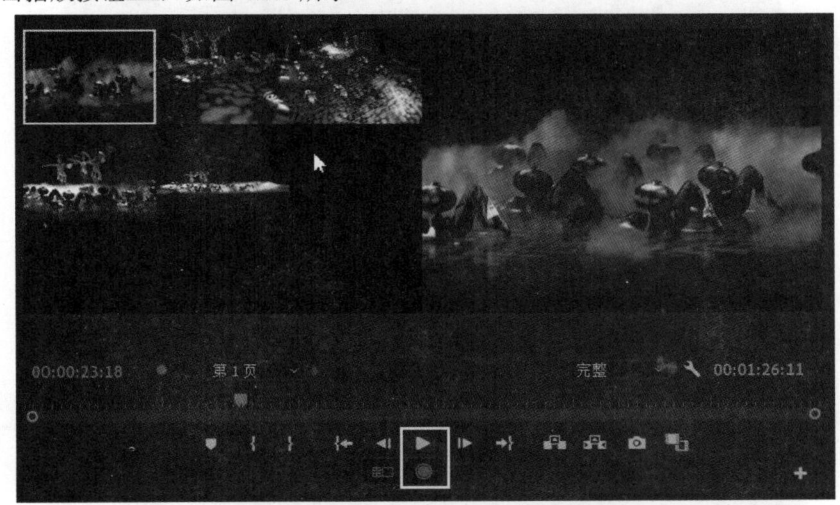

图 4.2.8 选择“全景机位”开始录制

（2）用鼠标单击 3 号“摇臂机位”，让画面从全景切换到舞台“起镜”画面，如图 4.2.9 所示。

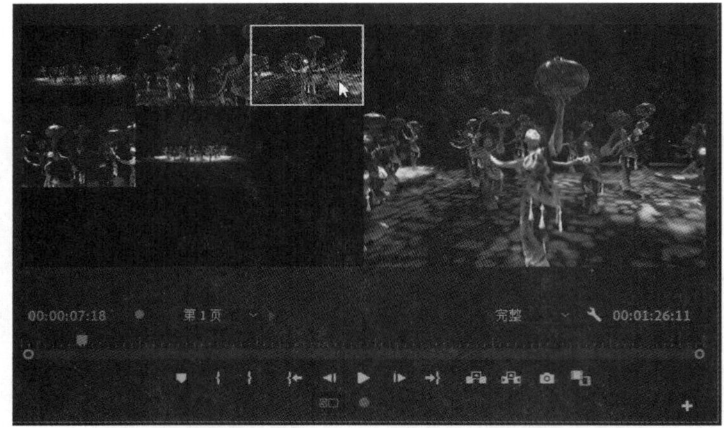

图 4.2.9　选择“摇臂机位”

（3）用鼠标单击 2 号舞台移动机位，在画面从 2 号摇臂机位“起镜”以后切到“舞台移动机位”，如图 4.2.10 所示。

图 4.2.10　选择“舞台移动机位”

（4）按照同样的方法再次将画面由“舞台移动机位”切换到“近景机位”，如图 4.2.11 所示。

图 4.2.11　选择“近景机位”

（5）镜头的组接要符合生活的逻辑、思维的逻辑，由全景、中景向近景、特写过渡，用来表现由低沉到高昂向上的情绪发展。将画面由中景切回到全景，用同样方法将整部片子剪辑完，如图 4.2.12 所示。

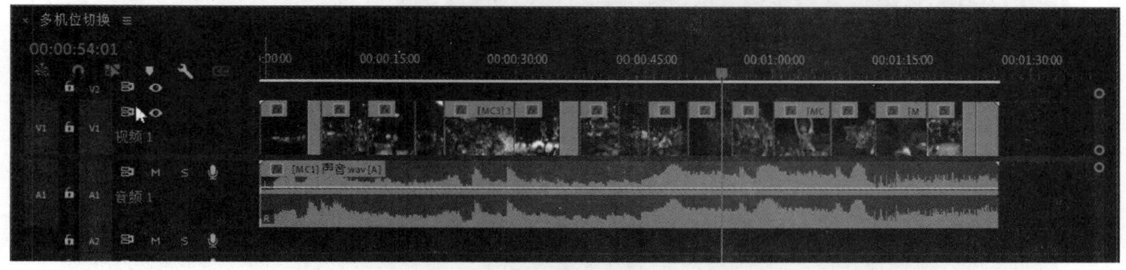

图 4.2.12　用同样方法将整部片子剪辑完

（6）在画面剪辑过于生硬的两个机位之间，可添加“交叉溶解”视频过渡效果，让画面切换时更加柔和，如图 4.2.13 所示。

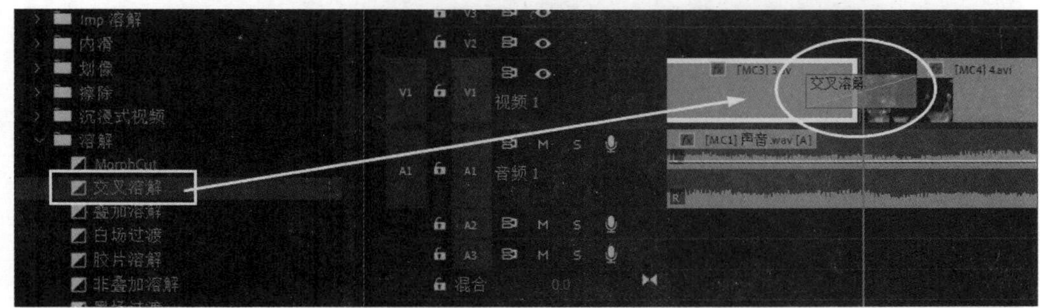

图 4.2.13　给素材添加“交叉溶解”过渡效果

（7）反复检查素材并作适当调整，在时间线上拖动，适当调整素材，在“多机位”监视器窗口配合逐帧前进按钮精确调整，如图 4.2.14 所示。

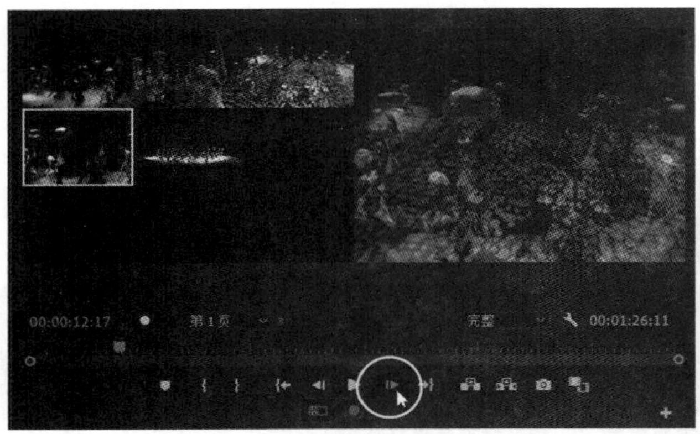
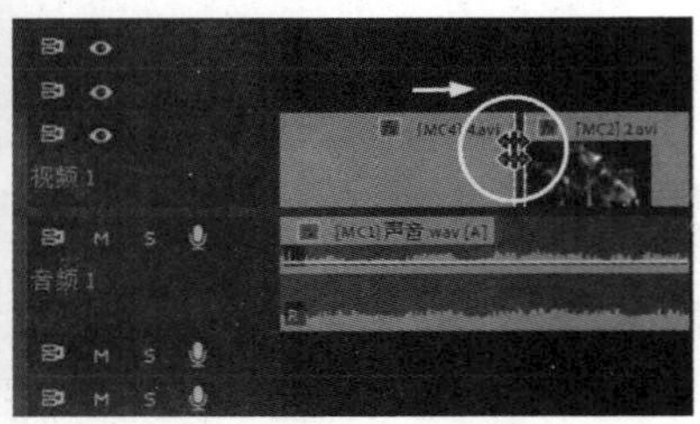

图 4.2.14　调整素材

（8）关闭“多机位”监视器窗口，完成多机位剪辑操作并预览最终画面效果，如图 4.2.15 所示。

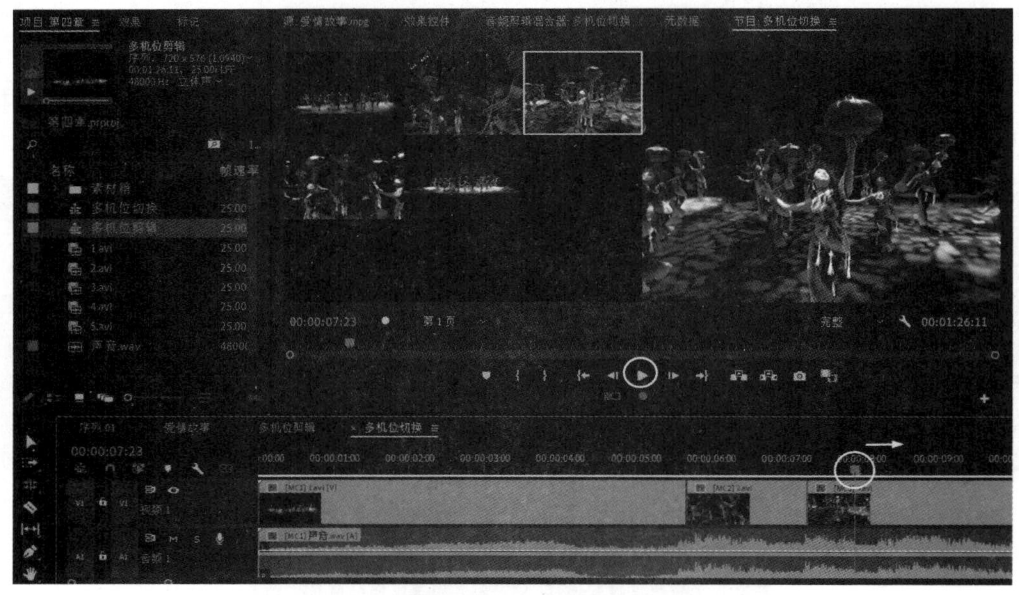

图 4.2.15　预览最终画面效果

4.3　编 辑 音 频

4.3.1　认识音轨混合器

在 Premiere Pro 2021 中，应用音轨混合器，不仅可以对各轨道上的音频素材进行音量大小控制和声道左右平衡调整，还可以处理音频和录制音频。

导入音频素材“歌曲”和“音乐”，添加到重新命名的“歌曲”和“音乐”轨道，如图 4.3.1 所示。

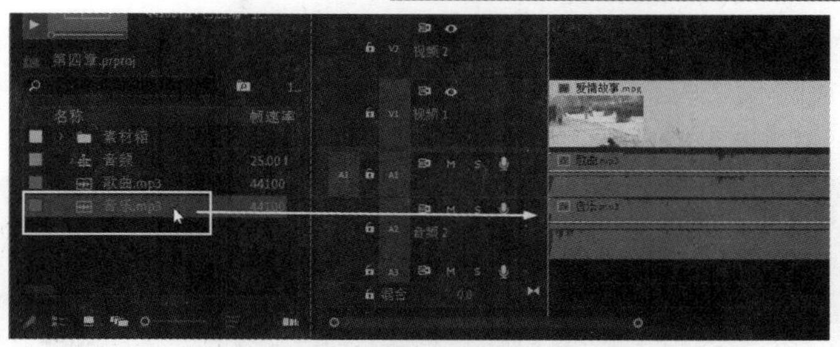

图 4.3.1　添加音频素材到时间线

单击菜单执行“窗口”→“音轨混合器”命令，打开“音轨混合器”面板。音轨混合器由若干个音频轨道调节器和播放控制器组成，每个独立的轨道上都有一个音量控制滑杆和声道平衡旋钮，如图 4.3.2 所示。

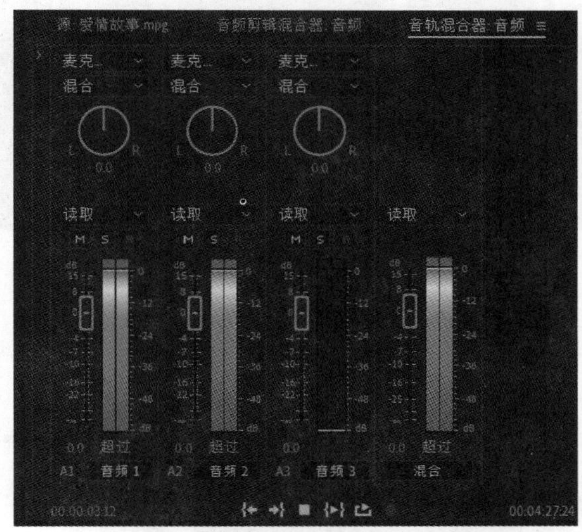

图 4.3.2　“音轨混合器”面板

提示：“音轨混合器”面板上的音频轨道和时间线上的音频轨道是相互对应的，通过面板上音频轨道调节器的滑杆来调整单个轨道音量大小。最右侧的主音轨音频调节器，通过调整其滑杆，可以统一调整所有音轨的音量大小，单击播放按钮可以播放轨道音频，如图 4.3.3 所示。

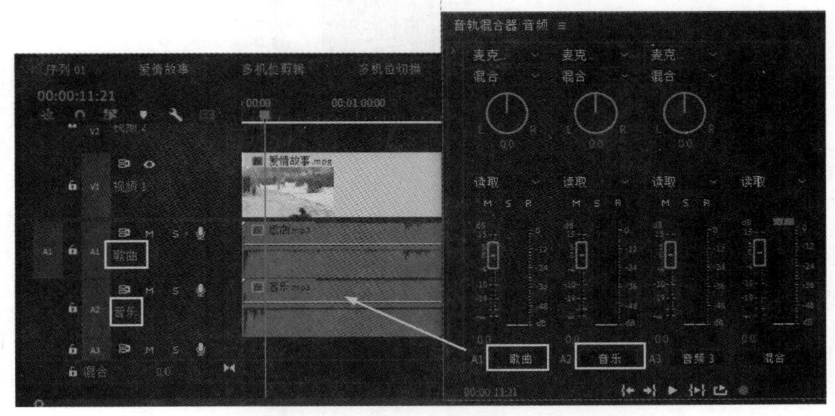

图 4.3.3　时间线轨道和音轨混合器相对应

在“音轨混合器”面板上播放音频素材时，有音频素材的轨道就会有音频的颜色在电平计上下波动。绿色表示正常范围，黄色为允许范围，红色表示已经超出了范围。应尽量避免声音超出范围，输出后音频会失真，一般情况下，将音频的电平值设置为-12dB，如图 4.3.4 所示。

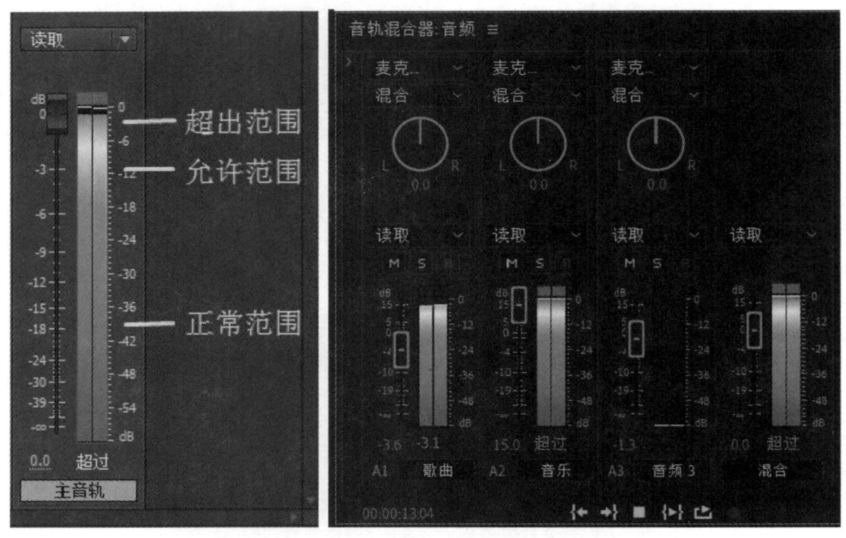

图 4.3.4　音频调节的安全范围

提示：在音轨混合器右侧单击展开图标，选择“显示/隐藏轨道”选项，可以显示或隐藏音频轨道，如图 4.3.5 所示。

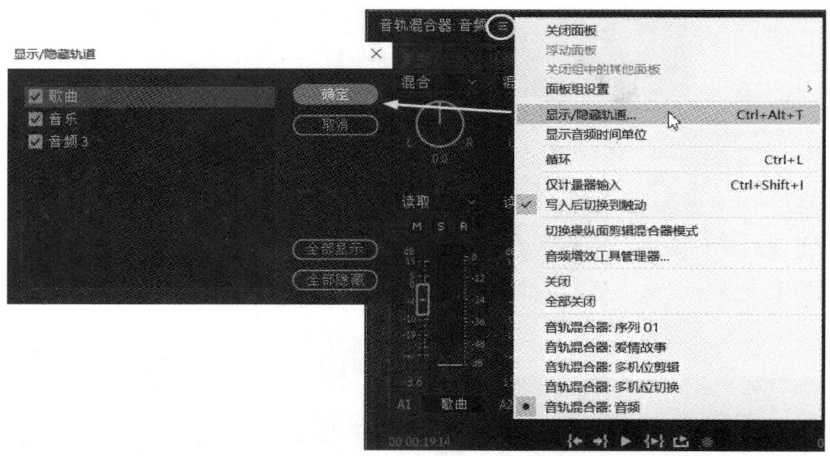

图 4.3.5　在音轨混合器面板显示或隐藏音频轨道

4.3.2　调节音频的音量和声道

调节音频素材的音量和声道通常有两种方式，第一种是在时间线音频轨道进行调整，具体操作步骤如下：

（1）在时间线“音频轨道”面板单击时间轴显示按钮，在下拉菜单选择“显示音频关键帧”选项，如图 4.3.6 所示。

（2）在音频轨道上单击“音量”下拉图标，在下拉列表里选择“轨道关键帧”→“音量”选项，如图 4.3.7 所示。

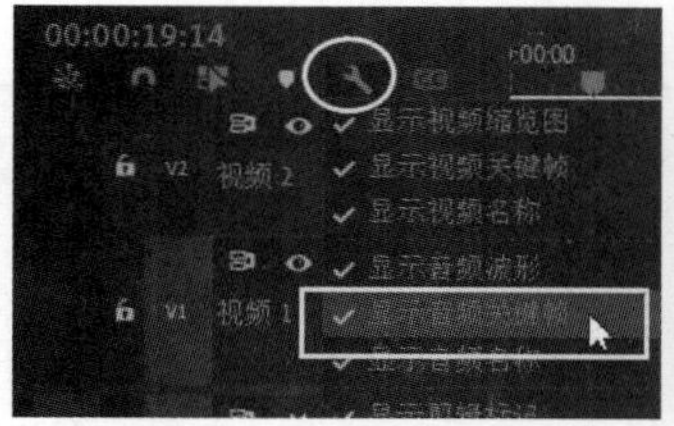

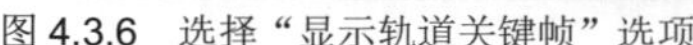
图 4.3.6 选择“显示轨道关键帧”选项

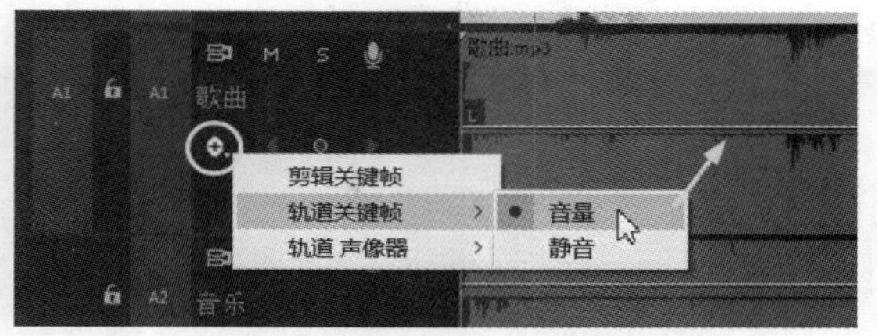

图 4.3.7 选择“音量”选项

（3）将鼠标放置在音量控制线上，当鼠标呈图标时单击鼠标向下拖动，可以减小音频的音量，如图 4.3.8 所示。

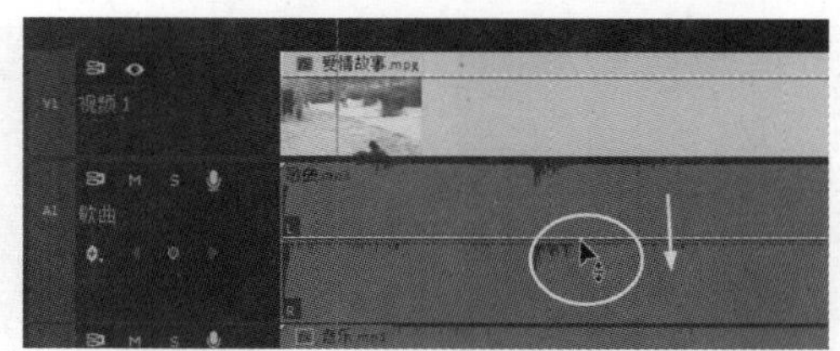

图 4.3.8 调整音频音量大小

（4）在“音乐”音频面板单击添加关键帧按钮，可在播放头指针位置添加一个关键帧，将鼠标放在关键帧上，当鼠标呈图标时可以移动关键帧。在面板上单击“跳转到下一关键帧”按钮和“跳转到前一关键帧”按钮，可以使播放头指针在各关键帧之间跳转，如图 4.3.9 所示。

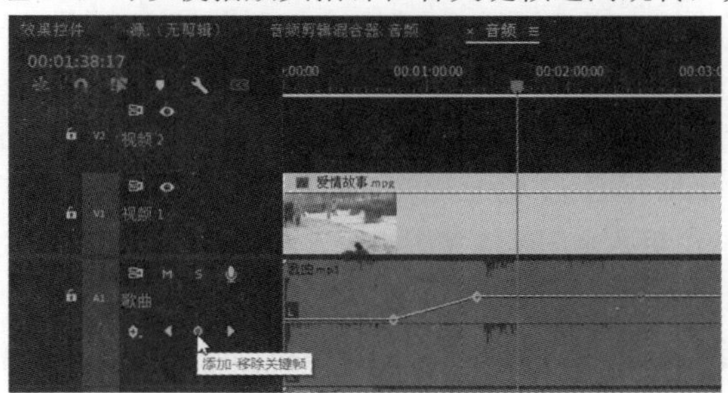

图 4.3.9 添加音量控制动画关键帧

提示：在工具箱利用钢笔工具同时配合“Ctrl”键可以调整音频的音量大小，直接在音量控制线上单击，可以添加动画关键帧，如图 4.3.10 所示。

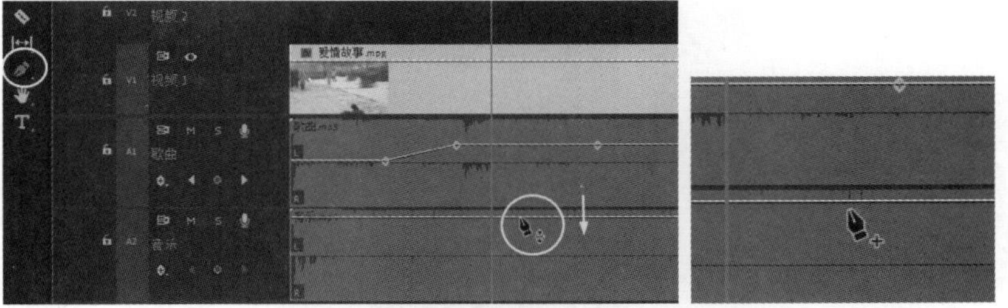

图 4.3.10 利用钢笔工具调整音量大小和添加动画关键帧

（5）在音频轨道上单击“音量”下拉图标，在下拉列表里选择“轨道声像器”→“平衡”选项，以调整音频的左、右声道。将鼠标放置在平衡控制线上，当鼠标呈图标时单击鼠标向上拖，可以改变音频的声道，如图 4.3.11 所示。

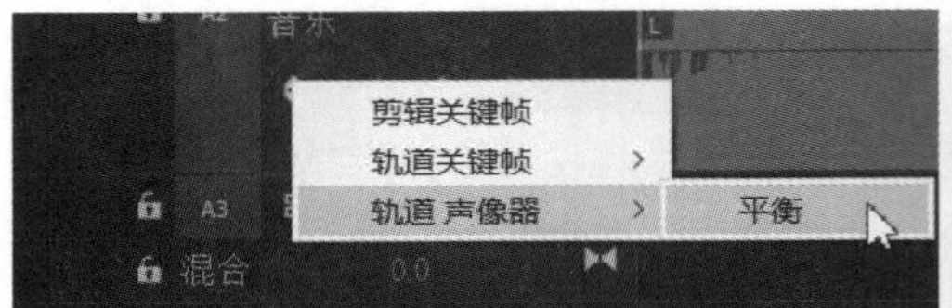

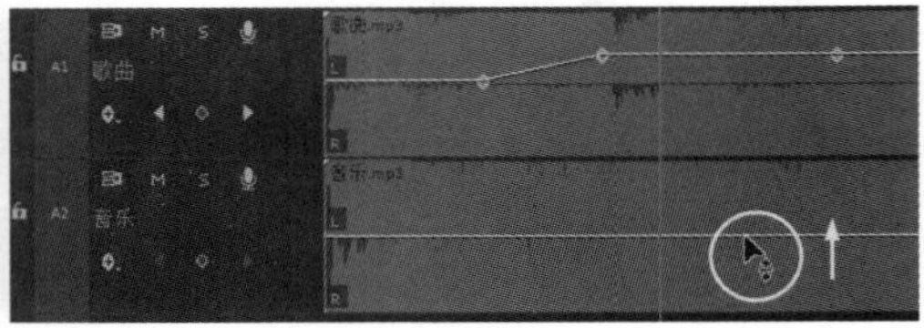

图 4.3.11　改变音频的声道

通过另外一种方式，可以在“音轨混合器”面板通过平衡旋钮对音频的左、右声道进行调整，如图 4.3.12 所示。

在各轨道下面的模式选项栏里，选择不同的选项，可以进行不同的调整，如图 4.3.13 所示。

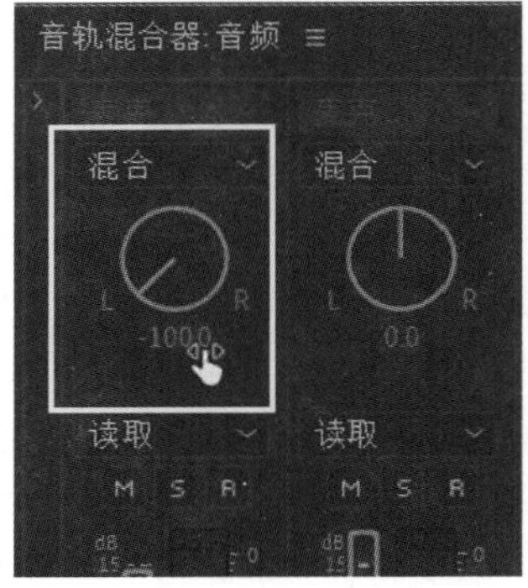

图 4.3.12　利用“音轨混合器”调整音量

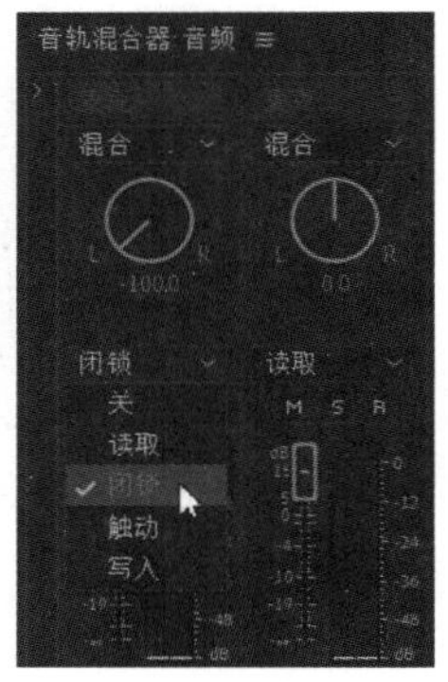

图 4.3.13　轨道模式选项栏

“关”选项：音频混合器关闭。

“读取”选项：调整音量滑块不会改变时间线上的音量大小，用于播放各个轨道的音频。

“闭锁”选项：从开始将滑块拖至播放结束的位置，将用户的调整信息应用并保存至时间线。

“触动”选项：拖动滑块更改时间线音量大小，并在时间线记录动画关键帧，松开鼠标滑块自动返回至原始位置。

“写入”选项：在整个播放过程中，将用户的调整信息保存至时间线并自动生成动画关键帧，会覆盖所有先前用过的音量值，不论是拖拽还是松开滑块。

单击面板上的静音按钮M，将选定轨道设置为静音模式，再次单击M按钮取消静音模式，如图 4.3.14 所示。

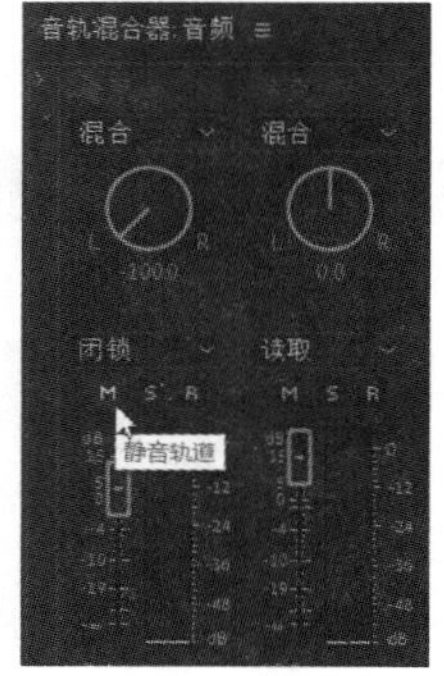

图 4.3.14　轨道的“静音模式”

单击面板上的独奏按钮S，可将其他轨道设置为静音模式S，选定轨道为独奏状态，再次单击按钮取消独奏模式，如图 4.3.15 所示。

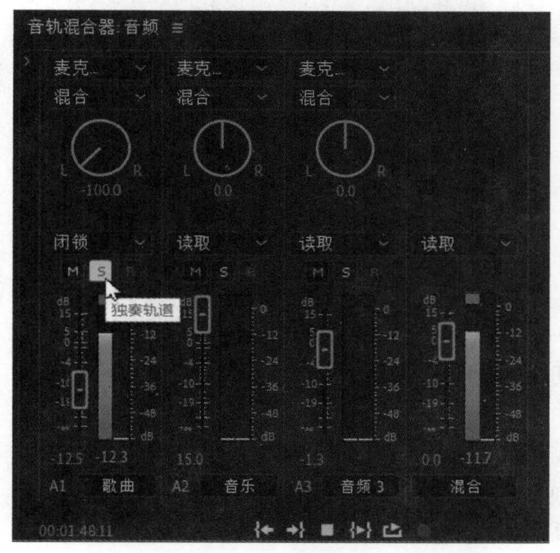

图 4.3.15　轨道的“独奏模式”

将音轨上面的滚轮拖拽至“L”处，可设置素材的左声道，将音轨上面的滚轮拖拽至“R”处，可设置素材的右声道，如图 4.3.16 所示。

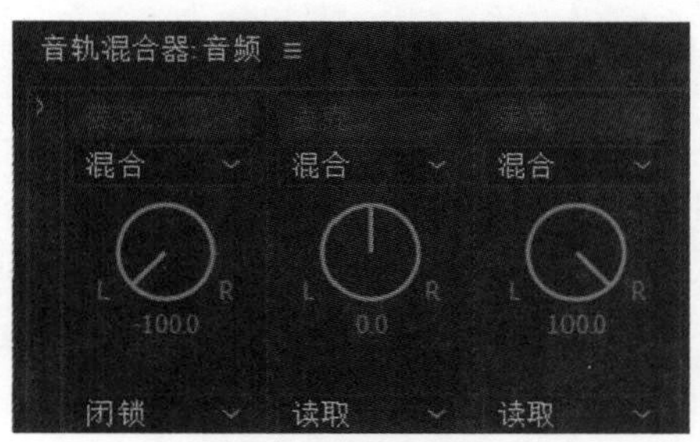

图 4.3.16　轨道的声道设置

通过“修改素材”功能可以直接设置素材的左、右单声道和立体声，比前面的方法更直观简单，容易操作。在“项目”面板选择素材，单击菜单执行“剪辑”→“修改”→“音频声道”命令，如图 4.3.17 所示。

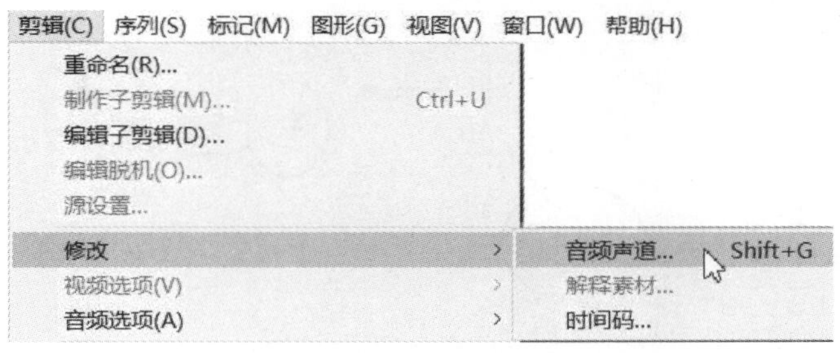

图 4.3.17　执行“音频声道”命令

在“修改剪辑”面板的剪辑声道格式里选择“立体声”选项，如图 4.3.18 所示。

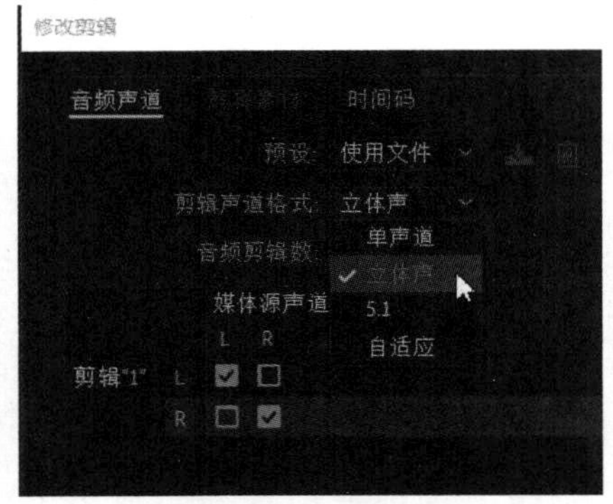

图 4.3.18　应用“修改剪辑”面板设置音频声道

4.3.3　录制音频和添加音频效果

录制音频和添加音频效果的操作步骤如下：

（1）将麦克风与电脑连接后，在屏幕右下角的属性栏音量图标🔊单击鼠标右键，在弹出的右键菜单里选择“声音”选项，如图 4.3.19 所示。

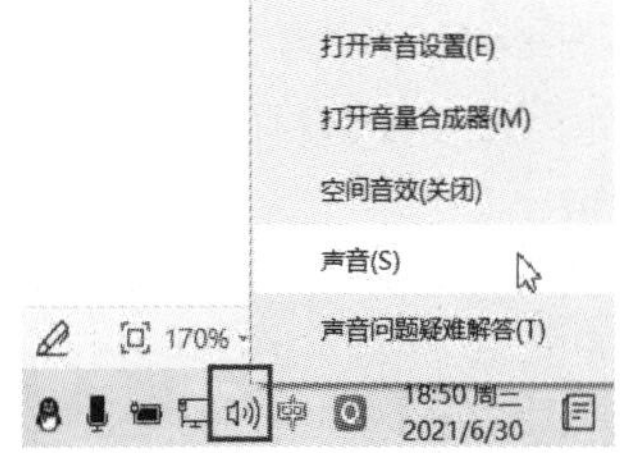

图 4.3.19　在“音量控制”右键菜单选择“声音”选项

（2）在弹出的“声音”对话框里选择“麦克风阵列”，并单击 属性(P) 按钮设置麦克风的属性，在“麦克风阵列属性”对话框里提高麦克风的音量，确认后单击 确定 按钮，如图 4.3.20 所示。

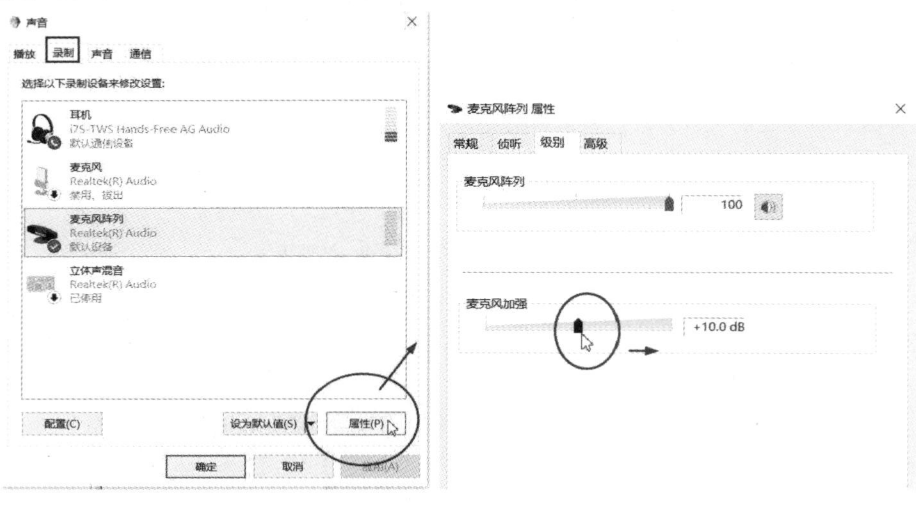

图 4.3.20　提高“麦克风阵列”的音量

（3）将“音频 3”轨道重命名为“解说”，如图 4.3.21 所示。

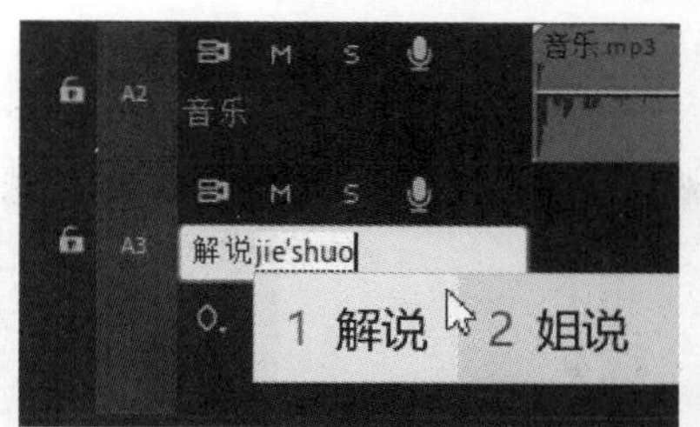

图 4.3.21　重命名音频轨道

（4）在“轨道控制”面板单击“解说”轨道的画外音录制按钮开始录制，如图 4.3.22 所示。

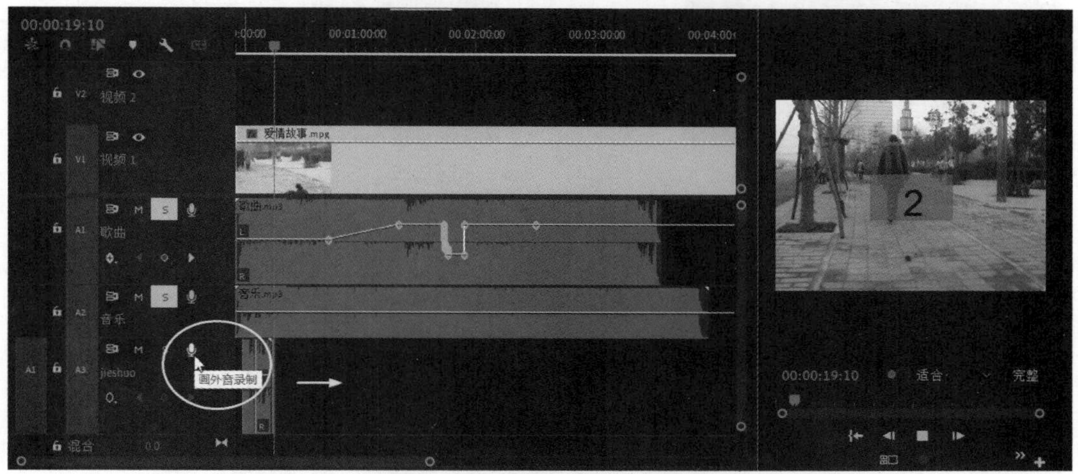

图 4.3.22　开始录制画外音

（5）在节目监视器窗口单击停止按钮后完成画外音录制，录制的画外音文件自动添加到“项目”面板，如图 4.3.23 所示。

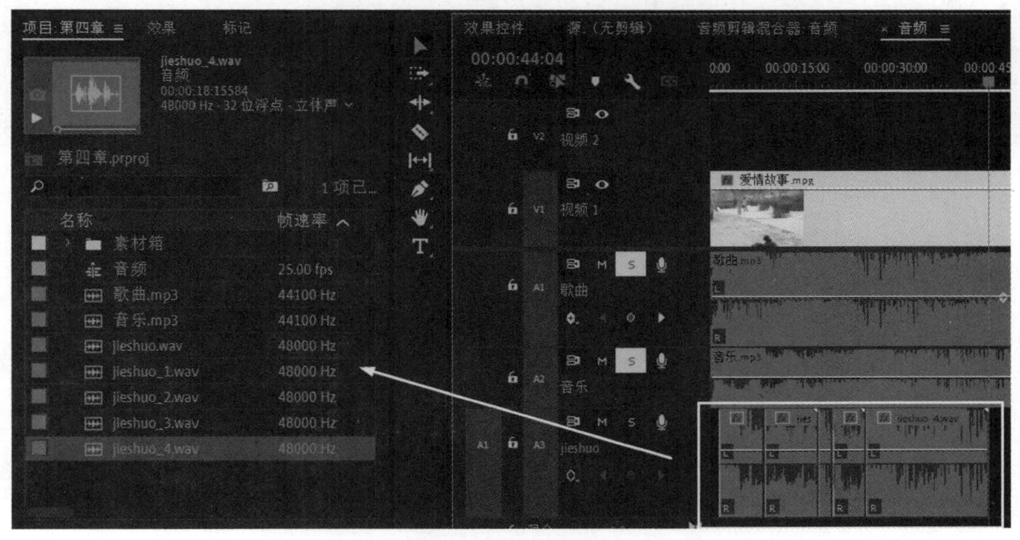

图 4.3.23　完成画外音录制

在录制完音频以后，为了使音频更加完美和艺术化，可以对音频添加一些混响、延时、反射等效果。单击打开“效果”面板（见图 4.3.24），面板右上角有加速效果、32 和 YUV 三个快速按钮，用户根据需要单击，可以直接选择所需的特效效果。

鼠标单击“窗口”菜单选择“基本声音”选项，可以打开基本声音面板，如图 4.3.25 所示。

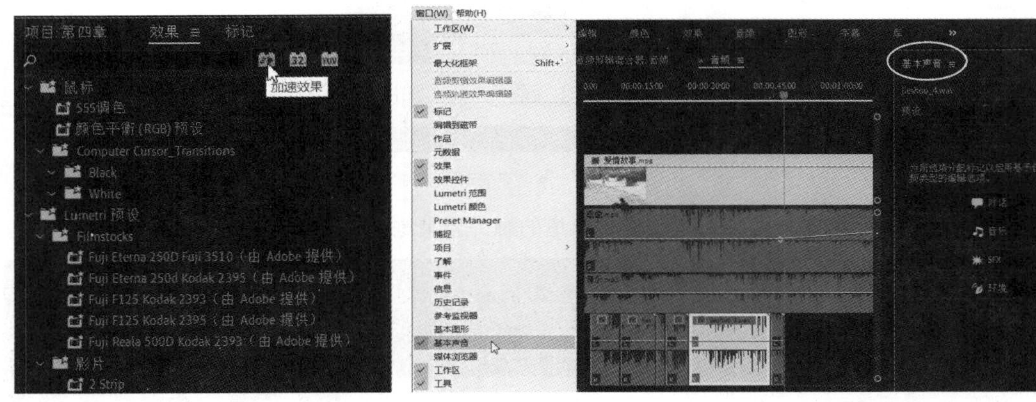

图 4.3.24 打开“效果”面板

图 4.3.25 打开“基本声音”面板

在“基本声音”面板单击“对话”选项，在“预设”里选择“平衡的女声”，可以对录制的画外音进行处理，如图 4.3.26 所示。

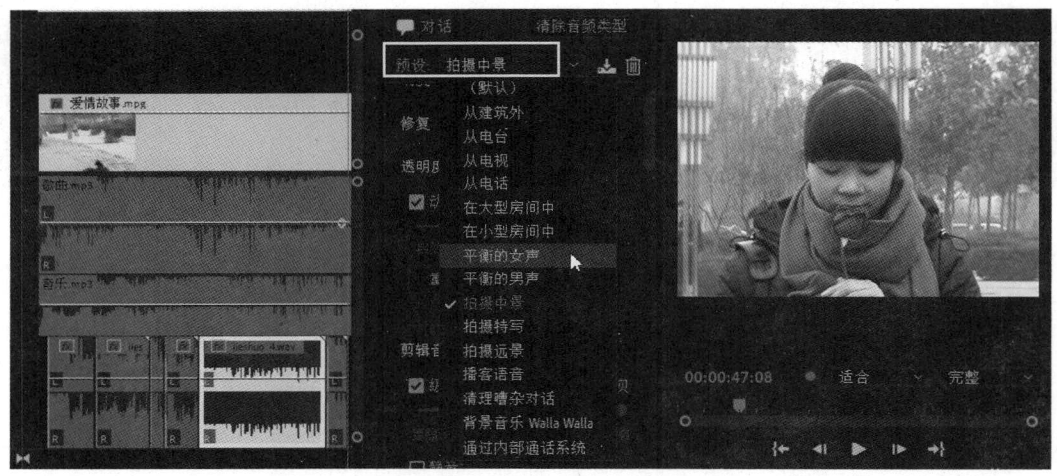

图 4.3.26 添加“平衡的女声”音频特效

4.4 课 堂 实 战

4.4.1 “移形换位”的制作

利用前面所学的剪辑素材、帧定格及调整轨道的透明度动画等知识，将一段定机拍摄素材“人物沙发休息”制作成“移形换位”效果，如图 4.4.1 所示。

图 4.4.1　“移形换位”的制作

“移形换位”操作步骤如下

（1）单击菜单执行“文件”→“新建”→“序列”命令，如图 4.4.2 所示。

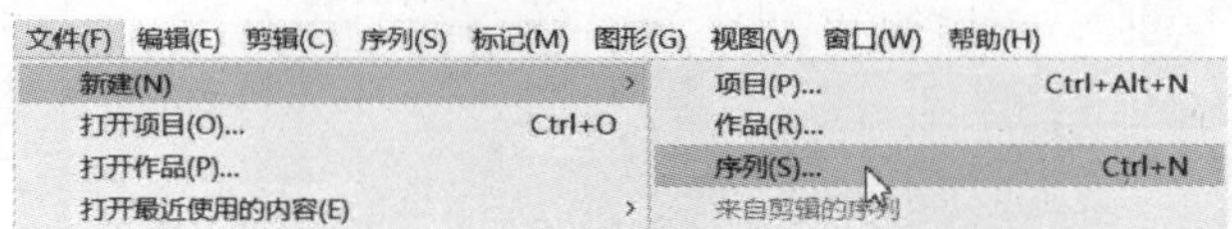

图 4.4.2　“新建序列”菜单

（2）在弹出的“新建序列”面板里，设置新建项目文件的参数，并设置新建序列名称为“移形换位”，如图 4.4.3 所示。

图 4.4.3　设置新建序列名称为“移形换位”

（3）导入“人物沙发休息”素材并添加到时间线，如图 4.4.4 所示。

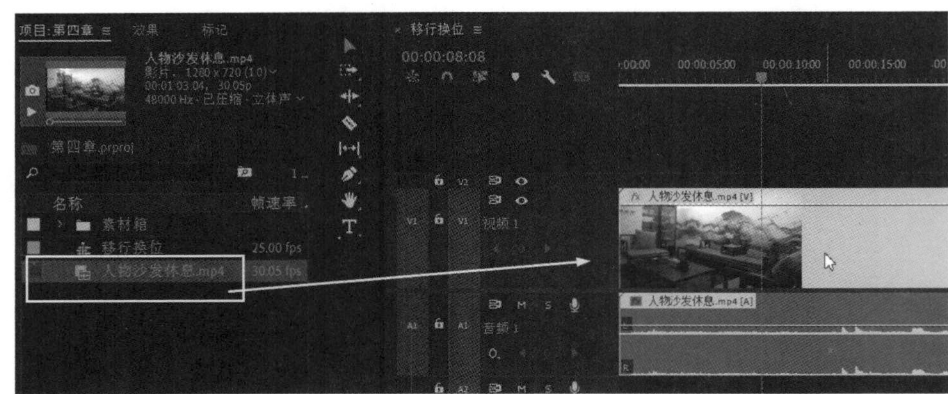

图 4.4.4　添加“人物沙发休息”素材到时间线

（4）播放这段素材，发现一段定机拍摄的素材，素材背景没有变化。在人物未进入场景前剪断素材，如图 4.4.5 所示。

图 4.4.5　剪辑素材（一）

（5）把人物走进画面的过程剪掉，如图 4.4.6 所示。

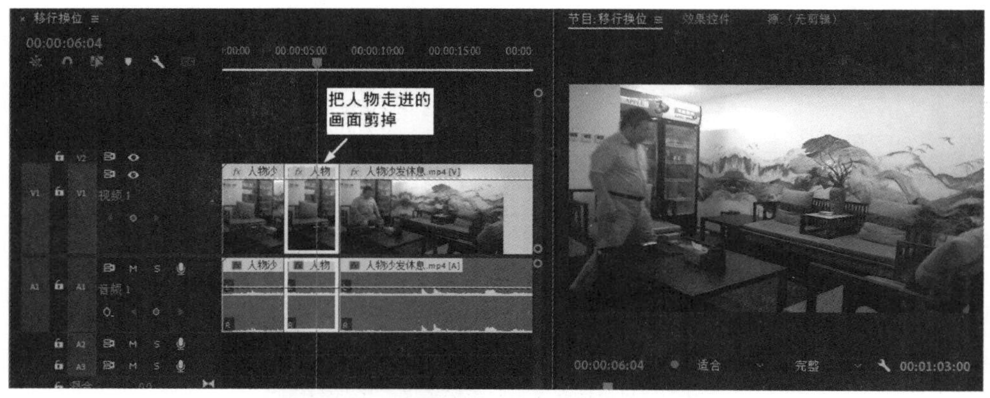

图 4.4.6　剪辑素材（二）

（6）选择中间部分素材，按键盘“Shift+Del”键删除，如图 4.4.7 所示。

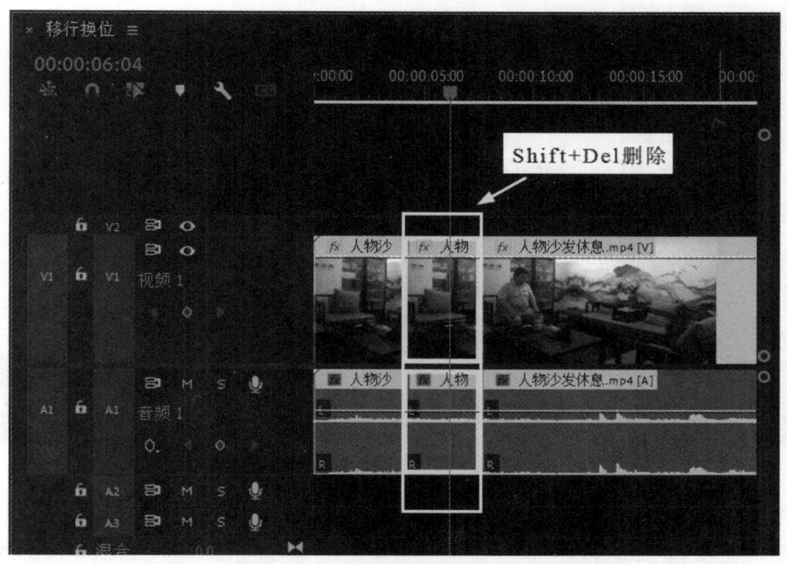

图 4.4.7　将人物沙发休息中间的素材删除

（7）利用同样的方法将人物从第一个位置走到第二个位置的中间素材删除，如图 4.4.8 所示。

图 4.4.8　将中间素材删除

（8）继续移动播放头指针，在人物走出画面后再次剪断并保留“背景”素材，如图 4.4.9 所示。

图 4.4.9　剪断并保留“背景”素材

（9）选择最后面的“背景”素材，单击鼠标右键菜单选择“添加帧定格”选项，在弹出的“帧定格选项”选项卡里选择“入点”选项，如图 4.4.10 所示。

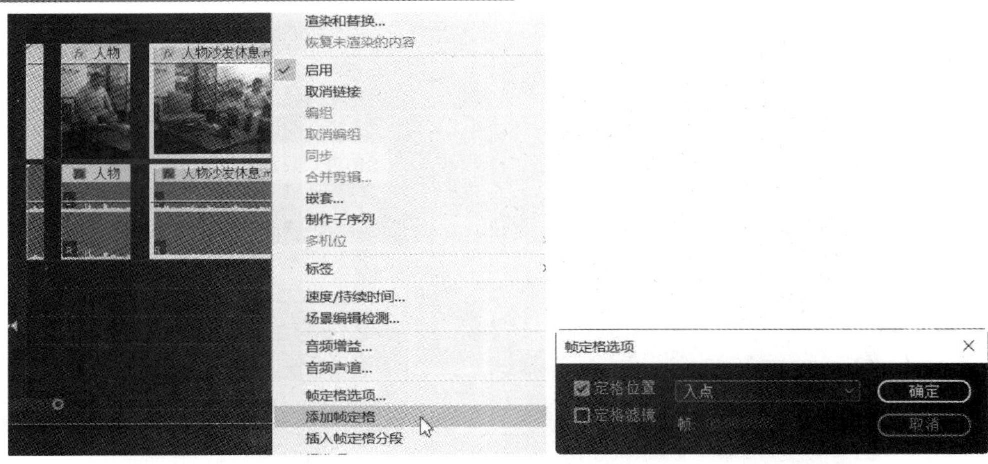

图 4.4.10　选择“入点”选项

（10）利用鼠标在背景素材尾部单击拖拽，调整“背景”素材的长度，如图 4.4.11 所示。

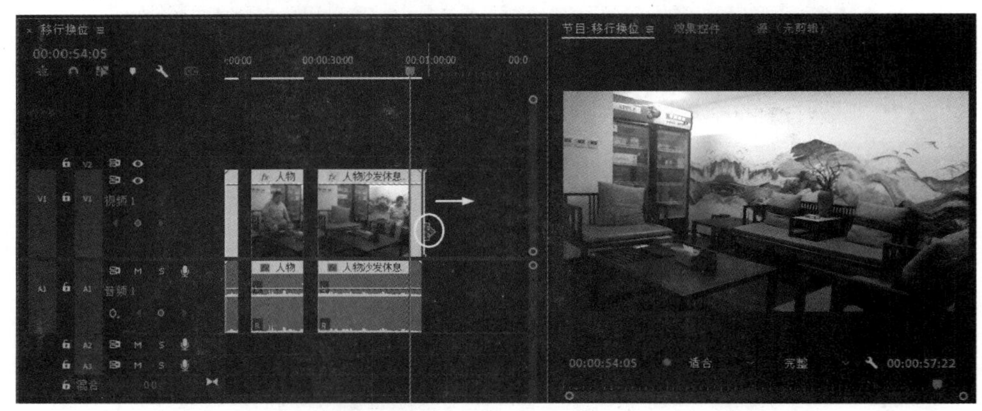

图 4.4.11　调整“背景”素材的长度

（11）将“背景”素材移至“视频 2”轨道，如图 4.4.12 所示。

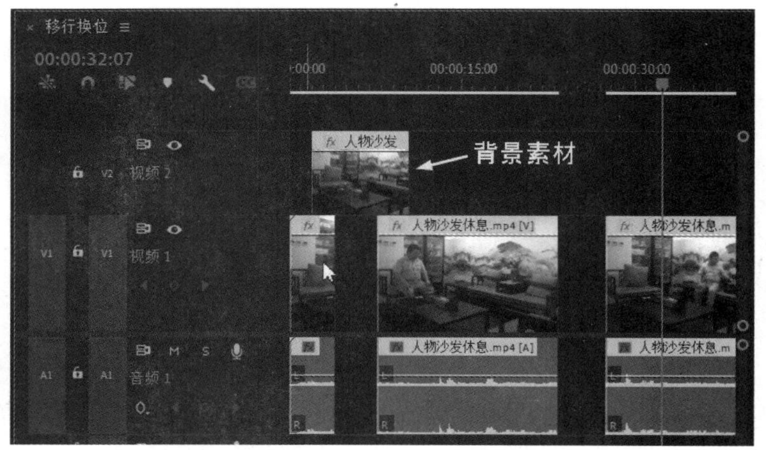

图 4.4.12　将“背景”素材移至“视频 2”轨道

（12）再将“背景”素材在“视频 2”轨道进行复制，如图 4.4.13 所示。

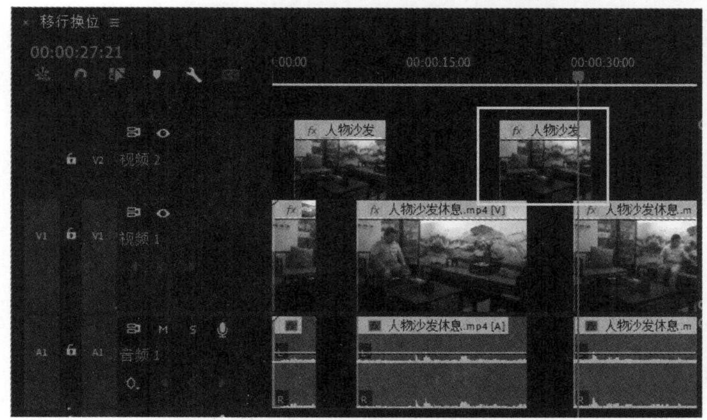

图 4.4.13　复制“背景”素材

（13）利用钢笔工具设置“背景”素材的透明度关键帧动画，如图 4.4.14 所示。

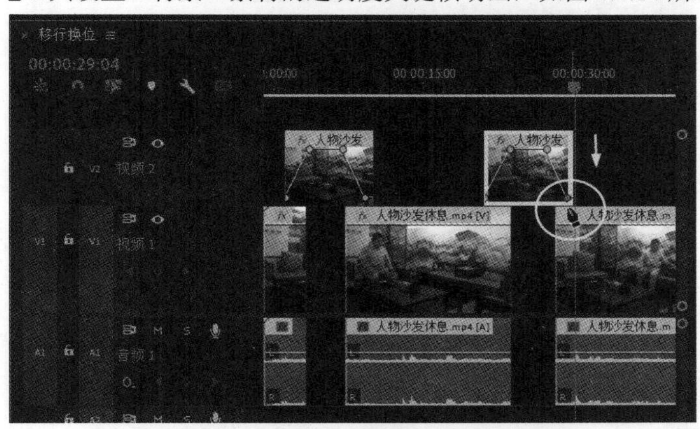

图 4.4.14　设置“背景”素材的透明度关键帧动画

（14）完成“移形换位”效果的整个制作，按空格键播放整个动画查看效果。

4.4.2　影片的“对接镜头”

利用前面所学的快速剪辑、波纹剪辑、滚动剪辑和三、四点剪辑等知识，将拍摄的一段“磨岩广告”素材，利用影片的“对接镜头”技术剪辑成一段完整的故事，最终效果如图 4.4.15 所示。

图 4.4.15　最终效果

操作步骤如下：

（1）单击菜单执行“文件”→“新建”→“序列”命令，如图 4.4.16 所示。

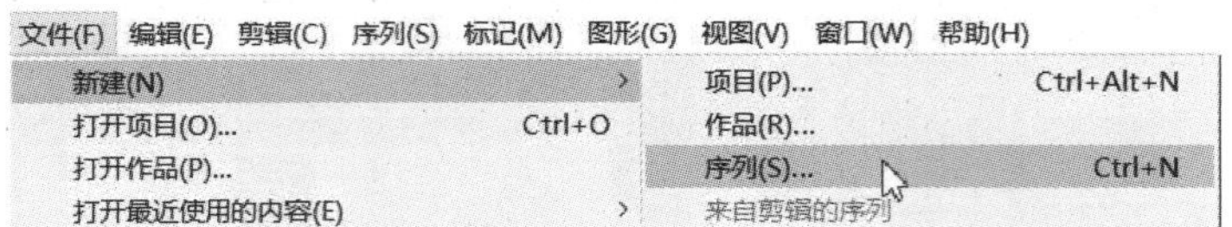

图 4.4.16 “新建序列”菜单

（2）在弹出的“新建序列”面板里，设置新建时间线序列的“常规”参数，并设置新建序列名称为“影片对接镜头”，如图 4.4.17 所示。

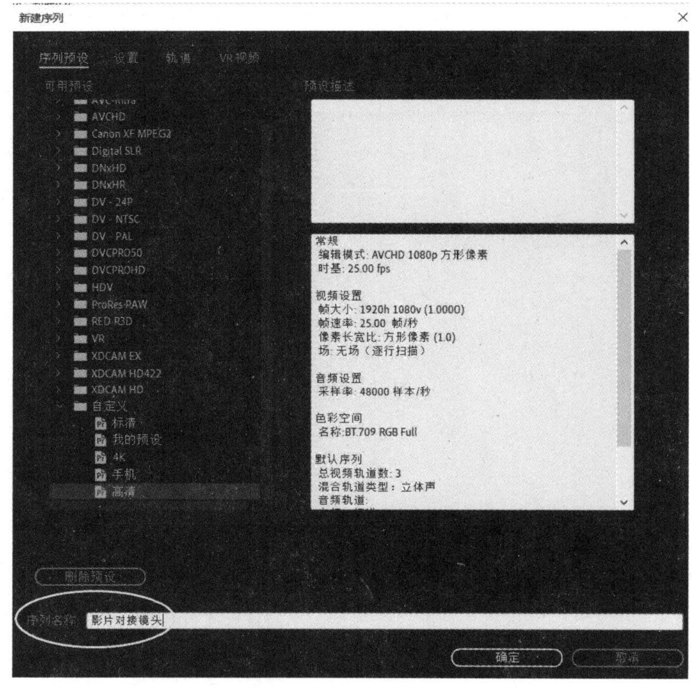

图 4.4.17 设置新建序列名称为“影片对接镜头”

（3）导入“磨岩广告”素材并添加到时间线序列，如图 4.4.18 所示。

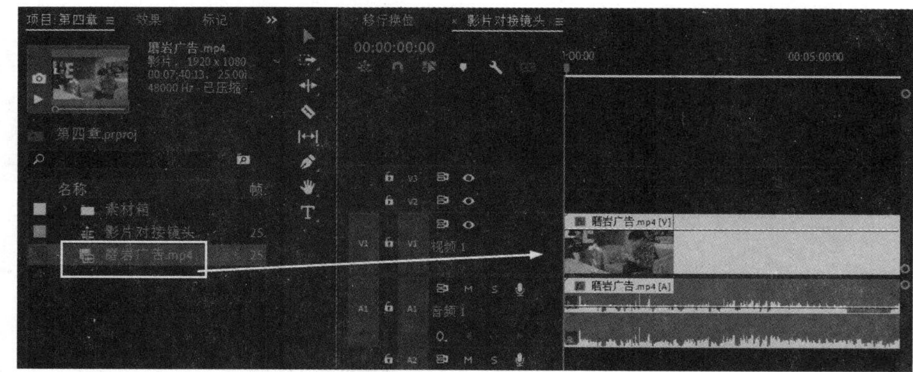

图 4.4.18 添加“磨岩广告”素材到时间线序列

（4）这个画面拍摄了好多遍，因此要对素材进行挑选，将前面不能用的素材删除，如图 4.4.19 所示。

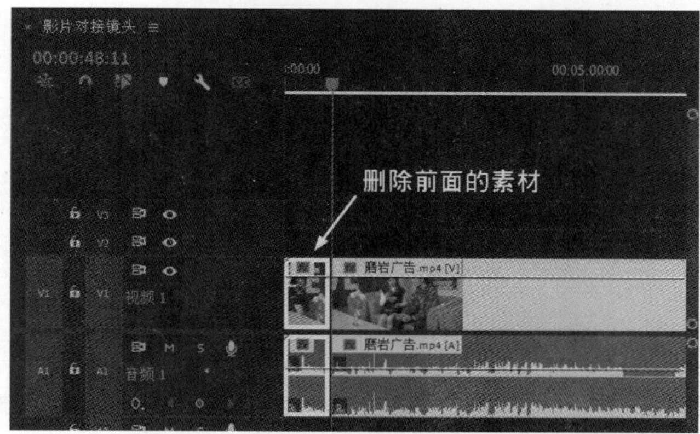

图 4.4.19　挑选和删除素材

（5）当画面播放到男孩开始说话的位置时，添加一个标记点，如图 4.4.20 所示。

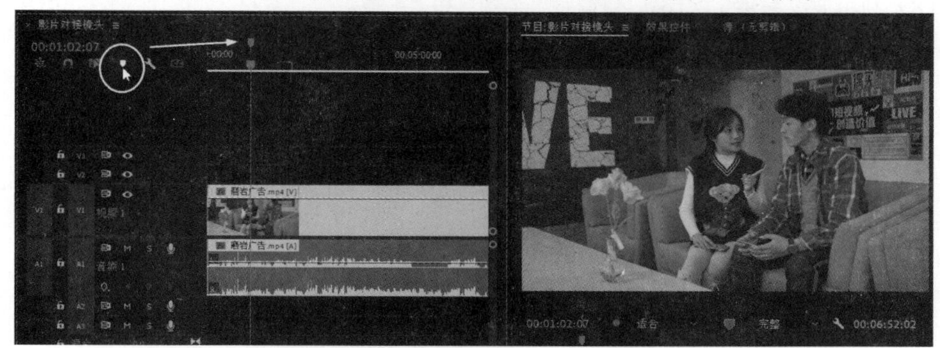

图 4.4.20　添加标记点

（6）将“磨岩广告”素材导入源素材监视器，在窗口移动播放头指针至男孩近景画面位置，设置“男孩近景说话”素材的入点和出点位置，如图 4.4.21 所示。

注意：由于是单机位拍摄，所以在拍摄时通常要拍摄四次或者更多次，第一次拍摄的是全景画面，后两次分别拍摄男孩和人物的近景画面，最后再拍摄特写画面。通常剪辑时采取以全景画面为“轴线”，然后将男孩和人物画面分别进行“对切”，最后再“插入”特写画面部分的方式。

图 4.4.21　给男孩侧面素材设置入点和出点

（7）将“男孩近景”画面覆盖到时间线，如图 4.4.22 所示。

图 4.4.22　将“男孩近景”画面覆盖到时间线

（8）利用波纹编辑工具适当调整“全景”和“男孩近景”素材之间的连接，如图 4.4.23 所示。

图 4.4.23　调整素材之间的连接

（9）选择“男孩近景”素材将女孩说话部分剪掉，如图 4.4.24 所示。

图 4.4.24　选择“男孩近景”素材将女孩说话部分剪掉

（10）在源素材监视器窗口继续移动播放头指针至人物近景画画位置，同样设置“女孩人物近景说话”素材的入点和出点位置并覆盖到时间线序列，如图 4.4.25 所示。

图 4.4.25　将“女孩人物近景说话”素材覆盖到时间线序列

提示： 在剪辑两个人物对话时，通常是哪个人物说话时切哪个人物画面。为了使两段素材之间对接以后过渡得更加平稳，可以在其中一个人物说话时将画面切换到另外一个人物上。

（11）解除两段素材的“音视频链接”以后，保留两段素材对话的音频部分，选择两段素材的视频部分，利用滚动编辑工具适当调整两段素材准确的对接位置，如图 4.4.26 所示。

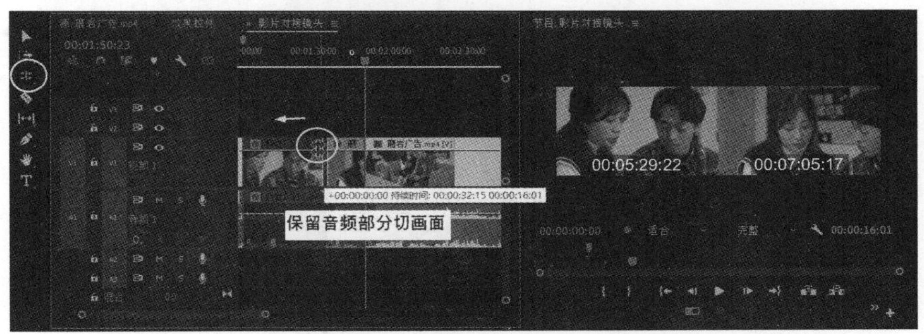

图 4.4.26　调整两段素材的对接位置

（12）利用同样的方式保留两个人的对话音频，切回全景画面，如图 4.4.27 所示。

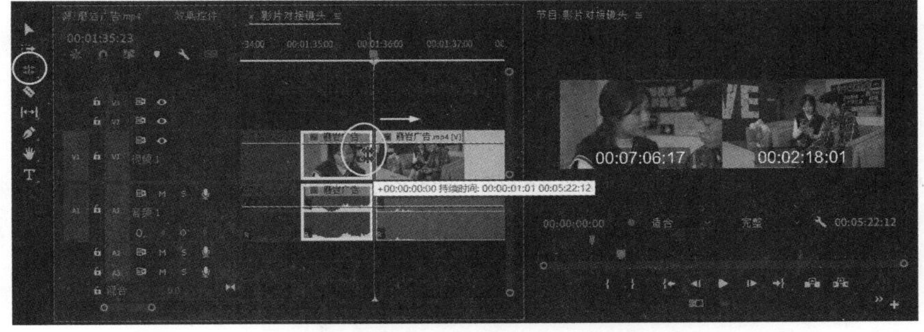

图 4.4.27　切回全景画面

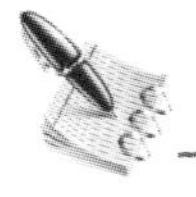

（13）在源素材监视器窗口找到“手机特写”画面覆盖到时间线序列位置，如图 4.4.28 所示。

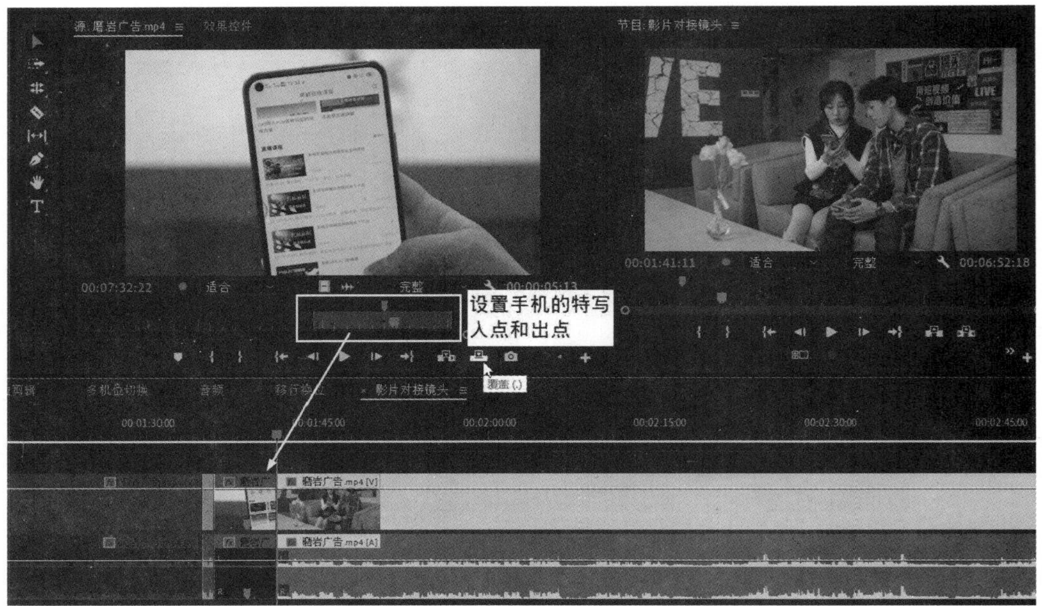

图 4.4.28　将“手机特写”画面覆盖到时间线序列

（14）打开修整监视器窗口，分别调整两段素材的出点和入点画面的准确对接位置，如图 4.4.29 所示。

图 4.4.29　应用修整监视器窗口调整两段素材的对接位置

（15）由特写画面切到“人物近景”画面，该画面可以反映人物的面部表情，最后再切回“全景”画面，如图 4.4.30 所示。

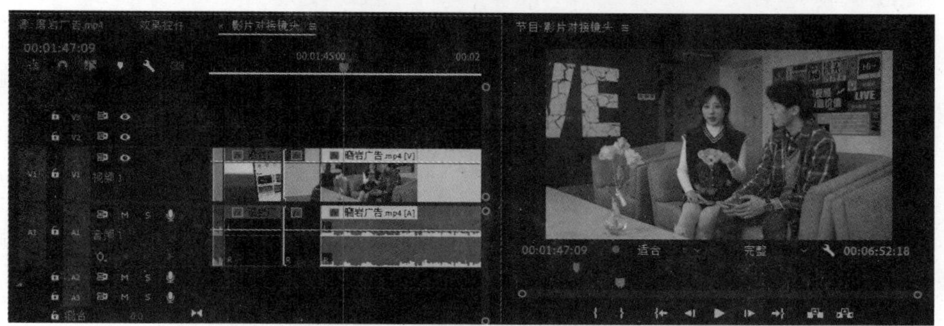

图 4.4.30　切到“人物近景”画面后切回“全景”画面

（16）完成影片“对接镜头”练习的操作，按空格键播放并查看最终效果。

本 章 小 结

本章详细地介绍了 Premiere Pro 2021 的各种剪辑方法，以及“音轨混合器”面板和音频的编辑和调整。通过对本章的学习，读者可以在 Premiere Pro 2021 软件里完成对素材进行快速剪辑、波纹剪辑、滑动剪辑和多机位剪辑等操作。

操 作 练 习

一、填空题

1．Premiere Pro 2021 是一款专业的视频编辑软件，该软件不仅可以快速地对素材进行编辑，还提供了__________、__________和__________等剪辑模式。

2．将选择工具放在素材的入点、出点位置时单击并拖动，可以将__________的素材拖拽出来。

3．利用波纹编辑工具可以改变选定素材________________的位置，而相邻素材不发生改变。

4．在时间线上利用滚动编辑工具，可以改变________________的入点和出点的位置。

5．在保持素材持续时间__________的情况下，利用内滑工具，在素材上滑动，可以改变素材的入点和出点位置，而素材的__________始终不发生改变。

二、选择题

1．音轨混合器由若干个（ ）和播放控制器组成，每个独立的轨道上都有一个音量控制滑杆和声道平衡旋钮。

（A）按钮　　（B）滑杆
（C）音频轨道调节器　　（D）轨道

2．在“音轨混合器”面板播放音频素材时，有音频素材的轨道就会有表示音频的颜色在电平计上下波动。绿色表示正常范围，黄色表示允许范围，红色表示已经超出了范围，应尽量避免声音超出范围，输出后音频会（ ）。

（A）失真　　（B）变大
（C）变小　　（D）不变

3．在“工具箱”面板利用钢笔工具同样可以调整音频的音量大小，按键盘（ ）键的同时，在音量控制线上单击，可以添加动画关键帧。

（A）Ctrl+Shift　　（B）Shift
（C）Alt　　（D）Ctrl

4．利用四点剪辑方式编辑，源节目监视器出入点间的素材长于或短于序列出入点间的距离时，软件将自动（ ），完全和序列出入点间的距离相匹配。

（A）调整素材速度　　（B）覆盖素材
（C）插入素材　　（D）以上都不对

5．三点剪辑方式是将源节目监视器入点和出点两点间的素材，以时间线序列设定的（ ）为基准，覆盖到时间线指定轨道。

（A）标记点　　（B）编辑点
（C）播放头指针　　（D）入点或者出点

三、简答题

1．简述有哪些常用的剪辑模式。
2．“音轨混合器”面板由哪些部分组成？
3．简述三、四点剪辑的应用。
4．简述多机位剪辑的应用。

四、上机操作题

1．反复练习素材的快速剪辑，滚动剪辑，三、四点剪辑和多机位剪辑等操作。
2．练习调节音频的音量和声道。
3．熟练操作课堂作业“移形换位”的制作和影片的“对接镜头”的制作两个实例。

第 5 章　视频转场和效果控制

在众多影视后期的制作过程中，添加视频转场可以使各镜头之间的切换过渡更加顺畅，更有艺术化效果，在“效果控制台”面板可以对素材的运动和透明度等属性进行调整。本章主要学习视频转场的分类、添加和设置默认转场，以及视频运动的介绍和动画关键帧的设置等知识。

知识要点

- 视频转场的分类
- 添加和设置默认转场效果
- 设置默认转场
- 视频运动的介绍

5.1　视频转场的介绍

在视频剪辑实践中，为了使两段素材之间的切换达到平稳的过渡效果，可以给两段素材之间添加视频过渡效果，让视频之间的切换更具有艺术化效果。在“小猫咪”和“小兔”两段素材之间添加“圆划像”视频过渡效果，如图 5.1.1 所示。

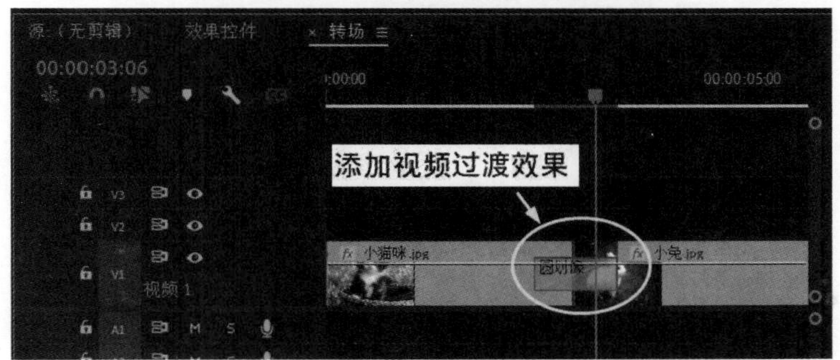

图 5.1.1　在两段素材间添加视频过渡效果

5.1.1　视频转场的分类

除了上述所添加的“圆划像”转场以外，Premiere Pro 2021 提供了上百种丰富多彩的转场。在“效果”面板（见图 5.1.2）单击展开“视频过渡”前面的展开图标■。从展开的转场面板可以看出，根

据用途和类别不同视频过渡效果可以分为 3D 运动、内滑、划像、擦除、沉浸式视频、溶解、缩放和页面剥落等。单击面板工具栏的新建文件夹按钮，可以在面板上新建一个文件夹，将自己常用的一些视频转场添加到新建文件夹内，如图 5.1.3 所示。

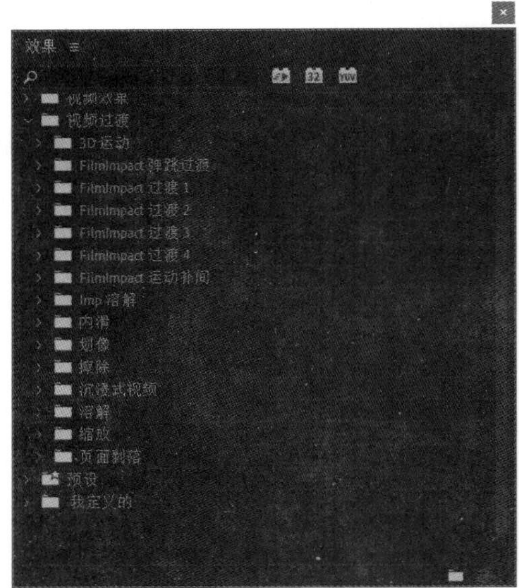

图 5.1.2 “效果”面板

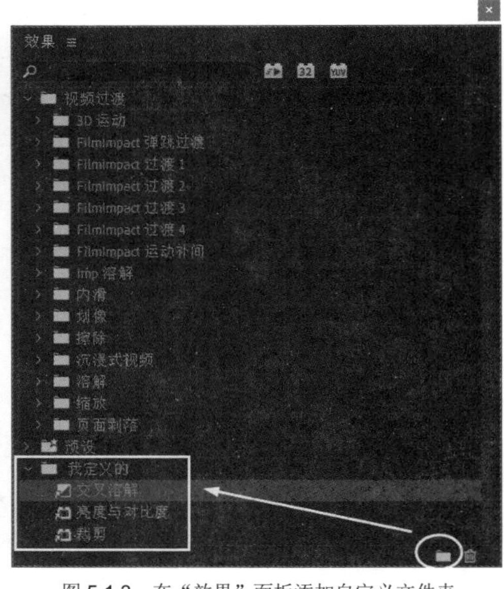

图 5.1.3 在“效果”面板添加自定义文件夹

1. 3D 运动

3D 运动视频过渡效果是一种三维立体空间效果切换画面的表现形式，包含了立方体旋转、翻转等切换效果，如图 5.1.4 所示。

(a)

(b)

图 5.1.4 “3D 运动”视频过渡效果

(a) 立方体旋转；(b) 翻转

2．内滑

内滑视频过渡效果以画面向内滑动的方式切换画面，包含了中心拆分、内滑、带状内滑、急摇拆分和推等，如图 5.1.5 所示。

图 5.1.5　“内滑”视频过渡效果

（a）中心拆分；（b）内滑；（c）带状内滑；（d）急摇；（e）拆分；（f）推

3．划像

划像视频过渡效果以交叉切换的方式切换画面，包含了交叉划像、圆划像、盒形划像和菱形划像等，如图 5.1.6 所示。

图 5.1.6 “划像”视频过渡效果

（a）交叉划像；（b）圆划像；（c）盒形划像；（d）菱形划像

4．溶解

溶解视频过渡效果以各种溶解效果的方式切换画面，包含了 MorphCut、交叉溶解、叠加溶解、白场过渡、胶片溶解、非叠加溶解和黑场过渡，如图 5.1.7 所示。

（a）（b）（c）

（d）（e）（f）（g）

图 5.1.7 “溶解”视频过渡效果

（a）MorphCut；（b）交叉溶解；（c）叠加溶解；（d）白场过渡；（e）胶片溶解；（f）非叠加溶解；（g）黑场过渡

5．擦除

擦除视频过渡效果是将两幅画面以各种擦除效果的方式进行切换，包含了划出、双侧平推门、带状擦除、径向擦除、插入、划出、时钟式划变、棋盘、棋盘擦除、楔形划变、水波块、油漆飞溅、渐变擦除、百叶窗、螺旋框、随机块、随机擦除和风车，如图 5.1.8 所示。

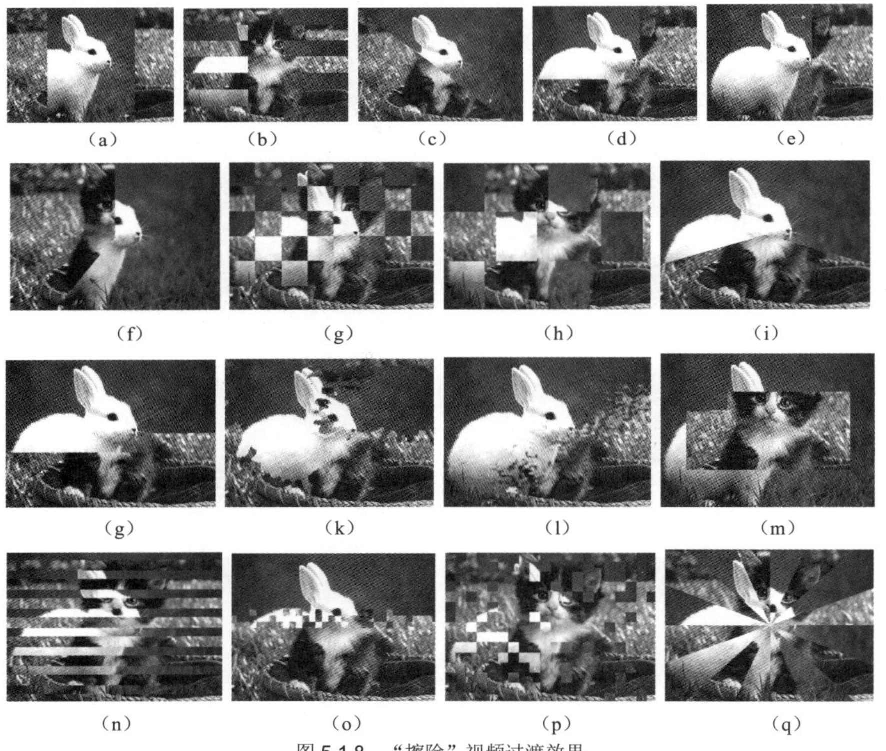

（a）（b）（c）（d）（e）

（f）（g）（h）（i）

（g）（k）（l）（m）

（n）（o）（p）（q）

图 5.1.8 “擦除”视频过渡效果

（a）双侧平推门；（b）带状擦除；（c）径向擦除；（d）插入；（e）划出；（f）时钟式划变；（g）棋盘；（h）棋盘擦除；（i）楔形划变；（j）水波块；（k）油漆飞溅；（l）渐变擦除；（m）螺旋框；（n）百叶窗；（o）随机擦除；（p）随机块；（q）风车

6．缩放

缩放视频过渡效果以各种画面缩放的方式切换画面，仅包括交叉缩放切换效果，如图 5.1.19 所示。

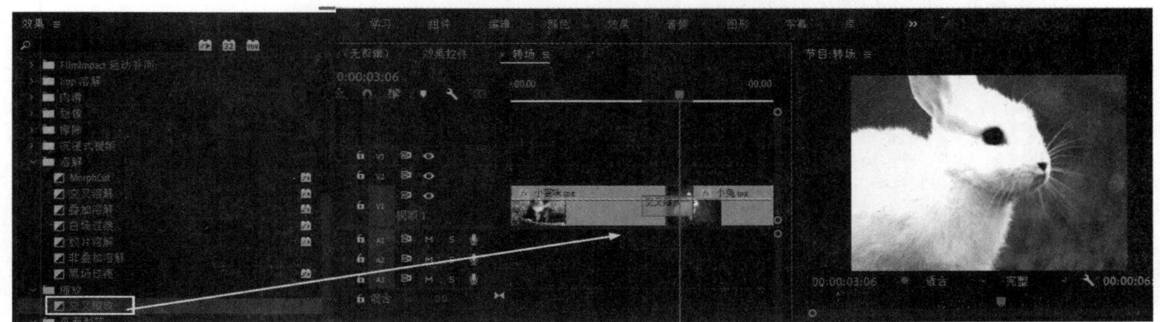

图 5.1.9　“缩放”视频过渡效果

7．页面剥落

页面剥落视频过渡效果以各种卷页的方式切换画面，包含了翻页、页面剥落等，如图 5.1.10 所示。

（a）

（b）

图 5.1.10　“页面剥落”视频切换效果

（a）翻页；（b）页面剥落

8．沉浸式视频

“沉浸式视频”效果包含了多种 VR 沉浸式视频过渡效果，如图 5.1.11 所示。

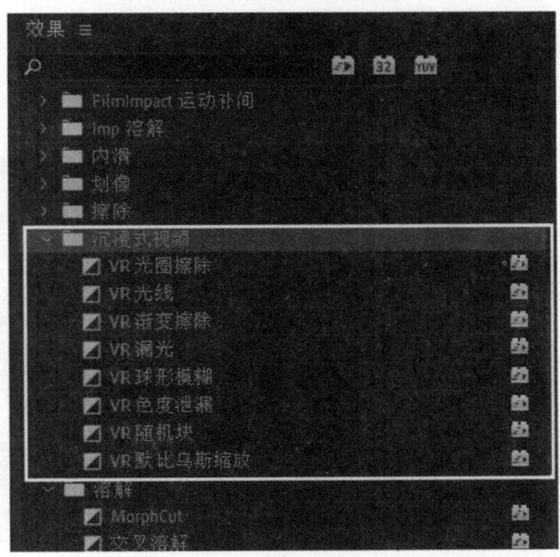

图 5.1.11　“沉浸式视频”视频过渡效果

提示：“沉浸式视频”视频过渡效果是 Premiere Pro 2021 新增的视频过渡效果，和普通的视频过渡效果一样，如图 5.1.12 所示。

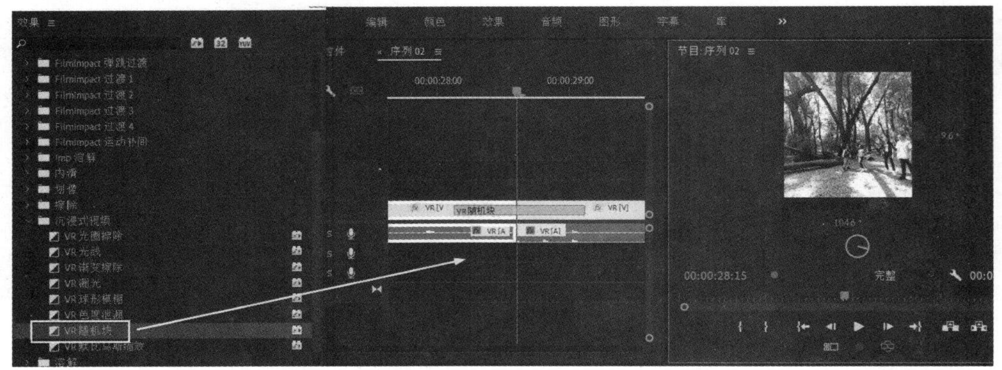

图 5.1.12　添加“沉浸式视频”视频过渡效果

5.1.2　添加和清除视频转场

视频转场的添加有以下几种方式，具体操作步骤如下：

（1）在“效果”面板里选择要添加的转场效果，单击鼠标左键拖拽至时间线上需要添加的两段素材中间，如图 5.1.13 所示。

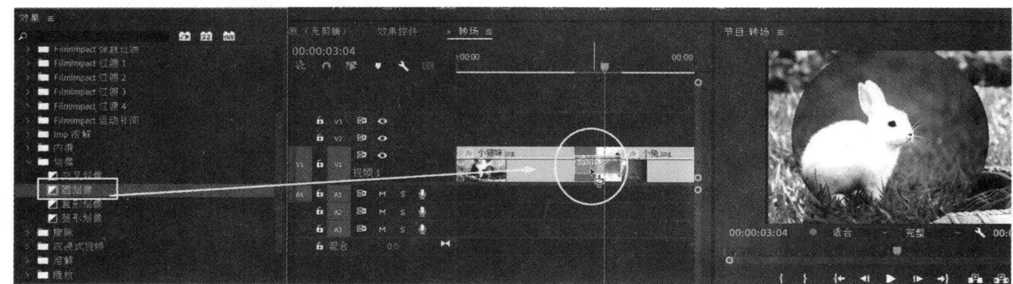

图 5.1.13　添加视频转场

（2）将播放头指针移至两段素材之间，单击菜单执行“序列”→“应用视频过渡效果”命令，可将默认视频转场添加到两段素材之间，如图 5.1.14 所示。

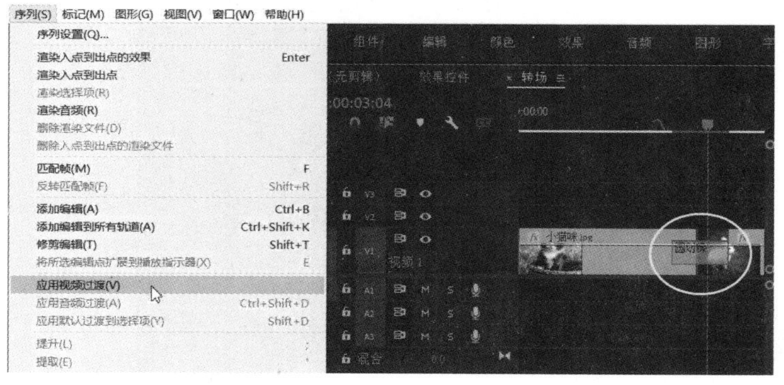

图 5.1.14　应用菜单添加视频转场

提示: 在“效果”面板里选择视频转场，单击鼠标右键执行“将所选过渡设置为默认过渡”命令，可以将选择的视频转场设置为默认视频转场，如图 5.1.15 所示。

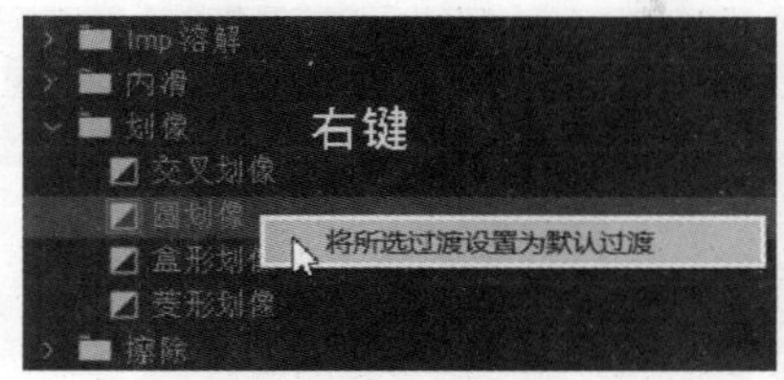

图 5.1.15　设置默认视频转场

（3）在时间线上选择多个素材以后，单击菜单执行“序列”→“应用默认过渡到选择项（Y）”命令，可以对时间线上选择的多个素材同时添加默认视频转场，如图 5.1.16 所示。

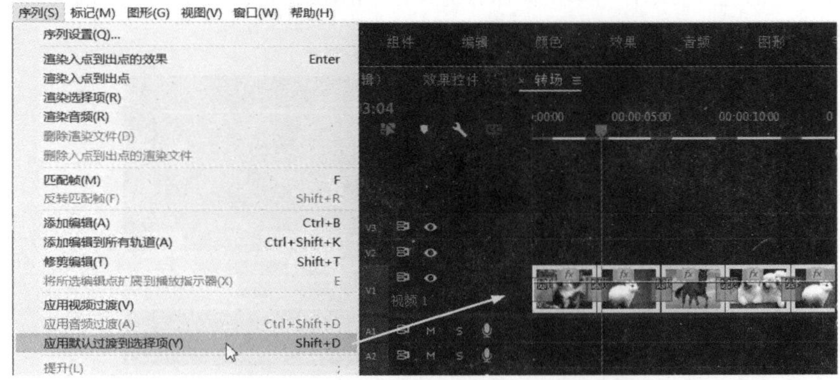

图 5.1.16　对时间线上选择的多个素材同时添加默认视频转场

提示: 素材在同一个轨道和不同轨道都可以添加视频转场，如图 5.1.17 所示。

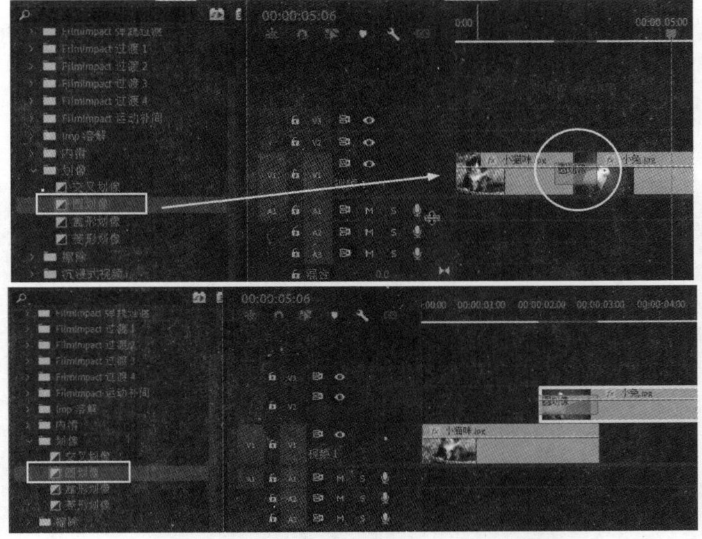

图 5.1.17　在同一轨道和不同轨道添加视频转场

注意：在两个不同轨道添加转场时，把鼠标放在转场的尾部，通过拖拽可以调整转场的长度，转场的长度必须和两个素材的重合部分相等，如图 5.1.18 所示。

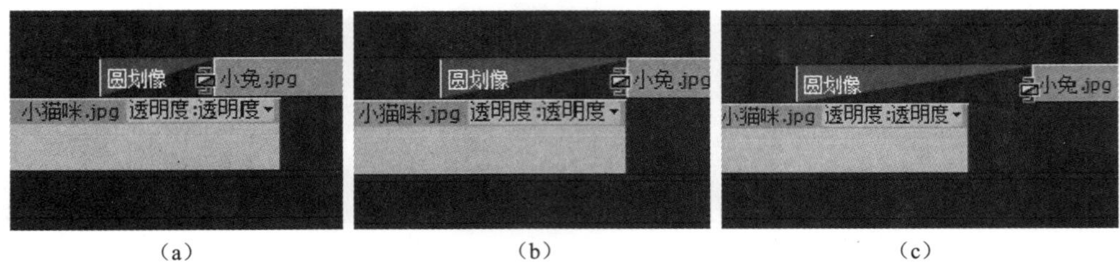

（a）　　　　（b）　　　　（c）

图 5.1.18　调整转场的长度

（a）素材超出转场；（b）正确添加转场；（c）转场超出素材

先选择要清除的视频转场，再单击鼠标右键执行“清除”命令，或者直接按键盘“Del”键，都可以将选择的视频转场清除，如图 5.1.19 所示。

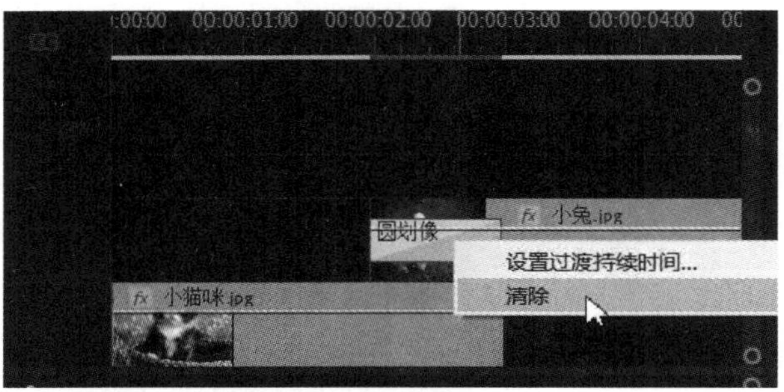

图 5.1.19　清除视频转场

5.1.3　调整转场效果

将视频转场添加到时间线两段素材以后，通过“效果控件”面板可以对转场的持续时间、开始和结束的位置等属性进行调整，具体操作步骤如下：

（1）将“小猫咪”和“小兔”两段素材添加到时间线，在“效果”面板选择“翻转”，将视频转场添加到两段视频之间，如图 5.1.20 所示。

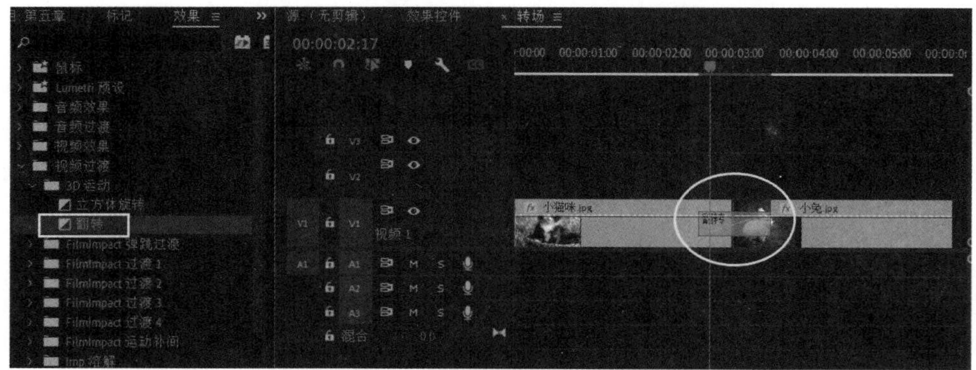

图 5.1.20　在“效果”面板选择翻转

（2）在时间线上用鼠标单击选择“翻转”视频转场，转场的各个属性会显示在“效果控件”面板上，如图 5.1.21 所示。

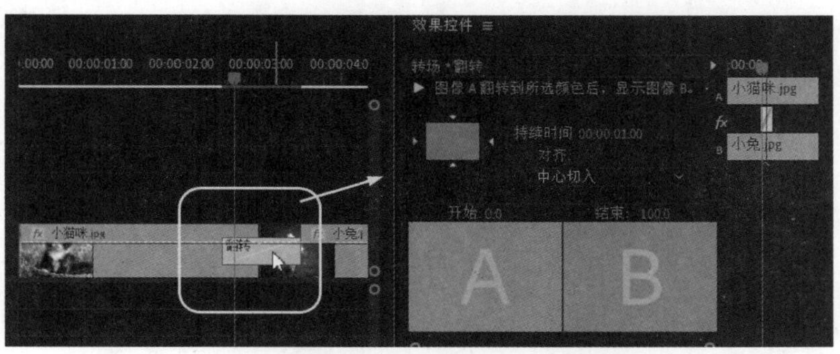

图 5.1.21　显示“翻转”视频转场

（3）将鼠标放置在“持续时间上”的数值上，当鼠标呈时单击并拖拽，可以调整转场的持续时间，在面板上单击显示/隐藏时间线图开关打开时间线图，在时间线图上利用鼠标拖动，同样也可以设置转场的持续时间，如图 5.1.22 所示。

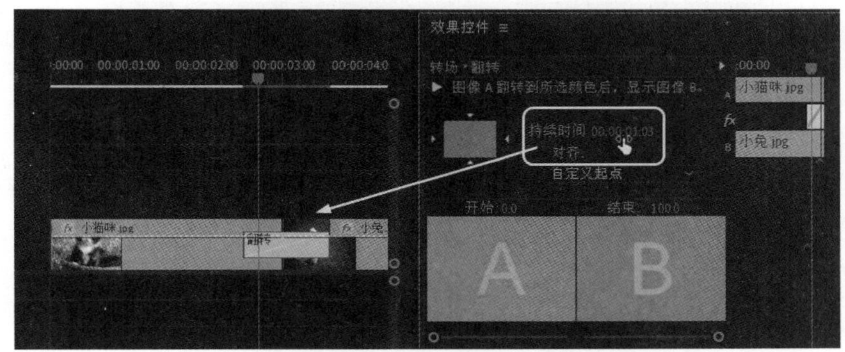

图 5.1.22　设置视频转场的持续时间

（4）“效果控件”面板的转场“对齐”选项里有居中于切点、开始于切点和结束于切点等选项，如图 5.1.23 所示。

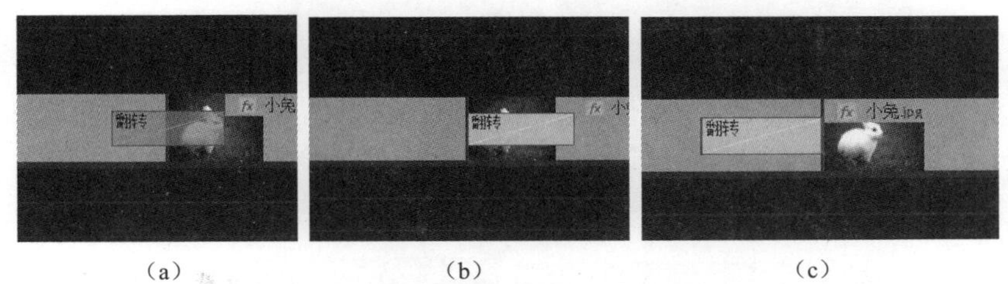

（a）　（b）　（c）

图 5.1.23　转场“对齐”选项

（a）居中于切点；（b）开始于切点；（c）结束于切点

（5）设置转场的“开始”和“结束”位置，并选择打开“显示实际来源”选项，单击播放按钮预览整个视频转场效果。

提示：“效果控件”面板上的“A”表示前段素材，“B”表示后段素材，通过勾选“显示实际源”选项，可以显示实际素材，如图 5.1.24 所示。

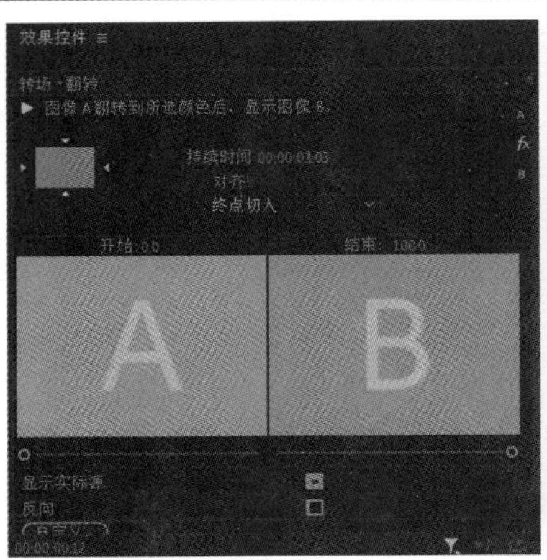

图 5.1.24 勾选“显示实际源”选项

（6）根据需要可以单击 自定义... 按钮，在弹出的“翻转设置”里设置背景的填充颜色，如图 5.1.25 所示。

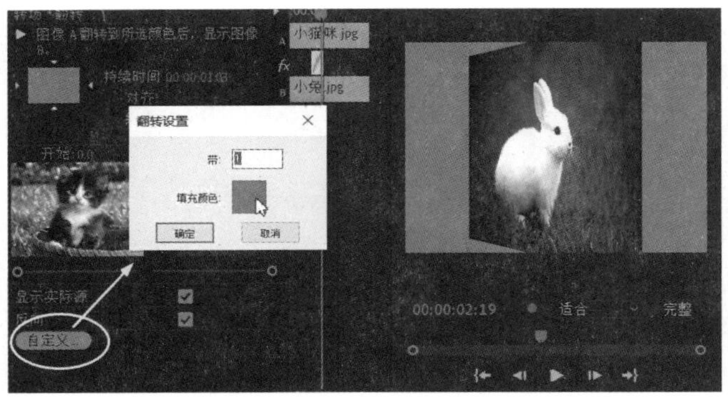

图 5.1.25 在“翻转设置”里设置背景的填充颜色

（7）完成整个设置，最终预览整个转场效果，如图 5.1.26 所示。

图 5.1.26 “翻转”视频转场最终效果

5.2　视频的效果控制

在 Premiere Pro 2021 软件的“效果控制”面板里，不仅可以设置素材的运动、透明度和时间重置等属性，还可以设置各属性的关键帧动画和轨道间的混合模式等，如图 5.2.1 所示。

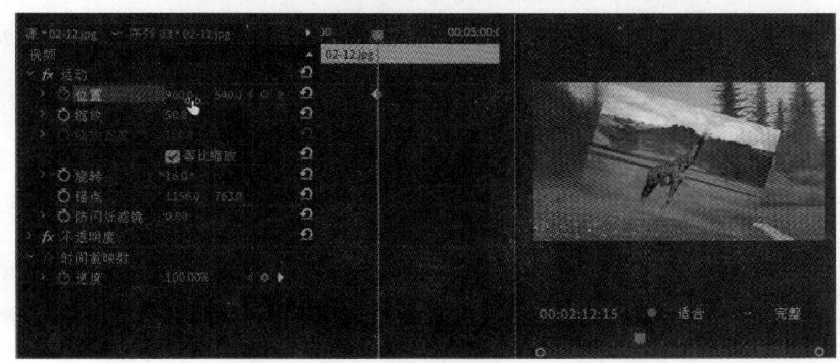

(a)

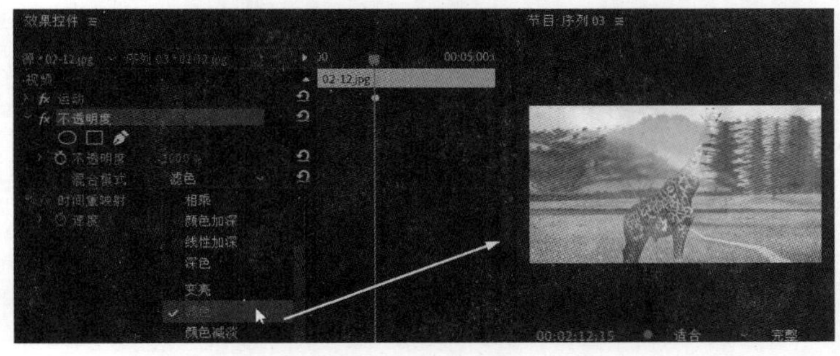

(b)

图 5.2.1　视频的效果控制

(a) 素材的“运动”关键帧动画设置；(b) 素材的“透明度”和“混合模式”设置

5.2.1　视频运动的介绍

在时间线上单击选择素材以后，打开“效果控件”面板，在面板上单击“运动”前面的图标▶，展开素材的“运动”属性，如图 5.2.2 所示。

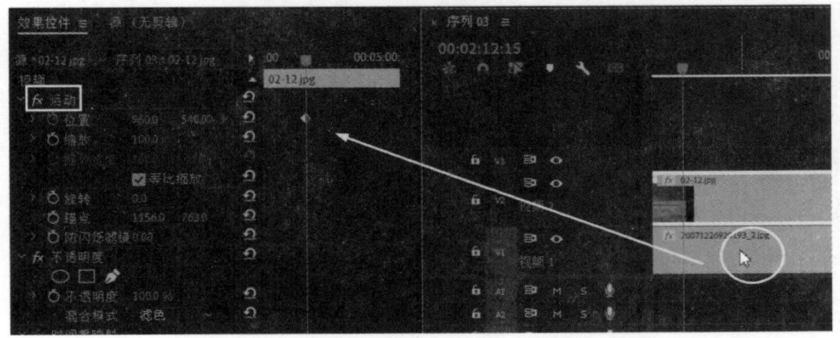

图 5.2.2　展开视频的“运动”属性

提示：在时间线上单击选择素材，在“效果控件”面板显示素材的属性控制；在时间线上单击选择转场，在“效果控件”面板显示视频转场的属性控制，如图 5.2.3 所示。

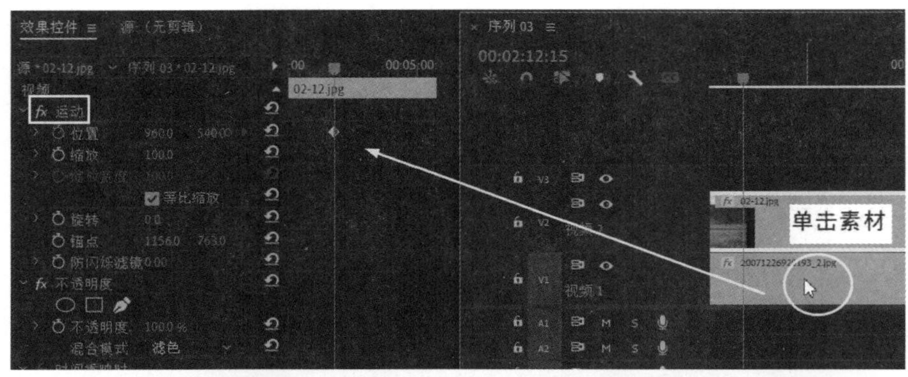

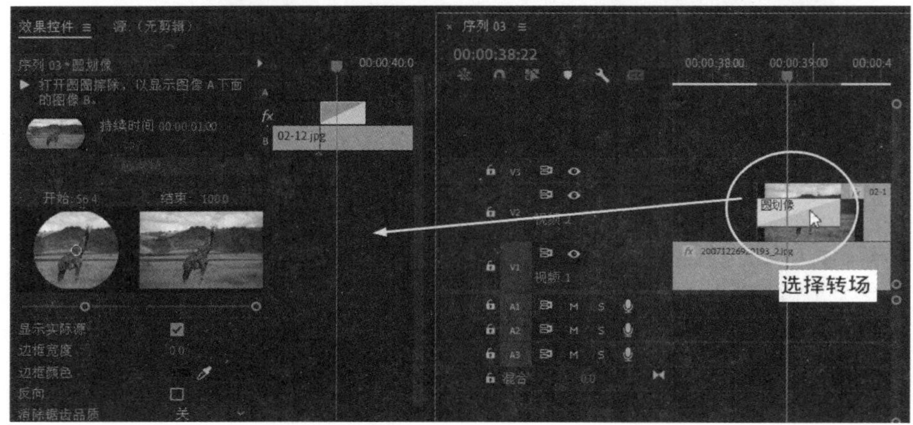

图 5.2.3　设置视频的“运动”属性

素材的运动属性包括位置、缩放、旋转、锚点和防闪烁滤镜等，通过设置“锚点”的数值可以改变素材的运动基准点的位置，如图 5.2.4 所示。

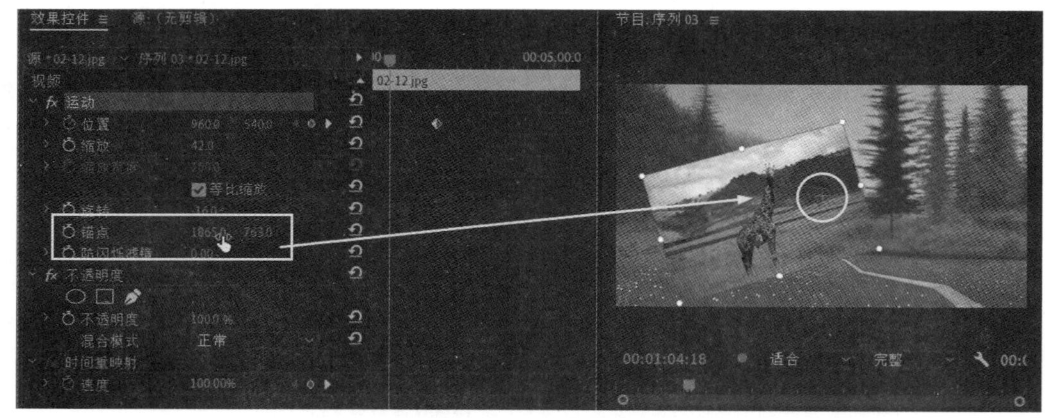

图 5.2.4　设置“锚点”参数的数值

注意：素材的位置移动、旋转和缩放比例都以锚点的位置为基准，如图 5.2.5 所示。

（a）

（b）

（c）

图 5.2.5　素材以“锚点”运动

（a）以锚点位移；（b）以锚点缩放；（c）以锚点旋转

将鼠标移至“位置”的数值上，当鼠标呈时单击拖动，可以改变素材的位置，如图 5.2.6 所示。

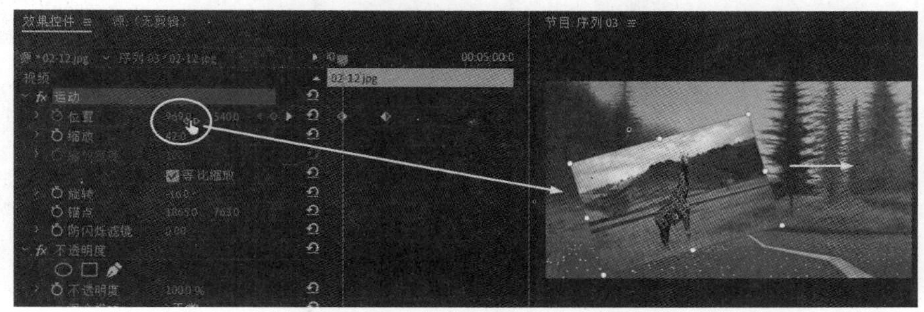

图 5.2.6　设置素材的位置参数

注意：在素材的运动属性控制里，位置和锚点的数值都为左、右两个数值，左边为水平方向，右边为垂直方向，如图 5.2.7 所示。

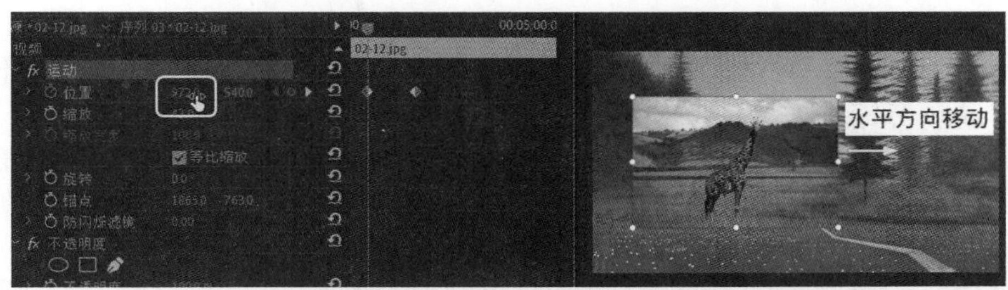

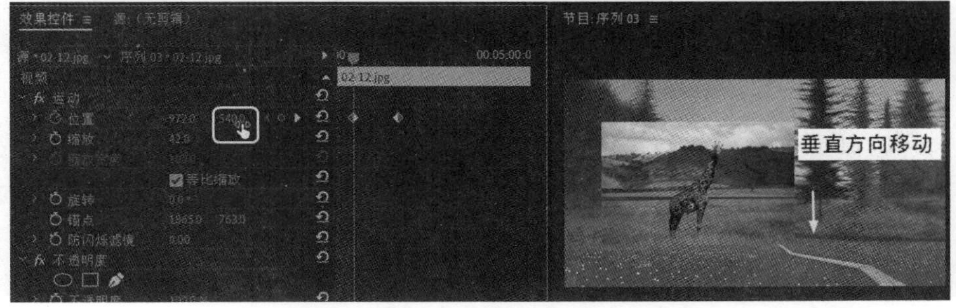

图 5.2.7　素材的运动属性控制

提示： 在“效果控件”面板单击运动控制框图标以后，在素材的周围会显示素材的运动控制框。将鼠标放在控制框上拖动可以移动素材；将鼠标放在控制框的一角，当鼠标呈时拖动可以缩放素材；将鼠标放在控制框一角的外面，当鼠标呈时拖动可以旋转素材，如图 5.2.8 所示。

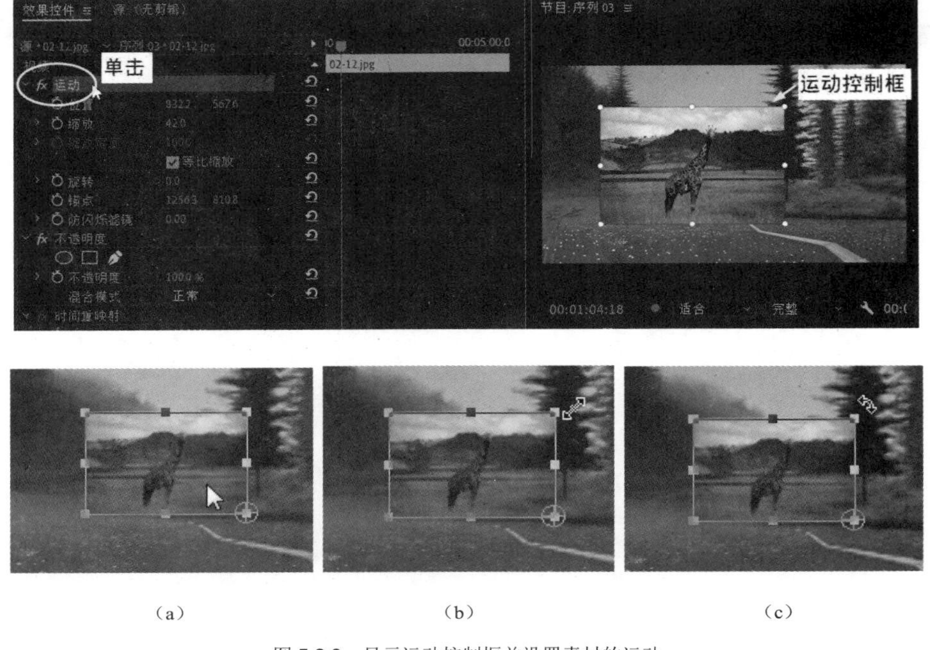

图 5.2.8　显示运动控制框并设置素材的运动

（a）移动素材；（b）缩放素材；（c）旋转素材

运动属性控制里的位置、缩放比例、旋转和锚点前面都有一个启用动画码表图标，用鼠标单击启用动画码表图标，可以为素材的各个属性控制设置关键帧动画。现在设置一段素材位移的关键帧动画，具体操作步骤如下：

（1）在“效果控件”面板上单击位置前面的启用动画码表图标，软件将在播放头指针位置自动记录动画关键帧。单击显示/隐藏时间线图开关，在打开的时间线图上会显示刚才记录的关键帧，如图 5.2.9 所示。

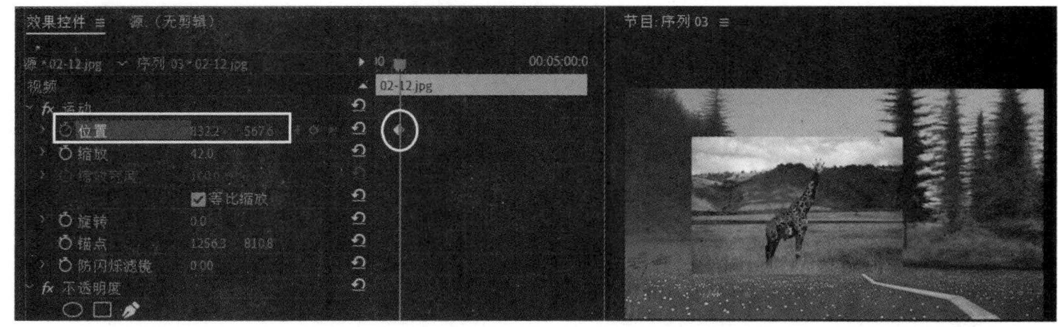

图 5.2.9　设置素材的位移动画

（2）利用鼠标移动播放头指针到下一个位置并设置“位置”参数，系统将自动记录动画关键帧，如图 5.2.10 所示。

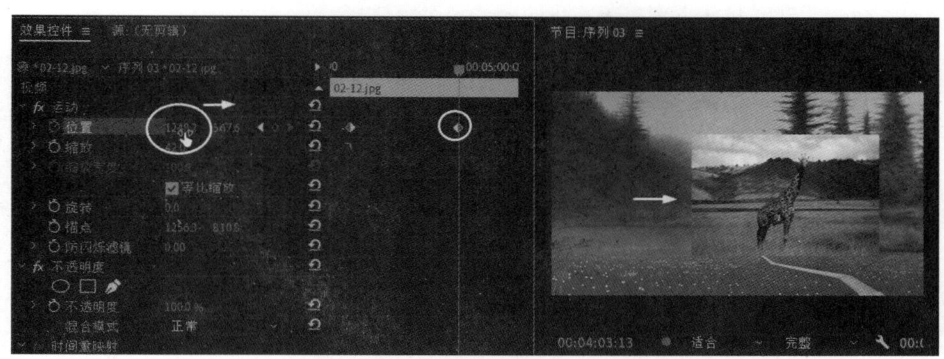

图 5.2.10　自动记录动画关键帧

注意：在 Premiere Pro 2021 软件设置关键帧动画时，按下启用动画码表图标，将设置一个动画关键帧，改变相对应的参数以后系统将自动记录下一个关键帧，无需每次按启用动画码表图标。由起始帧和结束帧的两个动画关键帧确定一段动画，电脑会自动计算两个关键帧的中间部分，如图 5.2.11 所示。

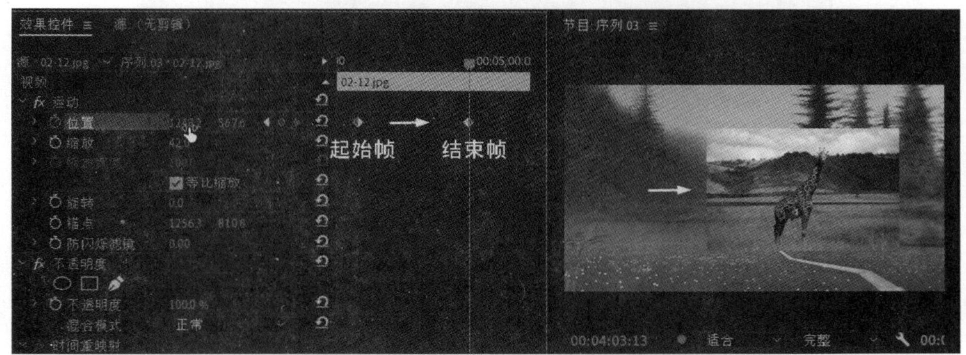

图 5.2.11　设置素材的关键帧动画

（3）将播放头指针再一次移至下一个位置，单击添加/移除关键帧图标，在播放头指针位置自动添加一个关键帧，如图 5.2.12 所示。

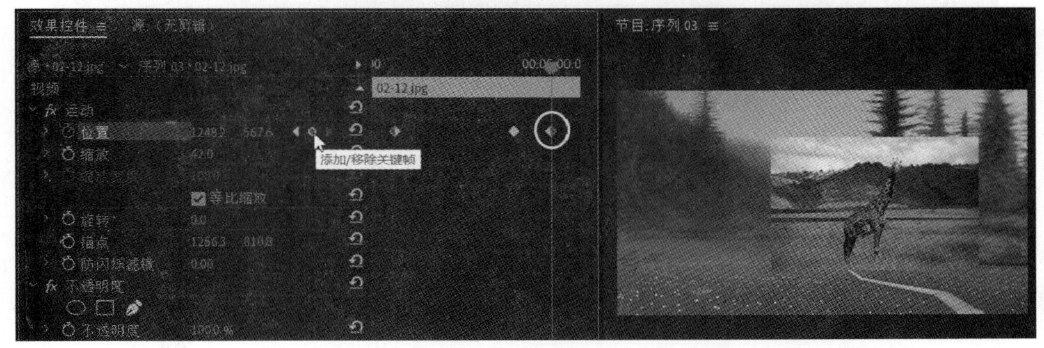

图 5.2.12　添加动画关键帧

（4）用鼠标单击“转到上一关键帧”按钮，在“位置”的数值上单击并输入数值即可改变动画；在“位置”的数值上单击鼠标右键，在下拉的右键菜单里选择，可以对当前关键帧进行保存预置、撤销、剪切、复制、粘贴和清除等操作，如图 5.2.13 所示。

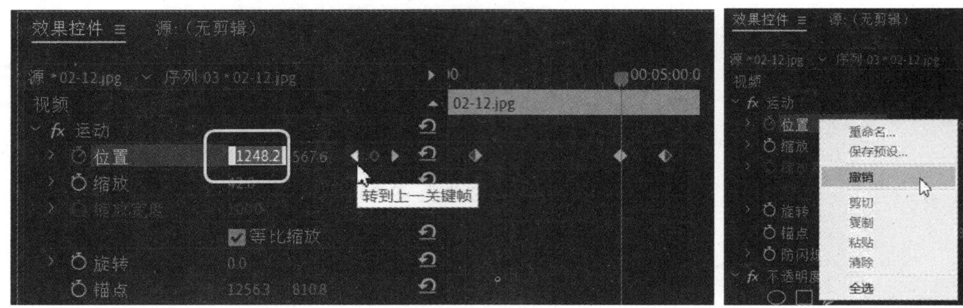

图 5.2.13　编辑动画关键帧

提示：在“效果控件”面板单击重置按钮，可以重置素材的“运动”属性设置，如图 5.2.14 所示。

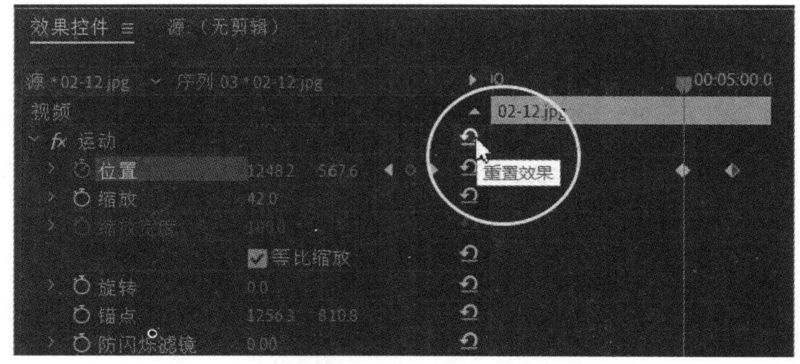

图 5.2.14　重置“运动”属性设置

用鼠标单击并拖拽“缩放”数值，可以设置素材的大小缩放比例，如图 5.2.15 所示。

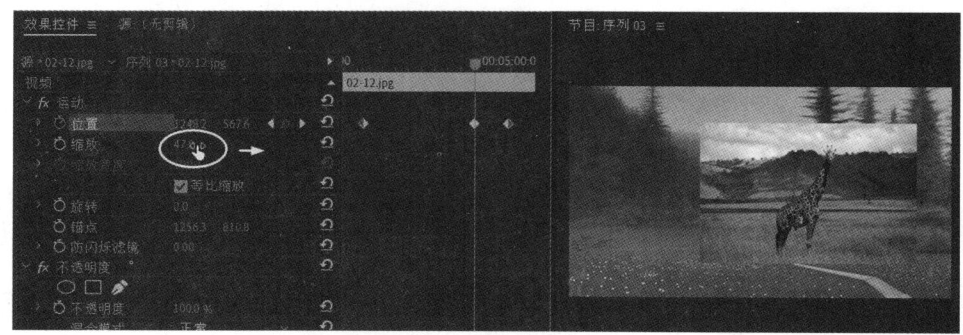

图 5.2.15　设置素材的大小缩放比例

提示：用鼠标单击去掉面板上的“等比缩放”选项，可以取消素材的“缩放高度”和“缩放宽度”的锁定，如图 5.2.16 所示。

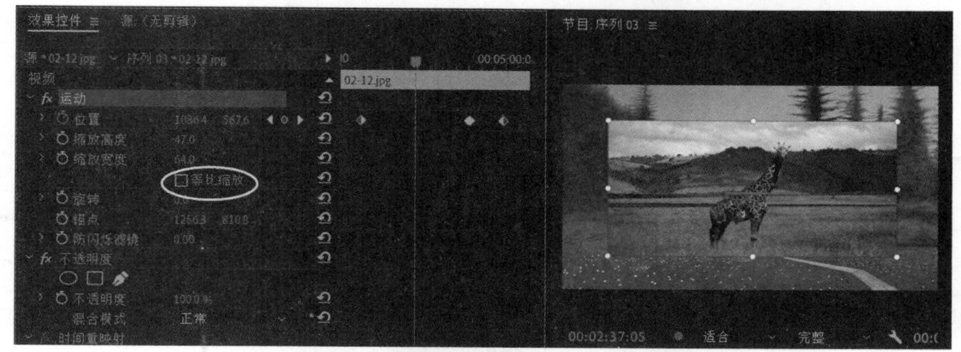

图 5.2.16　取消素材的“缩放高度”和“缩放宽度”的锁定

5.2.2　透明度和混合模式

在透明度和混合模式中，当前轨道画面与下面其他轨道中的画面可以进行混合和溶图，具体操作步骤如下：

（1）导入“长颈鹿”和“风景”素材并添加到时间线轨道，如图 5.2.17 所示。

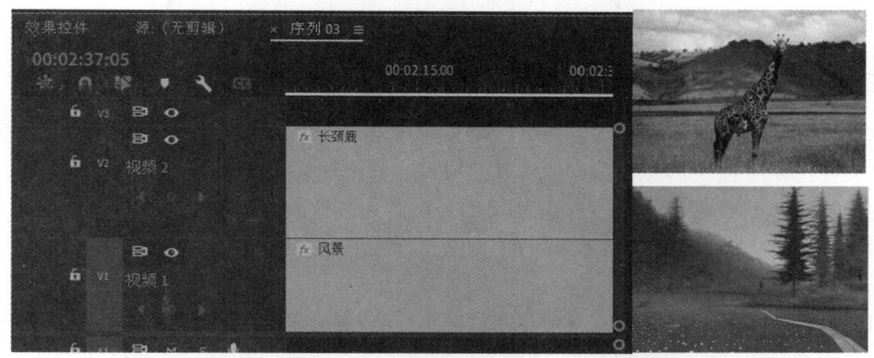

图 5.2.17　导入“长颈鹿”和“风景”素材并添加到时间线轨道

（2）在“视频 2”轨道选择“长颈鹿”素材，设置透明度为 53%，可以和下面轨道的“风景”素材实现溶图效果，如图 5.2.18 所示。

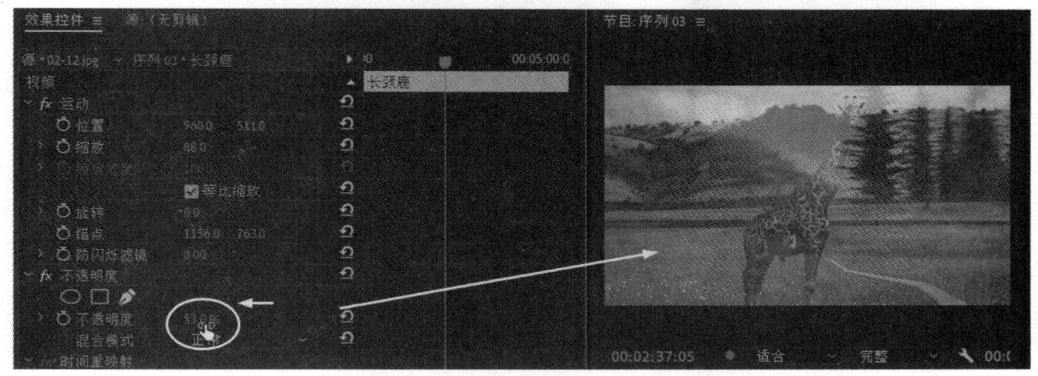

图 5.2.18　设置素材的透明度

（3）在“效果控件”面板中展开“透明度”属性，单击“混合模式”下拉图标，在弹出的“混合模式”的下拉列表里根据需要选择相对应的混合模式，如图 5.2.19 所示。

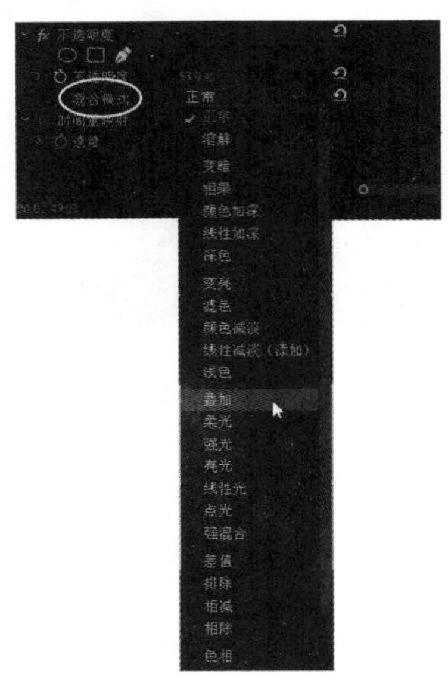

图 5.2.19　“混合模式”下拉列表

1. “正常”模式

“正常”模式是轨道的默认模式，也是最常用的模式。在这种模式下，将两个轨道进行简单覆盖叠加，通过改变透明度控制溶图效果，如图 5.2.20 所示。上面轨道画面为“长颈鹿”素材，下面轨道画面为“风景”素材，当透明度为 50%时，两个轨道画面为“融入”效果。

图 5.2.20　使用“正常”模式效果对比

2. “溶解”模式

“溶解”模式是以当前轨道画面的颜色与其下面轨道画面的颜色进行融合的模式，按照透明度将当前轨道溶入底下轨道图像中，多余的部分将去掉，透明度的数值越小，融合效果越明显，如图 5.2.21 所示。

（a）　　　　（b）

图 5.2.21　使用“溶解”模式效果对比

（a）透明度为 80%；（b）透明度为 10%

3. “变暗”模式

“变暗”模式依据两个轨道画面，用暗的画面取代亮的画面部分，“变暗”模式分别包括变暗、正片叠底、颜色加深、线性加深和深色等 5 种变暗程度各不相同的模式，如图 5.2.22 所示。

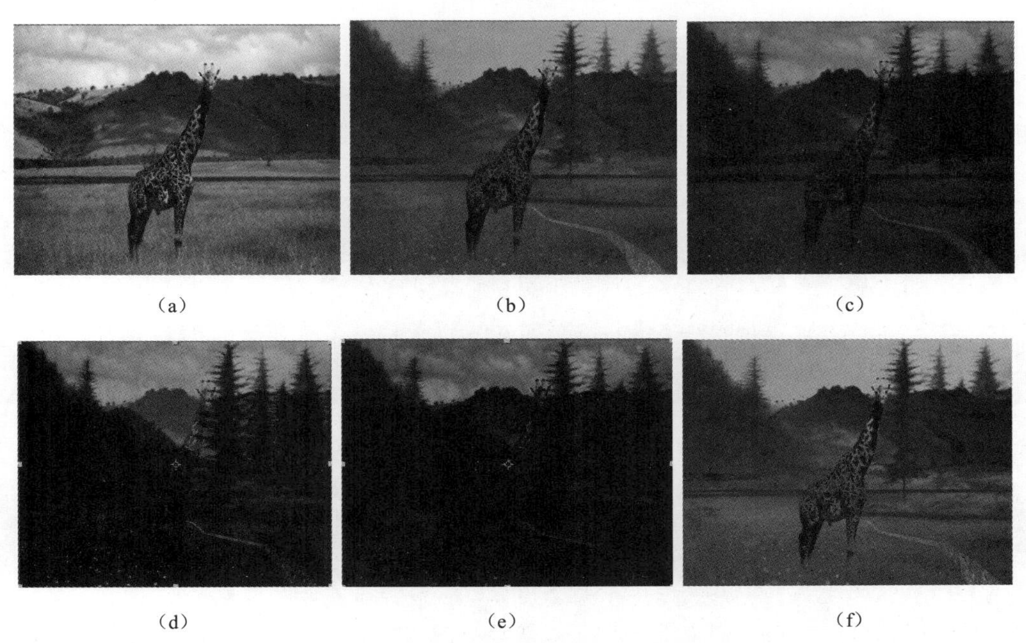

（a）　　（b）　　（c）

（d）　　（e）　　（f）

图 5.2.22　使用“变暗”模式效果对比

（a）正常模式；（b）变暗模式；（c）正片叠底模式；（d）颜色加深模式；（e）线性加深模式；（f）深色模式

4. “变亮”模式

“变亮”模式依据两个轨道画面，在画面亮的部分进行加运算变亮，暗的部分不变，结果是两个轨道画面亮的部分更亮，暗的部分或黑色部分不变。“变亮”模式和“变暗”模式正好相反，“变亮”模式分别包括变亮、滤色、颜色减淡、线性减淡和浅色等 5 种变亮程度各不相同的模式，如图 5.2.23 所示。

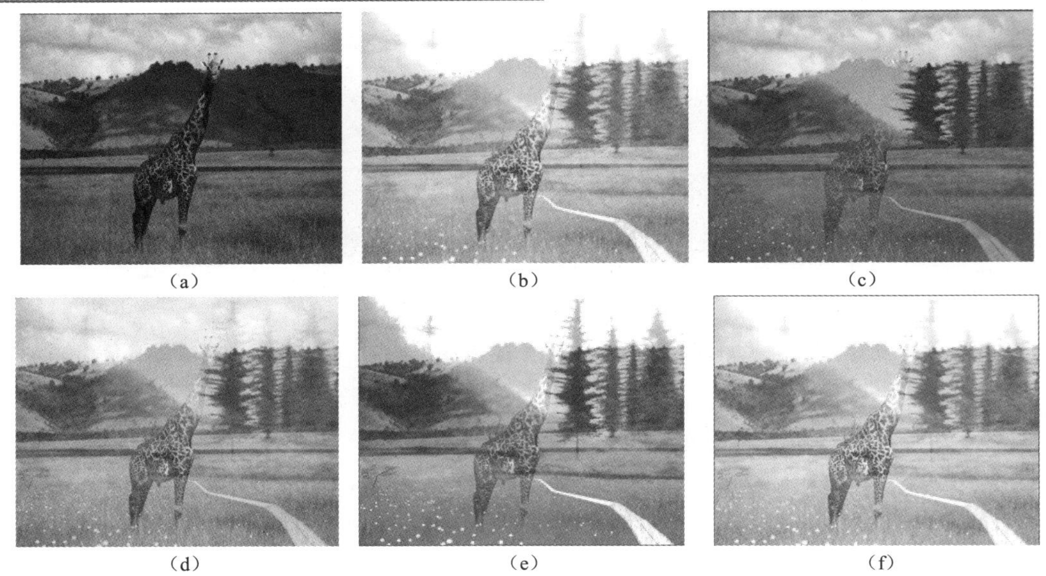

图 5.2.23　使用“变亮”模式效果对比

（a）正常模式；（b）变亮模式；（c）滤色模式；（d）颜色减淡模式；（e）线性减淡模式；（f）浅色模式

5.“叠加”模式

“叠加”模式综合了“屏幕”和“正片叠底”两种模式，对当前层进行分析，大于50%灰度的地方用屏幕方法进行处理，小于50%灰度的地方用正片叠底方式处理，呈现变暗。叠加模式分别包含叠加、柔光、强光、线性光、亮光、点光和实色混合模式等，如图5.2.24所示。

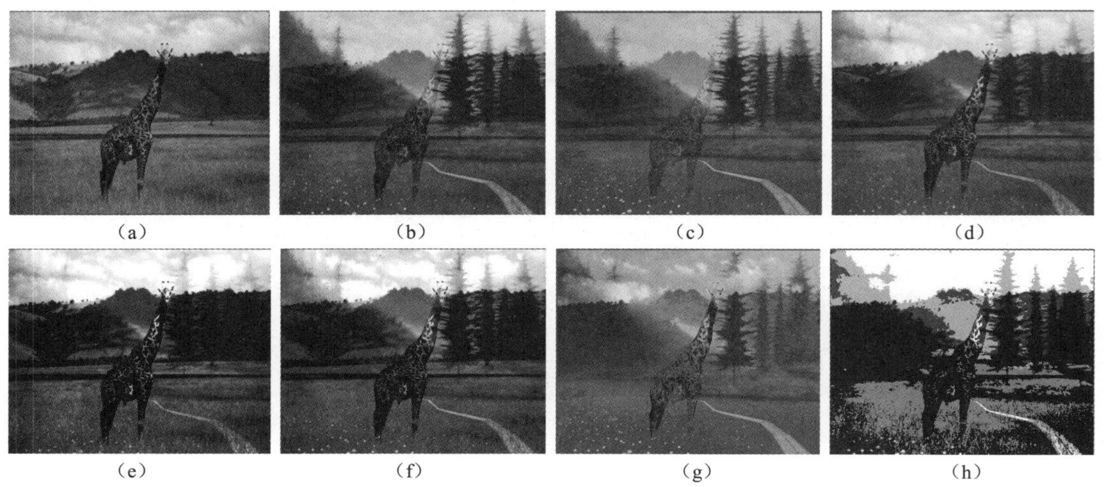

图 5.2.24　各种不同“叠加”模式效果对比

（a）正常模式；（b）叠加模式；（c）柔光模式；（d）强光模式；（e）线性光模式；
（f）亮光模式；（g）点光模式；（h）实色混合模式；

6.“差值”模式和“排除”模式

“差值”模式是将当前轨道画面的颜色进行反向处理与底层轨道画面融合，“排除”模式正好和“差值”模式相反，如图 5.2.25 所示。

（a）　　　　（b）

图 5.2.25　“差值”模式和“排除”模式效果对比

（a）“差值”模式；（b）“排除”模式

7．其他模式

其他模式还有色相模式、饱和度模式、颜色模式和明亮度模式等，其他模式效果对比如图 5.2.26 所示。

（a）　　　　（b）　　　　（c）　　　　（d）

图 5.2.26　其他模式效果对比

（a）色相模式；（b）饱和度模式；（c）颜色模式；（d）明亮度模式

提示：在不透明度下面单击创建椭圆形蒙版按钮，可以在“长颈鹿”素材上创建一个椭圆形蒙版图形，如图 5.2.27 所示。

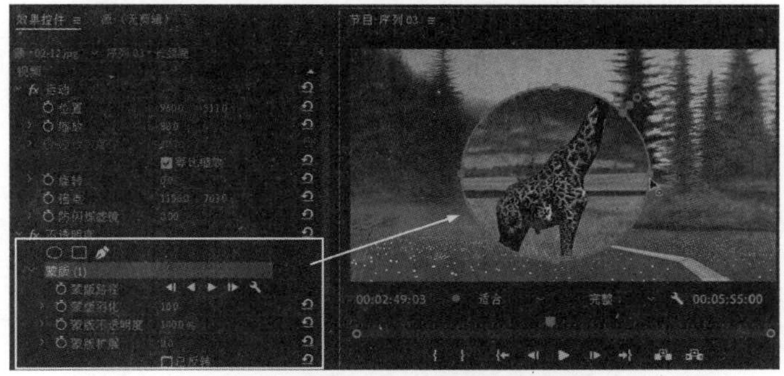

图 5.2.27　创建椭圆形蒙版图形

5.3　课 堂 实 战

5.3.1　制作“网页图片展示”效果

本例主要利用添加视频转场、调整素材锚点和设置素材的比例缩放、位移关键帧动画以及时间线序列嵌套等，制作一段“网页图片展示”效果，最终效果如图 5.3.1 所示。

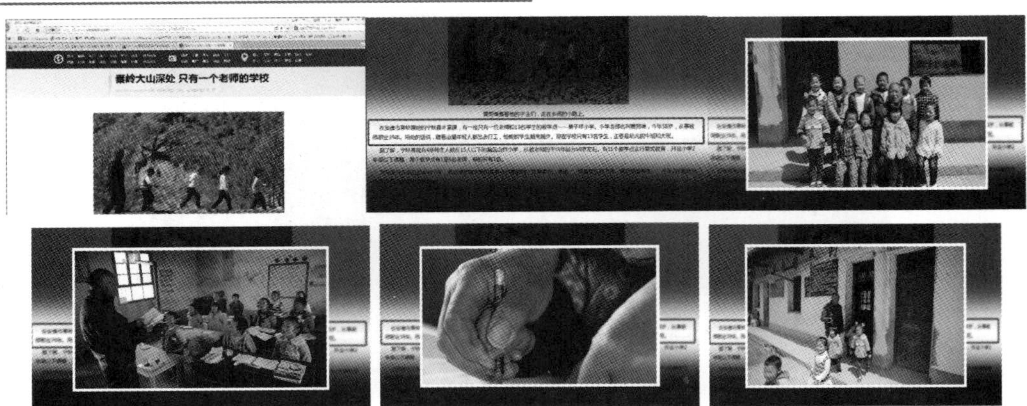

图 5.3.1 “网页图片展示”最终效果

操作步骤如下：

（1）启动 Premiere Pro 2021 软件，单击菜单执行“文件”→“新建”→“序列”命令，或者按键盘“Ctrl +N”键，如图 5.3.2 所示。

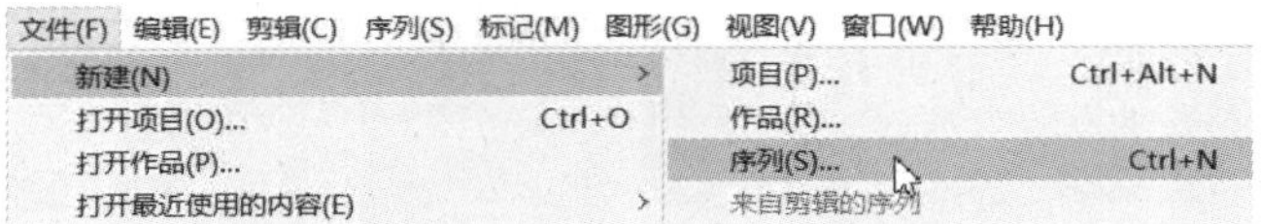

图 5.3.2 新建序列文件

（2）在弹出的“新建序列”对话框里设置项目文件相关参数，设置序列文件名称为“网页展示”，如图 5.3.3 所示。

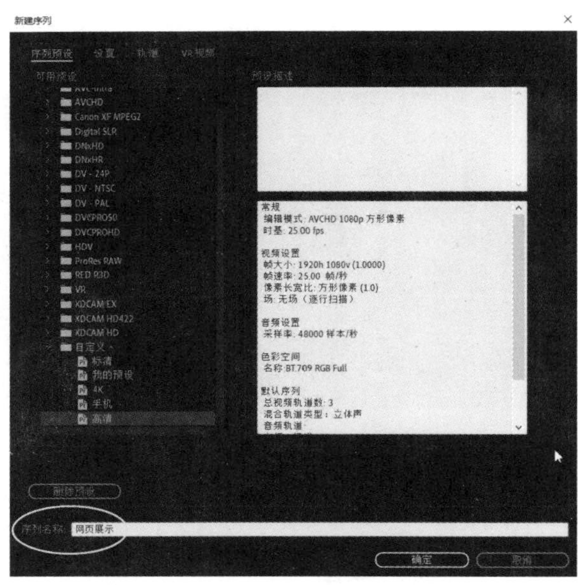

图 5.3.3 “新建序列”对话框

（3）在“项目”面板空白处双击鼠标左键打开“导入”文件对话框，选择“网页图片”文件以后单击 打开(O) 按钮，如图 5.3.4 所示。

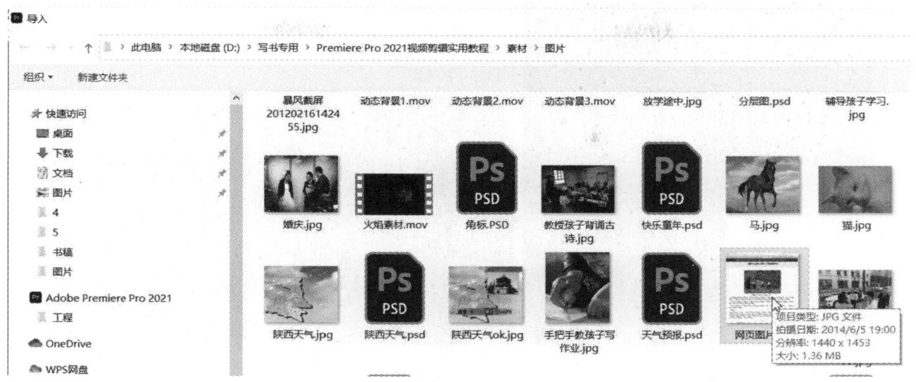

图 5.3.4 “导入”文件对话框

（4）在“项目”面板将“网页图片”素材添加到时间线轨道，如图 5.3.5 所示。

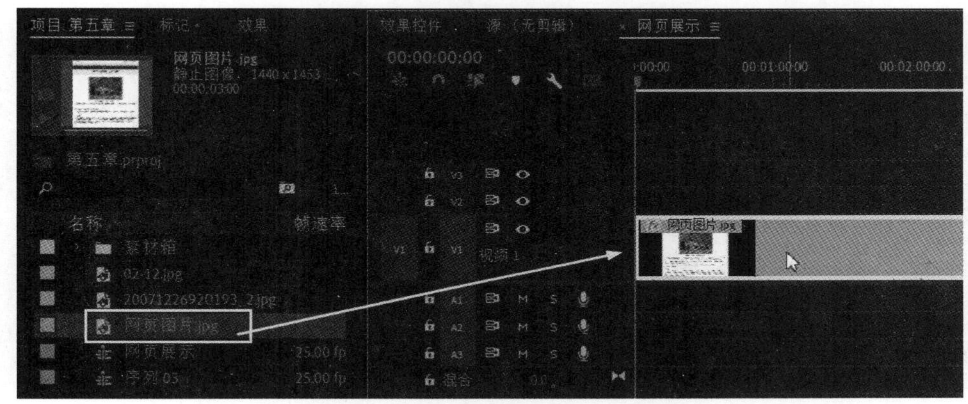

图 5.3.5 添加“网页图片”素材到时间线轨道

（5）在“效果控件”面板给“网页图片”素材设置位置关键帧动画，让网页图片由上向下移动，如图 5.3.6 所示。

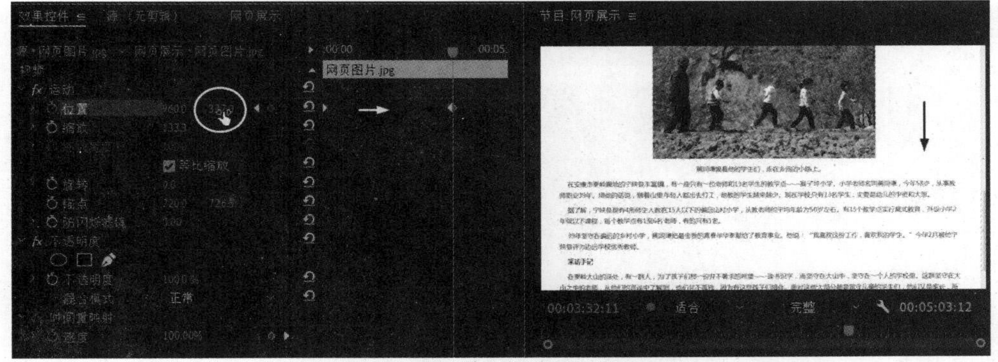

图 5.3.6 设置位置关键帧动画

（6）在“项目”面板单击新建分项按钮新建黑场视频素材，如图 5.3.7 所示。

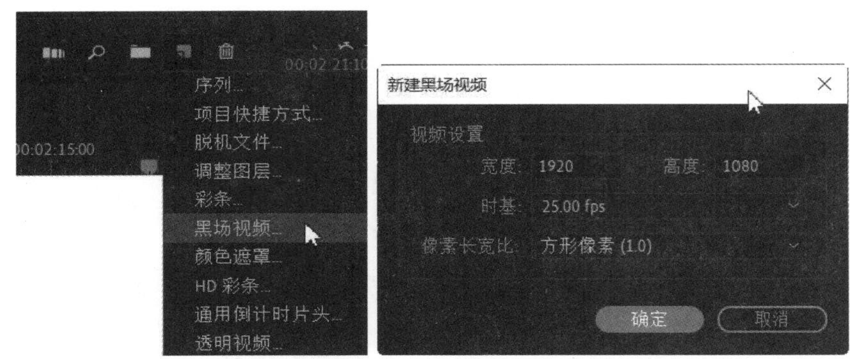

图 5.3.7　新建黑场视频素材

（7）在不透明度下单击矩形蒙版按钮，给黑场视频素材添加一个矩形蒙版，并设置蒙版羽化数值，如图 5.3.8 所示。

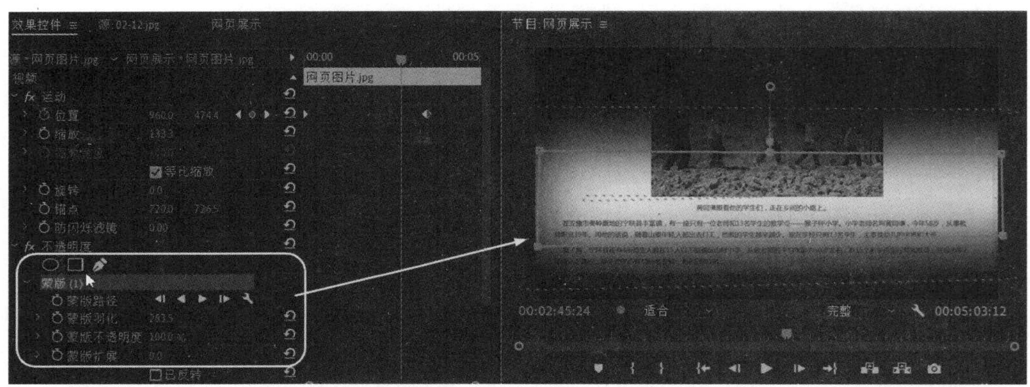

图 5.3.8　添加矩形蒙版

（8）在“效果控件”面板下，给“蒙版扩展”添加动画关键帧，让黑色的压边从上、下两边向中间运动，如图 5.3.9 所示。

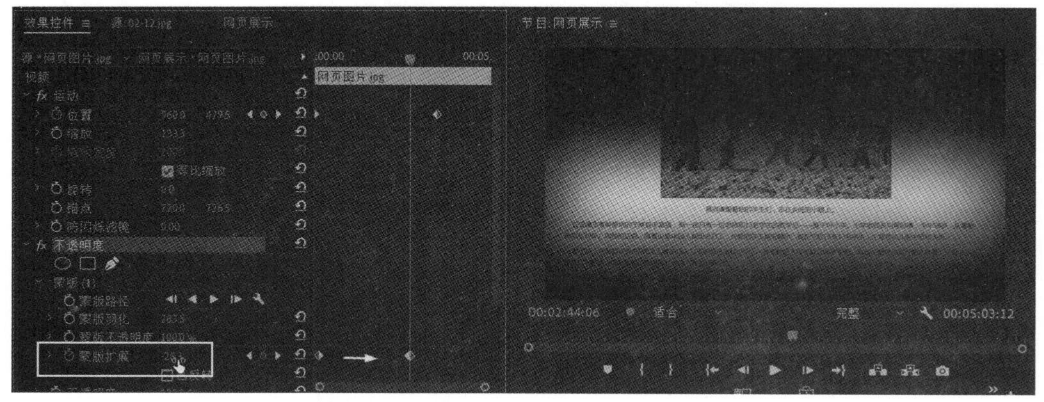

图 5.3.9　给“蒙版扩展”添加动画关键帧

（9）在工具箱利用矩形工具绘制矩形图形，如图 5.3.10 所示。

图 5.3.10　绘制矩形图形

（10）在效果控件里设置矩形的描边和描边颜色，如图 5.3.11 所示。

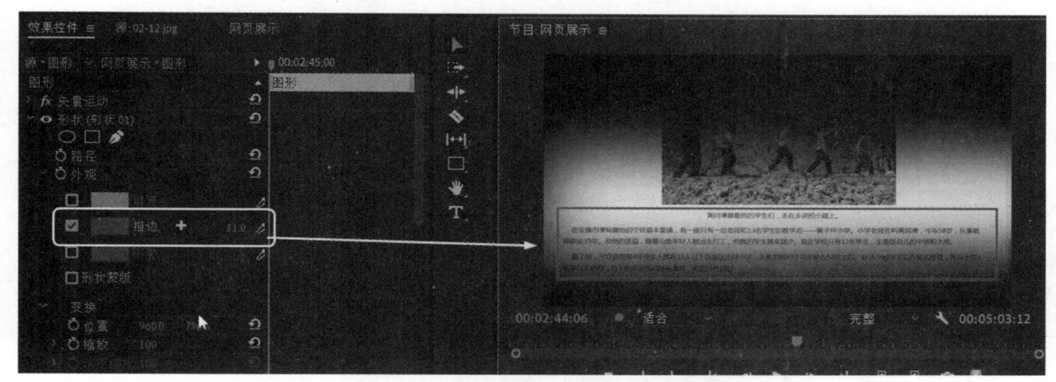

图 5.3.11　设置矩形的描边和描边颜色

（11）在节目监视器里利用鼠标调整“红色框”（箭头所指）的大小，如图 5.3.12 所示。

图 5.3.12　调整“红色框”（箭头所指）的大小

（12）创建“图片素材”序列后添加“放学途中”“辅导孩子学习”“手把手教孩子写作业”等素材到时间线视频 1 轨道，如图 5.3.13 所示。

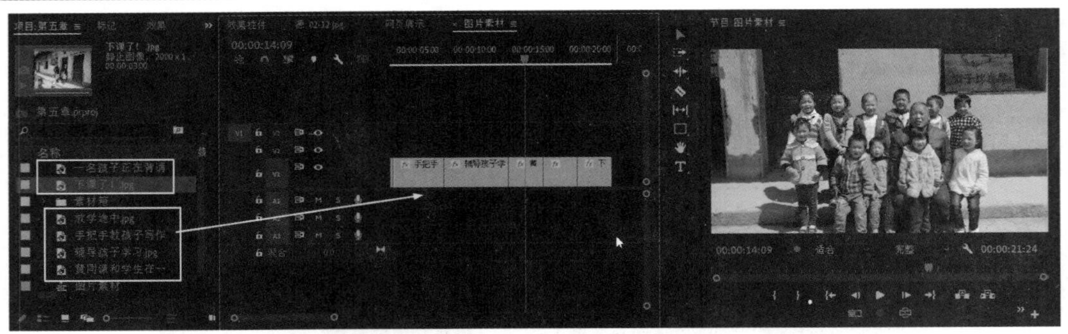

图 5.3.13　添加素材到时间线视频 1 轨道

（13）在“效果”面板将“缩放”视频转场设置为“所选择为默认过渡”，在时间线视频 1 轨道选择所有的图片素材，单击菜单执行“序列”→“应用默认过渡到选择项”命令，为所选择的的图片素材添加默认的“缩放”视频转场效果，如图 5.3.14 所示。

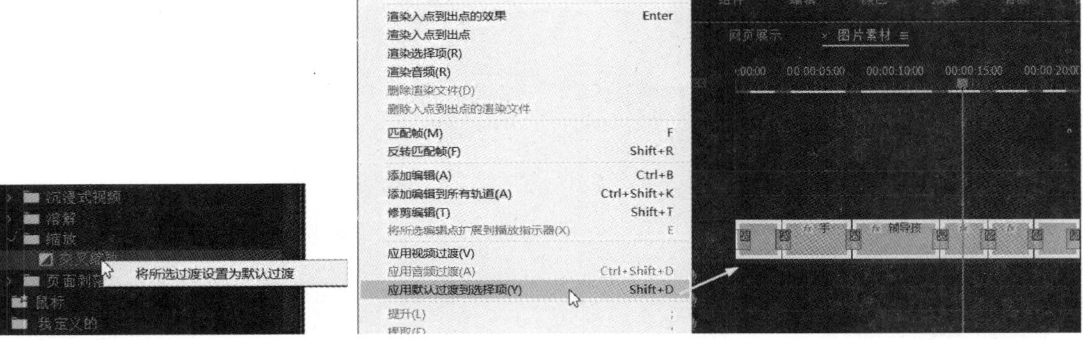

图 5.3.14　设置并添加默认转场到所选素材

（14）在“效果控件”面板给“手把手教孩子写作业”图片添加由上向下的位置关键帧动画效果，如图 5.3.15 所示。

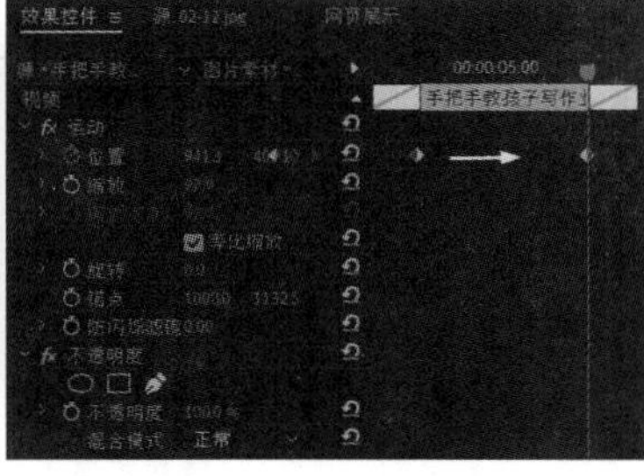
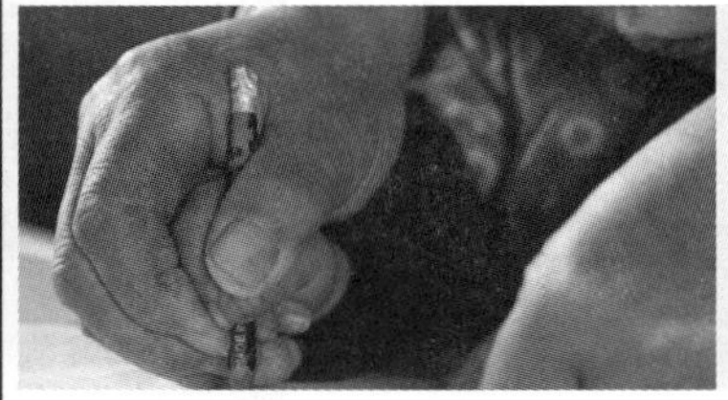

图 5.3.15　设置位置关键帧动画效果

（15）新建“图片描边”序列以后，在时间线视频 1 轨道创建白色的“颜色遮罩”素材，并将“项目”面板的“图片素材”序列添加到视频 2 轨道，给“图片素材”序列形成一个描边效果，如图 5.3.16 所示。

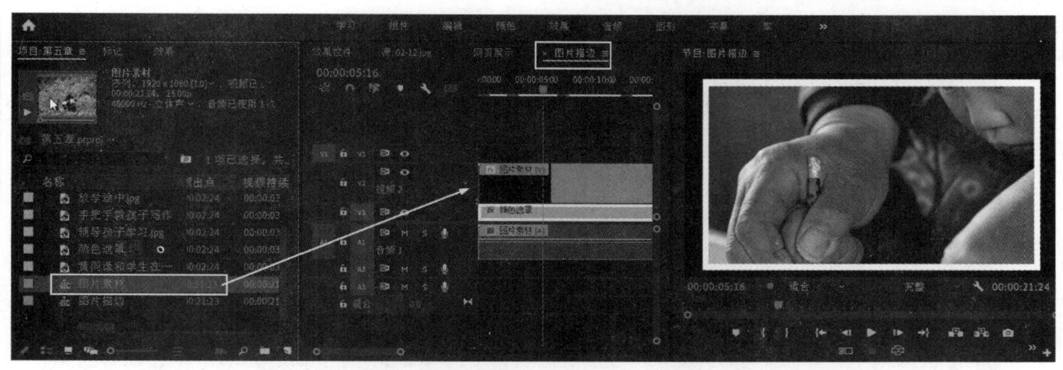

图 5.3.16　添加“图片素材”序列到时间线轨道

（16）返回“网页展示”序列以后，将“图片描边”序列添加到时间线视频 4 轨道，如图 5.3.17 所示。

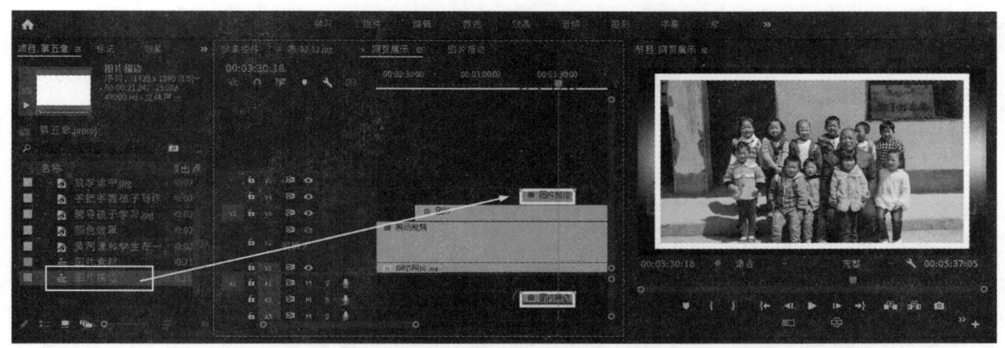

图 5.3.17　添加“图片描边”序列到时间线视频 4 轨道

（17）在“效果控件”面板给“图片描边”序列设置由小到大的缩放关键帧动画，如图 5.3.18 所示。

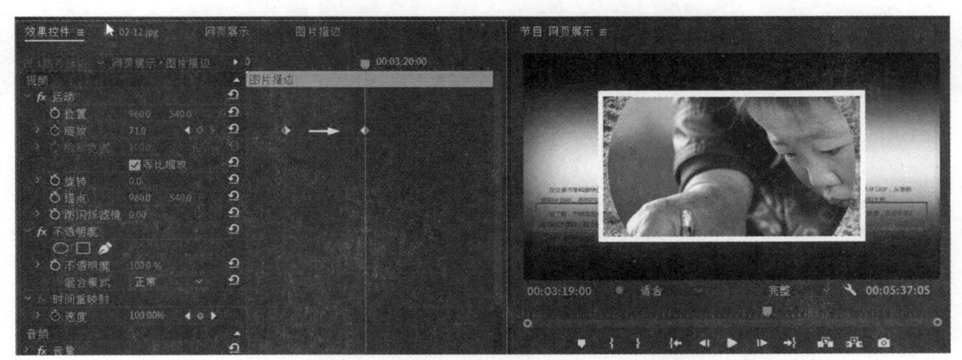

图 5.3.18　给“图片描边”序列设置缩放关键帧动画

（18）为了更加突出图片素材的展示，最后给“网页图片”“红色框”素材添加高斯模糊关键帧动画，让背景逐渐模糊，如图 5.3.19 所示。

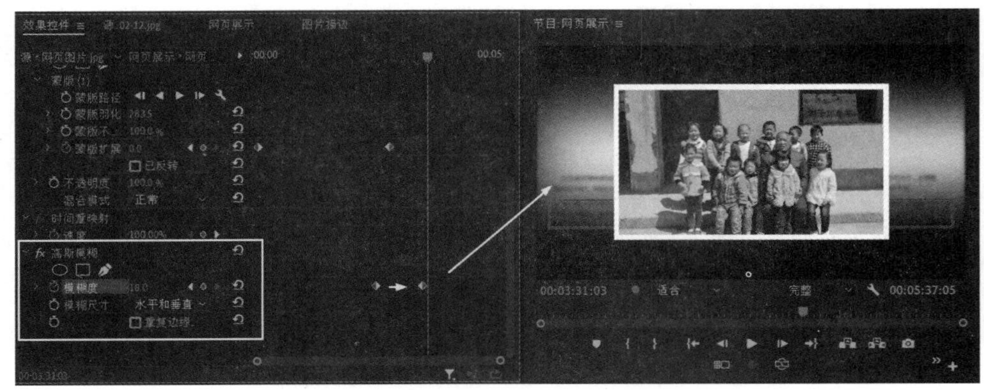

图 5.3.19　添加高斯模糊关键帧动画

（19）完成整个“网页图片展示”效果的制作。

5.3.2　制作“企业宣传”相册

本例主要利用视频的“运动”关键帧、视频转场和序列嵌套以及时间线轨道混合模式等命令制作“企业宣传”相册效果，最终效果如图 5.3.20 所示。

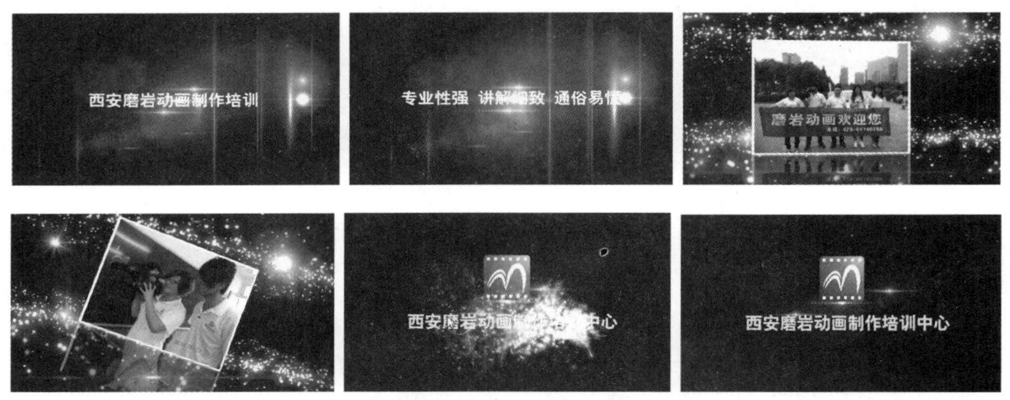

图 5.3.20　“企业宣传”相册最终效果图

操作步骤

（1）单击菜单执行“文件”→“新建”→“项目”命令，或者按键盘“Ctrl+Alt+N”键，如图 5.3.21 所示。

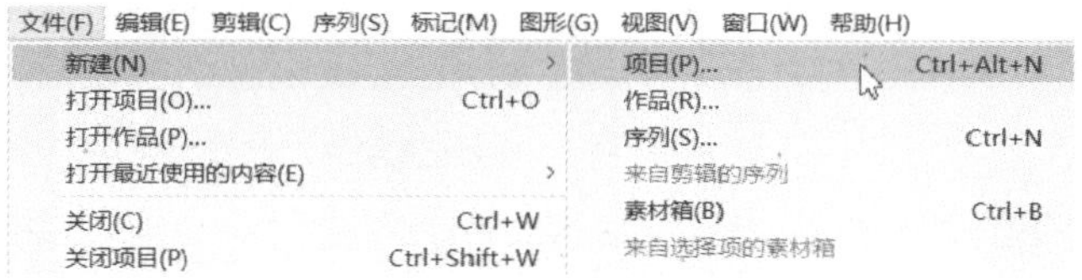

图 5.3.21　新建项目

（2）在“项目”面板新建序列文件并命名新建序列名称为“企业宣传册”，如图 5.3.22 所示。

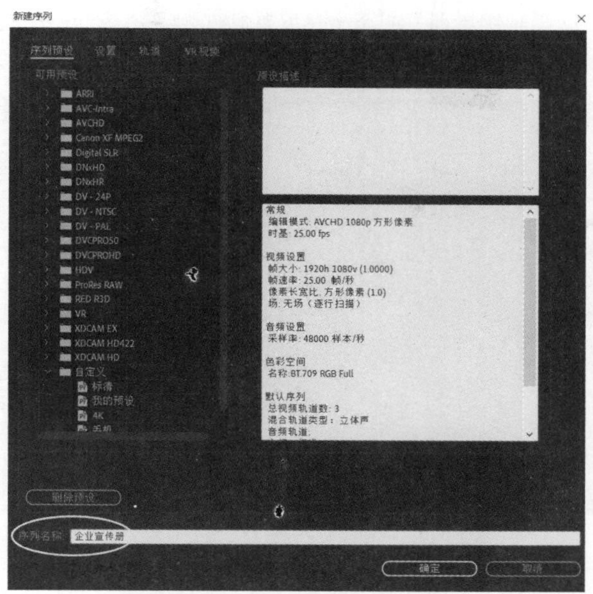

图 5.3.22　“新建序列”面板

（3）导入“动态背景 3”素材并添加到时间线“视频 1”轨道，如图 5.3.23 所示。

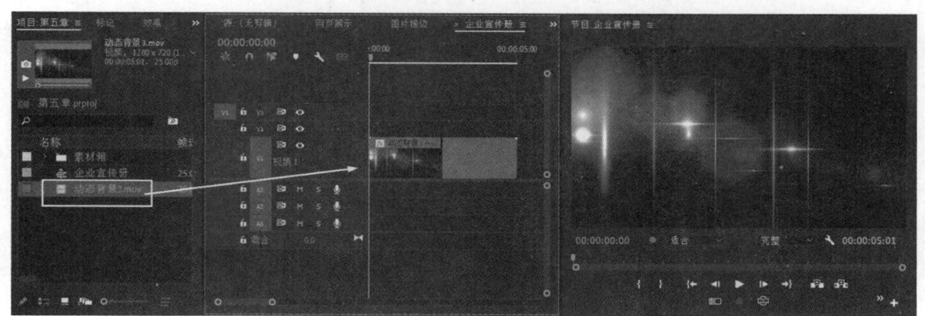

图 5.3.23　导入并添加“动态背景 3”素材到时间线轨道

（4）创建“西安磨岩动画制作培训”静态字幕，字幕属性设置如图 5.3.24 所示。

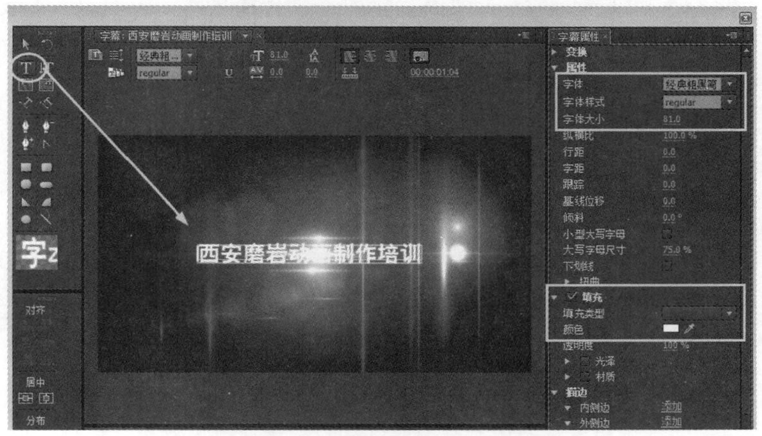

图 5.3.24　字幕属性设置

（5）将“西安磨岩动画制作培训”静态字幕放置到视频 2 轨道并添加“交叉缩放”视频转场效果，如图 5.3.25 所示。

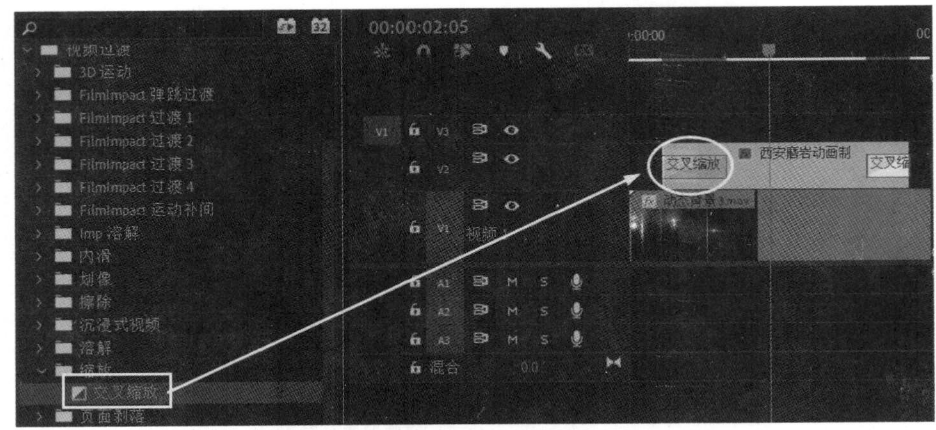

图 5.3.25　添加“交叉缩放”视频转场效果

（6）利用同样的方法制作“专业性强、讲解细致、通俗易懂”字幕动画效果，在此不进行详细阐述，如图 5.3.26 所示。

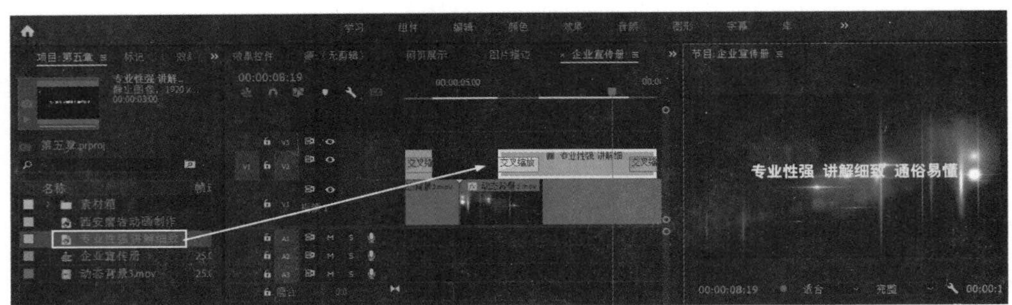

图 5.3.26　制作字幕动画效果

（7）将“动态背景 2”素材添加到时间线视频 1 轨道，如图 5.3.27 所示。

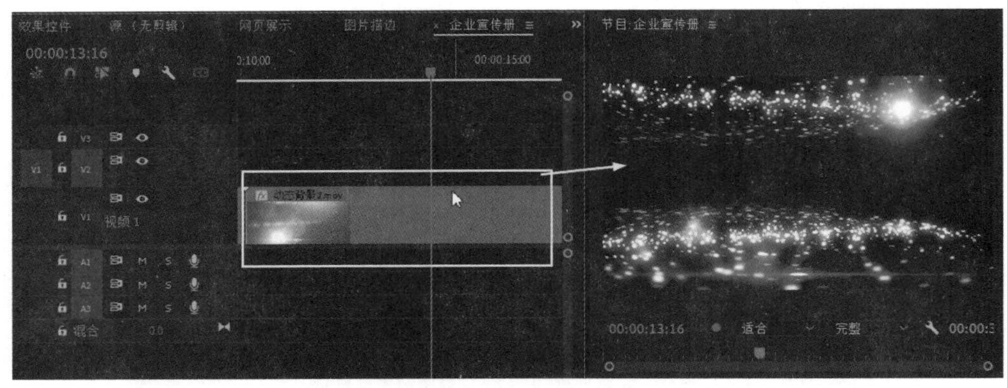

图 5.3.27　添加“动态背景 2”素材到时间线轨道

（8）在“项目”面板单击鼠标右键选择“新建项目”→“颜色遮罩”选项，设置颜色遮罩素材的颜色为白色，如图 5.3.28 所示。

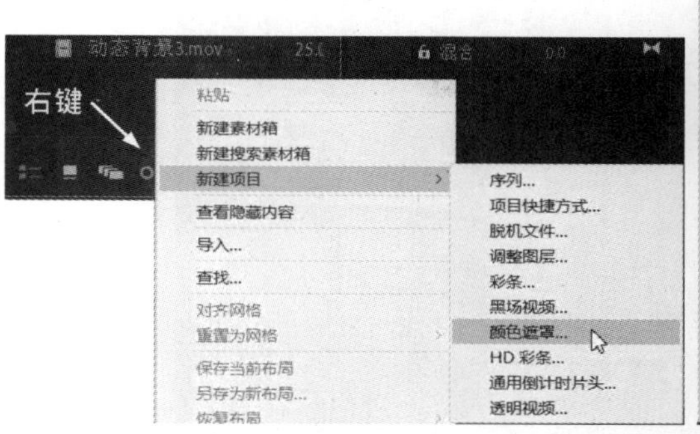

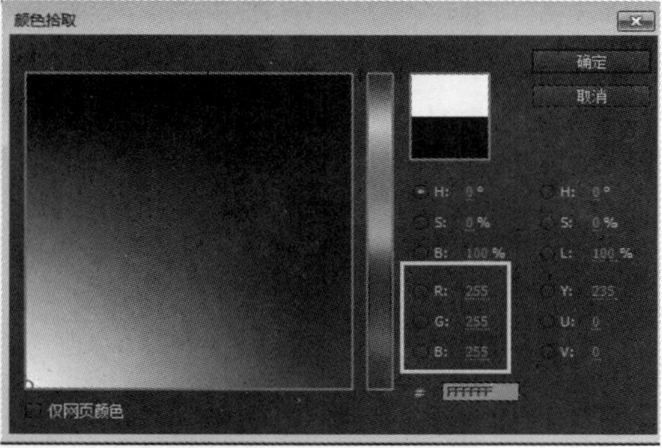

图 5.3.28　创建颜色遮罩素材

（9）新建“图片素材 1”序列，并将“颜色遮罩”“磨岩形象”素材添加到时间线轨道，如图 5.3.29 所示。

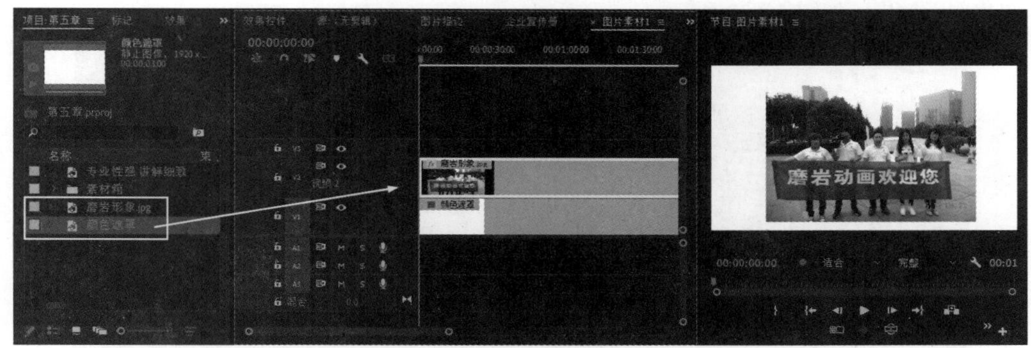

图 5.3.29　添加“磨岩形象”“颜色遮罩”素材到时间线轨道

（10）给“颜色遮罩”素材添加“裁剪”效果，并将“颜色遮罩”素材的四周裁剪成图片描边效果，如图 5.3.30 所示。

图 5.3.30　裁剪图片描边效果

（11）新建“图片综合 1”序列并将“图片素材 1”序列嵌套到视频 1 轨道里，然后复制到视频 2 轨道，如图 5.3.31 所示。

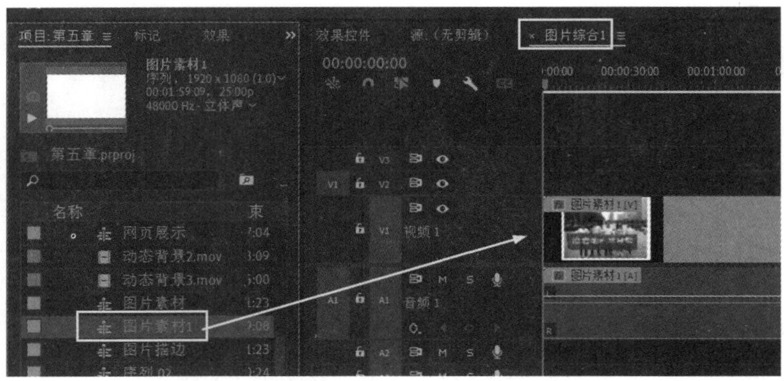

图 5.3.31　时间线序列嵌套应用

（12）给视频 2 轨道的“图片素材”序列添加“垂直翻转”效果，并设置透明度为 41.1%，让其形成图片倒影效果，如图 5.3.32 所示。

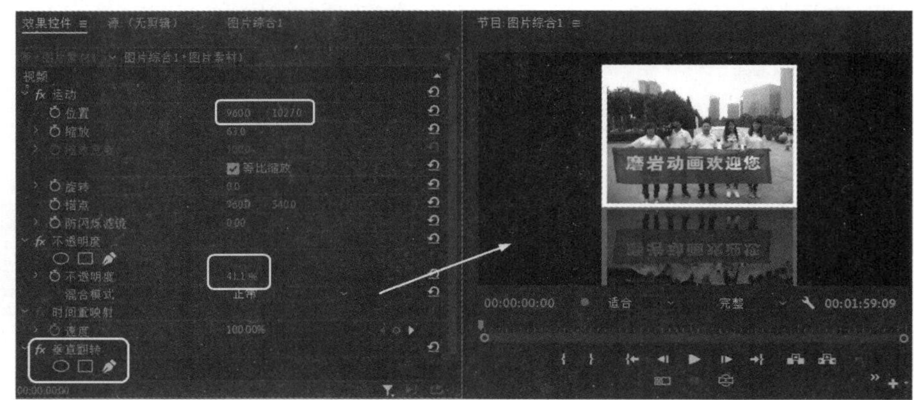

图 5.3.32　制作图片倒影效果

（13）将“图片综合 1”序列添加到“企业宣传相册”序列的视频 2 轨道，如图 5.3.33 所示。

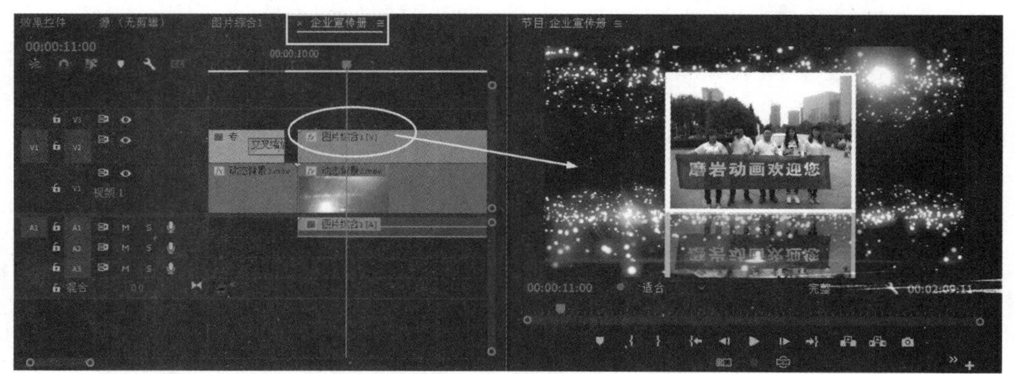

图 5.3.33　添加“图片综合 1”序列到时间线轨道

（14）给“图片综合 1”序列添加“基本 3D”关键帧动画效果，让“图片综合 1”序列跟随动态背景一起旋转，详细设置如图 5.3.34 所示。

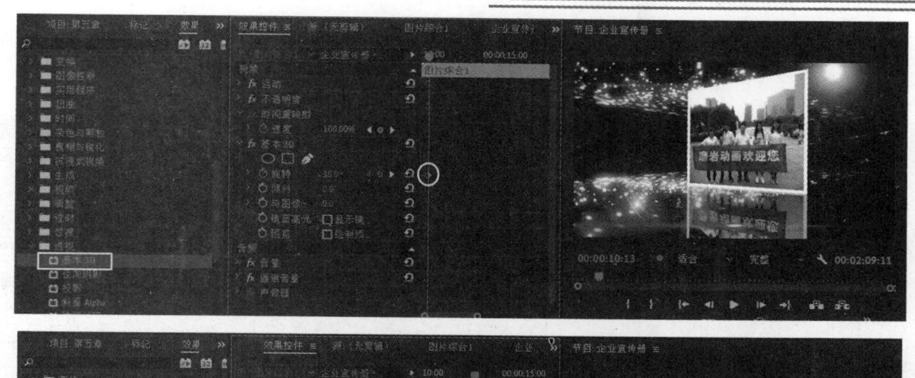

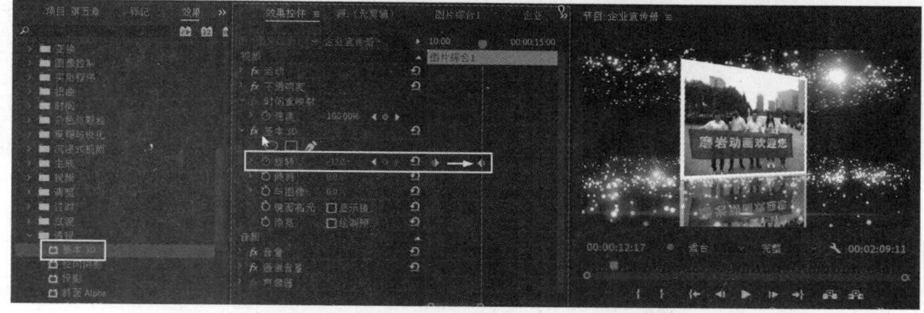

图 5.3.34　添加“基本 3D”关键帧动画效果

（15）利用上面同样的方法添加“图片综合 2”的旋转关键帧动画效果，如图 5.3.35 所示。

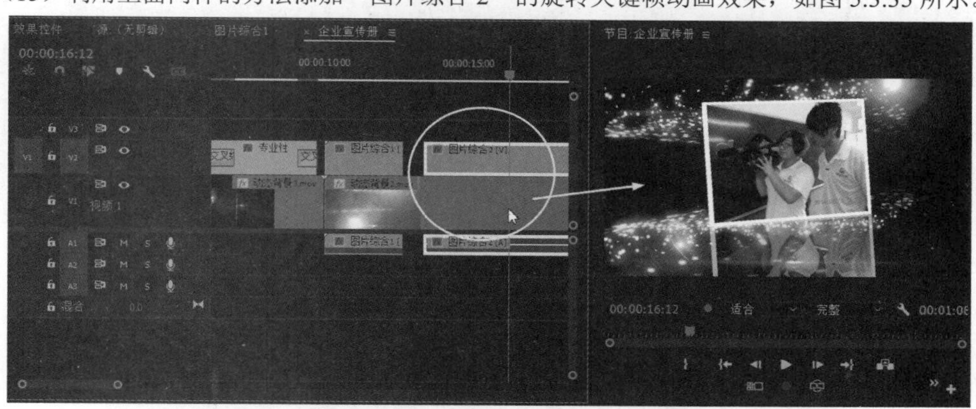

图 5.3.35　添加“图片综合 2”关键帧动画效果

（16）导入“动态背景 1”素材并添加到视频 1 轨道，如图 5.3.36 所示。

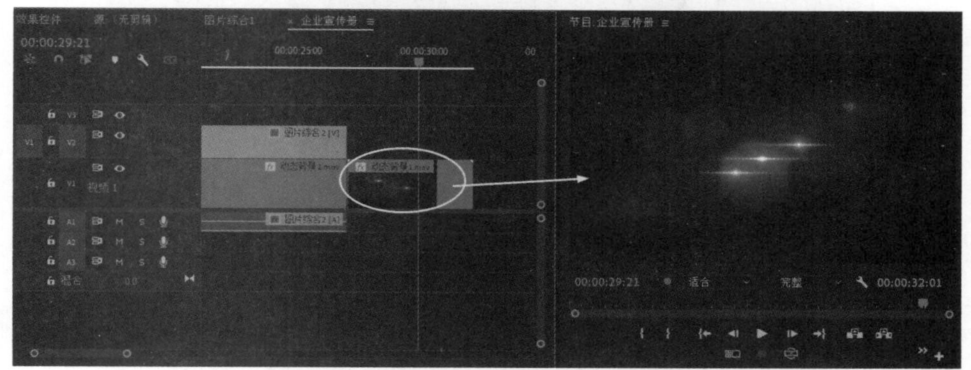

图 5.3.36　导入并添加“动态背景 1”素材到时间线轨道

（17）导入“磨岩 logo”素材并添加到视频 2 轨道，在视频 3 轨道创建“西安磨岩动画制作培训中心”字幕，如图 5.3.37 所示。

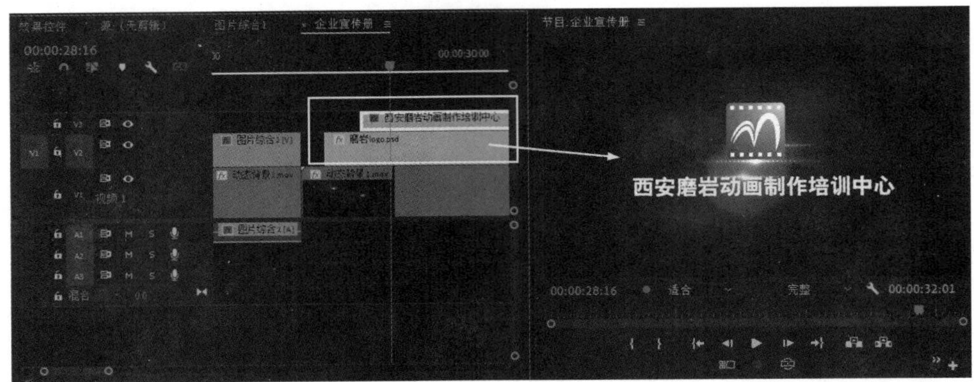

图 5.3.37　导入“磨岩 Logo”素材并创建字幕文件

（18）导入“火焰素材”到视频 4 轨道，如图 5.3.38 所示。

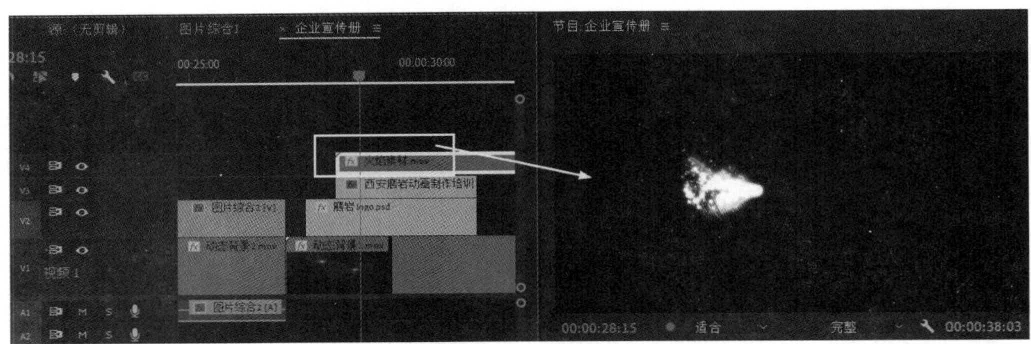

图 5.3.38　导入“火焰素材”到视频 4 轨道

（19）在不透明度里将“火焰素材”的混合模式设置为“滤色”模式，如图 5.3.39 所示。

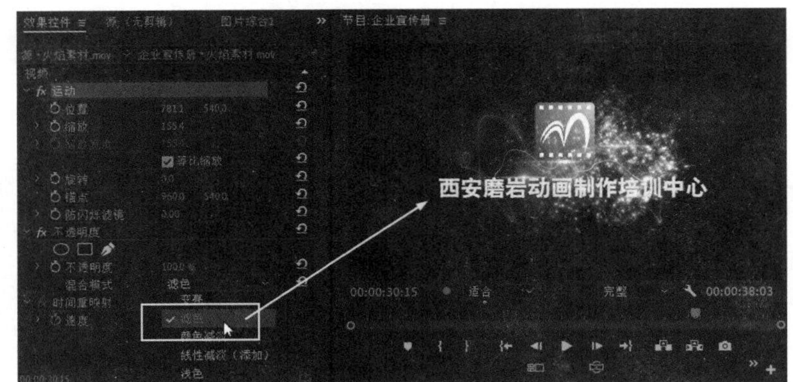

图 5.3.39　设置“火焰素材”的混合模式

（20）分别给“磨岩 Logo”“西安磨岩动画制作培训中心”字幕添加“划出”视频转场效果，让“磨岩 Logo”和字幕顺着“火焰素材”向右移动的同时划出，如图 5.3.40 所示。

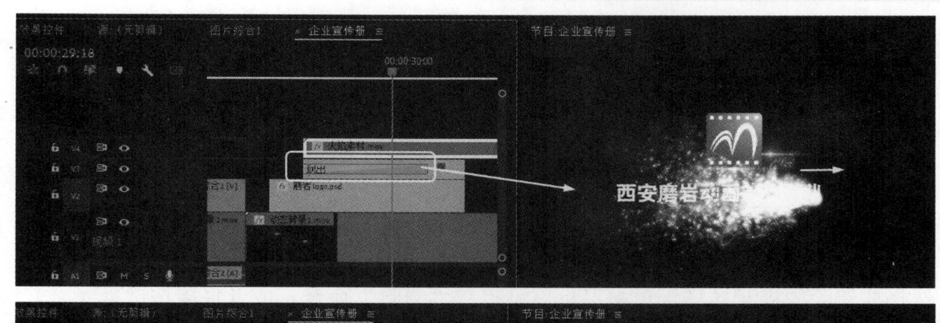

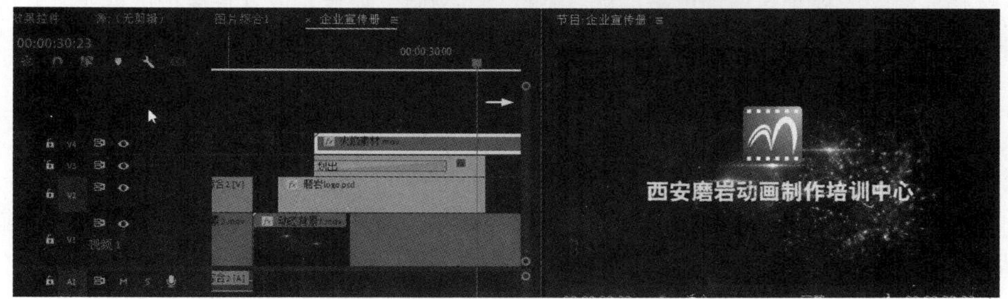

图 5.3.40　添加“划出”视频转场效果

（21）完成整个“企业宣传相册”效果的制作。

本 章 小 结

本章系统地介绍了 Premiere Pro 2021 的视频转场和效果控制，详细介绍了视频转场的分类、添加、清除，调整转场效果以及视频运动和透明度的应用。通过制作“网页图片展示”效果和“企业宣传相册”的练习，读者能够应用视频运动的控制，并且能够添加运动关键帧动画，掌握视频转场的分类、添加和清除，能够调整视频转场效果。

操 作 练 习

一、填空题

1．在影视后期的制作过程中，通过添加__________，各镜头之间的切换过渡能够更加顺畅，更有艺术化效果，在__________面板可以对素材的运动和透明度等属性进行调整。

2．在视频剪辑实践中，为了使两段素材之间的切换达到__________的过渡效果，可以给两段素材之间添加视频过渡效果，让视频之间的切换更具有__________效果。

3．从展开的转场面板可以看出，根据用途和类别不同，转场可以分为三维运动、__________、__________、光圈、卷页、__________、擦除、映射、__________、__________和缩放等。

4．在“效果”面板里选择要添加的转场效果，单击鼠标左键__________至时间线上需要添加的两段素材__________。

5．在 Premiere Pro 2021 软件的“效果控制”面板里，不仅可以设置素材的运动、_________和时间重置等属性，还可以设置各属性的关键帧动画和轨道间的_________等。

6．素材的运动属性包括位置、________、旋转、________和防闪烁滤镜等，通过设置________的数值，可以改变素材的运动基准点的位置。

二、选择题

1．在两个不同轨道添加转场时，把鼠标放在转场的尾部，通过拖拽可以调整转场的长度，转场的长度必须和两个素材的重合部分（　）。

（A）不等　（B）重合　（C）相等　（D）相交

2．选择要清除的视频转场，单击鼠标右键执行“清除”命令，或者直接按键盘（　）键，都可以将选择的视频转场清除。

（A）Del　（B）Enter　（C）Alt+Del　（D）Shift+ Del

3．在“效果控件”面板单击按钮，可以（　）素材的“运动”属性设置。

（A）调整　（B）重置　（C）移动　（D）旋转

4．将播放头指针移至两段素材之间，单击菜单执行“序列”→“应用视频过渡效果”命令，或者按键盘（　）键，可将默认视频转场添加到两段素材之间。

（A）Alt+T　（B）Alt+D　（C）Ctrl+Alt+T　（D）Ctrl+D

5．在时间线上选择多个素材以后，单击菜单执行“序列”→“应用默认切换过渡到所选素材”命令，可以对时间线上选择的（　）同时添加默认视频转场。

（A）多个素材　（B）单个素材　（C）轨道上的素材　（D）前面答案都不对

三、简答题

1．视频转场的类型有哪些？

2．添加视频转场的方式有哪几种？

3．简述如何调整视频转场的持续时间。

四、上机操作题

练习制作“网页图片展示”效果和“企业宣传相册”。

第 6 章　绚丽的视频特效

特效是视频处理特殊效果里一个很强大的工具，Premiere Pro 2021 提供了上百种绚丽多彩的视频特效。利用特效不但可以对图像进行各种视觉处理，还可以对图像进行各种艺术处理。本章主要介绍了常用的一些视频特效的基础知识、使用方法和技巧。

知识要点

- 视频的颜色调整
- 图像控制
- 模糊与锐化
- 键控特效的介绍

6.1　视频的颜色校正

颜色校正是视频滤镜中重要的一部分，用于校正前期拍摄时的一些视频偏色。颜色是吸引人的第一要素，合理地调整视频色彩，会使图像更加逼真、生动和令人悦目，如图 6.1.1 所示。

（a）　（b）　（c）　（d）

图 6.1.1　不同的颜色效果对比

（a）正常颜色；（b）怀旧颜色；（c）田园颜色；（d）紫蓝颜色

6.1.1 视频颜色的调整

利用“调整”类特效可以对图像的色阶、亮度、对比度和色界范围进行调整，“调整”类特效包含 ProcAmp、光照效果、卷积内核、提取和色阶等。在“效果”面板单击，展开“调整”前面的图标，如图 6.1.2 所示。

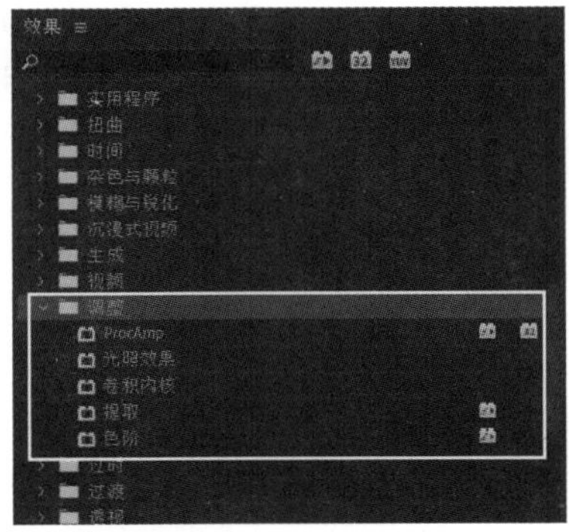

图 6.1.2　效果面板“调整”类特效

1．卷积内核

卷积内核通过改变图像的亮度和对比度数值，来实现一些特殊效果，在“效果”面板内调整单个数值，可以改变图像的亮度和对比度，如图 6.1.3 所示。

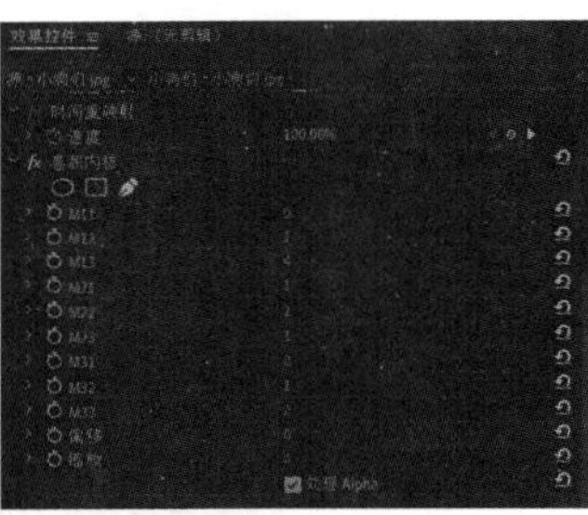

图 6.1.3　应用“卷积内核”特殊效果

2．ProcAmp

在 ProcAmp 中，用户可以调整素材的亮度、对比度、色相以及饱和度等数值，是视频颜色校正的最基本的方式，如图 6.1.4 所示。

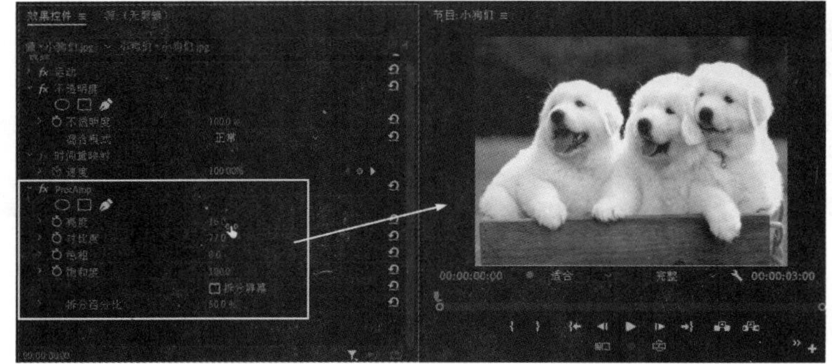

图 6.1.4　应用“ProcAmp”特殊效果

提示：

（1）在“效果控件”面板展开“ProcAmp”特效里的“亮度”选项，单击鼠标左键，拖动“亮度”滑块可以调整数值，或者用鼠标在数值上单击左键直接输入“亮度”数值，还可以将鼠标移至“亮度”数值上，当鼠标呈现时拖动鼠标左键，可以更方便地调整数值，如图 6.1.5 所示。

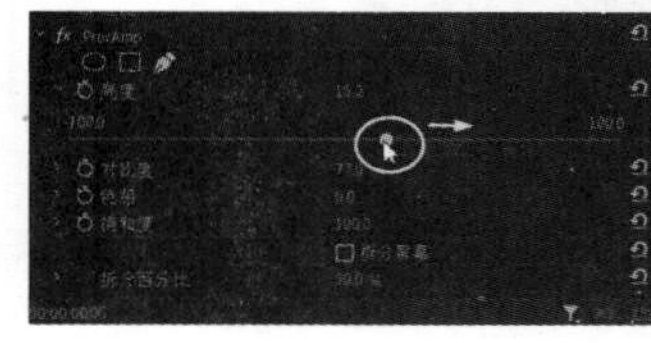

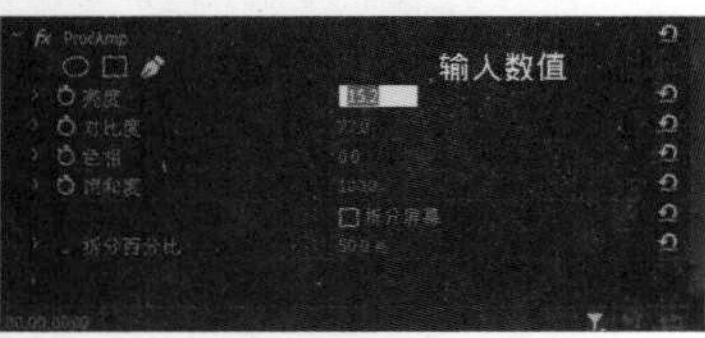

图 6.1.5　调整“亮度”数值

（2）在“效果控件”面板上勾选“拆分屏幕”选项，可以对画面调整前后的效果进行对比（见图 6.1.6），通过调整“拆分百分比”的数值改变拆分屏幕的大小。

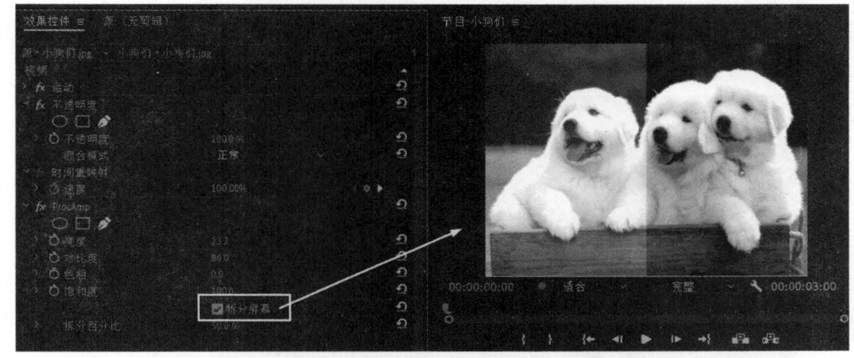

图 6.1.6　应用“拆分屏幕”效果对比

3．提取

利用“提取”特效，可以将图像的画面颜色去除，调整“输入黑色色阶”数值，可以改变图像中黑色区域的范围（见图 6.1.7）。调整“输入白色色阶”数值，可以改变图像中白色区域范围。

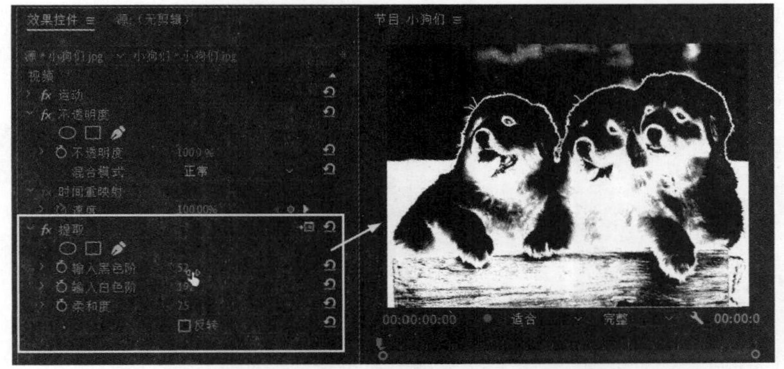

图 6.1.7　调整“输入黑色色阶”和“输入白色色阶”数值

提示：在效果控件面板上单击“提取”特效后面的设置按钮，在打开的“提取设置”对话框里利用鼠标拖动滑块，可以直接改变“输入范围”的数值，如图 6.1.8 所示。

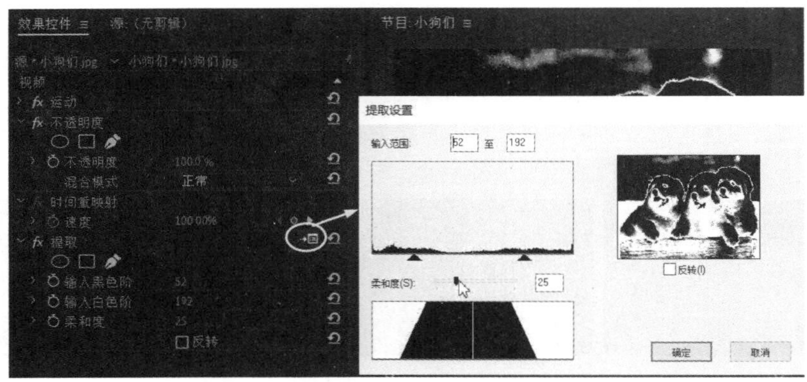

图 6.1.8　打开“提取设置”对话框

4．光照效果

应用光照效果，可以设置灯光的类型、半径大小、强度和照明颜色来照亮画面，以达到模拟真实光照效果的目的，如图 6.1.9 所示。

图 6.1.9　应用“光照效果”

灯光的类型分为平行光、全光源和点光源三种类型，可以在“灯光类型”的下拉列表里选择所需的灯光类型，还可以设置灯光的照明颜色、中心、投影半径、表面质感和曝光度等参数，如图 6.1.10 所示。

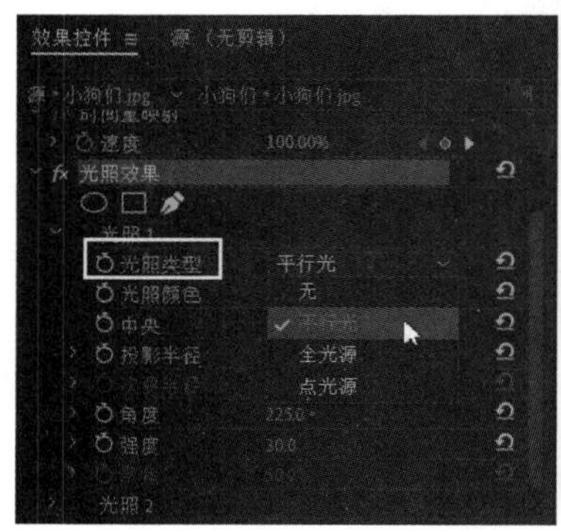

图 6.1.10　设置“照明效果”

6．色阶

应用色阶特效，可以对图像的明暗部分、色调和色彩平衡进行调整。在“效果”面板将“色阶”特效添加到素材上，可以在“效果控件”面板自动显示“色阶”各控制属性，如图 6.1.11 所示。

（1）RGB 通道：用户可以在下拉列表中根据图像的变化选择其中的一种颜色通道进行单独调整。

（2）输入黑/白色阶：主要调整图像中的暗调和亮调部分，也可以通过单击拖动滑块进行调整。

（3）灰度系数：主要对图像的中间调进行调整。

（4）输出黑/白色阶：主要限定图像的亮度和暗调的范围。

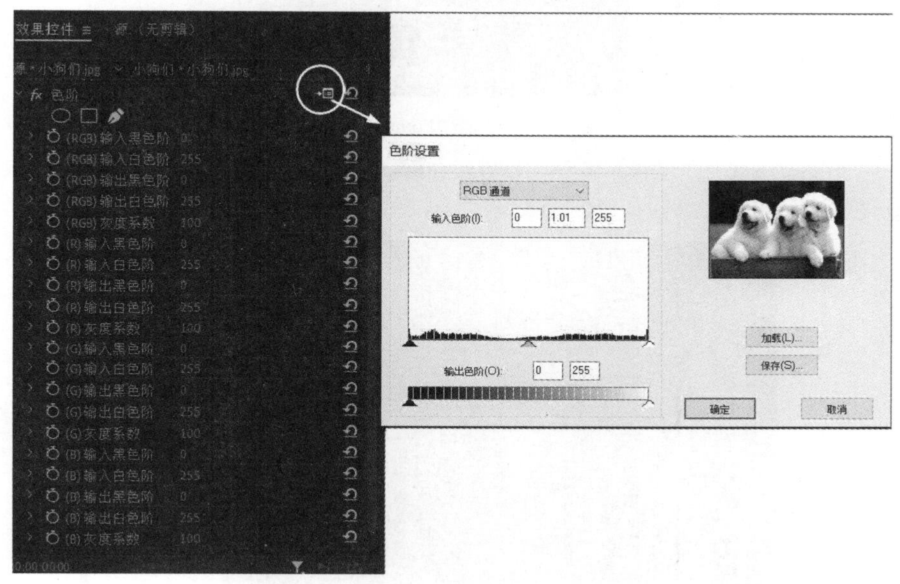

图 6.1.11　“效果控件”控制面板

使用色阶特效，可以处理一些曝光不足或者偏色的素材，调整后使图像更加清晰和逼真，调整“色阶”前后效果对比如图 6.1.12 所示。

图 6.1.12　调整“色阶”前后效果对比

6.1.2　矢量图和 YC 波形的介绍

在制作过程中，利用矢量图和 YC 波形作为校色和调色的依据，矢量图主要用于检测视频当前画面色彩饱和度和色彩偏向等信息。在窗口菜单下单击“Lumetri 范围”选项，如图 6.1.13 所示。

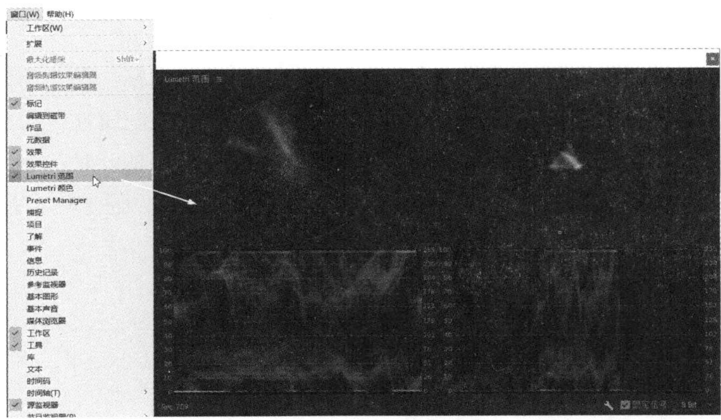

图 6.1.13　打开“Lumetri 范围”显示

在“Lumetri 范围”面板下方单击设置按钮，在弹出的菜单里可以选择“矢量示波器 YUV”选项，如图 6.1.14 所示。

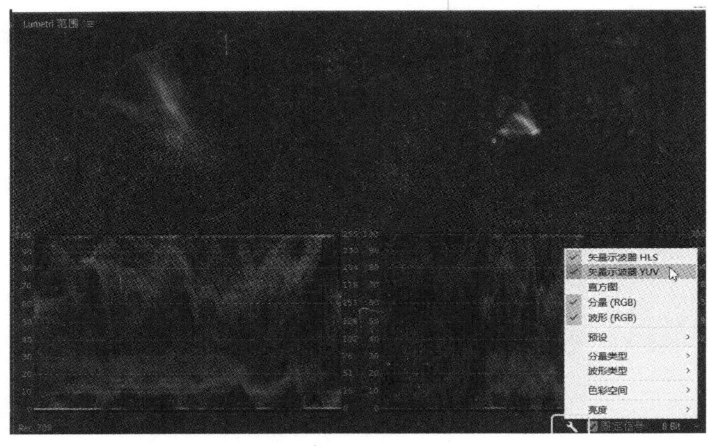

图 6.1.14　打开“矢量示波器 YUV”显示

矢量示波器 YUV 以坐标的方式显示视频的色度信息，离圆心越远颜色值越高，离圆心越近则颜色值就越低，超出“圆圈”范围表示超标，必须调整，如图 6.1.15 所示。

图 6.1.15　应用“矢量示波器 YUV”显示模式对比效果

在矢量示波器 YUV 中，R、G、B 分别代表电视信号红色、绿色、蓝色区域，其中 MG、CY 和 YI 分别代表色青色、品红和黄色区域，色度信息朝向 G 区域时表示该图像的整体颜色偏绿色，如图 6.1.16 所示。

图 6.1.16　应用“矢量示波器 YUV”显示模式

波形主要用于检测视频当前画面的亮度和对比度信息，在 Lumetri 范围面板下方单击设置按钮 🔧，在弹出的菜单里可以选择“波形（RGB）”选项，如图 6.1.17 所示。

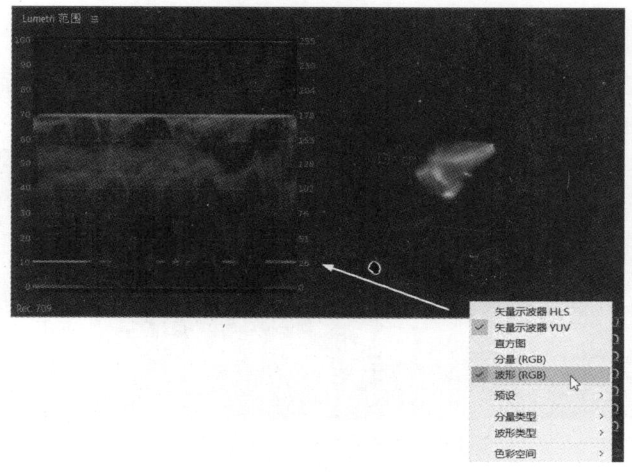

图 6.1.17　打开“波形（RGB）”显示

波形是以坐标的方式显示视频的亮度和对比度信息的，波形越高，图像的整体画面就越亮，如图 6.1.18 所示。

图 6.1.18　应用“波形”显示模式

6.1.3 图像控制

利用“图像控制”类特效，可以对图像进行改变局部颜色、替换、单色保留或者去色等调整，“图像控制”类特效包含灰度系数校正、颜色替换、颜色平衡（RGB）、颜色过滤和黑白等选项，如图 6.1.19 所示。

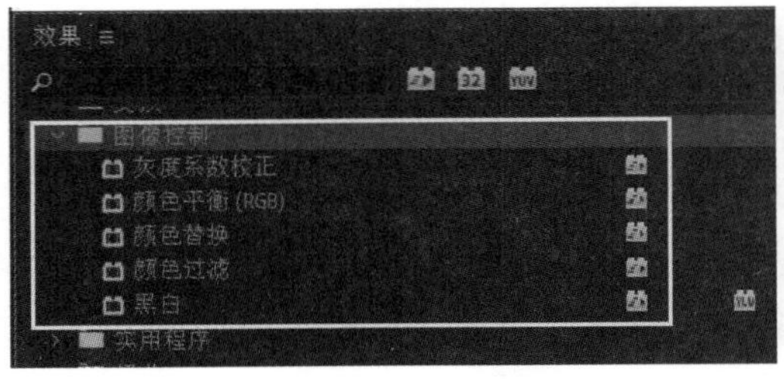

图 6.1.19 “图像控制”类特效

1. 灰度系数校正

通过调整灰度系数校正数值，可以改变图像的中间调灰度数值，图像会更加完美和逼真，利用鼠标拖动灰度系数滑块即可调整画面，如图 6.1.20 所示。

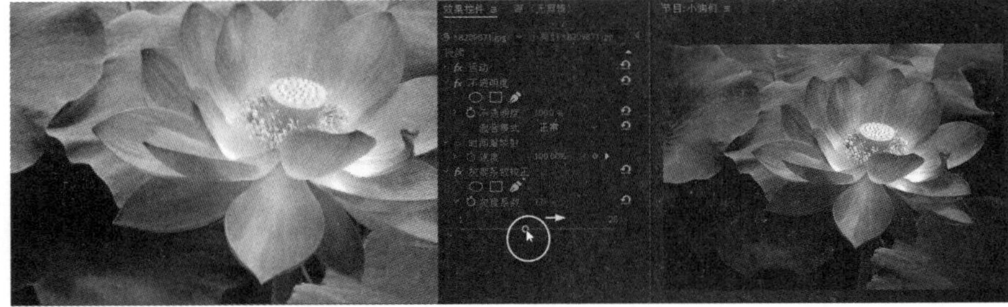

图 6.1.20 应用“灰度系数校正”特效

2. 颜色过滤

“颜色过滤”特效是图像上指定颜色保持不变，将其他部分颜色转换为灰色的一种“单色保留”艺术效果。

使用颜色过滤特效调整图像的具体操作如下：

（1）选择需要调整的素材，在“效果控件”面板选择“颜色过滤”特效，单击 “颜色”选项后面的吸管图标，在图像上吸取要保留的颜色，如图 6.1.21 所示。

图 6.1.21 用吸管吸取要保留的颜色

（2）单击拖拽“相似性”滑块调整要保留颜色的范围，并将背景颜色去除，如图 6.1.22 所示。

图 6.1.22　调整“相似性”数值

（3）使用“颜色过滤”特效处理图像前、后的最终效果对比如图 6.1.23 所示。

图 6.1.23　使用“颜色过滤”特效的最终对比效果

3. 颜色平衡（RGB）

利用“颜色平衡（RGB）”特效，可以对一些偏色图像进行一般性的颜色校正，可以更改图像的整体混合颜色。

使用“颜色平衡（RGB）”特效的具体操作方法如下：

（1）导入并添加需要调整的素材，图像很明显整体偏蓝色，添加“颜色平衡（RGB）”特效，如图 6.1.24 所示。

图 6.1.24　导入素材并添加“颜色平衡（RGB）”特效

（2）在“效果控件”面板用鼠标单击并拖动“颜色平衡（RGB）”特效，在图像中降低蓝色的同时适当增加绿色和红色的范围，如图 6.1.25 所示。

图 6.1.25　调整“颜色平衡（RGB）”特效

（3）应用“颜色平衡（RGB）”特效的最终效果对比如图 6.1.26 所示。

图 6.1.26　应用“颜色平衡（RGB）”特效的最终对比效果

4．颜色替换

“颜色替换”特效的实质就是从图像中选择一种颜色替换为用户指定的颜色，同时还可以替换并调整颜色的色相、饱和度和亮度等。

使用“颜色替换”特效调整图像的具体操作步骤如下：

（1）导入并添加需要调整的“荷花”素材并添加“颜色替换”特效，单击“目标颜色”的吸管工具 在图像上吸取目标颜色，如图 6.1.27 所示。

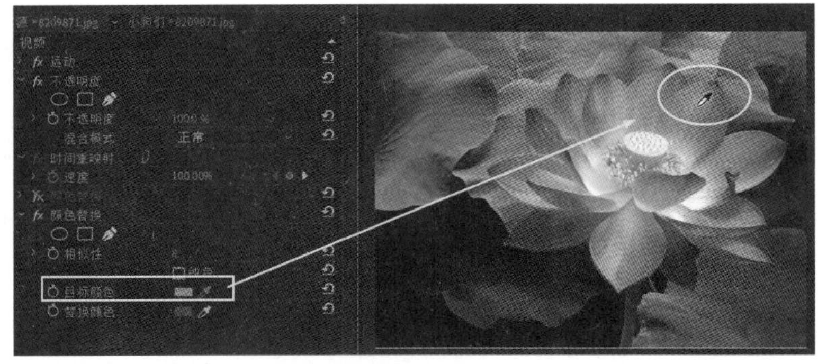

图 6.1.27　在图像上吸取目标颜色

（2）在“效果控件”面板单击“替换颜色”选项后面的色块，在弹出的“拾色器”面板里设置替换的颜色，如图 6.1.28 所示。

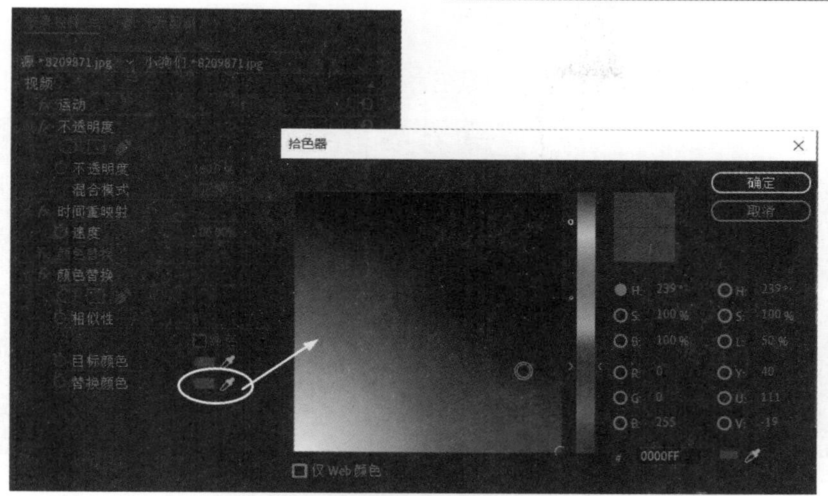

图 6.1.28　设置替换的颜色

（3）在“效果控件”面板用鼠标拖动“替换颜色”特效里的“相似性”滑块，可以改变所替换颜色的范围，如图 6.1.29 所示。

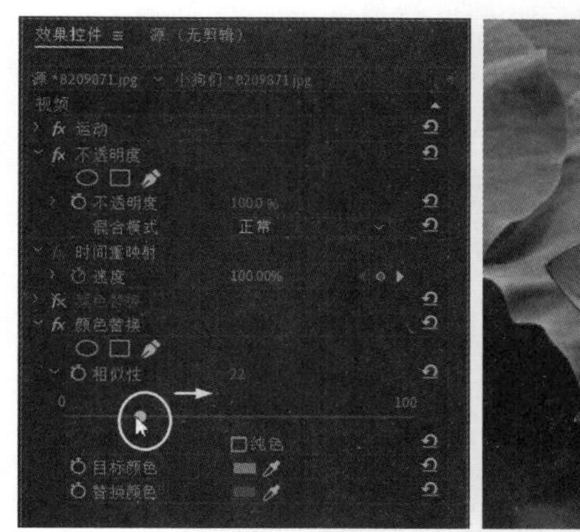

图 6.1.29　调整替换颜色的范围

（4）精确调整“替换颜色”特效的相似性、目标颜色和替换颜色各数值以后，观察替换颜色前后的对比效果，如图 6.1.30 所示。

图 6.1.30　使用“替换颜色”前后效果对比

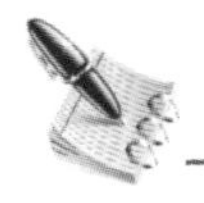

5. 黑白

利用“黑白视频特效”可以将图像中的颜色去掉，自动转换为黑白两色图像，如图 6.1.31 所示。

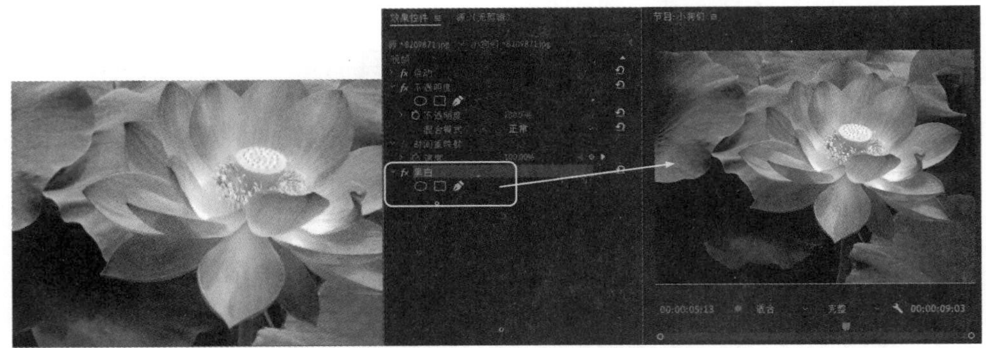

图 6.1.31　应用“黑白”特效前后效果对比

6.1.4　颜色校正

利用“颜色校正”类特效，可以对图像的颜色、明亮度以及饱和度等进行调整。“颜色校正”类特效包含 ASC CDL、Brightness & Contrast、Lumetri 颜色、保留颜色、均衡、更改为颜色、更改颜色、色彩、视频限制器、通道混合器和颜色平衡（HLS）等选项，如图 6.1.32 所示。

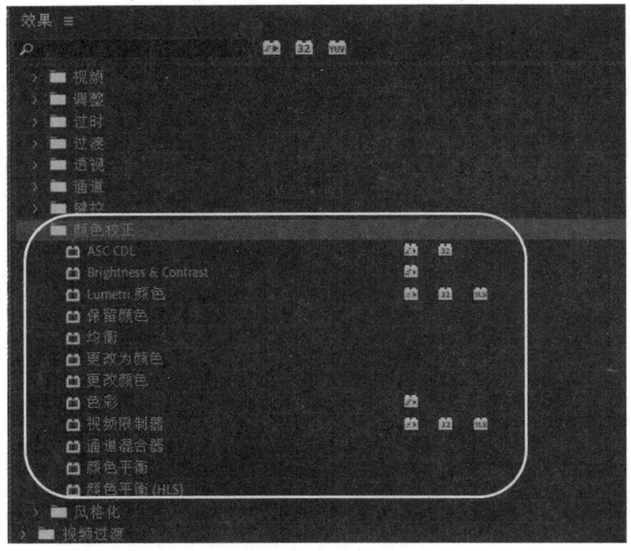

图 6.1.32　效果面板“颜色校正”类特效

1. ASC CDL

“ASC CDL”特效实质上和“色阶”特效基本相同，都是用来调整图像的颜色和饱和度的，如图 6.1.33 所示。

图 6.1.33　应用“ASC CDL”特效

从图 6.1.36 中可以看出，图上分别有主音轨、红色、绿色和蓝色四组数值，可以对图像的颜色通道进行控制，每组数值分别为图像颜色的斜率、偏移和功率。

2．Brightness & Contrast

应用“Brightness & Contrast”特效，可以对图像的亮度和对比度进行调整，如图 6.1.34 所示。

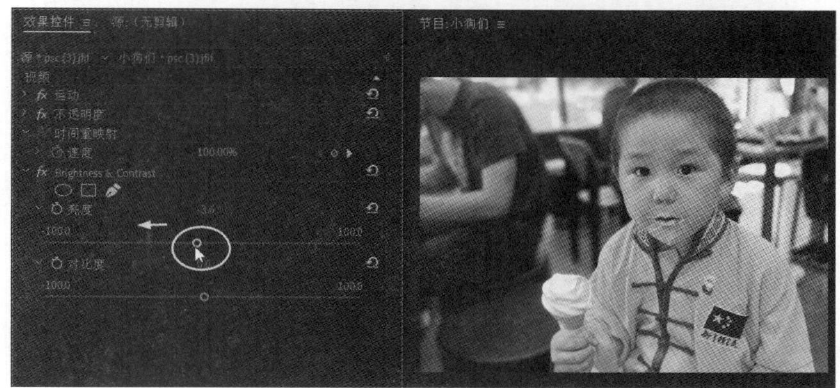

图 6.1.34　应用“Brightness & Contrast”特效

3．Lumetri 颜色

“Lumetri 颜色”是一款非常强大的调色特效，不但可以对图像的基本颜色进行调整，还有创意、曲线、色轮和匹配、HSL 辅助、晕影等功能，如图 6.1.35 所示。

图 6.1.35　应用“Lumetri 颜色”特效

应用基本校正，可以对图像的白平衡和色调进行基本调整，如图 6.1.36 所示。

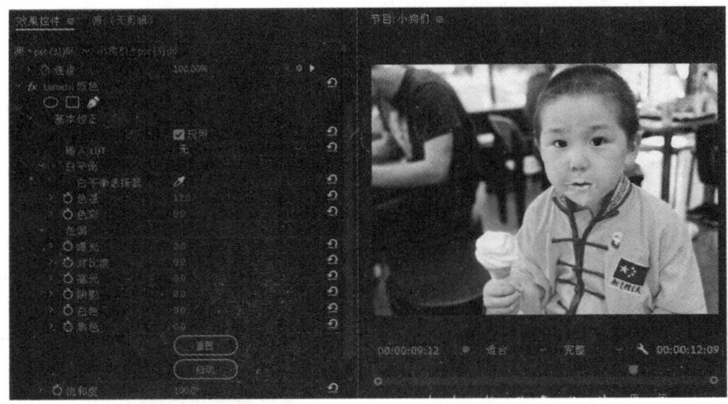

图 6.1.36　应用“Lumetri 颜色”特效“基本校正”功能

提示： 在基本校正里单击 自动 按钮，可以对图像进行自动色彩校正，在输入 LUT 栏，根据需要可以选择 LUT 色彩预设，如图 6.1.37 所示。

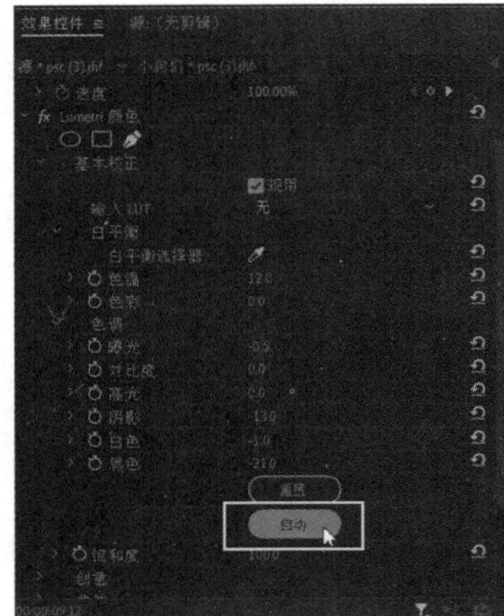
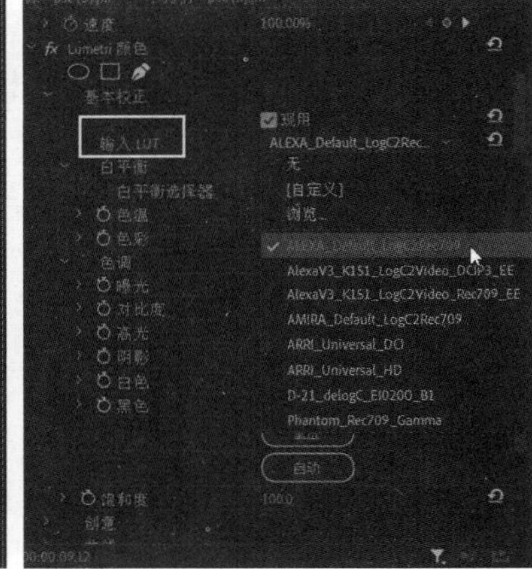

图 6.1.37　选择 LUT 色彩预设

应用“创意”功能，可以在 LOOK 里根据需要选择相机预设，通过“强度”数值调整画面的淡化胶片、锐化、自然饱和度、饱和度平衡，如图 6.1.38 所示。

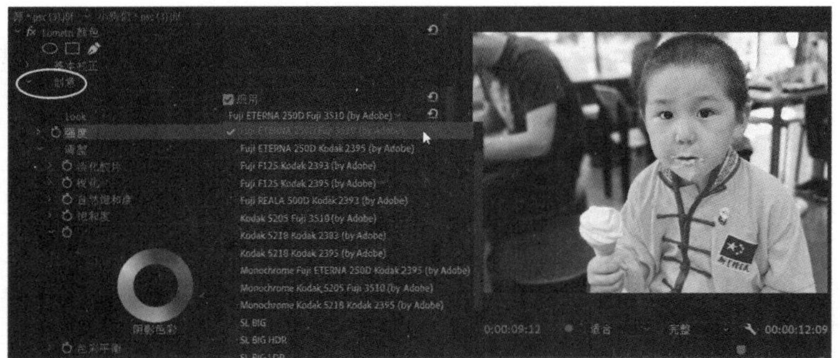

图 6.1.38　应用“Lumetri 颜色”特效“创意”功能

通过曲线部分，可以对画面的亮度、对比度和各个颜色通道进行曲线调整。“曲线”特效实质上和色阶特效基本相同，都是用来调整图像的色调范围的，但是“曲线”特效可以对图像的局部进行随

意调整。从图中可以看出，曲线图上分别有四个曲线控制图，每个曲线图都分为水平轴向和垂直轴向，水平轴向和垂直轴向之间可以通过调节对角线来控制，还可以用鼠标在曲线上单击以增加节点，通过调整节点改变曲线的曲率从而调整图像，如图 6.1.39 所示。

色轮和匹配实质上就是对图像的黑平衡、灰平衡和白平衡进行色调范围调整，在色调范围根据选择可以分别对图像的阴影、中间调和高光部分的色彩进行单独调整，如图 6.1.40 所示。

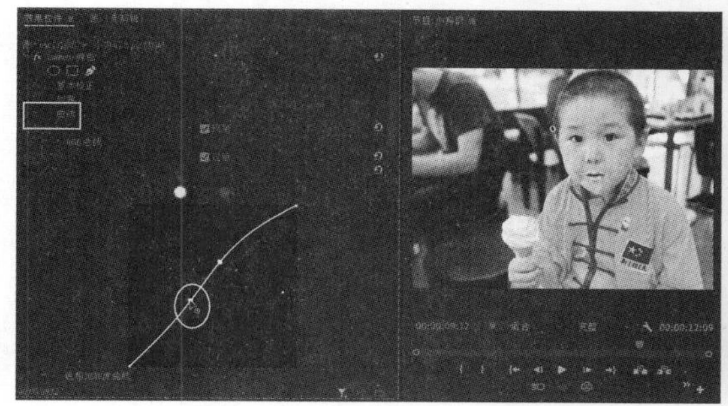

图 6.1.39　应用“Lumetri 颜色”特效“曲线”功能

图 6.1.40 应用“Lumetri 颜色”特效“色轮匹配”功能

提示： 校正完颜色可以单击比较视图按钮，或者在节目监视器窗口单击比较视图按钮，可以对调色前后的图像进行对比，当鼠标呈时可以在画面上左右拖动，对调色前后进行比较，如图 6.1.41（a）所示，还可以在节目监视器窗口单击并排显示比较视图，如图 6.1.41（b）所示。

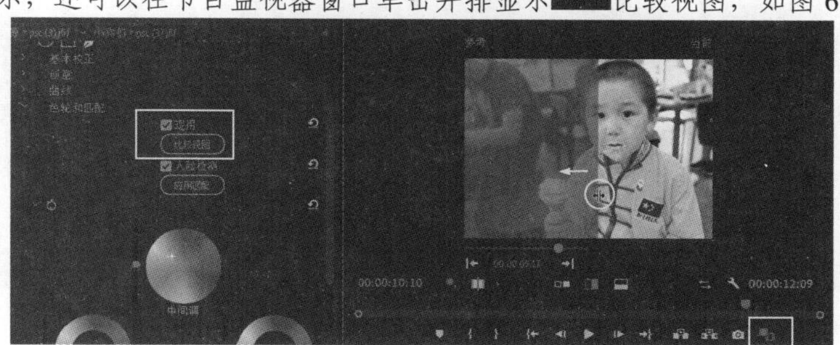

（a）

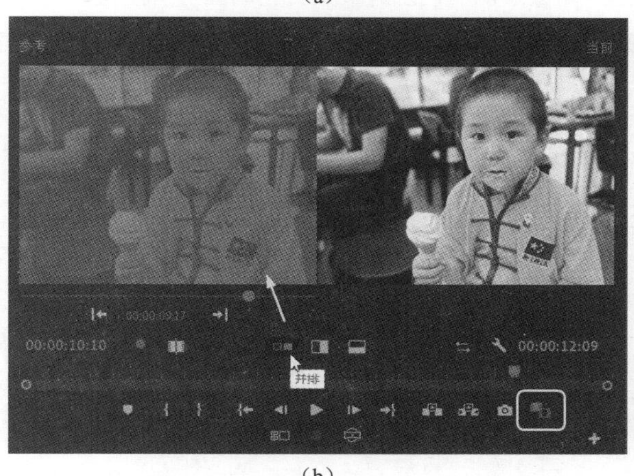

（b）

图 6.1.41　垂直/并排比较视图

（a）垂直比较视图；（b）并排比较视图

“HSL 辅助”的主要功能是对图像进行局部二级调色，从图像中选择一种颜色替换为用户指定的颜色，同时还可以替换并调整颜色的色相、饱和度和亮度等。利用设置颜色的吸管 在画面上选取要更改的的颜色，如图 6.1.42 所示。然后再利用阴影、中间调和高光更正颜色，如图 6.1.43 所示。

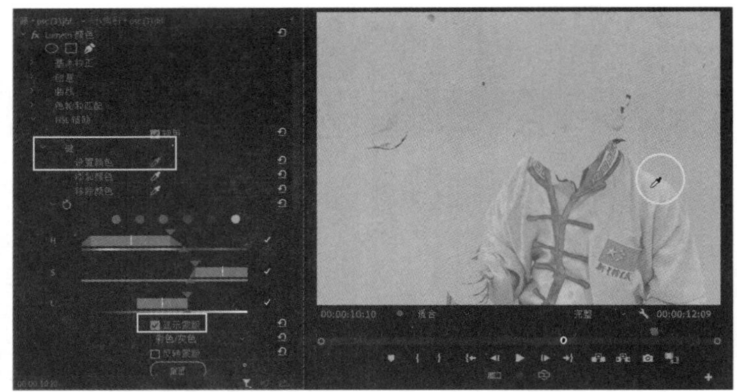

图 6.1.42　利用吸管在画面上选取要更改的颜色

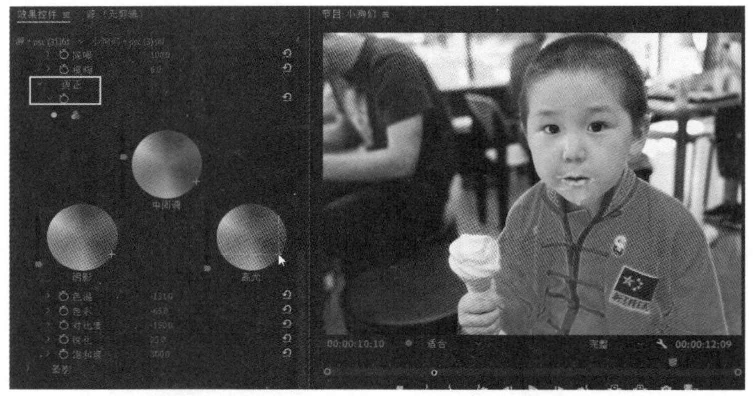

图 6.1.43　利用阴影、中间调和高光更正颜色

“晕影”功能主要是给图像添加白色压边效果，让画面更有层次感，如图 6.1.44 所示。

图 6.1.44　应用“Lumetri 颜色”特效“晕影”功能

4．保留颜色

“保留颜色”特效，是在图像上指定某颜色保持不变，将其他部分颜色转换为灰色的一种“单色保留”艺术效果，如图 6.1.45 所示。

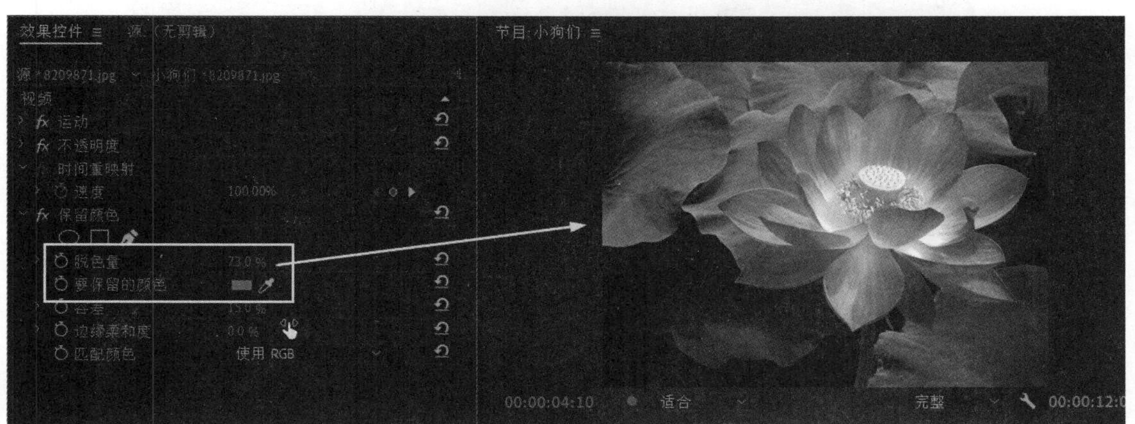

图 6.1.45　应用“保留颜色”特效

5．均衡

“均衡”特效可以对图像进行二次重新分布色调、亮度均化等，通过选择“均衡”后面的选项，可以设置 RGB、亮度和 Photoshop 样式，如图 6.1.46 所示。

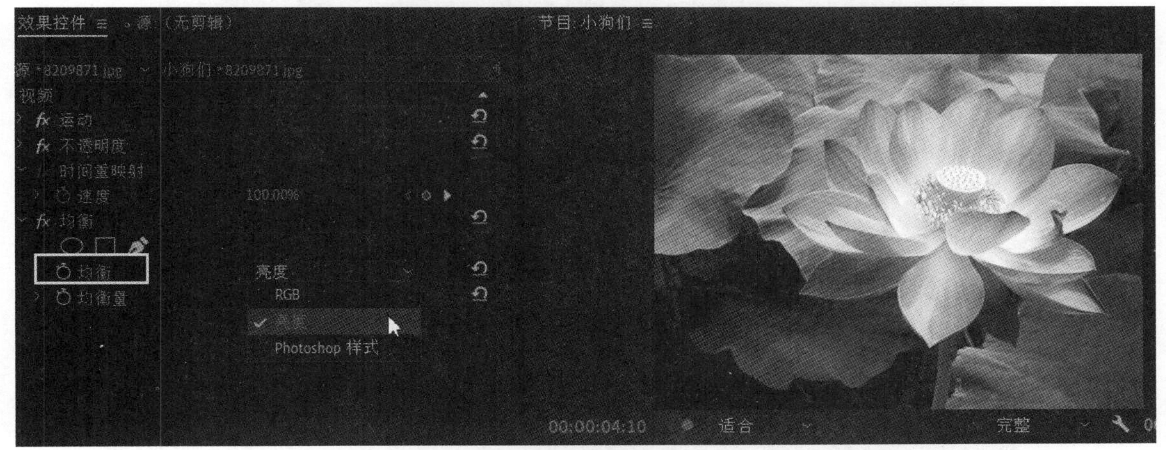

图 6.1.46　应用“均衡”特效

6．更改为颜色\更改颜色

“更改为颜色”“更改颜色”特效的功能实质上都是从图像中选择一种颜色替换为用户指定的颜色，同时还可以替换并调整颜色的色相、饱和度和亮度等，只不过“更改为颜色”特效是通过“色相变换”来更改需要的颜色的，如图 6.1.47 所示。

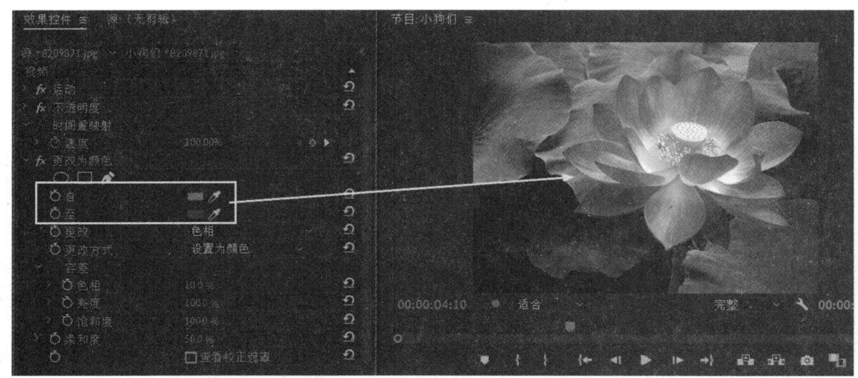

（a）

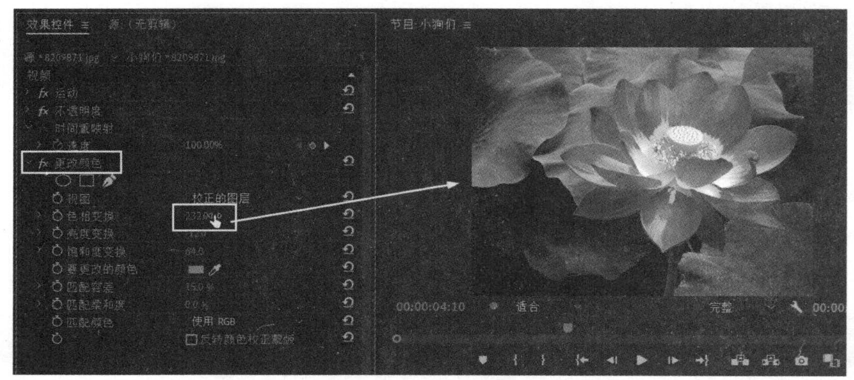

（b）

图 6.1.47　应用“更改为颜色”和“更改颜色”特效

（a）“更改为颜色”特效；（b）“更改颜色”特效

7．色彩

“色彩”特效是对一种颜色和另外一种颜色，通过渐变映射，映射到图像的一种效果，如图 6.1.48 所示。

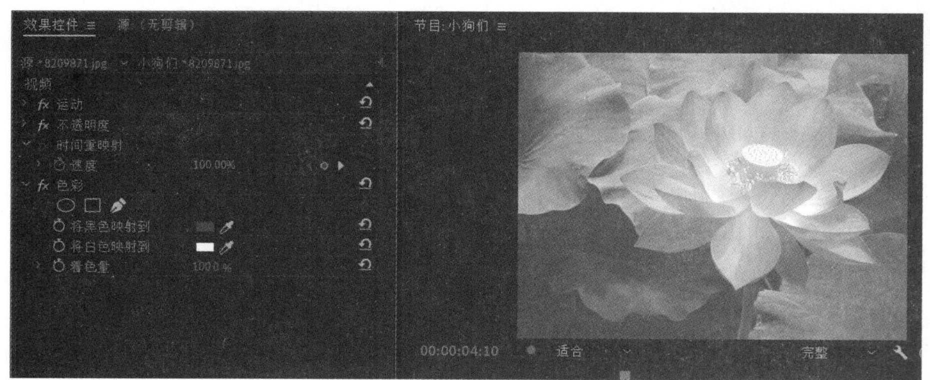

图 6.1.48　应用“色彩”特效

8. 视频限制器

应用“视频限制器”特效，可以有效地解决图像的亮度曝光、色度过激等问题，如图 6.1.49 所示。

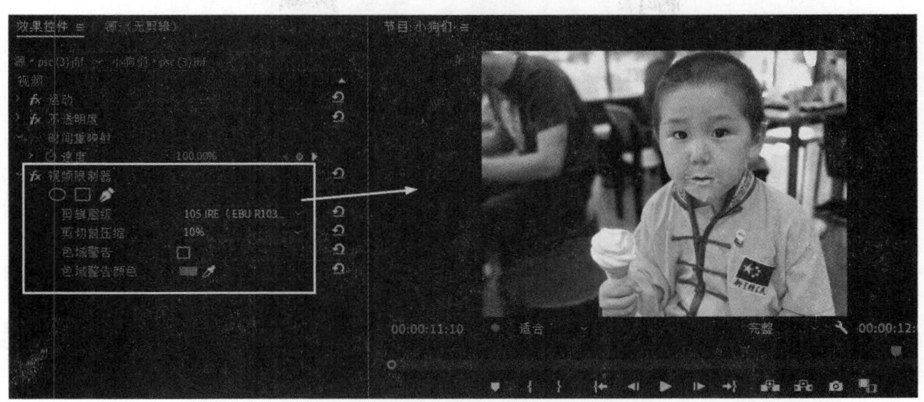

图 6.1.49　应用“视频限制器”特效

9. 色彩平衡

应用“色彩平衡”特效，可以对一些偏色图像进行阴影、高光和中间调的色彩校正，可以更改图像的整体混合颜色，如图 6.1.50 所示。

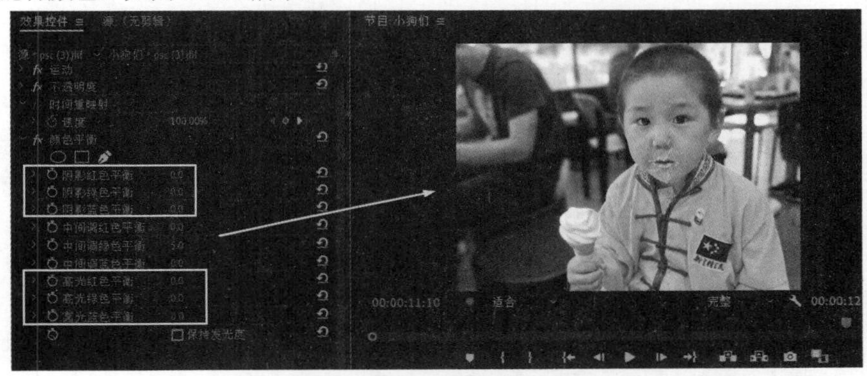

图 6.1.50　应用“色彩平衡”特效

6.2　视频的其他特效

Adobe Premiere Pro2021 软件不仅是一款功能强大的视频剪辑软件，而且还提供了上百种视频特效，从而有效地帮助动画师、视频设计师实现理想的视觉效果，使图像具有各式各样的视觉艺术效果。

6.2.1　变换

“变换”类特效主要是通过对图像的位置、方向和距离等数值进行调整，从而制作出画面视觉变换的特殊效果。“变换”类特效包括垂直翻转、水平翻转、羽化边缘、自动重构和裁剪等效果，如图 6.2.1 所示。

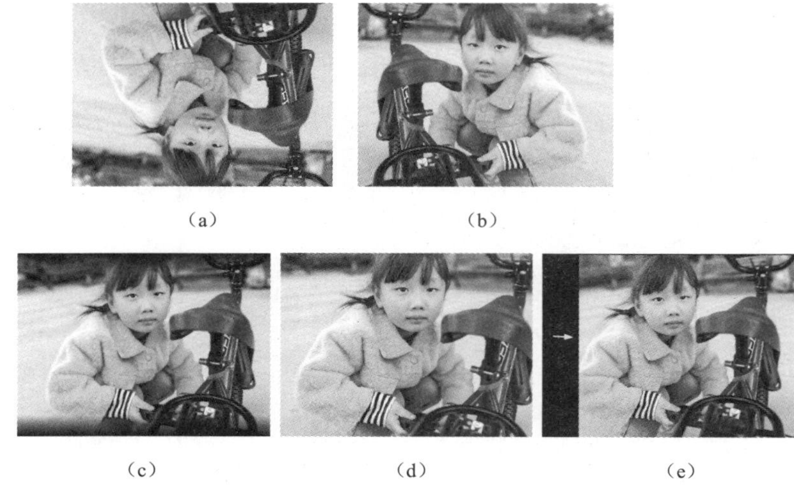

（a）　　（b）

（c）　　（d）　　（e）

图 6.2.1　应用“变换”特效组效果展示

（a）垂直翻转；（b）水平翻转；（c）羽化边缘；（d）自动重构；（e）裁剪

（1）垂直翻转。应用“垂直翻转”，可以使图像形成上下翻转的效果。

（2）水平翻转。应用“水平翻转”，可以使图像形成左右翻转的效果。

（3）羽化边缘。通过调整特效的“羽化数量”，图像逐渐由边缘向中心形成羽化效果。

（4）自动重构。“自动重构”主要是通过分析，对画面大小进行二次重新适配，通过调整特效的“调整位置”数值，可以改变画面的水平和垂直位置，如图 6.2.2 所示。

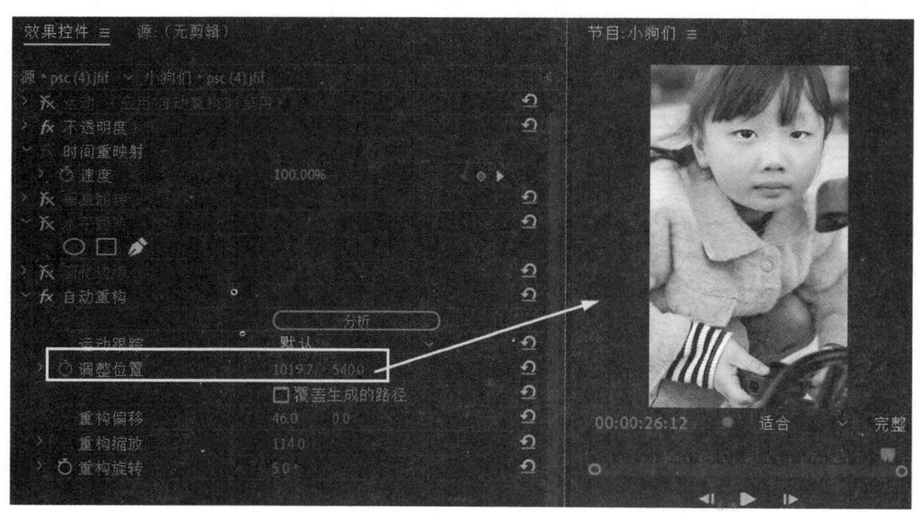

图 6.2.2　应用“自动重构”特效

（5）裁剪。利用“裁剪”特效，可以对图像的左侧、顶部、右侧和底部进行裁剪，如图 6.2.3 所示。

提示： 只要前面带有动画码表图标的特效，都可以给该特效添加关键帧动画。如图 6.2.4 所示，给裁剪特效的“左侧”选项添加动画关键帧。

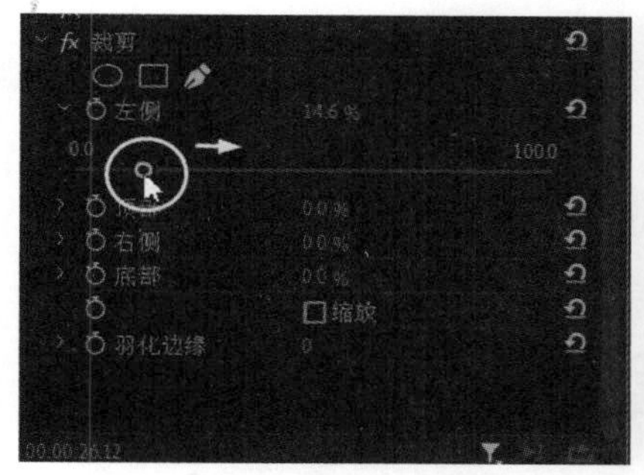

图 6.2.3　应用图像“裁剪”特效

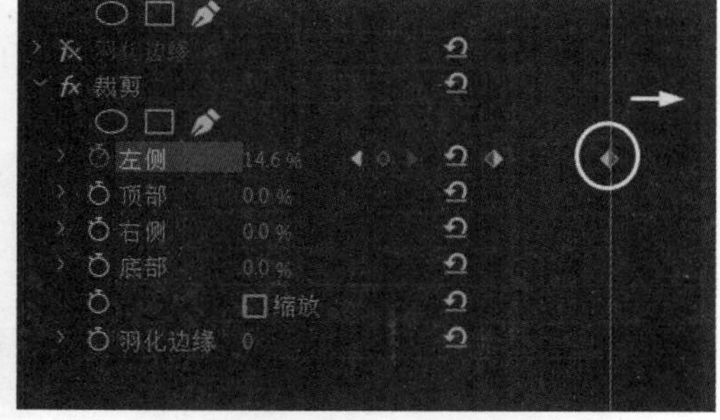

图 6.2.4　添加动画关键帧

6.2.2　扭曲

“扭曲”类特效是通过对图像进行几何扭曲变形来获得各种各样画面特殊变形的艺术效果。“扭曲”类特效包含偏移、变换、变形稳定器、放大、旋转扭曲、波形弯曲、球面化、紊乱置换、边角固定、镜像和镜头扭曲等效果，如图 6.2.5 所示。

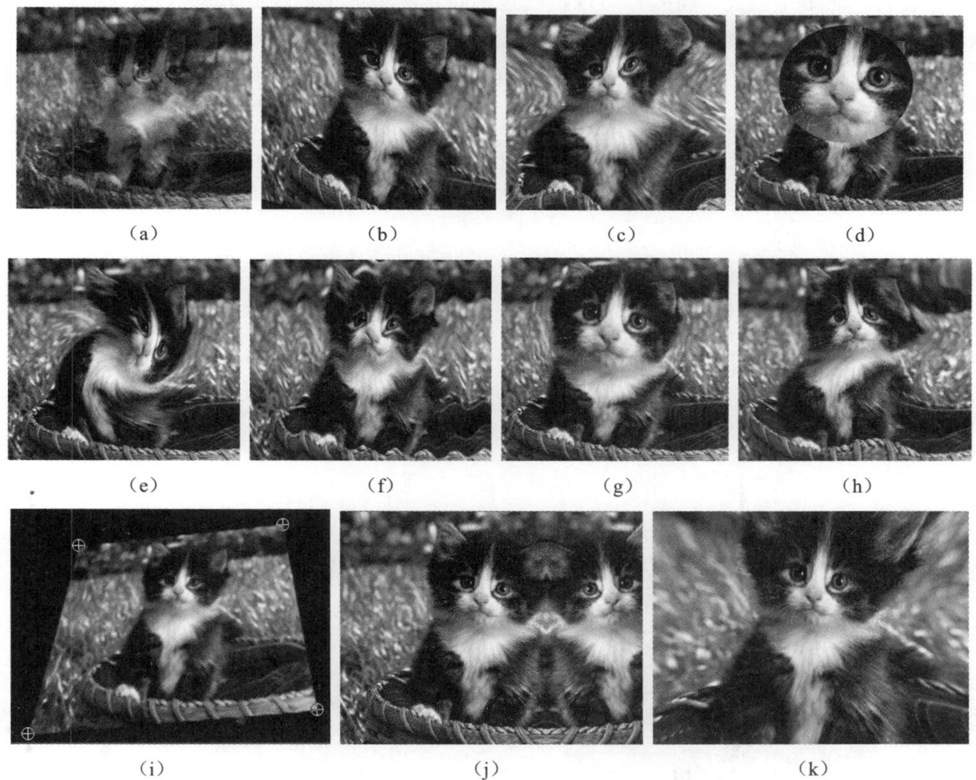

图 6.2.5　应用图像“扭曲”类特效

（a）偏移；（b）变换；（c）变形稳定器；（d）放大；（e）旋转扭曲；（f）波形弯曲；

（g）球面化；（h）紊乱置换；（i）边角固定；（j）镜像；（k）镜头扭曲；

（1）偏移。分别调整偏移的中心点与原始图像的混合数值，使图像自动产生一种偏移的效果。

（2）变换。分别调整位置、缩放高度、倾斜、旋转和透明度数值，使图像产生各种扭曲变换的

效果。

（3）变形稳定器。应用“变形稳定器”特效，可以对拍摄抖动的画面进行分析和稳定，如图 6.2.6 所示。

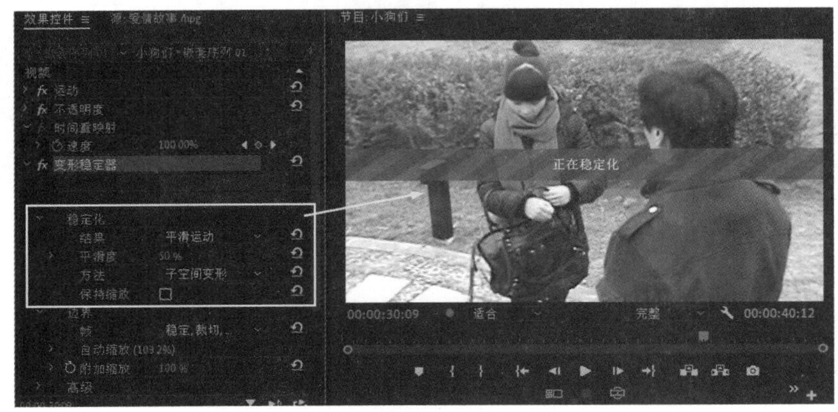

图 6.2.6　应用图像“变形稳定器”特效

（4）放大。应用“放大”特效，可以使图像的指定区域产生一种放大镜效果，根据需要可以调整放大的数值、放大的区域等。

（5）旋转扭曲。应用“旋转扭曲”特效，可以将图像围绕指定点旋转，使其产生一种旋涡效果。将“旋转角度”的数值设置为负值时，为逆向旋转。

（6）波形变形。应用“波形变形”特效，可以使图像以不同的波长产生不同形状的波动效果。

（7）球面化。应用“球面化”特效，可以使图像产生球面效果，根据需要可以调整球面的半径大小和球体的中心点位置。

（8）紊乱置换。分别调整置换类型、数量、大小和复杂度等数值，使图像自动产生各种扭曲的效果。

（9）边角固定。根据图像四个顶角的位置，使整个图像变形，使图像达到一种透视效果。

（10）镜像。分别调整反射中心、反射角度数值，使图像自动产生左右对称的效果。

（11）镜头扭曲。应用“镜头扭曲”特效，可以使图像产生一种水平或者垂直弯曲的扭曲效果，调整“垂直棱镜”和“水平棱镜”数值，可以使图像产生垂直方向和水平方向的拉伸效果，如图 6.2.7 所示。

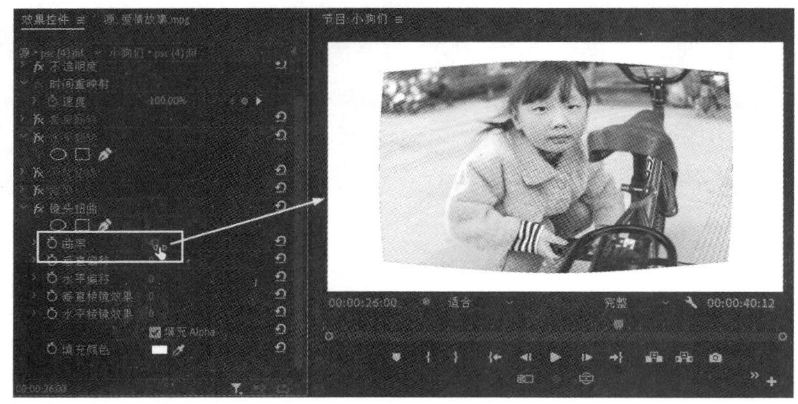

图 6.2.7　应用图像“镜头扭曲”特效

6.2.3　模糊与锐化

“模糊”特效主要用于对清晰图像进行各种各样的模糊和柔化处理，使图像变得更加柔和。

1．复合模糊

“复合模糊”特效是用户选定“模糊层”，根据其中一层画面的亮度值对该层进行模糊处理，如图 6.2.8 所示。

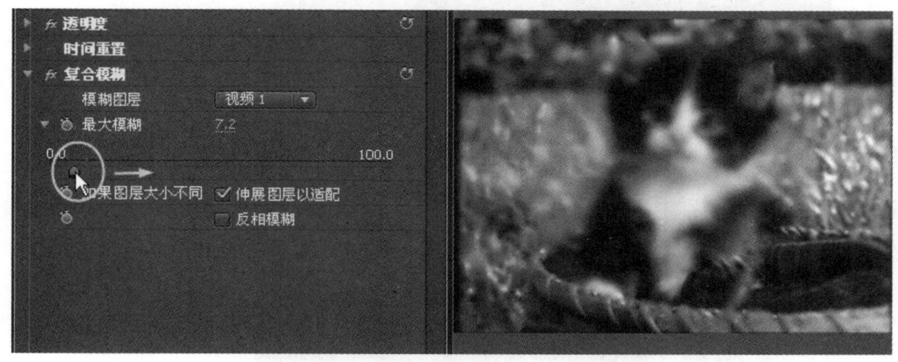

图 6.2.8　应用“复合模糊”特效

2．方向模糊

“方向模糊”特效是一种十分具有动感的模糊效果，可以根据用户的设定，产生任何方向的运动模糊视觉效果，如图 6.2.9 所示。

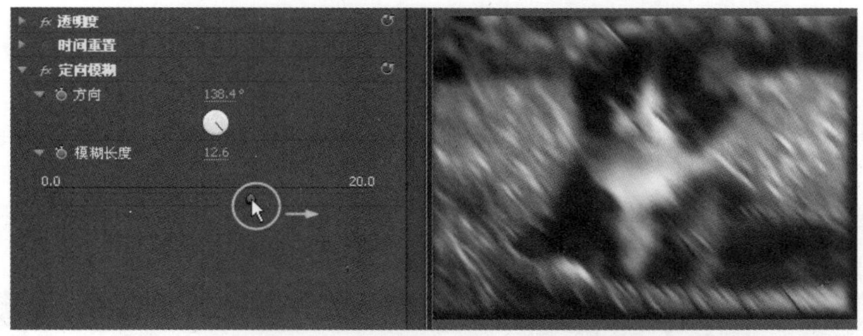

图 6.2.9　应用“方向模糊”特效

3．减少交错闪烁

“减少交错闪烁”特效用于降低图像的逐行扫描，使边缘更加柔和，防止画面闪烁，尤其是在白描边文字的应用中其效果更加明显。

4．相机模糊

“相机模糊”特效主要用于设置图像的快速模糊程度，它和“高斯模糊”特效十分类似。“相机模糊”特效通过调整模糊百分比来控制模糊程度，如图 6.2.10 所示。

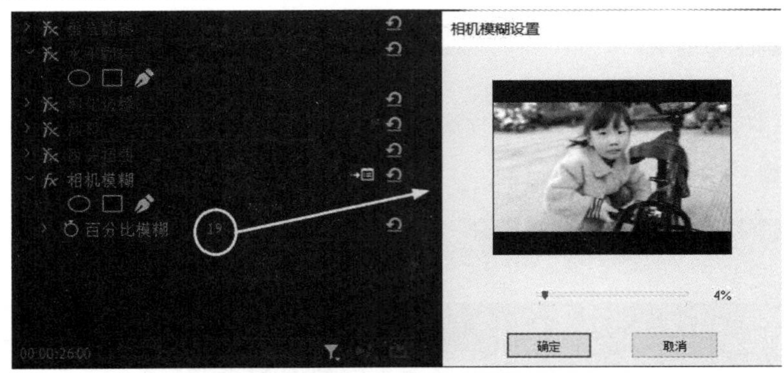

图 6.2.10　应用“相机模糊”特效

5. 通道模糊

“通道模糊”特效是分别对图像中的红色模糊度、绿色模糊度、蓝色模糊度和 Alpha 模糊度单独进行模糊处理的效果，可以设置水平或者垂直的模糊方向，如图 6.2.11 所示。

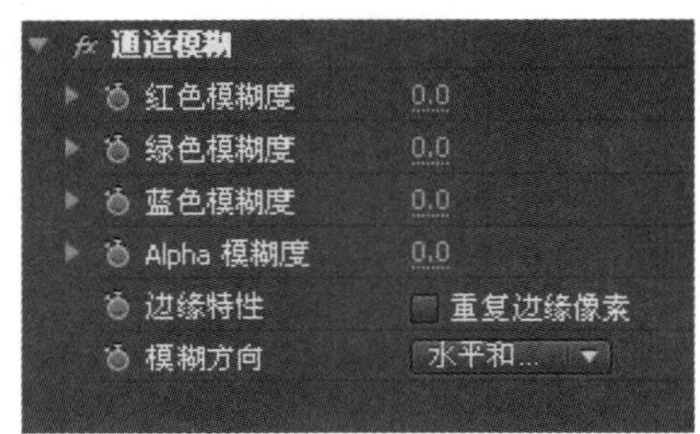

图 6.2.11　应用“通道模糊”特效

6. 高斯模糊

“高斯模糊”特效是一种最为常用的模糊特效，它主要是根据高斯模糊曲线的分布模式对图像进行模糊处理的。在“效果控件”面板拖动“模糊度”的滑块来设置图像的模糊程度，数值越大则图像的模糊效果越明显。另外，在“模糊方向”的下拉列表里，根据选择可以设置图像水平和垂直的模糊方向，如图 6.2.12 所示。

图 6.2.12　应用“高斯模糊”特效

7．锐化

“锐化”特效主要用于在图像颜色发生变化的地方提高对比度、增强图像的轮廓，如图 6.2.13 所示。

图 6.2.13　使用“锐化”特效前后效果对比

6.2.4　风格化

“风格化”特效是通过置换或者提高像素，以及通过查找并增加图像的对比度，在图像中产生一种类似于绘画和印象派的艺术效果，它是完全模拟真实艺术手法进行创作的。

1．Alpha 辉光

Alpha 辉光是使图像边缘照亮，达到一种光芒漫射的效果，用户根据需要，可以调整 Alpha 辉光的发光范围，如图 6.2.14 所示。

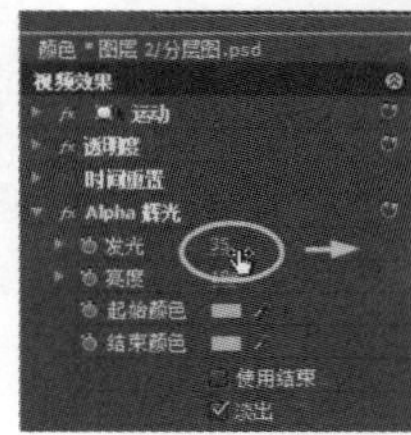

图 6.2.14　调整“Alpha 辉光”的发光范围

提示：通过设置“Alpha 辉光”特效的“起始颜色”和“结束颜色”数值，可以调整“Alpha 辉光”的发光颜色，如图 6.2.15 所示。

图 6.2.15　调整“Alpha 辉光”的发光颜色

2．复制

“复制”是指使图像以小画面铺满整个屏幕，调整其“计数”来改变平铺画面的数量。一般情况下，画面平铺的数量是计数的倍数关系，当设置计数为 3 时平铺画面的数量为 9 个，如图 6.2.16 所示。

图 6.2.16　调整“复制”特效的计数

3．曝光过度

应用“曝光过度”特效，可对图像的整体进行检测，通过调整“阈值”数值，自动转换曝光区域的颜色，如图 6.2.17 所示。

图 6.2.17　应用“曝光过度”特效

4．查找边缘

应用“查找边缘”特效，可对图像的边缘进行检测，把低对比度区域变成白色，高对比度区域变成黑色，中等对比度区域变成灰色，模拟轮廓边缘用铅笔描边的效果，如图 6.2.18 所示。

图 6.2.18　应用“查找边缘”特效

5．浮雕

应用“浮雕”特效，通过用黑色或者白色加亮图像中的高对比度边缘，同时用灰色填充低对比度区域，实现一种模拟雕刻效果，如图 6.2.19 所示。

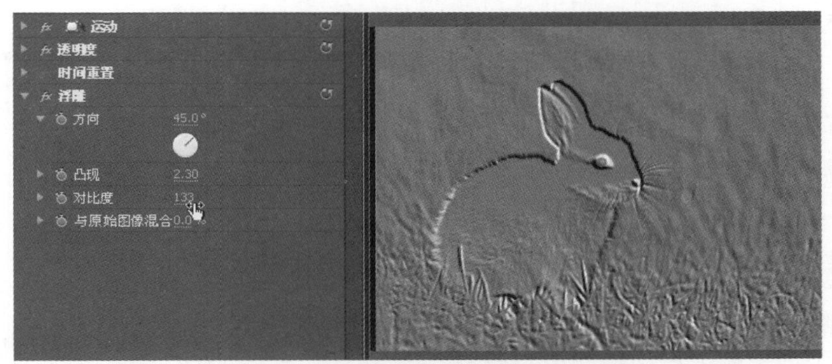

图 6.2.19　应用“浮雕”特效

6．纹理材质

“纹理材质”是指将其他视频轨道的图像纹理置换到当前图像，产生类似于浮雕叠加图像的一种特效，如图 6.2.20 所示。

图 6.2.20　应用“纹理材质”特效

7．阈值

应用“阈值”特效，通过调整“色阶”数值，可以将图像转换为高对比度的黑白图像，如图 6.2.21 所示。

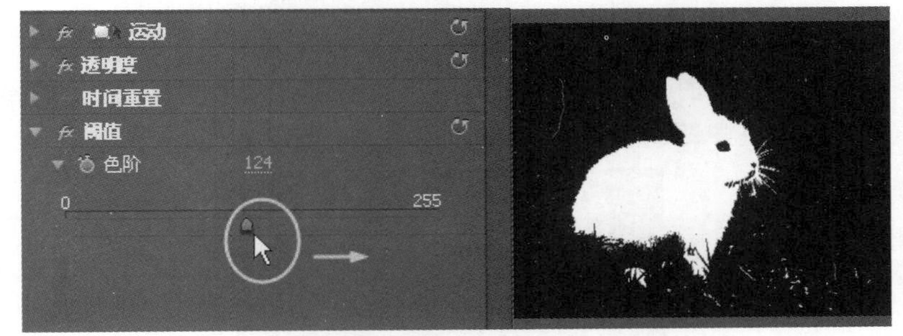

图 6.2.21　应用“阈值”特效

8．粗糙边缘

“粗糙边缘”特效的功能主要是对图像的边缘进行艺术化处理，通过调整“边框”数值，可以调

整图像的边框粗糙大小，如图 6.2.22 所示。

图 6.2.22　应用“粗糙边缘”特效

6.2.5　键控

“键控”特效实质上就是蓝绿屏抠像技术，在影视制作领域已被广泛采用。从原理上讲，很多影视作品都是将摄影棚中所拍摄的内容，以提取颜色通道的方式把单色背景去掉并叠加在其他素材上，进行影像合成的。

在摄影棚中拍摄时，演员或者拍摄物背后经常放一块布当作背景，最常用的是蓝色背景和绿色背景两种，在后期制作中抠除单色背景后叠加在其他图像上，即“蓝屏抠像”技术。例如影视剧中空中武打戏画面的合成，如图 6.2.23 所示。

（a）

（b）

图 6.2.23　“蓝屏抠像”技术原理展示

（a）蓝屏拍摄；（b）合成画面

在 Premiere Pro 2021 软件的“键控”特效组里包括 Alpha 调整、亮度键、图像遮罩键、差值遮罩、移除遮罩、颜色键、轨道遮罩键、超级键和非红色键等，如图 6.2.24 所示。

图 6.2.24　“键控”特效组

1．超级键

超级键是一款功能非常强大的抠像特效，可以完美地将抠像人物和背景合成在一起，如图 6.2.25 所示。

图 6.2.25　应用“超级键”特效

用户将绿屏素材拖动到时间线轨道，在效果中找到超级键， 然后点击主要颜色后面的吸管，用吸管到图像中吸取抠除的颜色，就可以完美地将绿屏背景抠除，如图 6.2.26 所示。

图 6.2.26　应用“超级键”特效

2．Alpha 调整

Alpha 调整的主要作用是在图像上通过调整“不透明度”数值，以改变图像 Alpha 透明区域的显示，和下轨道素材形成简单的合成图像效果，如图 6.2.27 所示。

图 6.2.27　应用“Alpha 调整”特效

提示：在“Alpha 调整”里，当选择“忽略 Alpha”选项时，软件会自动忽略图像的 Alpha 透明区域显示；当选择“反相 Alpha”选项时，软件会把图像的 Alpha 透明区域自动反相显示；当选择“仅蒙版”选项时，软件会把图像的 Alpha 透明区域呈黑白两色显示，如图 6.2.28 所示。

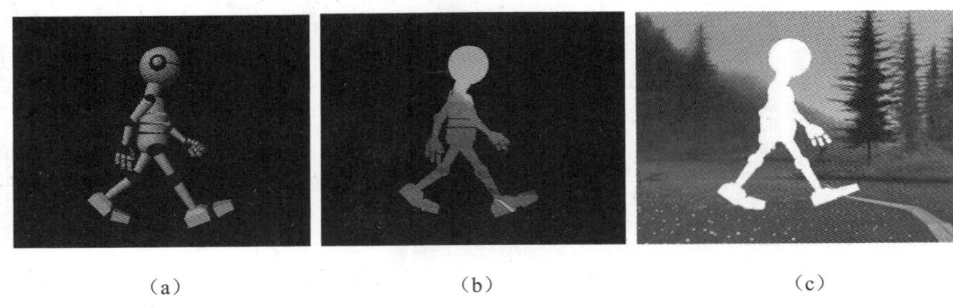

（a）　　　　（b）　　　　（c）

图 6.2.28　“Alpha 调整”特效的 Alpha 选项

（a）忽略 Alpha；（b）反相 Alpha；（c）仅蒙版

3. 亮度键

亮度键主要针对明暗反差很大的图像，调整“阈值”数值可以抠除图像中较暗的部分，调整“屏蔽度”数值可以抠除图像中较亮的部分，如图 6.2.29 所示。

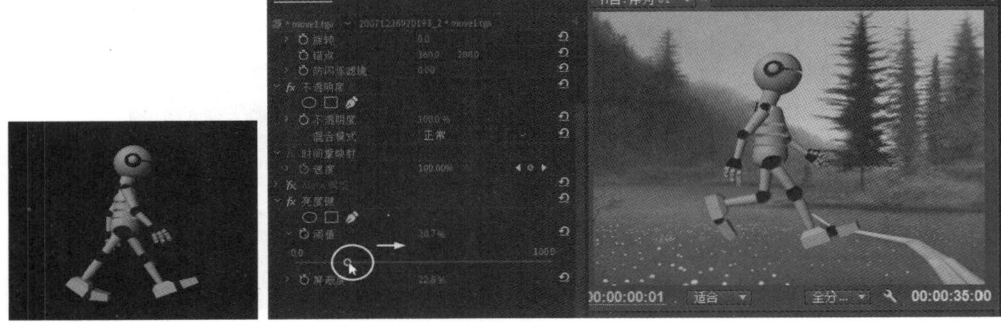

（a）

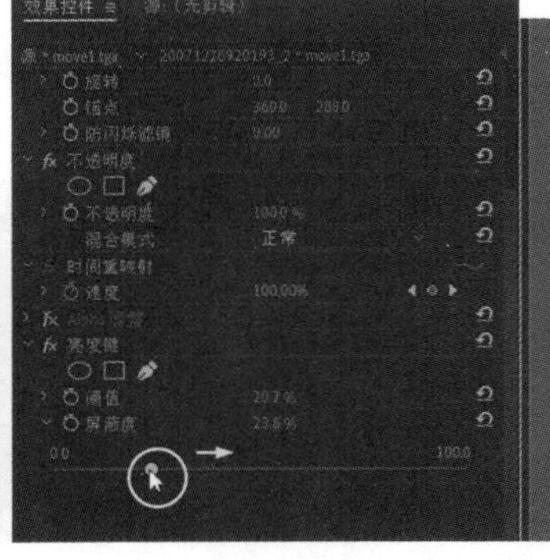

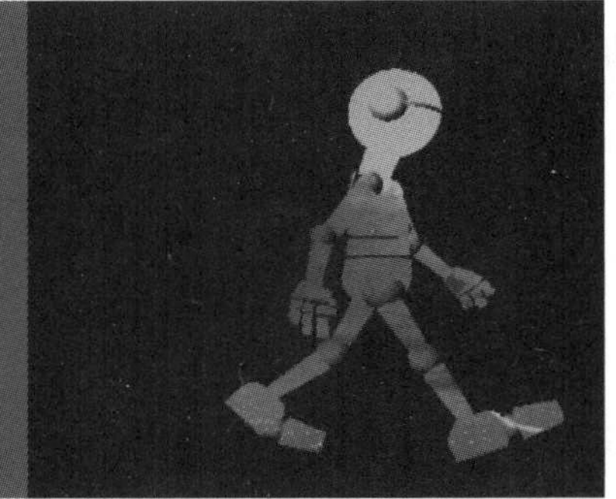

（b）

图 6.2.29　调整“亮度键”特效

（a）调整“阈值”数值；（b）调整“屏蔽度”数值

5. 图像遮罩键

“图像遮罩键”主要是通过选择一幅遮罩图像对视频画面进行抠除，其中所选择遮罩图像的白色部分为图像保留部分，如图 6.2.30 所示。

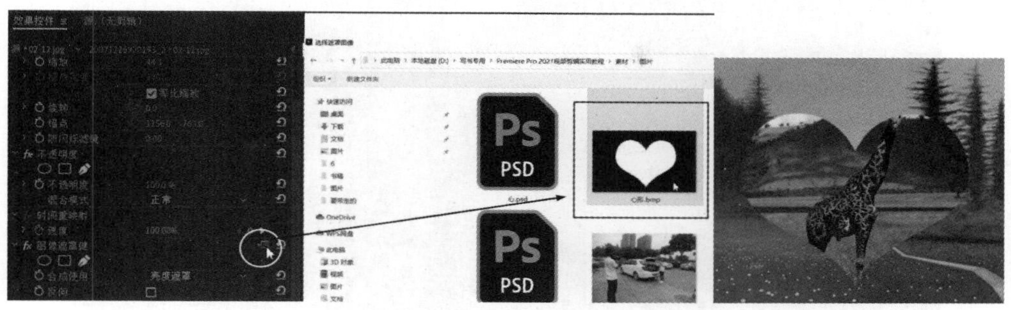

图 6.2.30　应用“图像遮罩键”特效

6. 移除遮罩

在抠除图像以后，利用“移除遮罩”特效，选择“遮罩类型”，可以有效地去除图像边缘残留的颜色痕迹，如图 6.2.31 所示。

图 6.2.31　应用“移除遮罩”特效

7. 轨道遮罩键

“轨道遮罩键”特效的实质就是利用素材与其他轨道的遮罩图形，通过置换形成抠除效果，例如，分别将“背景”素材放在最底层轨道，将“小猫咪”素材放在中间层轨道，最后再将“心”素材放在顶层轨道，如图 6.2.32 所示。

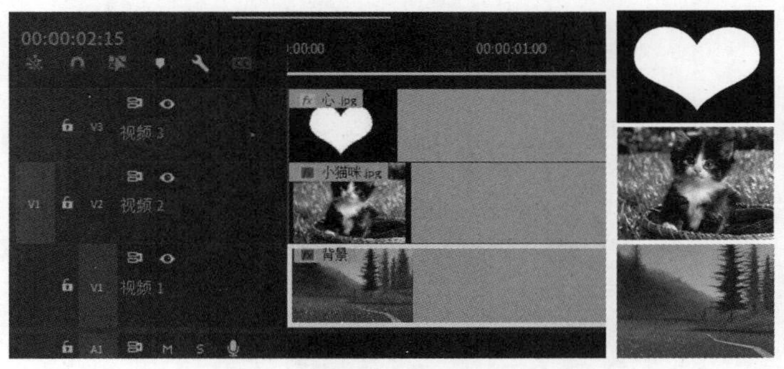

图 6.2.32　添加各素材到不同的时间线轨道

给“小猫咪”系列素材添加“轨道遮罩键”特效，然后在“遮罩”类型的下拉列表里选择“视频 3”轨道，如图 6.2.33 所示。

图 6.2.33　应用“轨道遮罩键”特效

注意：在应用“轨道遮罩键”特效时，一定要先将“小猫咪”素材添加到中间轨道上，然后给“小猫咪”素材添加“轨道遮罩键”特效，如图 6.2.34 所示。

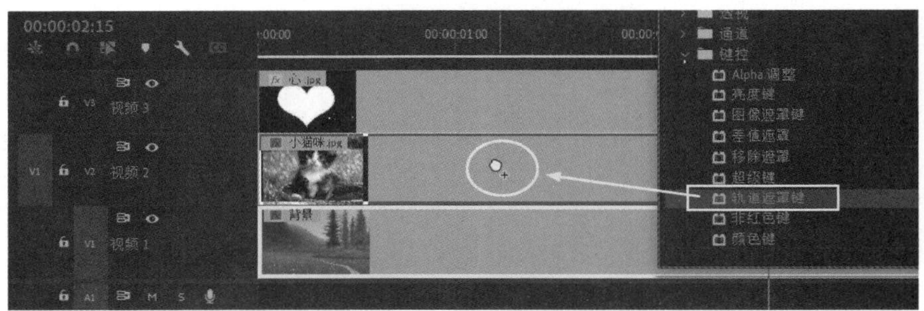

图 6.2.34　给“小猫咪”素材添加“轨道遮罩键”特效

8. 颜色键

“颜色键”主要用来抠除单一的背景颜色，单击“主要颜色”的吸管工具，在图像吸取要抠除的颜色，然后调整“颜色容差”数值控制抠除颜色的范围，如图 6.2.35 所示。

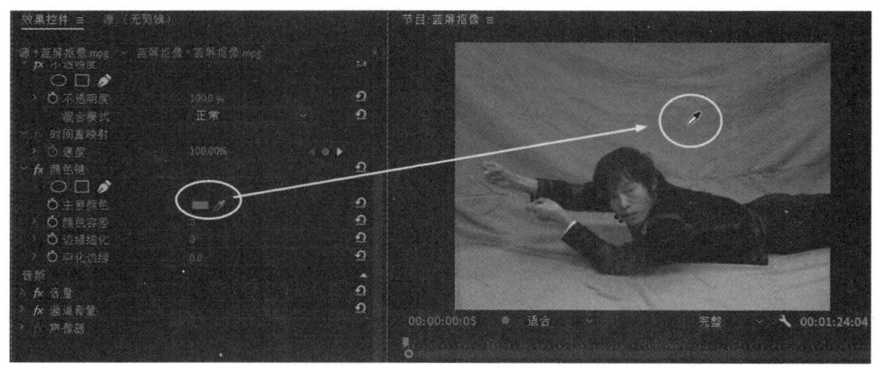

（a）

（b）

图 6.2.35　应用“颜色键”特效

（a）利用吸管工具吸取要抠除的背景颜色；（b）调整“颜色容差”数值

最后适当调整“颜色键”特效的“边缘细化”和“羽化边缘”数值，如图 6.2.36 所示。

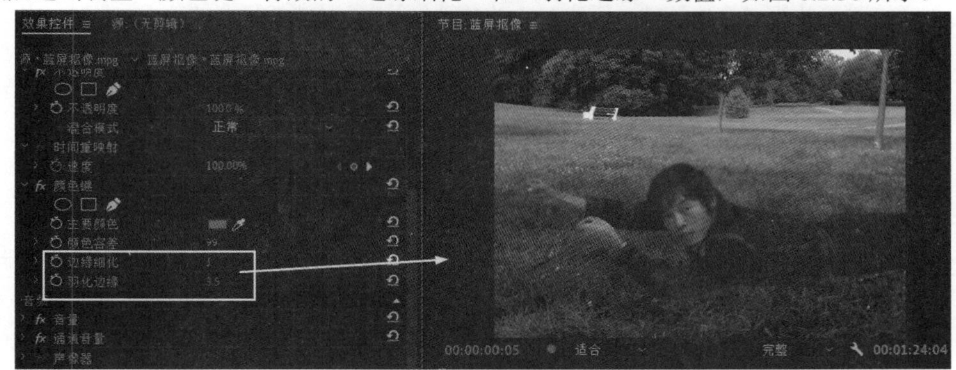

图 6.2.36　调整“边缘细化”和“羽化边缘”数值

9．非红色键

应用“非红色键”特效，在抠除背景颜色的同时，还可以去掉蓝屏或者绿屏抠像时边缘的残留颜色，如图 6.2.37 所示。

图 6.2.37　应用“非红色键”特效

6.3 课堂实战——图像的颜色校正

本例主要利用视频的颜色校正等知识，将一幅严重偏色的图像进行快速颜色校正，最终效果如图 6.3.1 所示。

图 6.3.1　图像的颜色校正前后最终效果对比图

操作步骤

（1）单击菜单执行“文件”→“新建”→“序列”命令，或者按键盘“Ctrl+N”键，如图 6.3.2 所示。

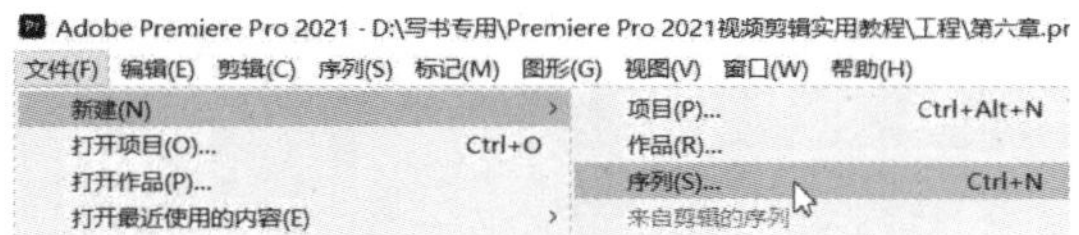

图 6.3.2　新建序列

（2）在弹出的“新建序列”对话框里设置序列名称为“图像的色彩校正”，如图 6.3.3 所示。

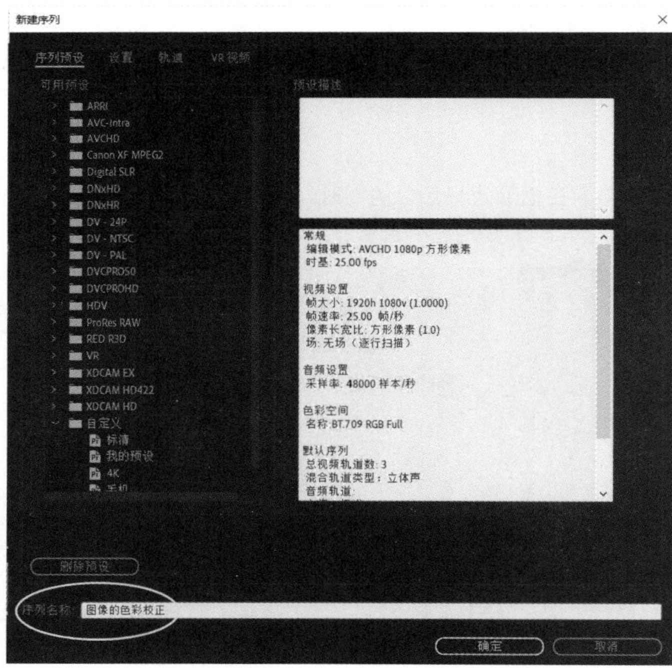

图 6.3.3　设置序列名称为“图像的色彩校正”

（3）导入“猫”素材，并添加到时间线，如图 6.3.4 所示。

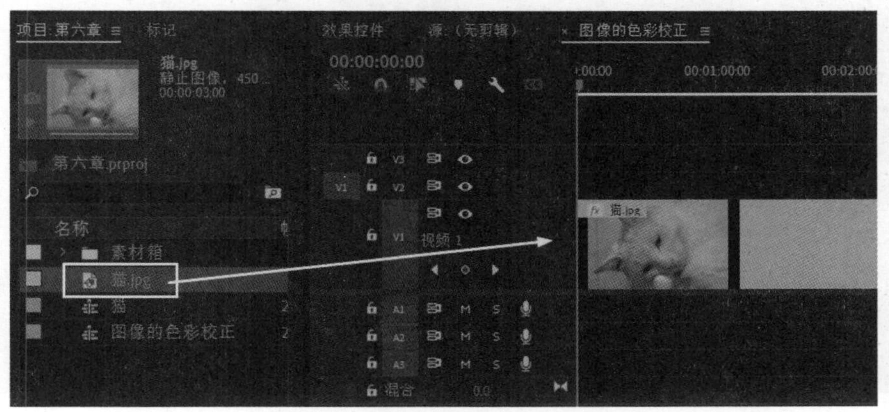

图 6.3.4　导入素材并添加到时间线

（4）在时间线上选择“猫”素材，在“效果控件”面板调整素材的“缩放”数值，调整“猫”素材，使其和序列画面大小相同，如图 6.3.5 所示。

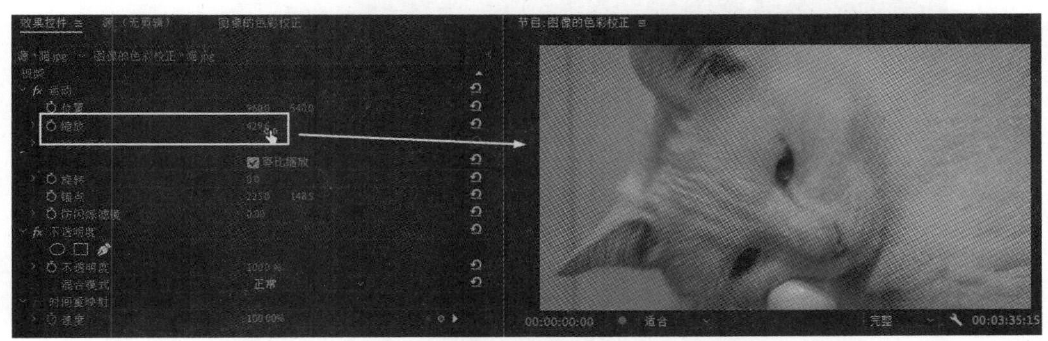

图 6.3.5　调整“猫”素材和序列画面大小相同

（5）给素材添加“Lumetri 颜色”特效，单击“白平衡”选项后面的吸管工具，在图像上吸取白平衡颜色范围，如图 6.3.6 所示。

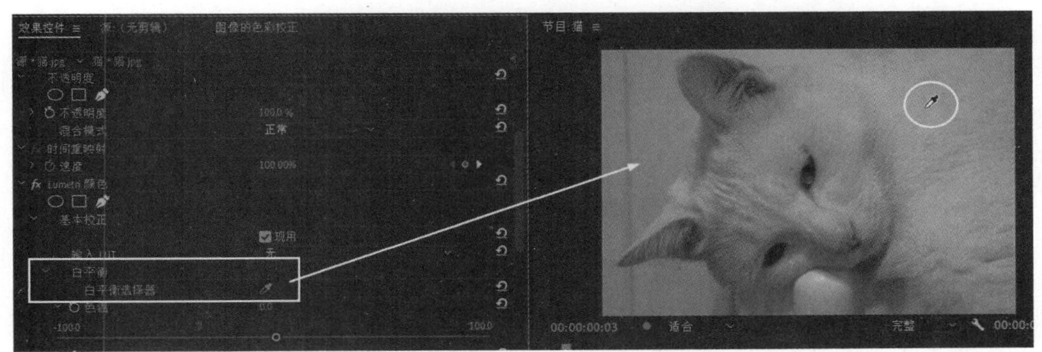

图 6.3.6　吸取“白平衡”颜色范围

（6）在“效果控件”面板上将“Lumetri 颜色”的“饱和度”数值降低，如图 6.3.7 所示。

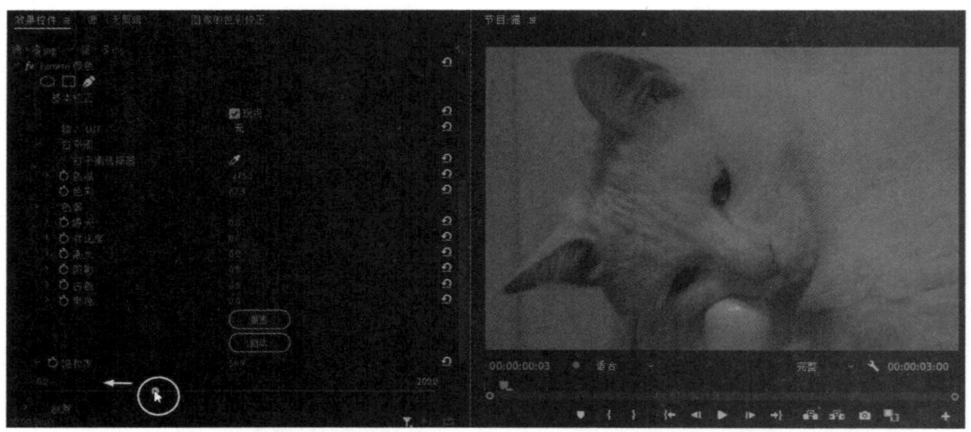

图 6.3.7 调整“饱和度”数值

（7）最后再调整“RGB 曲线”将画面调亮，如图 6.3.8 所示。

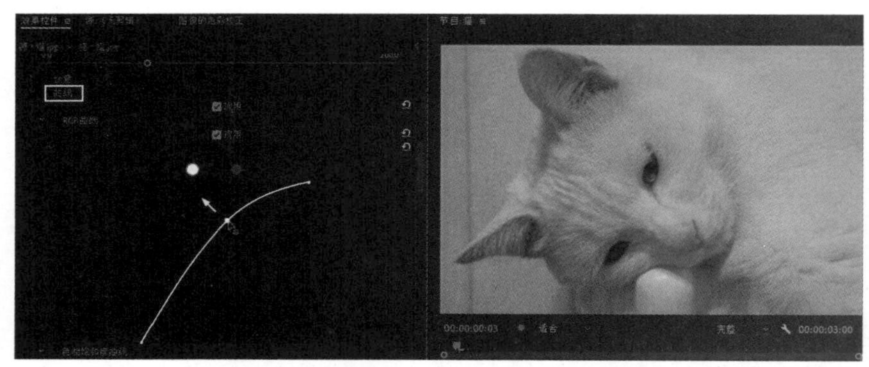

图 6.3.8 调整“RGB 曲线”

（8）完成对偏色图像的颜色校正的整个操作。

本 章 小 结

本章主要介绍了 Premiere Pro 2021 软件常用几组特效的使用方法和技巧，包括视频的颜色校正、图像控制、变换、扭曲、模糊与锐化，以及键控和风格化等命令的详细介绍。通过对本章的学习，读者应掌握常用特效的使用方法和技巧，能够合理运用各种视频特效创作出精美的视频作品。

操 作 练 习

一、填空题

1．利用“调整”类特效，可以对图像的色阶、________、________和________进行调整，“调整”类特效包含卷积内核、________、提取、________、色阶、阴影和高光等。

2．卷积内核通过改变图像的________和________数值来实现一些特殊效果，在“效果”面板内

调整单个数值可以控制图像的亮度和对比度。

3．应用“基本信号控制”，可以调整素材的亮度、________、________以及饱和度等数值，也是视频颜色校正的最基本的方式。

4．应用“提取特效”，可以将图像的______________，调整“输入黑色色阶”数值可以改变图像中黑色区域的范围，调整“输入白色色阶”数值可以改变图像中白色区域范围。

5．在制作过程中，利用矢量图和 YC 波形作为校色和调色的依据，矢量图主要用于检测视频当前画面________和________等信息。

6．矢量图以坐标的方式显示视频的色度信息，离圆心越远________，离圆心越近则颜色值________，超出“圆圈”范围表示________，必须调整。

7．“颜色替换”特效的实质就是从图像中选择________替换为用户指定的________，同时还可以替换并调整颜色的色相、饱和度和亮度等。

8．“键控”特效实质上就是_________抠像技术，在影视制作领域已被广泛采用。从原理上讲，很多影视作品都是将摄影棚中所拍摄的内容，以_____________的方式把单色背景去掉并叠加在其他素材上，进行影像合成的。

9．利用“颜色校正”类特效，可以对图像的_________、_________以及___________等进行调整。

10．“模糊”特效主要用于对清晰图像进行各种各样的模糊和柔化处理，使图像变得更加_________，分别包括_________、_________、_________、_________、_________和高斯模糊。

二、选择题

1．利用“光照”效果，可以通过设置灯光的类型、半径大小、强度和照明颜色来（　）画面，以达到模拟真实光照效果的目的。

（A）复制　　（B）照亮
（C）替换　　（D）删除

2．YC 波形是以坐标的方式显示视频的亮度和对比度信息的，YC 波形越高，图像的整体画面就（　）。

（A）越亮　　（B）越暗
（C）没变化　　（D）以上都不对

3．在主音轨的曲线上单击鼠标，可以增加节点；调整右上角的节点，可以调整图像亮度；调整左下角的节点，可以调整图像的（　）。

（A）饱和度　　（B）色相
（C）对比度　　（D）亮度

4．三路颜色校正实质上就是对图像的黑平衡、灰平衡和白平衡进行（　）调整，在色调范围内，可以分别对图像的阴影、中间调和高光部分的色彩进行单独调整。

（A）色调范围　　（B）半透明区域
（C）黑色范围　　（D）白色范围

5．应用“色度键”，可以抠除单一的背景颜色，单击“颜色”的吸管工具，在图像吸取要抠除的颜色，然后调整（　）数值，控制抠除颜色范围大小。

（A）位置　　（B）距离
（C）相似性

三、简答题

1．如何替换视频图像中的部分颜色？

2．如何使用“色彩传递”特效制作单色保留效果？

3．简述“模糊与锐化”特效组中有哪几种模糊特效。

4．简述“键控”特效的基本原理。

四、上机操作题

1．熟练应用色阶、RGB 曲线、颜色平衡（RGB）和色彩传递等视频校色特效。

2．能够熟练并独立操作“图像的颜色校正”艺术效果。

第 7 章　字 幕 制 作

在目前的影视作品中，字幕不仅起到了对画面的解释作用，还可以对画面进行美化和点缀。本章主要介绍在 Premiere Pro 2021 中，字幕、路径字幕的创建和滚屏字幕、左滚游飞字幕的制作方法。

知识要点

- 创建字幕
- 编辑字幕属性
- 字幕图形的制作
- 应用基本图形

7.1　视频字幕的介绍

字幕是影视后期制作中不可缺少的一部分，如片头、片尾及解说字幕、画面人物解释、MTV 的制作等。在影视广告中，字幕也是随处可见的。Premiere Pro 2021 软件的字幕窗口由“字幕工具”面板、字幕工作区、“字幕属性”面板、“字幕动作”面板和字幕样式库等组成，如图 7.1.1 所示。

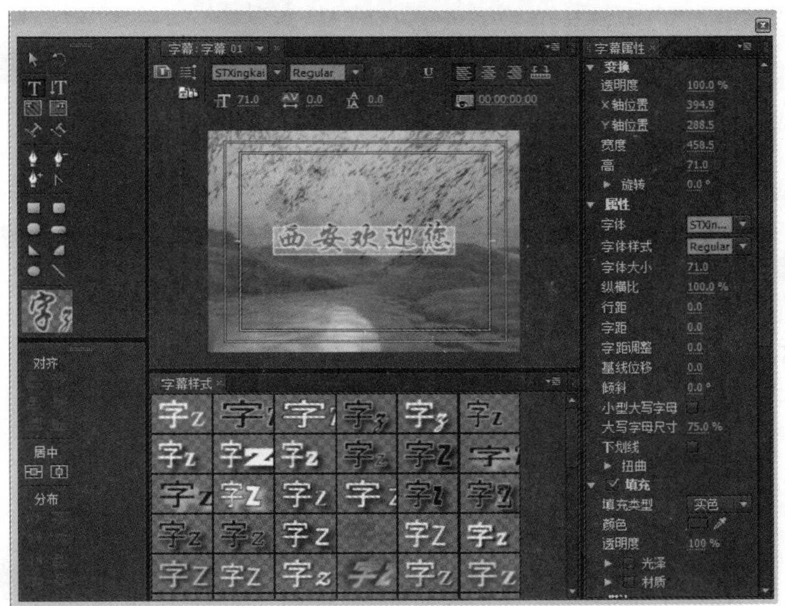

图 7.1.1　Premiere Pro 2021 字幕窗口

单击字幕工作区右上角的下拉图标，在展开的下拉列表里可以打开工具、样式、动作和属性等面板，还可以根据需要显示/隐藏字幕安全框、活动安全框和文本基线等，如图 7.1.2 所示。

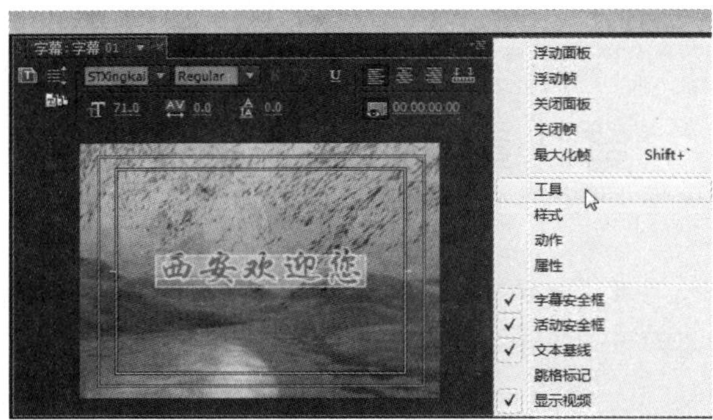

图 7.1.2 打开字幕窗口的各个面板

7.1.1 创建旧版标题字幕

在“字幕”面板可以创建默认静态字幕、水平字幕、垂直字幕和路径字幕等，具体操作步骤如下：

（1）单击菜单执行“文件”→“旧版标题”命令，或者在工具栏单击文字工具，在节目监视器窗口单击并输入“西安磨岩动画”，如图 7.1.3 所示。

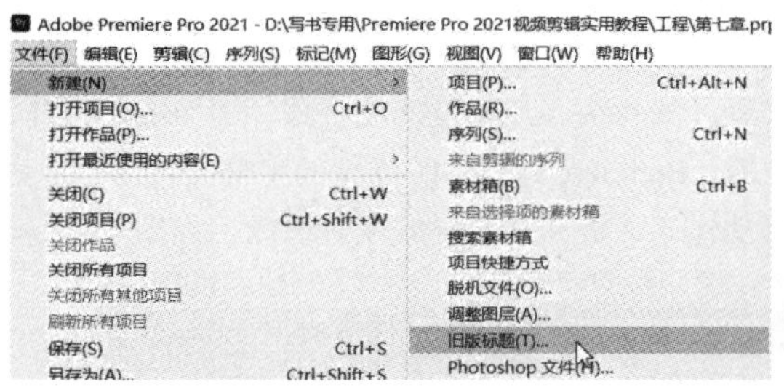

图 7.1.3 创建旧版标题字幕

提示：单击菜单执行“窗口”→“文本”命令，打开“字幕文本”面板，如图 7.1.4 所示。

（2）在弹出的“新建字幕”对话框里，设置视频字幕的宽度、高度、时间基准、像素纵横比和名称，并单击 确定 按钮，如图 7.1.5 所示。

（3）在弹出的字幕窗口的工具箱里单击选择文字工具，然后在字幕工作区单击鼠标右键并输入文字“西安欢迎您”，如图 7.1.6 所示。

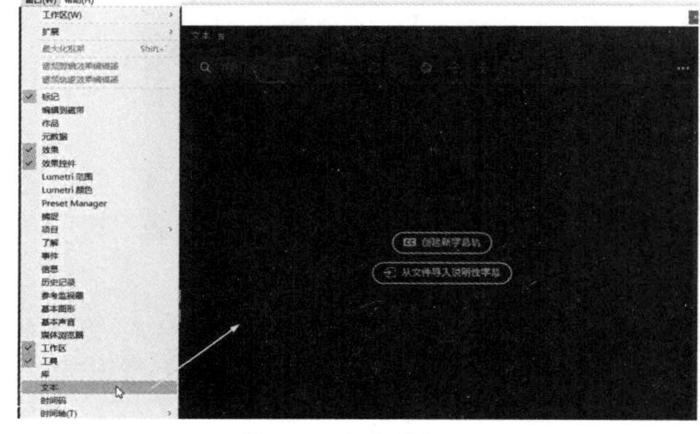

图 7.1.4 文本面板

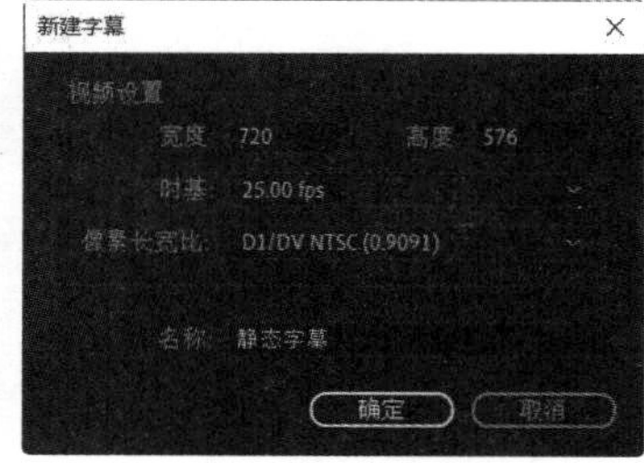

图 7.1.5 创建字幕

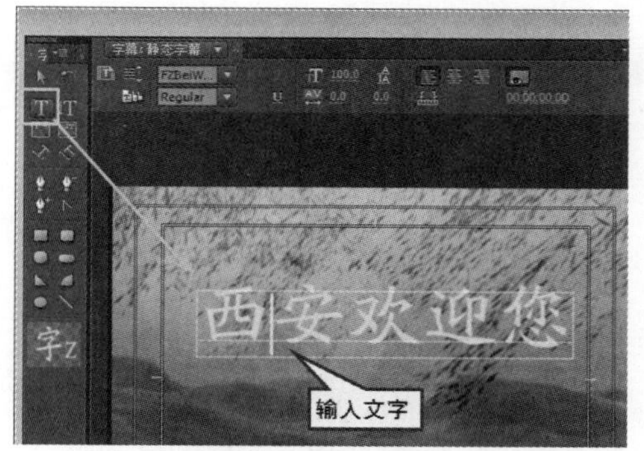

图 7.1.6　输入文字

注意：用水平文本框工具在字幕工作区单击并输入的文字为段落文字。当输入段落文字时，文字会基于段落边界框的尺寸进行自动换行，也可以根据用户的需要，自由调整段落边界框的大小，如图 7.1.7 所示。

（4）在“工具箱”面板单击垂直文字工具，然后在字幕工作区单击，并且输入文字，即可创建垂直文字，如图 7.1.8 所示。

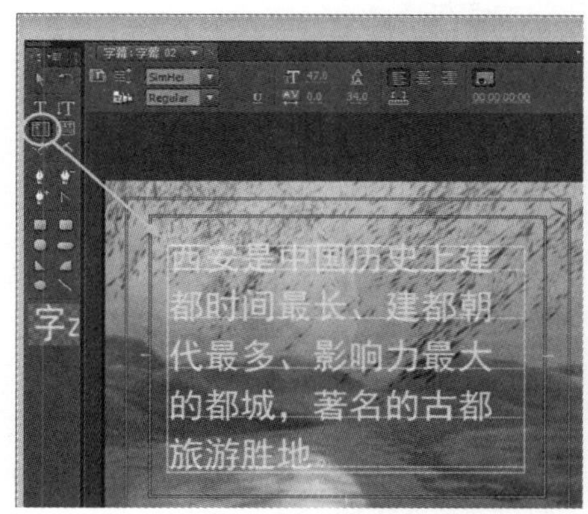

图 7.1.7　创建段落文字

图 7.1.8　创建垂直文字

（5）在“工具箱”面板单击路径文字工具，然后在字幕工作区绘制路径曲线，并且输入文字，即可创建路径文字，如图 7.1.9 所示。

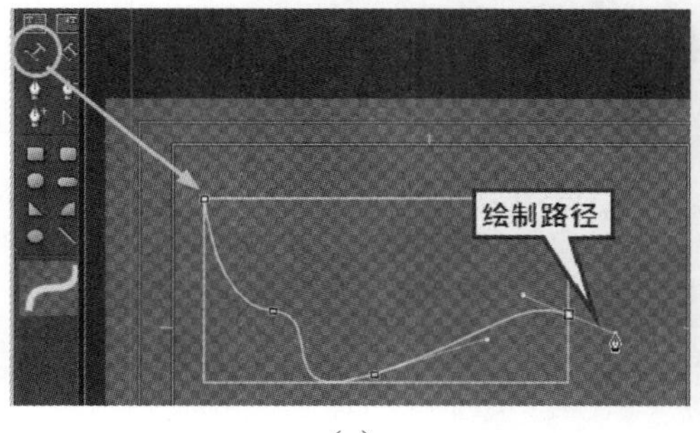

（a）

（b）

图 7.1.9　创建路径文字

（a）绘制路径；（b）输入文字

提示：在“工具箱”面板单击钢笔工具可以调整路径，单击转换节点工具可以转换节点类型，当调整路径时，文字也会随着路径而改变，如图 7.1.10 所示。

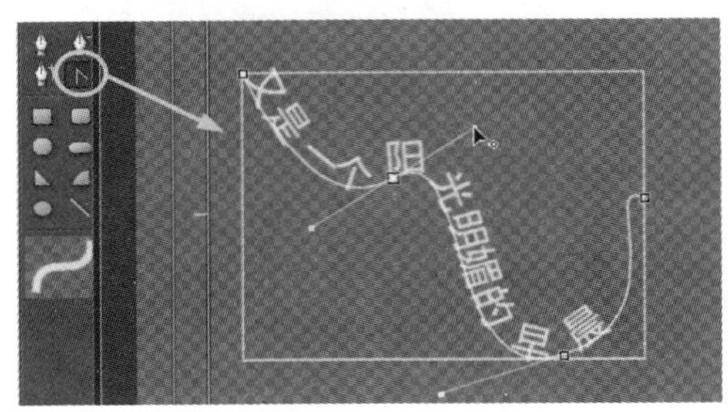

图 7.1.10　调整路径文字

7.1.2　编辑字幕属性

在创建字幕以后，要对其设置字体大小、字体颜色、粗细、字间距和行间距等文字格式，具体操作步骤如下：

（1）在字幕工作区用鼠标双击，点击左键选择文字，并在“字幕属性”面板字体选项下拉列表里选择一种字体，如图 7.1.11 所示。

图 7.1.11　设置文字的字体

（2）将鼠标移至“字体大小”的数值上，当鼠标呈时单击拖动，可以设置文字的“字体大小”属性，如图 7.1.12 所示。

图 7.1.12　设置文字的字体大小

注意：在字幕窗口的工具箱里单击选择工具，然后将鼠标放在文字上面，可以对文字进行移动位置、缩放、旋转和伸展等编辑操作，如图 7.1.13 所示。

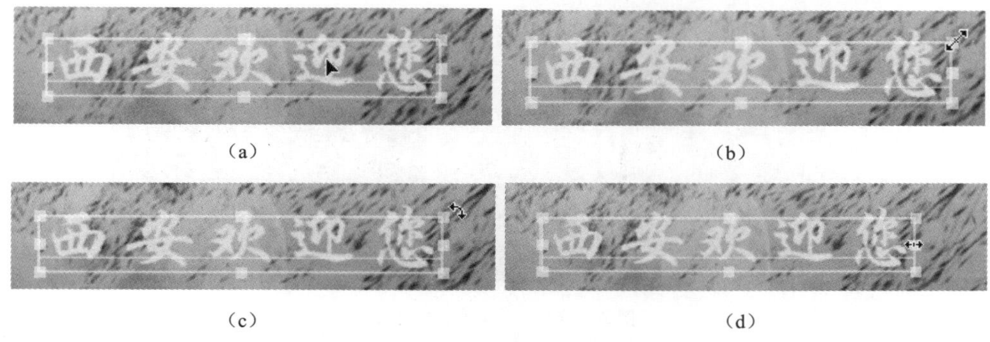

图 7.1.13　应用选择工具编辑文字

（a）移动文字；（b）缩放文字；（c）旋转文字；（d）伸展文字

（3）在“字幕属性”面板上勾选“填充”选框，在“填充类型”中选择“实色”并设置字幕的填充颜色，如图 7.1.14 所示。

图 7.1.14　设置字幕的填充颜色

提示：在“字幕属性”面板上单击“填充类型”下拉图标，在弹出的下拉列表里可以选择所需的字幕填充类型，如图 7.1.15 所示。

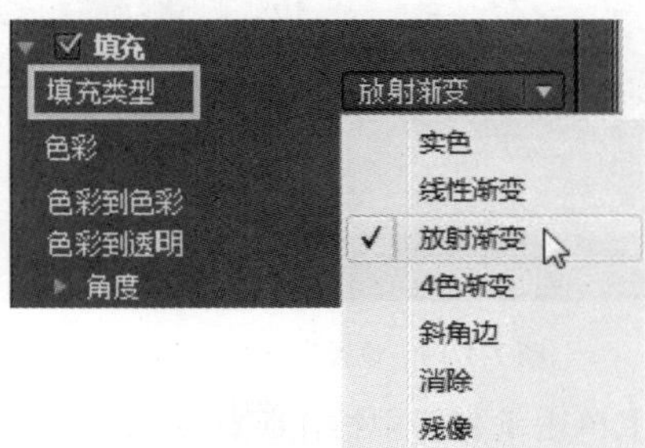

图 7.1.15　设置字幕的填充类型

（4）在“字幕”面板上的“外侧边”上单击“添加”文字图标，在“描边类型”里选择“边缘”选项并设置字幕的描边大小，如图 7.1.16 所示。

图 7.1.16　设置字幕的描边大小

（5）在“填充类型”的下拉列表里选择“实色”选项，并设置字幕的描边颜色，如图 7.1.17 所示。

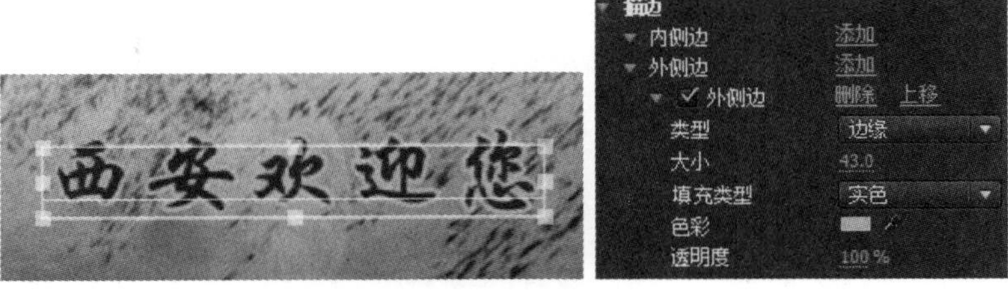

图 7.1.17　设置字幕的描边颜色

（6）将鼠标移至“字距”的数值上，当鼠标呈形状时，单击并拖动鼠标左键，可以设置字幕的字间距，如图 7.1.18 所示。

图 7.1.18　设置字幕的字间距

（7）在“字幕属性”面板上勾选“阴影”选项以后，设置阴影的色彩、角度、大小和扩散等属性，如图 7.1.19 所示。

图 7.1.19　设置字幕的阴影属性

（8）在“字幕动作”面板上单击垂直居中按钮和水平居中按钮，设置字幕在屏幕的中心位置，如图 7.1.20 所示。

图 7.1.20　设置字幕在屏幕的中心位置

7.1.3　应用字幕样式

“字幕样式”面板主要存放着软件自带的多种字幕样式库供用户选择使用，用户还可以将所创建的字幕存储到字幕样式库里，再次使用时只需在所选的字幕样式上单击鼠标左键即可。

应用字幕样式的具体操作步骤如下：

（1）单击字幕工作区右上角的下拉图标，在展开的下拉列表里选择“样式”选项即可打开字幕样式库，如图 7.1.21 所示。

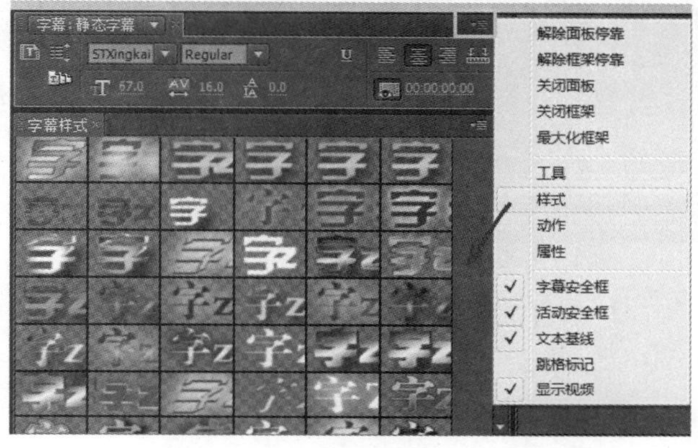

图 7.1.21　打开字幕样式库

（2）在字幕工作区单击选择文字，在字幕样式库单击鼠标右键菜单选择“新建样式”选项，如图 7.1.22 所示。

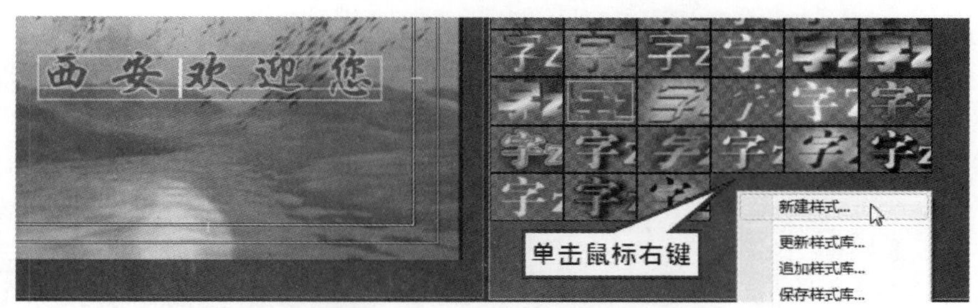

图 7.1.22　选择“新建样式”选项

（3）在弹出的“新建样式”对话框里输入新建样式名称并单击 确定 按钮，新建的字幕样式会自动添加到字幕样式库里，如图 7.1.23 所示。

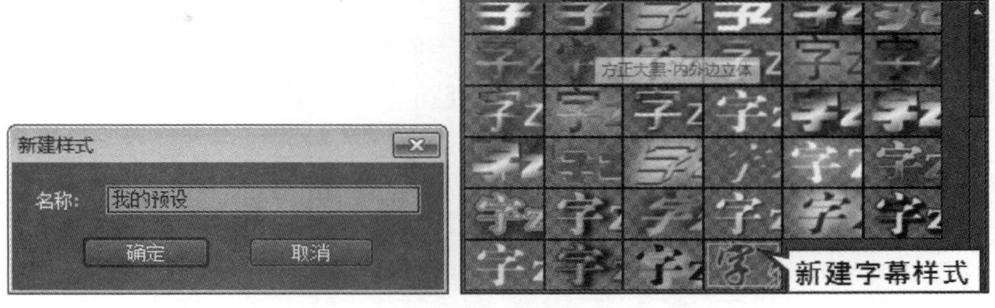

图 7.1.23　新建字幕样式

提示：在字幕工作区输入文字以后，用户可以在字幕样式库里，在所选的字幕样式上单击鼠标右键菜单，选择“应用样式”选项，或者在所选的字幕样式上单击鼠标左键即可应用该样式，如图 7.1.24 所示。

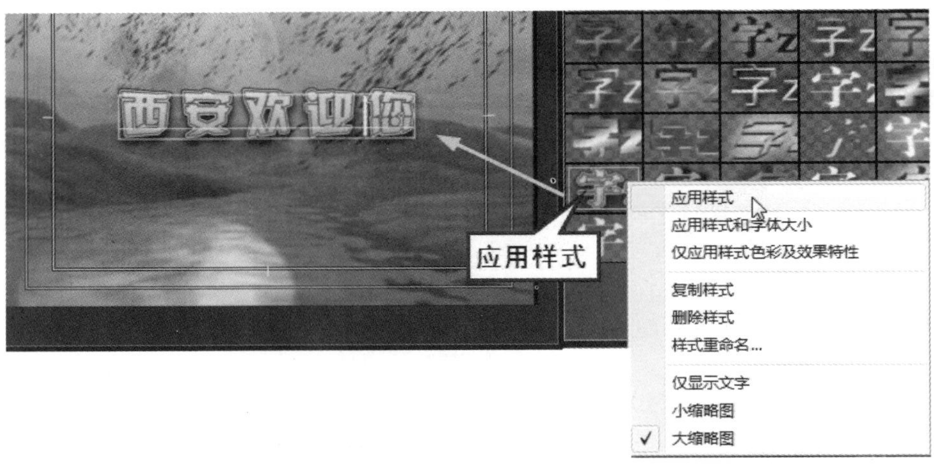

图 7.1.24　应用字幕样式

7.1.4　字幕图形的制作

在字幕窗口的“工具”面板里，通过绘图工具可以绘制字幕图形。下面利用绘图工具制作一个电视新闻图标，具体操作步骤如下：

（1）单击菜单执行“文件”→“旧版标题”命令，在弹出的“新建字幕”对话框里设置字幕的宽度、高度、时间基准和名称等，如图 7.1.25 所示。

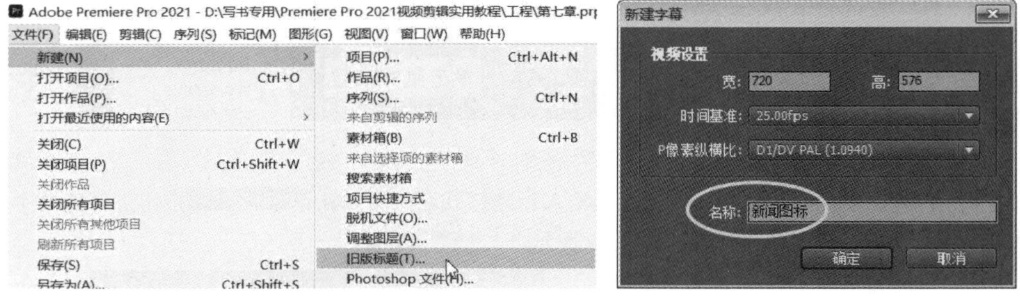

图 7.1.25　设置字幕的属性

（2）在字幕工作区单击鼠标右键菜单，执行“查看”→“活动安全框”命令，打开视频活动安全框，如图 7.1.26 所示。

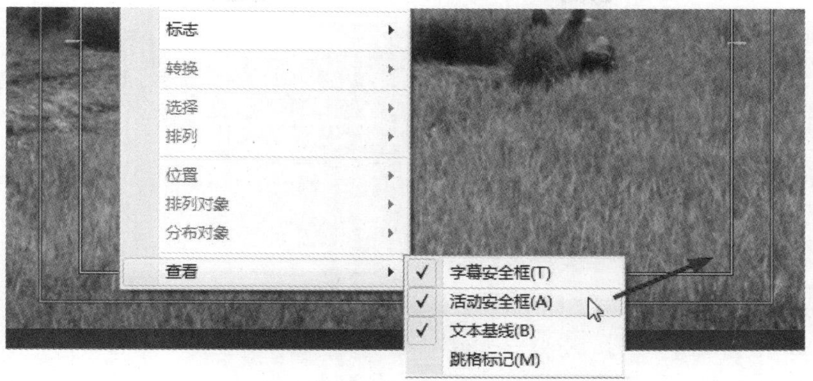

图 7.1.26　打开视频活动安全框

（3）在工具箱选择矩形工具，在字幕工作区绘制矩形形状，如图 7.1.27 所示。

图 7.1.27　绘制矩形形状

（4）在“字幕属性”面板设置矩形的填充类型、色彩和透明度等属性，其中，“填充属性”设置如图 7.1.28 所示。

图 7.1.28　设置矩形的“填充”属性

（5）利用工具箱文字工具在矩形形状上创建“我县农业喜获丰收”，水平方向字幕，并在“字幕属性”面板设置字幕的字体、填充、阴影等属性，如图 7.1.29 所示。

图 7.1.29　创建并设置字幕属性

（6）利用矩形工具继续在字幕工作区绘制矩形形状，如图 7.1.30 所示。

图 7.1.30　绘制矩形形状

（7）在“属性”面板里将矩形形状的“绘图类型”设置为“打开贝塞尔曲线”，并利用钢笔工具调整节点位置，如图 7.1.31 所示。

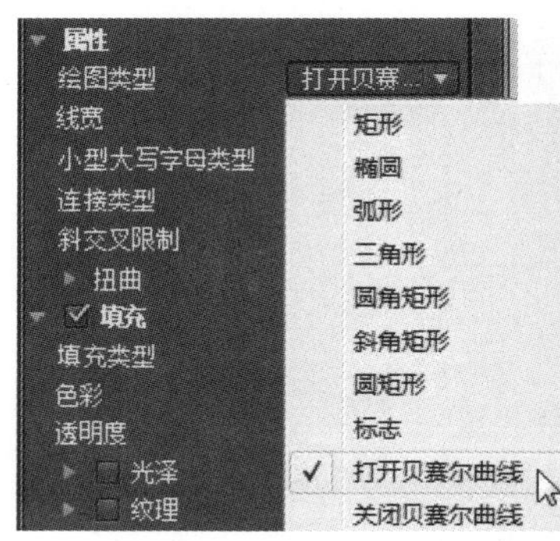

图 7.1.31　调整节点位置

（8）接着在“属性”面板里将矩形形状的“绘图类型”设置为“填充贝塞尔曲线”，如图 7.1.32 所示。

图 7.1.32　设置绘图类型为“填充贝塞尔曲线”

（9）利用工具箱文字工具创建“记者：邢伟涛、王珍妮”水平方向字幕，并在“字幕属性”面板设置字幕的字体大小、填充等属性，详细设置如图 7.1.33 所示。

图 7.1.33　创建并设置水平字幕属性

（10）再次利用圆矩形工具在字幕工作区绘制圆矩形形状，并在“属性”面板设置形状的填充、色彩和透明度等属性，如图 7.1.34 所示。

图 7.1.34　绘制圆矩形形状并设置形状的属性

（11）在圆矩形形状上创建“新闻”水平字幕，如图 7.1.35 所示。

图 7.1.35　创建“新闻”水平字幕

（12）在字幕工作区选择“新闻”字幕，并在字幕样式库里选择、应用一种字幕样式，如图 7.1.36 所示。

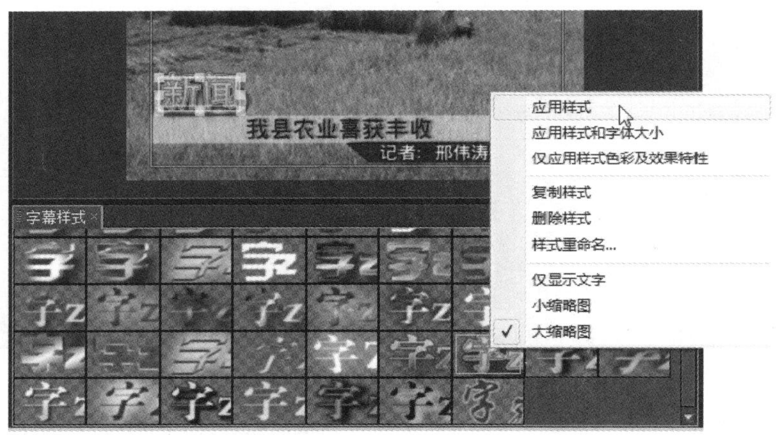

图 7.1.36　应用字幕样式

（13）在“项目”面板里，将“新闻图标”字幕添加到时间线轨道，完成整个电视新闻图标的制作，如图 7.1.37 所示。

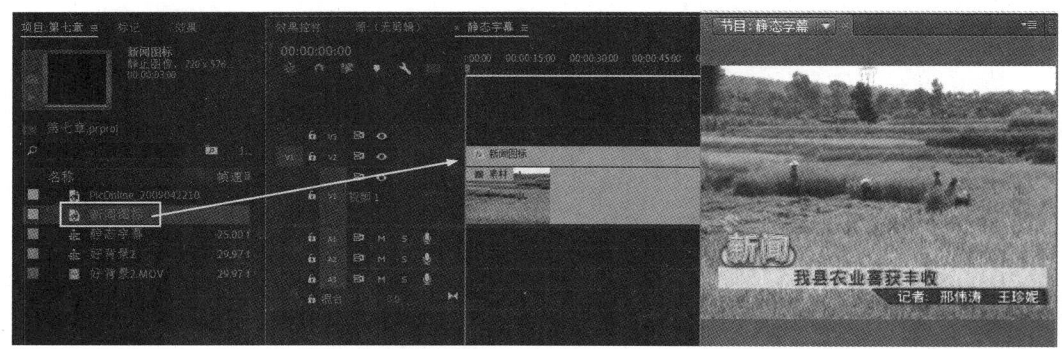

图 7.1.37　将“新闻图标”字幕添加到时间线轨道

7.1.5　应用基本图形

Premiere Pro 2021 软件自带了上百种字幕基本图形供用户选择使用，而且每一种字幕基本图形都可以根据用户的需要更改其内容和属性设置，具体操作步骤如下：

（1）在“项目”面板将“婚庆”素材添加到时间线轨道，如图 7.1.38 所示。

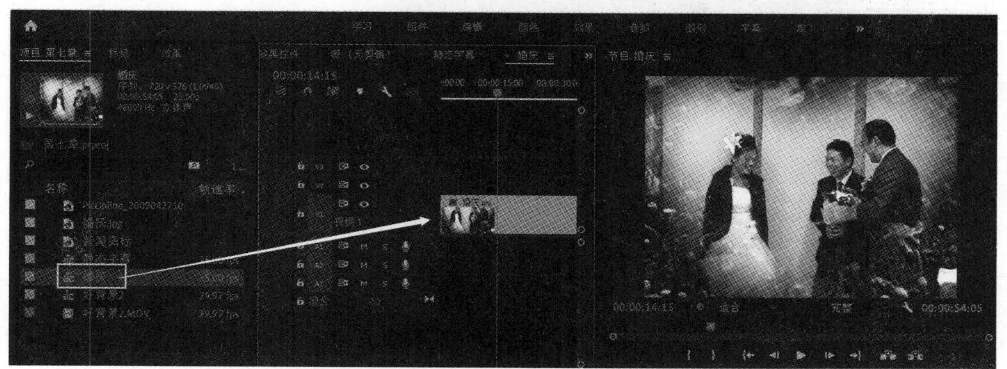

图 7.1.38　将“婚庆”素材添加到时间线轨道

（2）用鼠标左键单击菜单，执行“窗口”→“基本图形”命令，即可打开“基本图形”面板，如图 7.1.39 所示。

图 7.1.39　打开“基本图形”面板

（3）在“基本图形”面板找到相应的图形模板，直接用鼠标拖拽到视频 2 轨道，如图 7.1.40 所示。

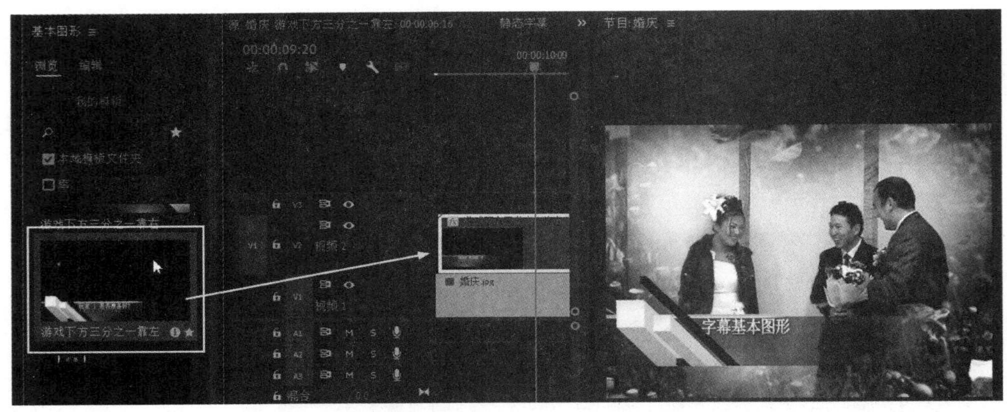

图 7.1.40　添加字幕到“基本图形”模板

（4）在“基本图形”面板，可以修改基本图形模板的样式颜色，如图 7.1.41 所示。

图 7.1.41　修改样式颜色

（5）在节目监视器窗口单击模板文字，修改内容为“百年好合　永浴爱河”，如图 7.1.42 所示。

图 7.1.42　更改文字内容

（6）设置文字的字体大小、填充颜色和阴影等属性，如图 7.1.43 所示。

图 7.1.43　设置文字的属性

提示：可以在 Adobe After Effects 2021“基本图形”面板单击「导出动态图形模板...」按钮，将制作好的图形模板导出，如图 7.1.44（a）所示。在 Premiere Pro 2021 基本图形面板单击导入动态图形模板按钮，将导入的图形模板添加到时间线轨道，如图 7.1.44（b）所示。

（a）

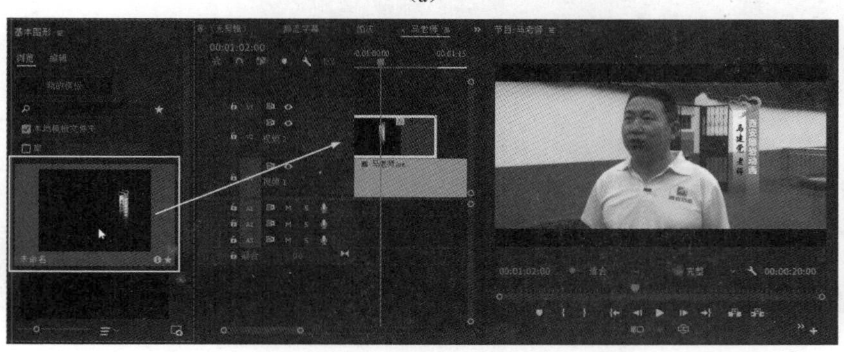

（b）

图 7.1.44　制作和导入“动态图形模板”

（a）在 Adobe After Effects 2021 导出动态图形模板；

（b）在 Premiere Pro 2021 基本图形面板单击导入动态图形模板并添加到时间线轨道

7.2 课堂实战

7.2.1 制作滚屏字幕

本例主要利用段落文字的基本运用、插入标志和字幕属性的基本设置等知识，制作一段滚屏字幕效果，最终效果如图 7.2.1 所示。

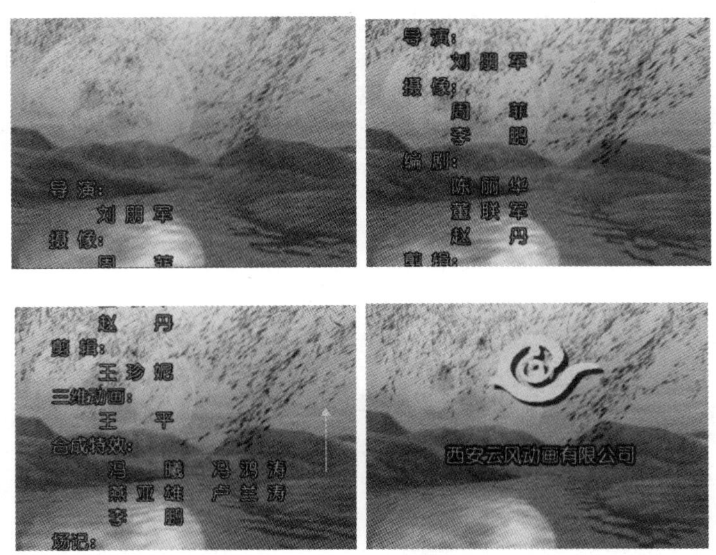

图 7.2.1　滚屏字幕最终效果图

操作步骤如下：

（1）在“项目”面板中将“好背景 2”素材添加到时间线轨道，如图 7.2.2 所示。

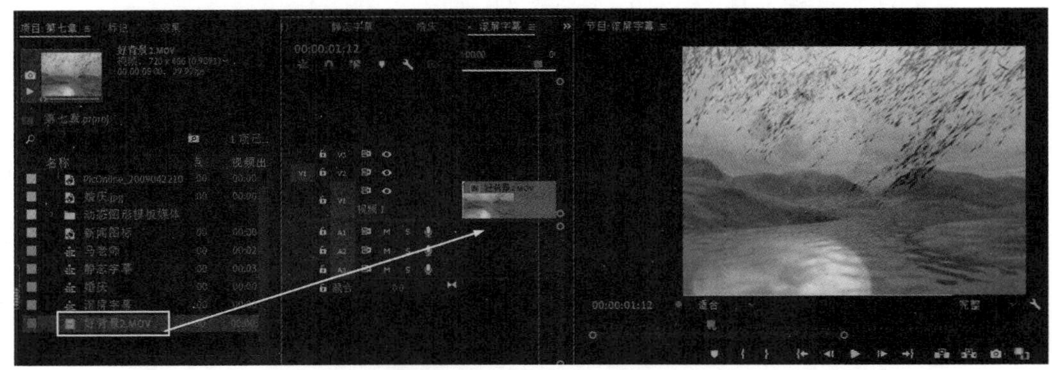

图 7.2.2　将“好背景 2”素材添加到时间线轨道

（2）用鼠标左键单击菜单，执行“文件”→“新建”→“旧版标题”命令，如图 7.2.3 所示。

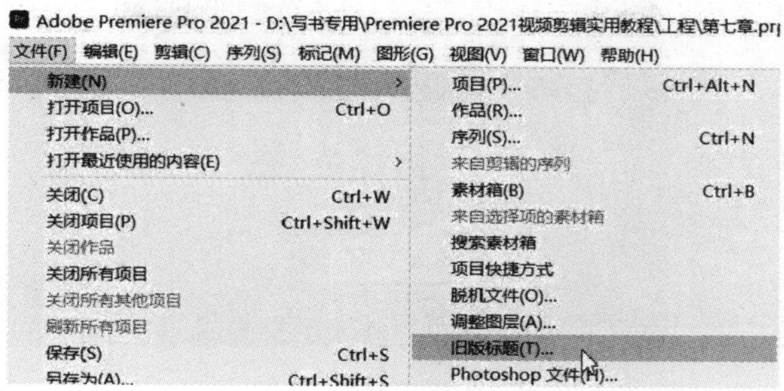

图 7.2.3 执行“旧版标题”命令

（3）在弹出的“新建字幕”对话框里设置字幕的宽度、高度、时间基准和名称等，如图 7.2.4 所示。

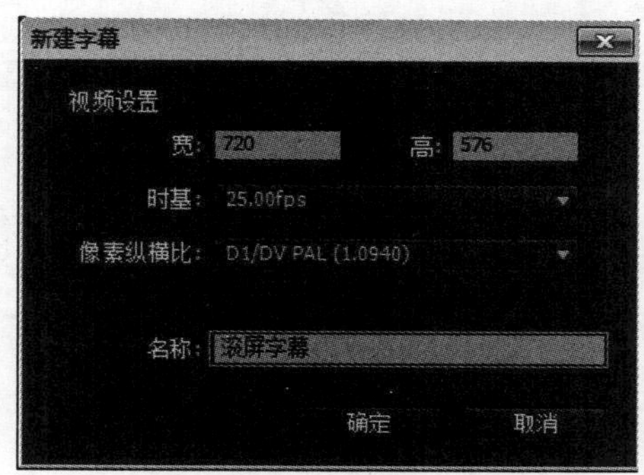

图 7.2.4 “新建字幕”对话框

（4）在字幕窗口单击滚动设置按钮，在弹出的“滚动/游动选项”对话框里选择“滚动”选项，并在“时间（帧）”选项栏勾选“开始于屏幕外”和“结束于屏幕外”选项，如图 7.2.5 所示。

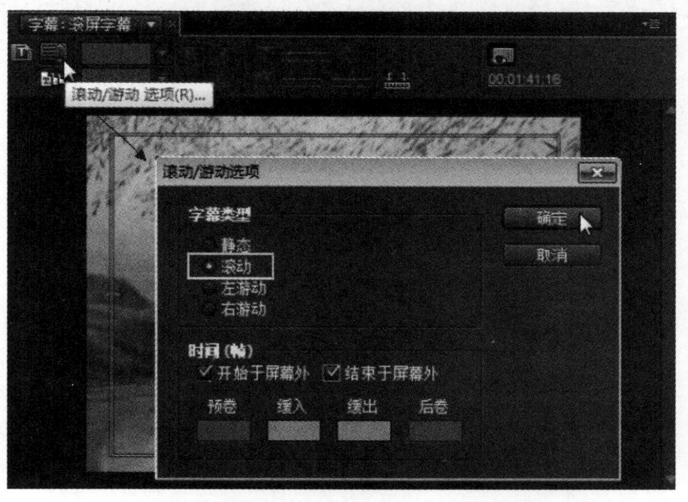

图 7.2.5 选择“滚动”选项并设置

（5）单击选择文本框工具，在字幕工作区创建段落文本框并输入文字，如图 7.2.6 所示。

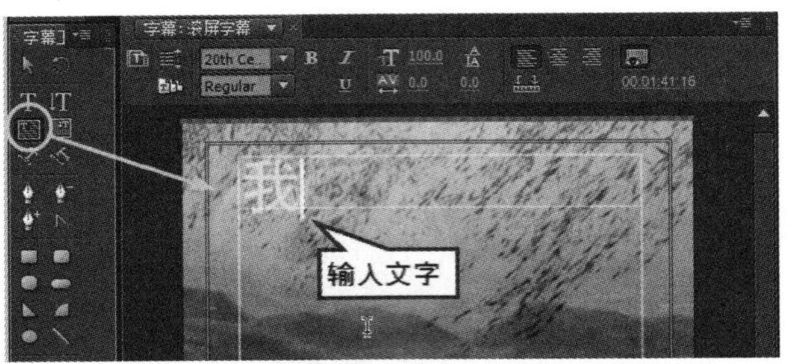

图 7.2.6　创建段落文字

（6）在“字幕属性”面板设置文字的字体大小、填充和描边等属性，如图 7.2.7 所示。

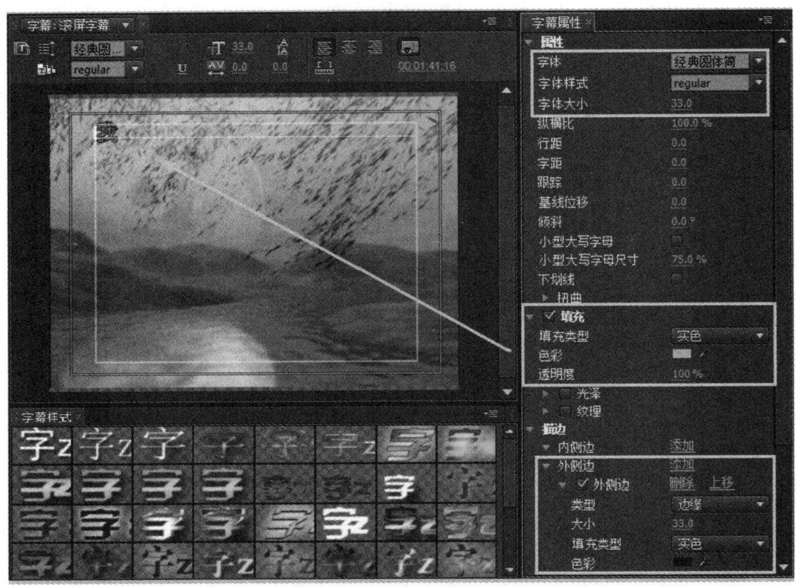

图 7.2.7　设置文字属性

（7）在电脑上打开“演职员”文件并复制文字内容，如图 7.2.8 所示。

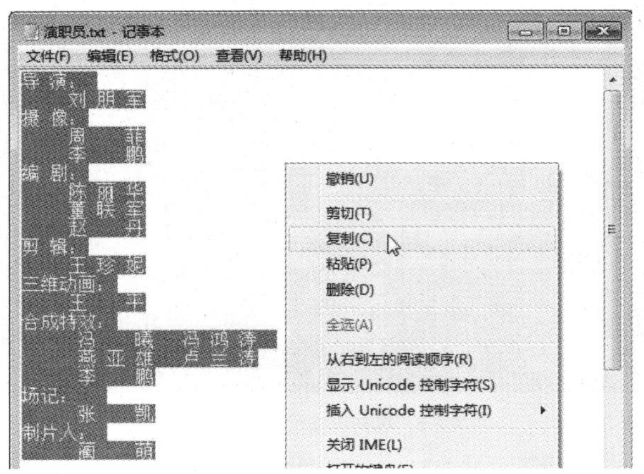

图 7.2.8　复制文字内容

（8）利用鼠标调整文本框大小，如图 7.2.9 所示。

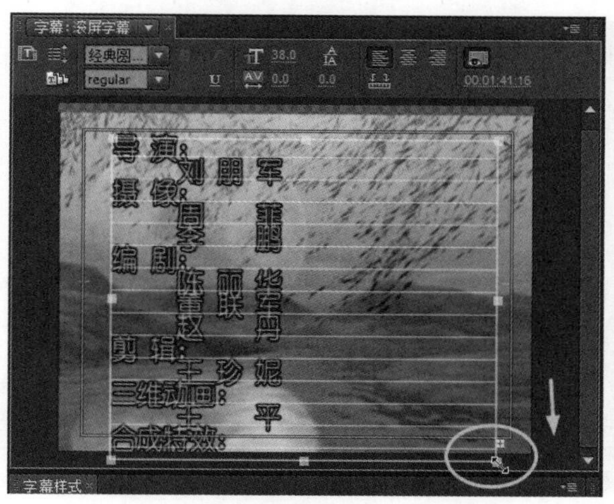

图 7.2.9　调整文本框大小

（9）在“字幕属性”面板调整文字的“行距”数值，如图 7.2.10 所示。

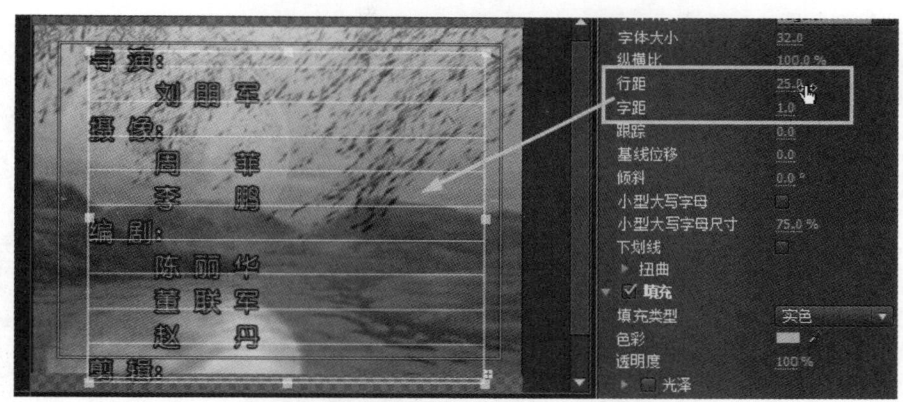

图 7.2.10　调整文字的“行距”数值

（10）用鼠标单击右侧的滑块向下拖动，可以向下平移整个滚屏字幕，如图 7.2.11 所示。

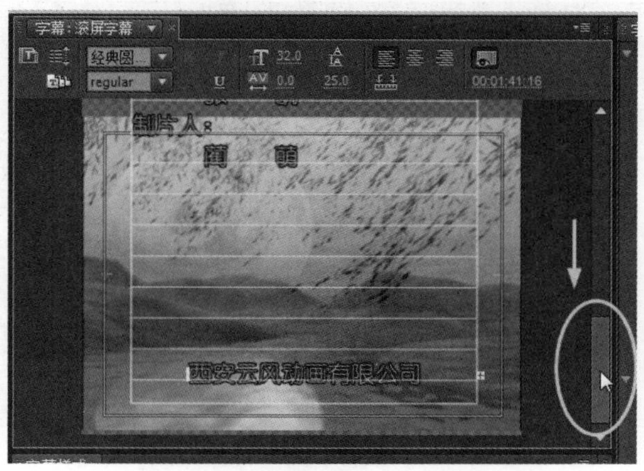

图 7.2.11　向下平移整个滚屏字幕

（11）在字幕工作区单击鼠标右键菜单执行“标志”→“插入标志”命令，如图 7.2.12 所示。

图 7.2.12　在字幕工作区插入标志

（12）在弹出的“导入图像为标记”对话框里选择需要导入的“云风”标志，并调整标志图像的大小和位置等，如图 7.2.13 所示。

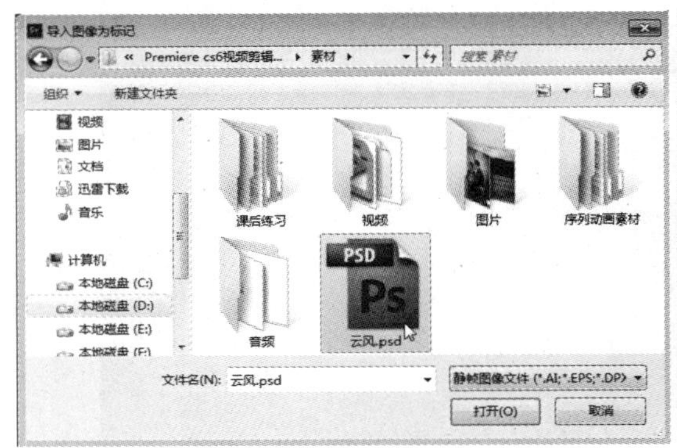

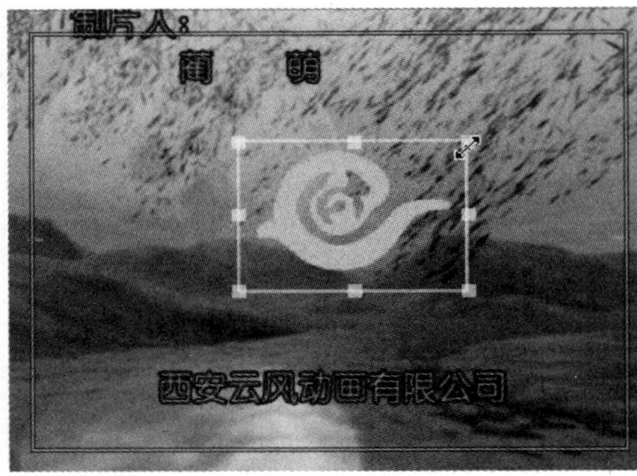

图 7.2.13　导入标志图像并调整其大小和位置

（13）在“字幕属性”面板设置标志的“阴影”属性，如图 7.2.14 所示。

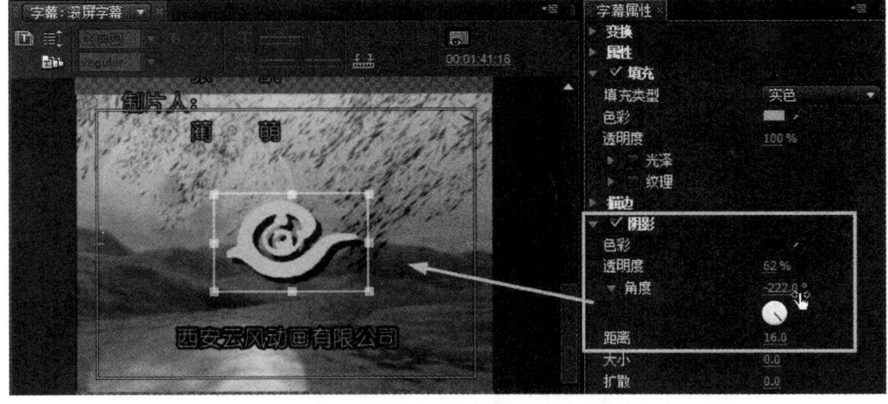

图 7.2.14　调整标志的“阴影”属性

（14）在“项目”面板将“滚屏字幕”添加到时间线轨道，如图 7.2.15 所示。

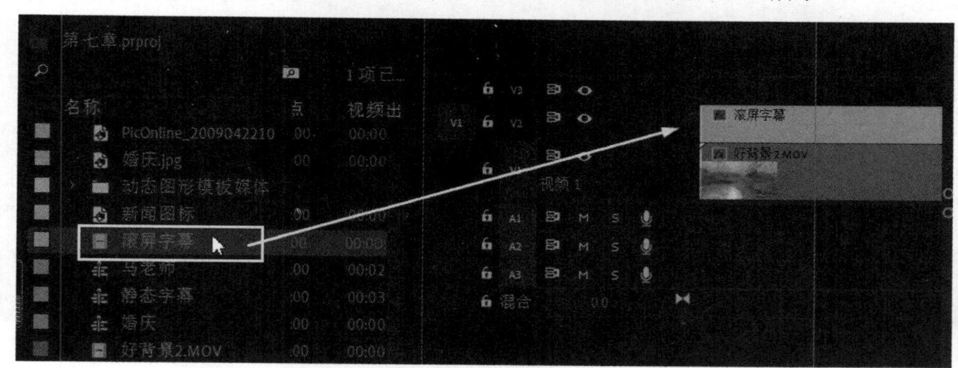

图 7.2.15 添加“滚屏字幕”到时间线轨道

提示：将鼠标放在“滚屏字幕”的出点位置拖动，可以调整“滚屏字幕”的持续时间。调整滚屏字幕的持续时间的同时还可以改变滚屏的速度，持续时间越短滚屏速度越快，持续时间越长滚屏速度越慢，如图 7.2.16 所示。

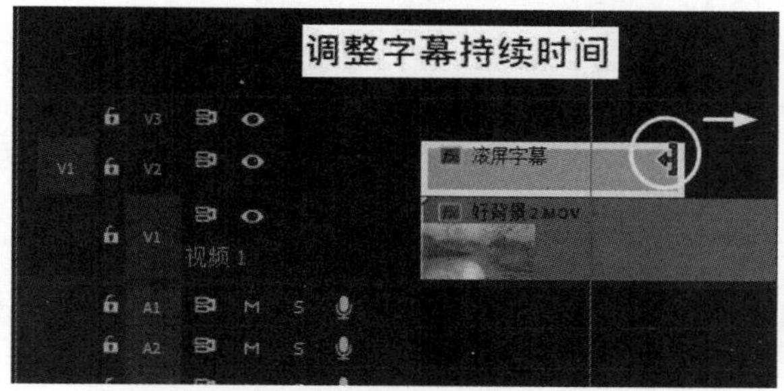

图 7.2.16 调整字幕的持续时间

（15）完成整个滚屏字幕的制作，按空格键预览整个滚屏字幕效果。

7.2.2 制作左滚游飞字幕

本例主要利用水平文字工具的基本运用、图像的绘制和字幕属性的基本设置等知识，制作一段左滚游飞字幕效果，最终效果如图 7.2.17 所示。

图 7.2.17 左滚游飞字幕最终效果

操作步骤

（1）在“项目”面板将“字幕背景 2”素材添加到时间线轨道，如图 7.2.18 所示。

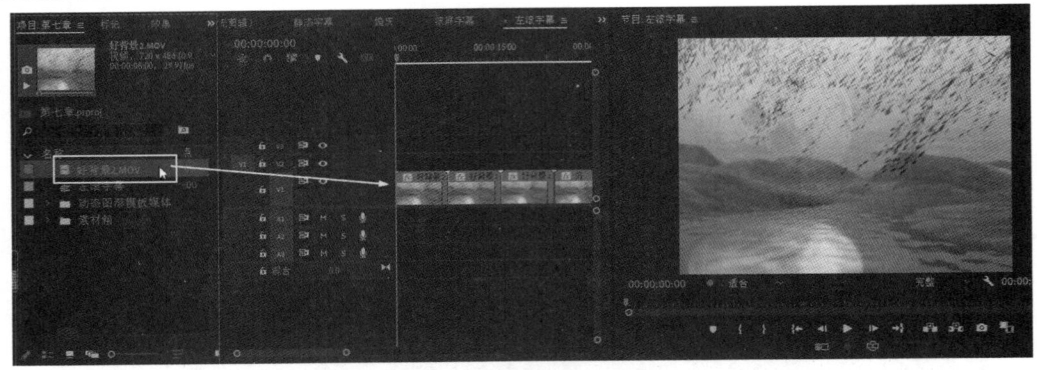

图 7.2.18 将素材添加到时间线轨道

（2）单击菜单执行“文件”→“新建”→“旧版标题”命令，如图 7.2.19 所示。

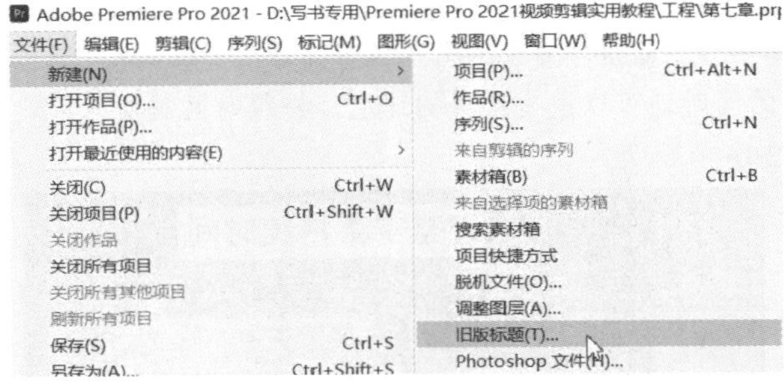

图 7.2.19 新建“旧版标题”字幕

（3）在弹出的“新建字幕”对话框里设置新建字幕的宽度、高度、时间基准和名称等，如图 7.2.20 所示。

（4）在字母窗口单击滚动设置按钮，在弹出的“滚动/游动选项”对话框里设置字幕类型为“左滚动”选项，并在“时间（帧）”选项栏里选择“开始于屏幕外”和“结束于屏幕外”选项，如图 7.2.21 所示。

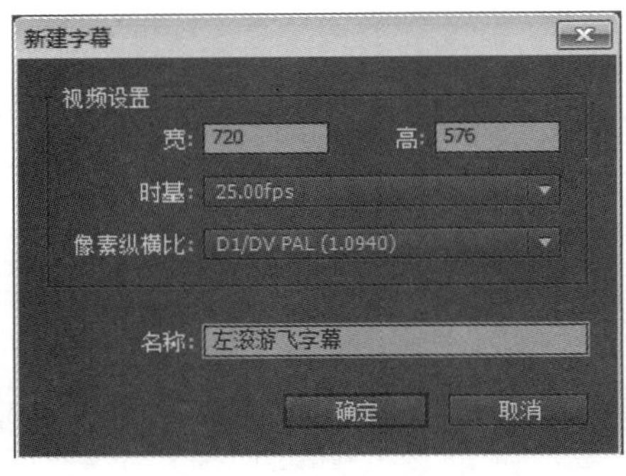

图 7.2.20 “新建字幕”对话框

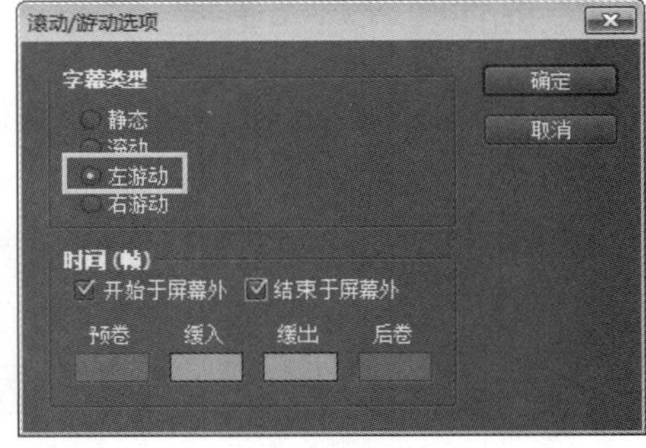

图 7.2.21 “滚动/游动选项”对话框

（5）利用文字工具在字幕工作区单击并输入文字，接着在“字幕属性”面板设置文字的填充和描边属性，如图 7.2.22 所示。

图 7.2.22　输入并设置文字属性

（6）输入文字或者直接粘贴写字板文档的文字内容到字幕工作区，如图 7.2.23 所示。

图 7.2.23　输入文字内容

（7）利用选择工具调整字幕的位置，用鼠标单击拖动下面的滑块查看整个字幕，如图 7.2.24 所示。

（a）　　　　（b）

图 7.2.24　调整字幕的位置并查看字幕

（a）调整字幕的位置；（b）查看整个字幕

（8）在“工具”面板单击选择矩形工具并在字幕工作区绘制矩形形状，矩形形状的长度和左滚字幕的长度要相等，如图 7.2.25 所示。

图 7.2.25　绘制矩形形状

（9）在“字幕属性”面板设置矩形形状的填充颜色，如图 7.2.26 所示。

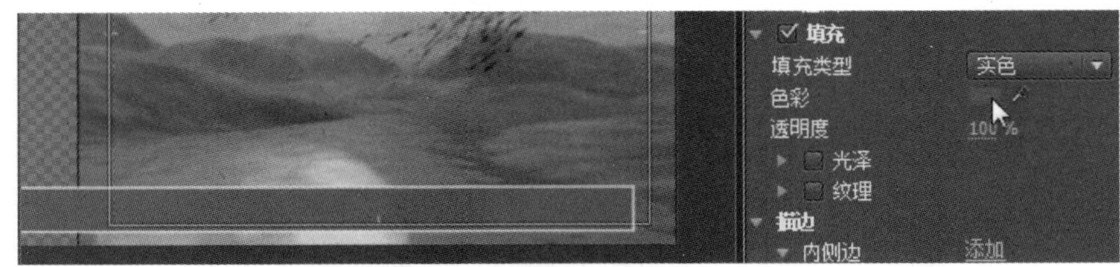

图 7.2.26　设置矩形形状的填充颜色

（10）选择矩形形状并单击鼠标右键执行“排列”→“退后一层”命令，矩形形状将自动置于左滚字幕的下面，如图 7.2.27 所示。

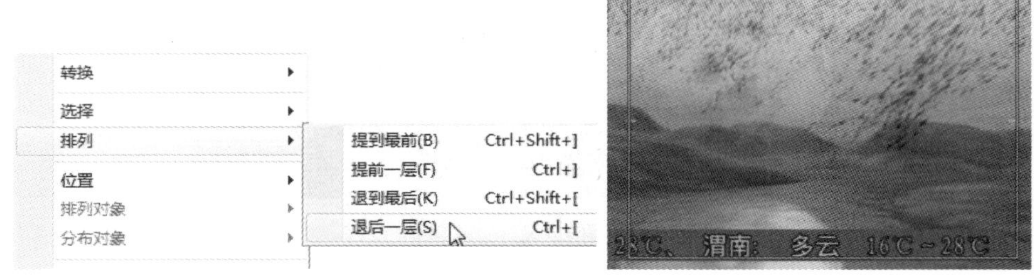

图 7.2.27　调整矩形形状和字幕的排列顺序

（11）从“项目”面板添加“左滚游飞字幕”到时间线轨道，如图 7.2.28 所示。

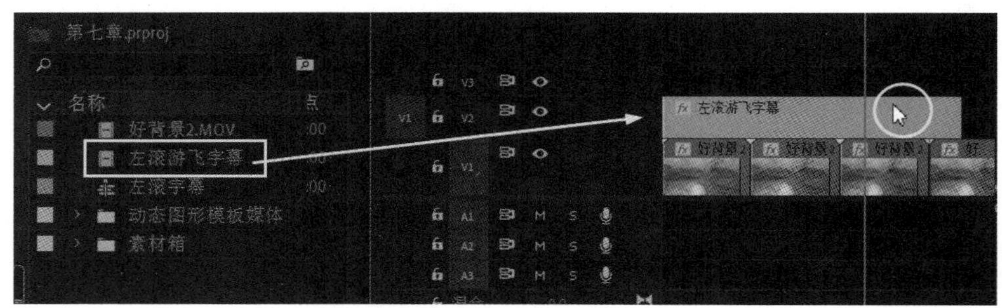

图 7.2.28　添加“左滚游飞字幕”到时间线轨道

（12）完成整个滚屏字幕的制作，按空格键预览整个滚屏字幕效果。

7.2.3　广告片解释字幕制作

本例主要利用字幕文本、新建片段字幕和字幕属性的基本设置等知识，制作一段广告片字幕解释效果，最终效果如图 7.2.29 所示。

图 7.2.29　广告片字幕解释最终效果图

操作步骤如下：

（1）在“项目”面板将“磨岩短视频”素材添加到时间线轨道，如图 7.2.30 所示。

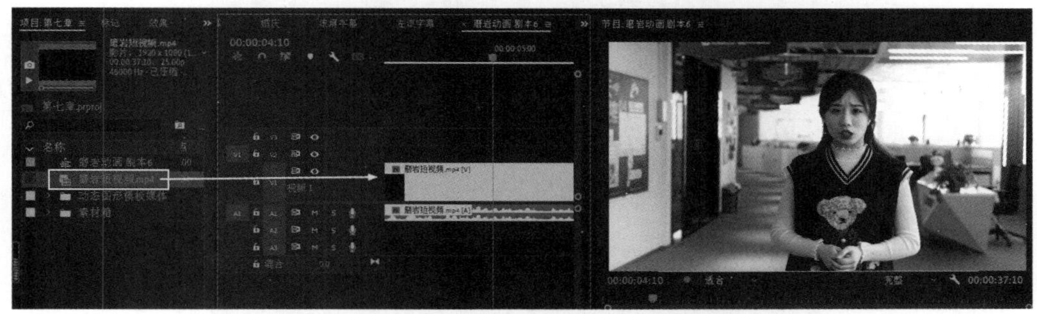

图 7.2.30　将素材添加到时间线轨道

（2）单击菜单执行“文件”→“新建”→“旧版标题”命令，如图 7.2.31 所示。

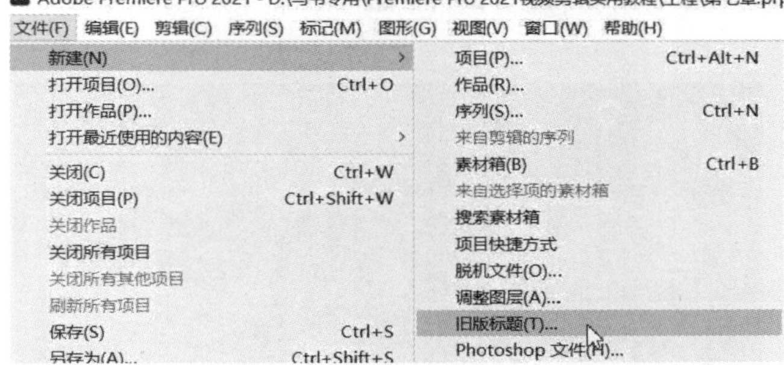

图 7.2.31　新建旧版标题字幕

（3）单击菜单执行“窗口”→“文本”命令，打开字幕“文本”面板，如图 7.2.32 所示。

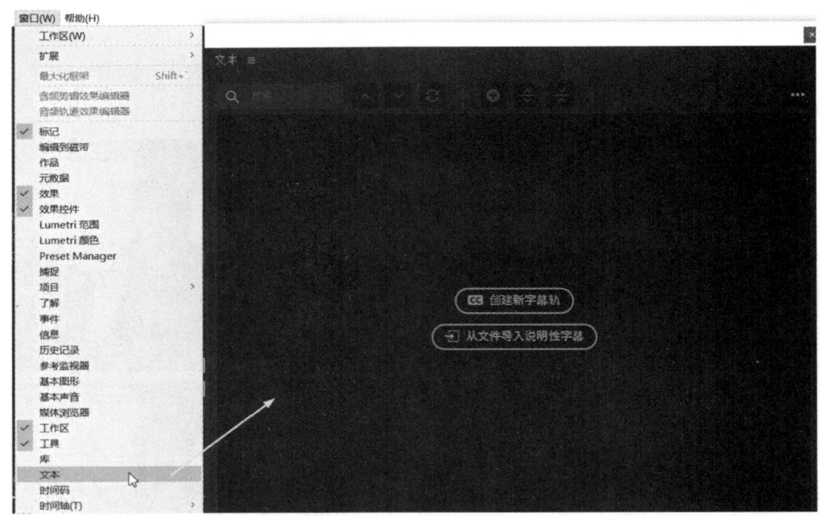

图 7.2.32　打开“文本”面板

（4）在“文本”面板单击按钮，在弹出的“New caption track”对话框里设置字幕格式为“副标题”选项，如图 7.2.33 所示。

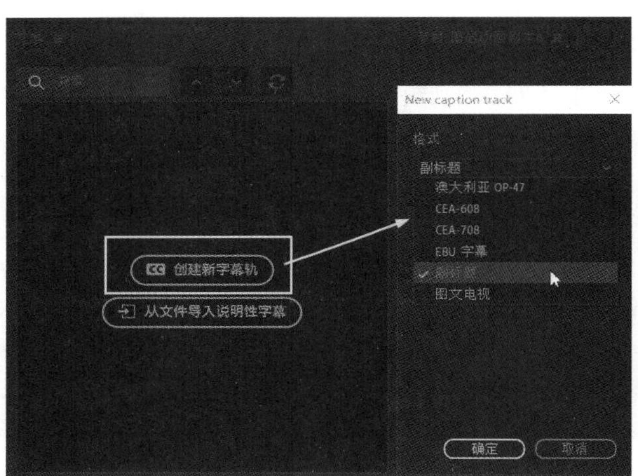

图 7.2.33　“New caption track”对话框

（5）在“文本”面板单击添加字幕分段按钮，即可在“文本”面板添加一个新的字幕分段，如图 7.2.34 所示。

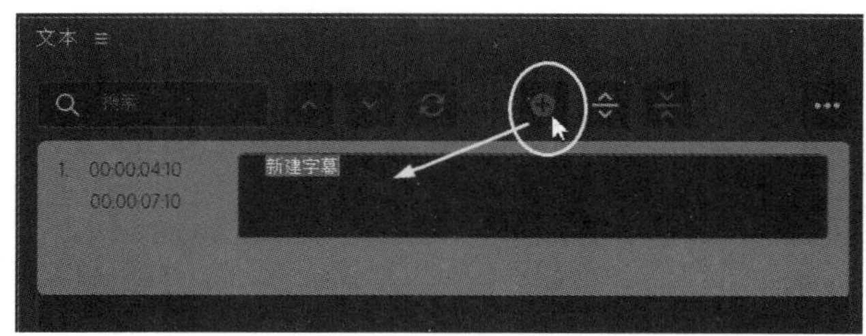

图 7.2.34　添加新的字幕分段

（6）打开“剧本 6.txt”记事本，复制文字内容“嗨 别玩手机啦”，并粘贴到新字幕分段，如图 7.2.35 所示。

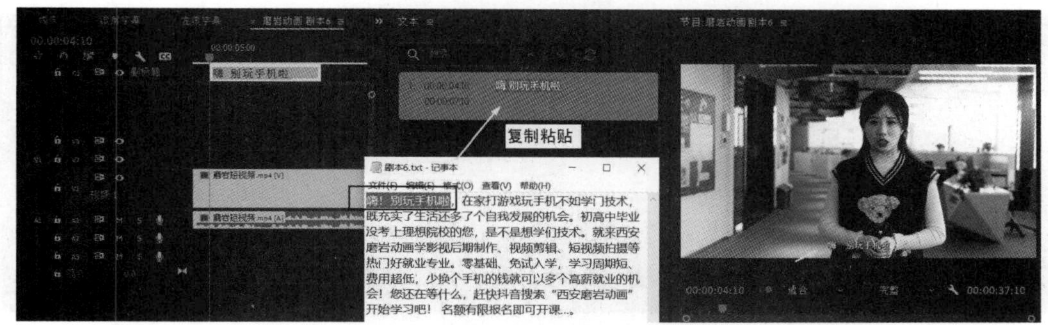

图 7.2.35　复制和粘贴文字内容到新字幕分段

（7）在“基本图形”面板里编辑字幕的字体、字号大小、填充和描边，如图 7.2.36 所示。

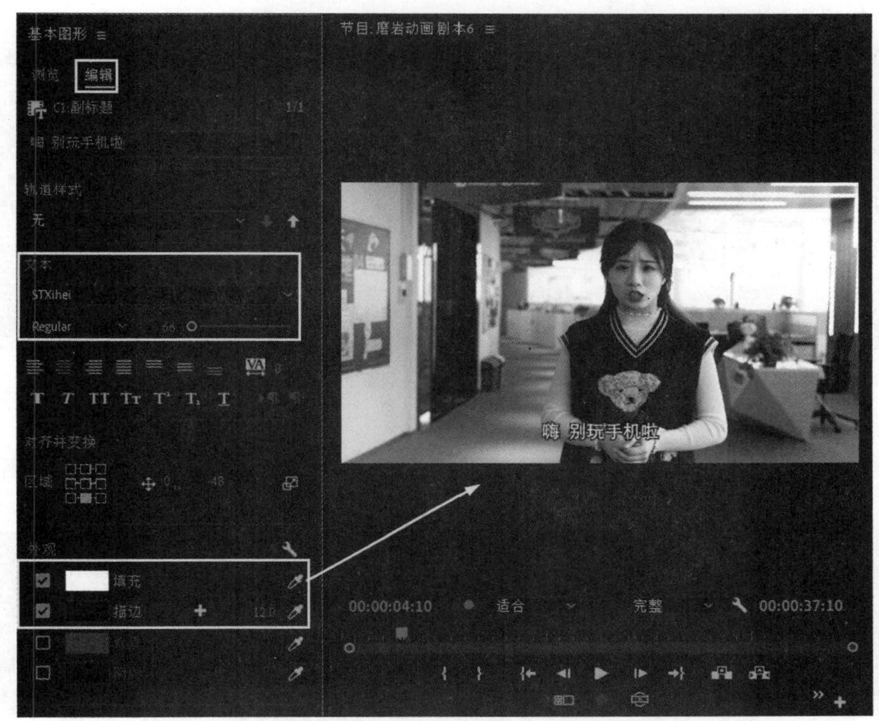

图 7.2.36　在“基本图形”面板里编辑字幕

（8）在“时间线”面板的字幕轨道，根据画面调整解释字幕的位置和持续时间，如图 7.2.37 所示。

图 7.2.37　调整解释字幕的位置和持续时间

（9）接着在“文本”面板再次单击添加字幕分段按钮，即可在“文本”面板又添加一个新的字幕分段，如图 7.2.38 所示。

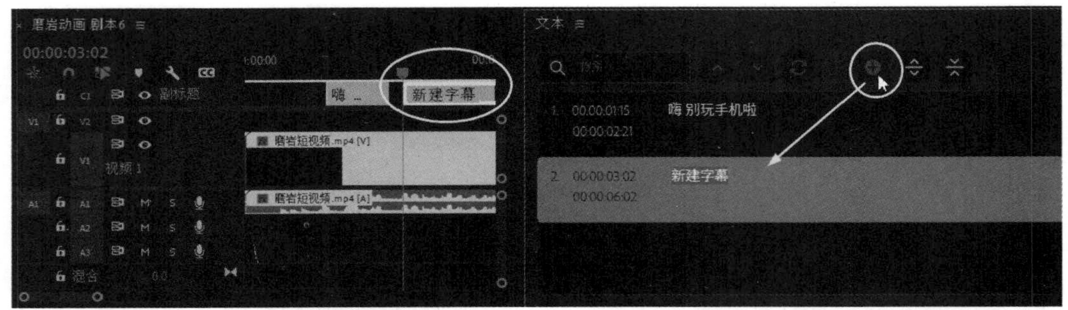

图 7.2.38 添加新的字幕分段

（10）继续在“剧本 6.txt”记事本复制文字内容“在家打游戏玩手机不如学门技术”，粘贴到新字幕分段，如图 7.2.39 所示。

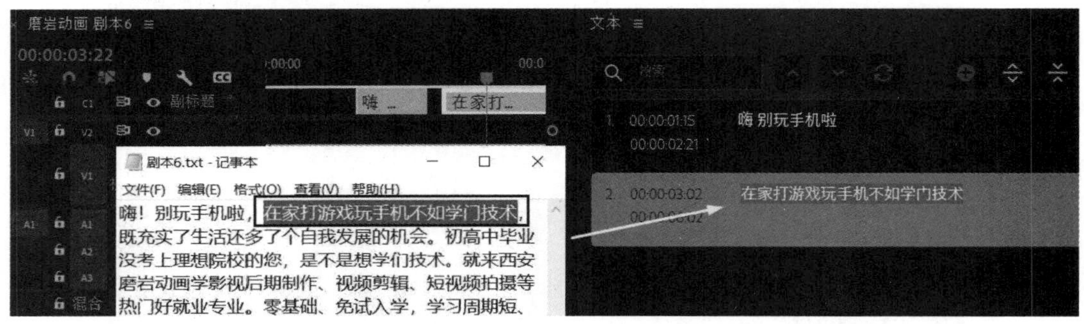

图 7.2.39 复制文字内容到新字幕分段

提示：如果解释字幕单行太长了，可以单击拆分片段按钮，将一行字幕片段拆分成两行字幕片段，如图 7.2.40 所示。

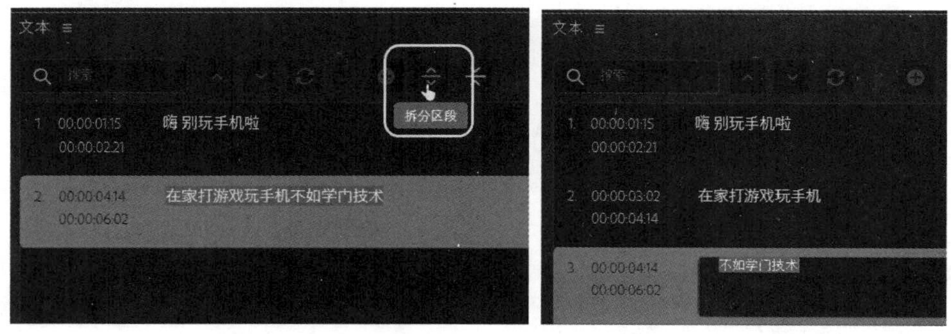

图 7.2.40 拆分字幕分段

（11）最后在“时间线”面板检查并适当调整字幕的位置，如图 7.2.41 所示。

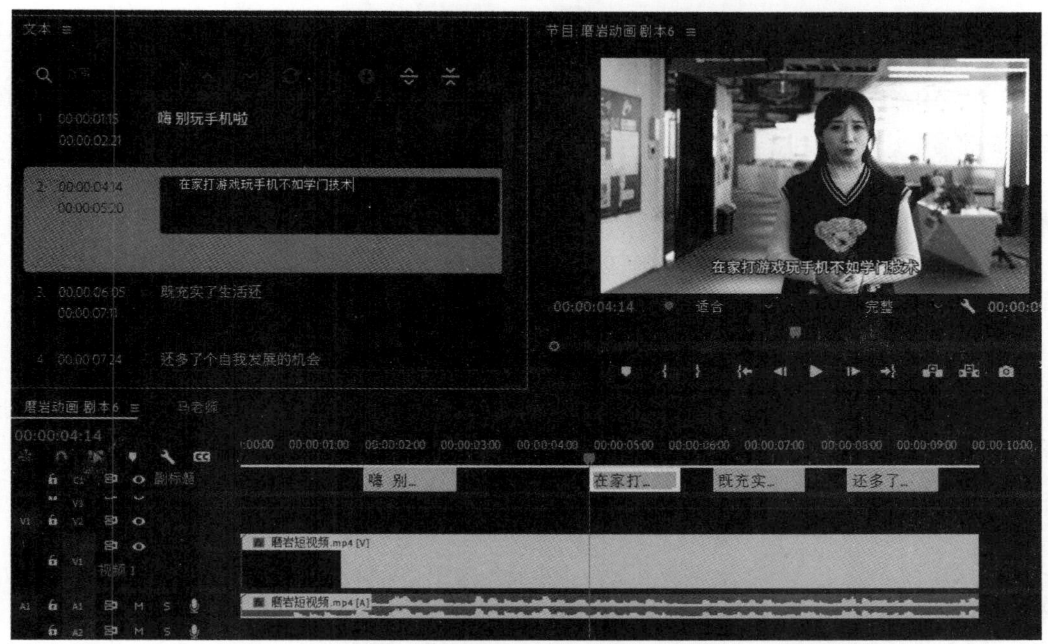

图 7.2.41　在“时间线”面板检查并调整字幕位置

（12）完成整个滚屏字幕的制作，按空格键预览整个滚屏字幕效果（见图 7.2.29）。

本 章 小 结

本章主要介绍了 Premiere Pro 2021 软件的文字应用和编辑等内容，包括如何创建字幕、编辑字幕属性、应用字幕样式和字幕图形的制作等。并通过两个课堂小实例，介绍“滚屏字幕”和“左滚游飞字幕”的制作方法，让读者更加深入地了解软件字幕制作的功能和用途。通过对本章的学习，读者应掌握字幕的各种编辑方法。

操 作 练 习

一、填空题

1. 在目前的影视作品中，字幕不仅起到了对画面的________，还可以对画面进行________和点缀。

2. Premiere Pro 2021 软件的字幕窗口由字幕________、________、“字幕属性面板”、________和字幕样式库等组成。

3. 单击字幕工作区右上角的下拉图标，在展开的下拉列表里可以打开________、________、动作和________面板，还可以根据需要显示/隐藏________、活动安全框和文本基线等。

4. 在工具箱单击钢笔工具可以调整________，单击转换节点工具可以转换________，当调整路径时文字也会随着路径而改变。

5．在字幕窗口的工具箱里单击选择工具，将鼠标放在文字上面，可以对文字进行__________、__________、__________和伸展等编辑操作。

6．在“字幕样式”面板存放着各种各样软件自带的字幕样式库供用户选择使用，用户还可以将所创建的字幕__________到字幕样式库里，再次使用时只需在所选的字幕样式上__________即可。

7．Premiere Pro 2021 软件自带了上百种字幕基本图形供用户选择使用，而且每一种字幕基本图形都可以根据用户的需要__________和__________。

8．调整滚屏字幕的持续时间时，还可以改变滚屏的速度，持续时间越短滚屏速度__________，持续时间越长滚屏速度__________。

二、选择题

1．单击菜单执行“文件”→“新建”→“旧版标题”命令，或者按键盘（　）键同样也能创建字幕。

（A）Altl+T　　（B）Shift

（C）Ctrl+T　　（D）T

2．用水平文本框工具在字幕工作区单击并输入文字。当输入段落文字时，文字基于段落边界框的尺寸会（　）。

（A）进行自动换行　　（B）删除

（C）不变

3．使用“工具箱”面板单击路径文字工具，在字幕工作区（　），并且输入文字，即可创建路径文字。

（A）创建水平文字　　（B）绘制路径曲线

（C）创建垂直文字　　（D）前面的答案都不对

4．在字幕窗口单击模板按钮，可以再次打开（　）面板。

（A）滚动设置　　（B）工具

（C）字幕动作　　（D）模板

5．在字幕工作区的右侧用鼠标单击滑块向下拖动，可以向下（　）整个滚屏字幕，

（A）复制　　（B）删除

（C）平移　　（D）放大

三、简答题

1．创建字幕的方式都有哪些？

2．如何应用字幕样式和字幕基本图形？

3．如何设置字幕的填充颜色？字幕的填充类型都有哪些？

四、上机操作题

1．熟练操作创建水平字幕、路径字幕和应用字幕样式。

2．制作“滚屏字幕”和“左滚游飞”字幕效果。

第 8 章　综合应用实例

在详细地学习了 Premiere Pro 2021 软件的各项功能和应用以后，大家应该对该软件有了更加深刻的了解。通过本章的操作练习，能够巩固前面所学知识，并在每一步详细的操作中发现问题，在解决问题的过程中获得新的知识。

知识要点

- 电视广告的制作
- 视频输出

8.1　电视广告的制作

8.1.1　制作前的准备

现利用 Premiere Pro 2021 来制作一段“学校招生”电视广告。

在拿到文字稿以后，先对文字稿进行分析，按文字稿内容制作分镜头，构思画面的构图和主体颜色等见表 8-1。

表 8-1　西安磨岩动画制作培训中心广告制作分镜头脚本

C	时间/s	字幕	画面	画面解释
1	5	磨岩动画制作培训中心		学校门头前一群白鸽起飞，火环爆发的同时，三维文字“磨岩动画制作培训中心”逐字进入
2	7	动画人才的摇篮 高薪就业的保证		成功人士握手、招手、跳跃等，飞入文字

续表

C	时间/s	字幕	画面	画面解释
3	8	常年开设： 影视后期特效班、 电视节目制作培训班、 视频剪辑特训班		从背景中擦除笔刷画面，四个专业文字飞入
4	10	磨岩动画制作培训中心 地址：西安市高新区 电话：180 ××× ×××		三维文字逐字进入，地址和电话文字由上划下

西安云风动画承制

看到分镜头脚本以后就一目了然了。分镜头经客户确认后，就可以查找相关素材开始制作了。

8.1.2　制作第一镜头

先找到第一镜头里所需要的素材，并将素材复制到相对应的文件夹里。作图时一定要养成管理文件的良好习惯，如图 8.1.1 所示。

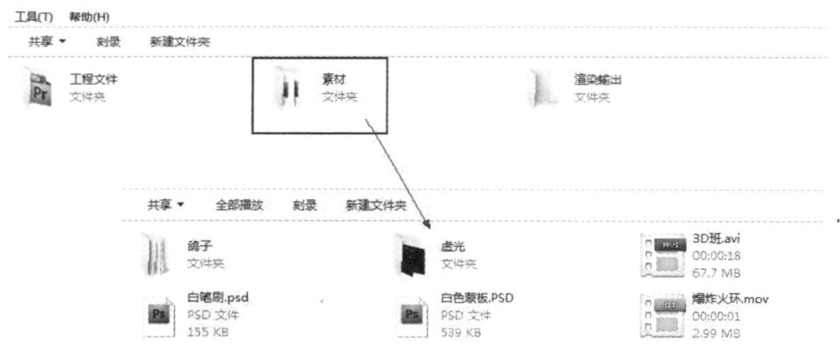

图 8.1.1　管理素材文件

具体操作步骤如下：

（1）单击菜单执行“文件”→“新建”→“序列”命令，或者按键盘“Ctrl+N”键新建“背景”序列，如图 8.1.2 所示。

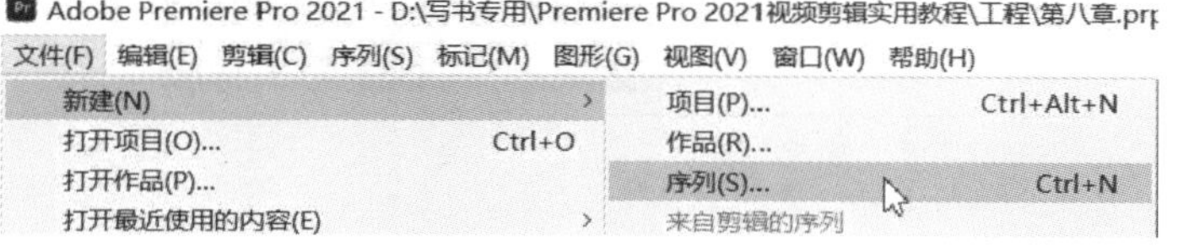

图 8.1.2　新建“背景”序列

（2）导入“数字背景”素材并添加到时间线轨道，如图 8.1.3 所示。

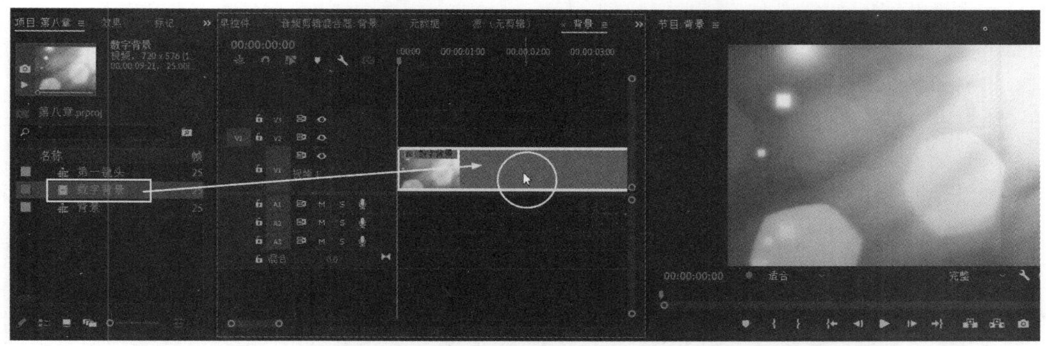

图 8.1.3　导入“数字背景”素材并添加到时间线轨道

（3）给“数字背景”素材添加“Lumetri 颜色”特效，在创意里将背景颜色调整为蓝色调，如图 8.1.4 所示。

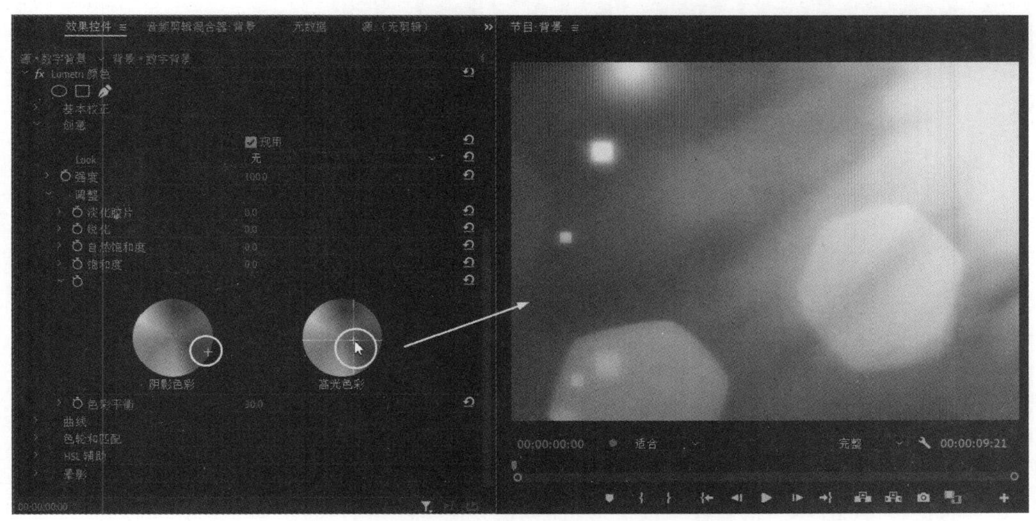

图 8.1.4　调整“数字背景”素材颜色

（4）在“视频 1”轨道选择“数字背景”素材，按键盘“Ctrl+C”键复制以后按键盘“Ctrl+V”键粘贴素材，如图 8.1.5 所示。

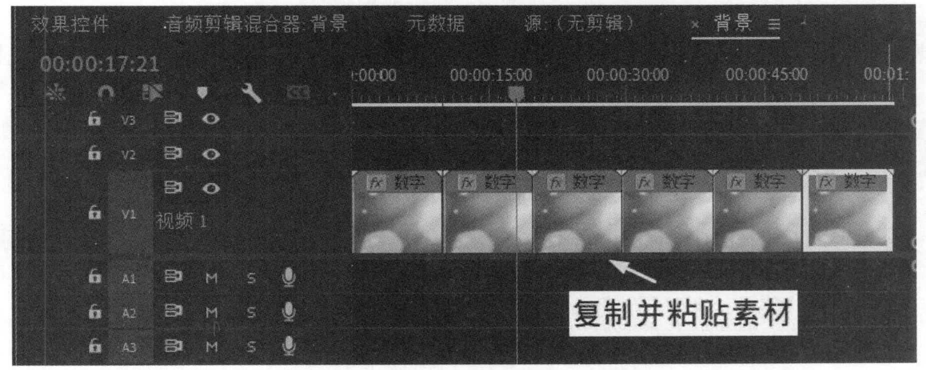

图 8.1.5　复制并粘贴素材

（5）导入“光芒”素材并添加到“视频 2”轨道，同样在“视频 2”轨道上复制并粘贴“光芒”素材，如图 8.1.6 所示。

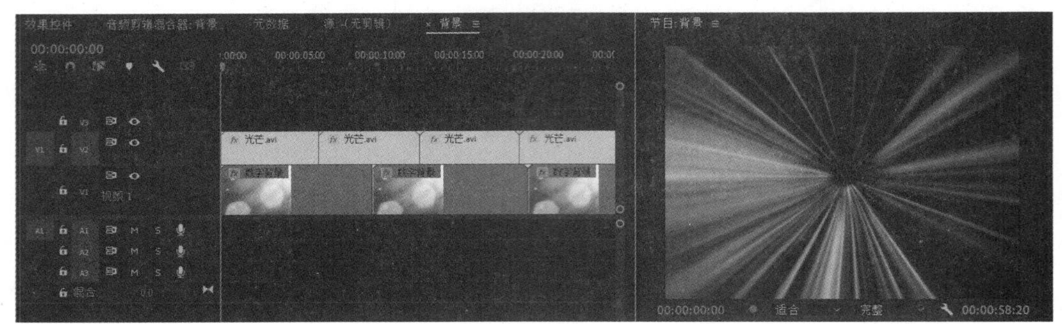

图 8.1.6　复制并粘贴“光芒”素材

（6）设置“光芒”素材和下面轨道“数字背景”素材的混合模式为“叠加”，如图 8.1.7 所示。

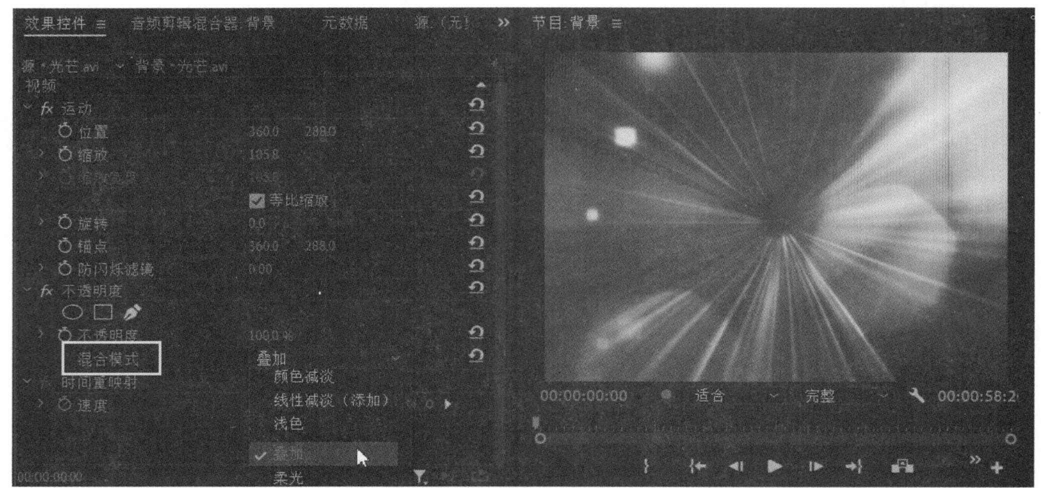

图 8.1.7　应用轨道“混合模式”

（7）按键盘“Ctrl+N”键新建“镜头 1”序列，并在“视频 1”轨道添加“磨岩形象”素材，如图 8.1.8 所示。

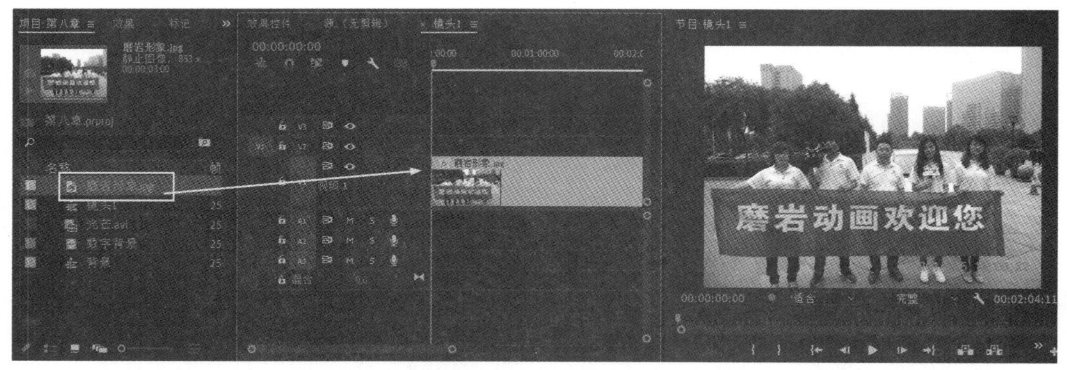

图 8.1.8　添加“磨岩形象”素材

（8）从“项目”面板添加“背景”序列到“镜头 1”时间线“视频 2”轨道，如图 8.1.9 所示。

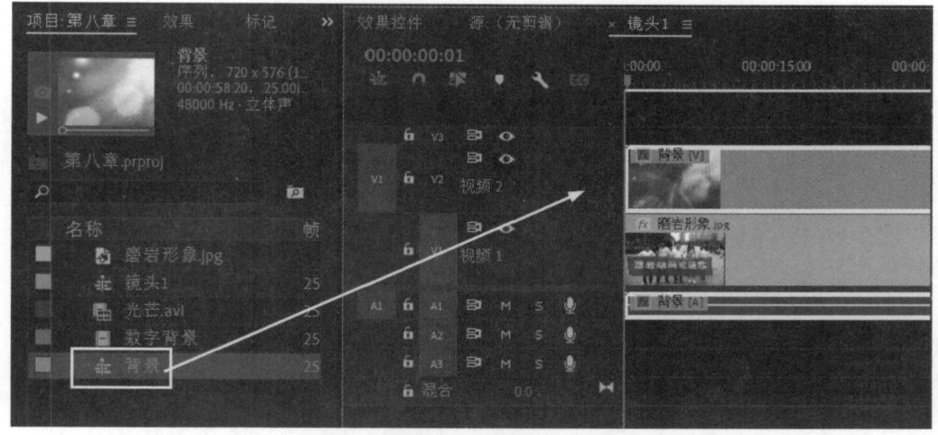

图 8.1.9　添加“背景”序列到“镜头 1”时间线视频 2 轨道

（9）选择“背景”序列“效果控件”面板，添加“蒙版”特效，设置蒙版的羽化数值并勾选“已反转”选项，如图 8.1.10 所示。

图 8.1.10　给“背景”序列添加“蒙版”

（10）在“视频 3”轨道添加 Photoshop 软件里做好的遮幅素材，其实遮幅完全可以在 Premiere Pro 2021 软件里去做，这里就不赘述了，如图 8.1.11 所示。

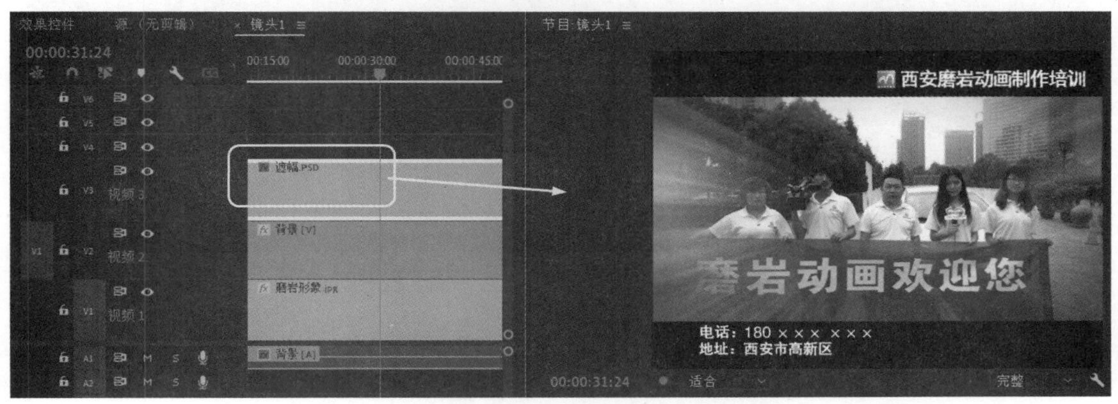

图 8.1.11　添加遮幅素材

（11）为了“背景”和“磨岩形象”素材颜色形成统一色调，给“磨岩形象”素材添加“颜色平衡 RGB”特效，详细设置如图 8.1.12 所示。

图 8.1.12　给“磨岩形象”素材添加“颜色平衡 RGB”特效

（12）选择“视频 4”轨道，单击鼠标右键菜单选择“添加轨道”选项，在弹出的“添加轨道”对话框里设置需要添加轨道的数目和放置位置等，如图 8.1.13 所示。

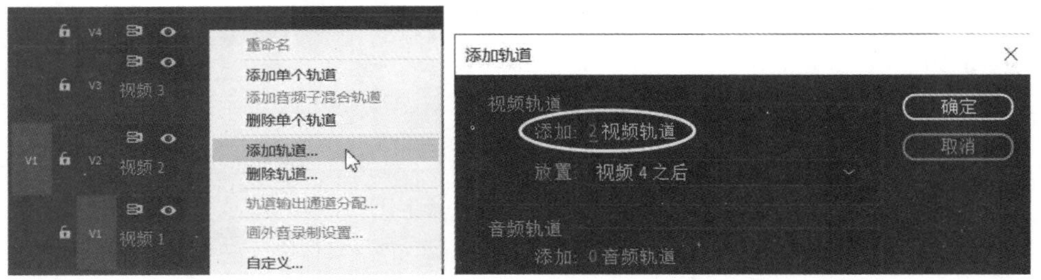

图 8.1.13　设置需要添加轨道的数目和放置位置等

（13）继续添加“鸽子”素材到“视频 3”轨道，在特效控制台面板设置素材的混合模式为“滤色”模式，如图 8.1.14 所示。

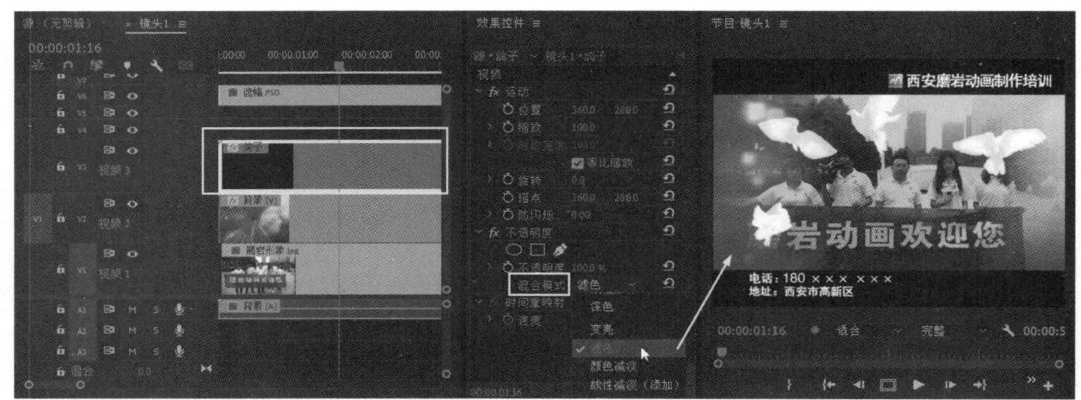

图 8.1.14　添加“鸽子”素材并设置混合模式

（14）在“鸽子”素材之后再次添加“学校名字”素材到“视频 3”时间线轨道，如图 8.1.15 所示。

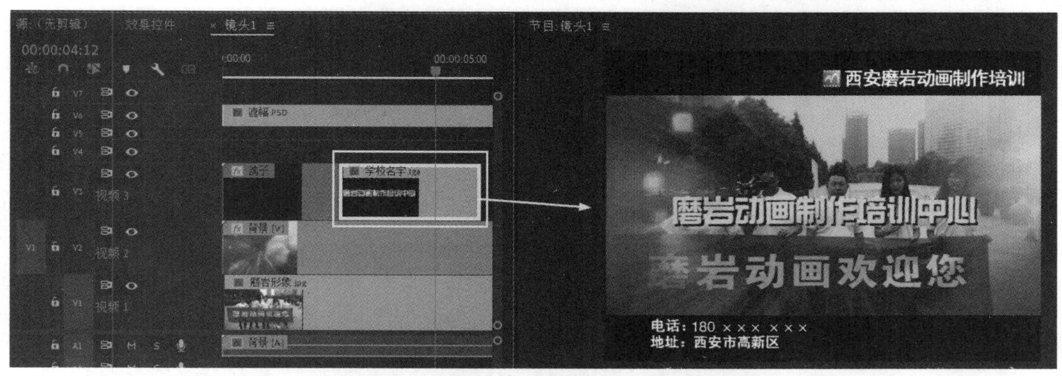

图 8.1.15　添加“学校名字”素材到时间线轨道

（15）在“特效控制台”面板设置“学校名字”素材的“缩放”和“不透明度”关键帧动画，让文字从屏幕外“砸”入画面当中，如图 8.1.16 所示。

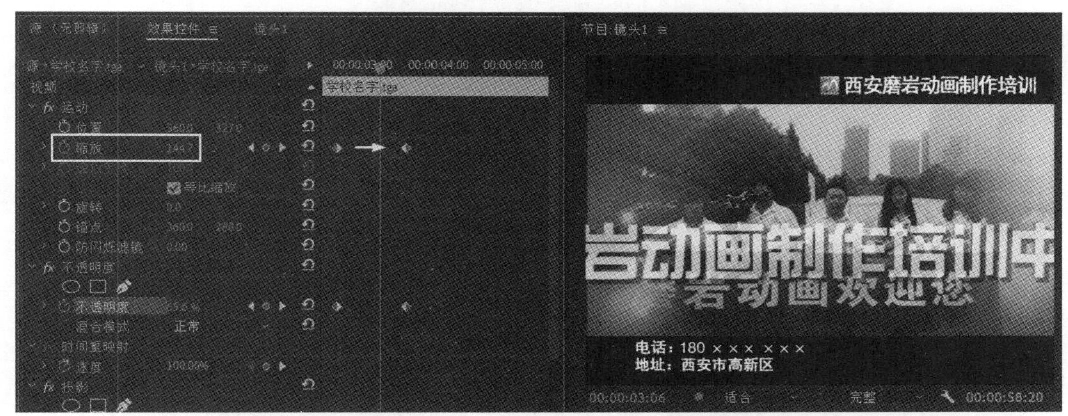

图 8.1.16　设置文字关键帧动画

（16）最后添加“爆炸火环”素材到“视频 4”轨道，设置素材的混合模式为“滤色”模式，如图 8.1.17 所示。

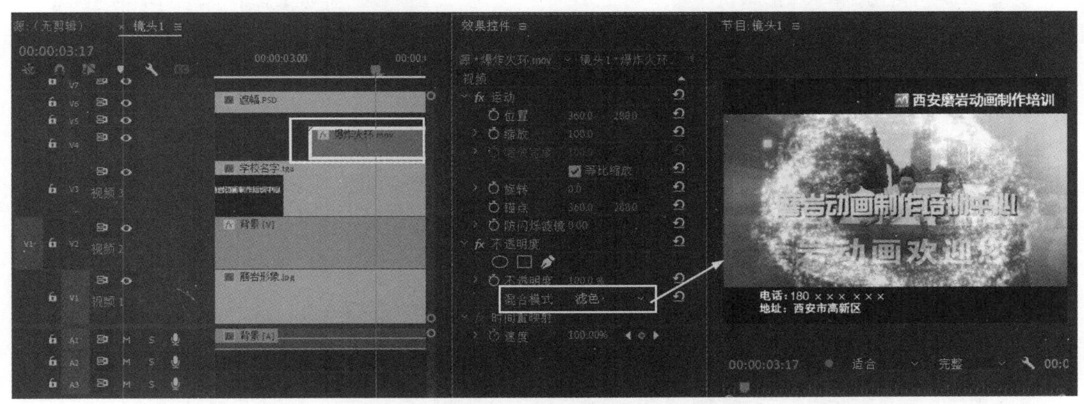

图 8.1.17　添加“爆炸火环”素材并设置混合模式

（17）调整动画顺序，完成学校广告第一镜头的制作。按键盘空格键预览整个动画效果：鸽子在学校门头前起飞→三维文字砸入→火环爆发。还有一个细节要注意，在文字飞入到屏幕上后，给背景素材添加“模糊”特效，让背景虚化，尽量突出三维文字，如图 8.1.18 所示。在这里就不详细阐述了。

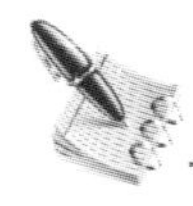

图 8.1.18　预览“镜头 1”动画效果

8.1.3　制作第二、三、四镜头

接着继续制作后面的三个镜头，具体操作步骤如下：

（1）将新建序列命名为“镜头 2”，在“镜头 1”序列里选择“遮幅”素材和“背景”素材，单击鼠标右键选择“复制”，粘贴在“镜头 2”的“视频 2”和“视频 3”轨道，如图 8.1.19 所示。

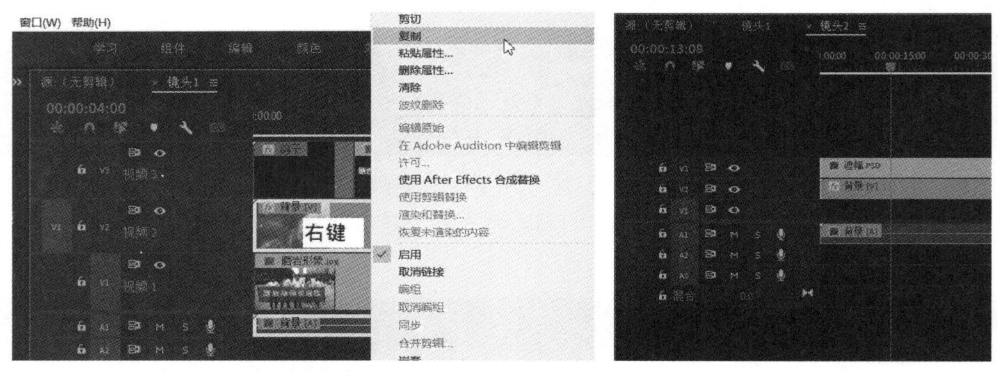

图 8.1.19　复制和粘贴“背景”和“遮幅”素材

（2）接着将“握手”和“遮幅”素材添加到时间线“视频 1”轨道，如图 8.1.20 所示。

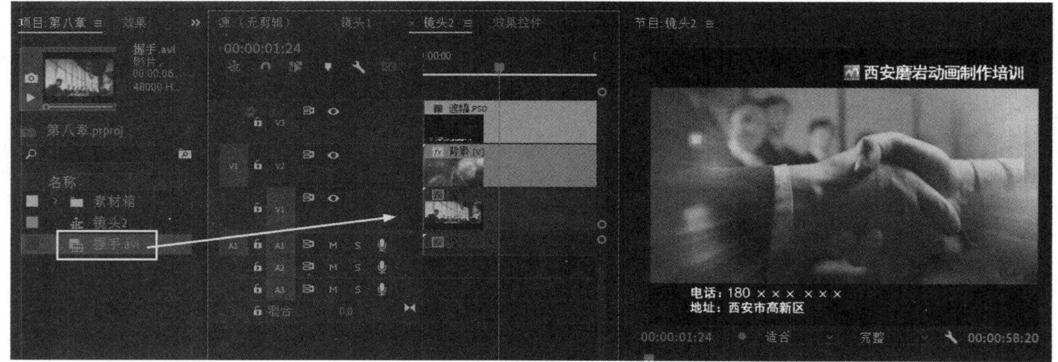

图 8.1.20　添加“握手”和“遮幅”素材到时间线轨道

（3）在“轨道”面板单击鼠标右键菜单选择“添加轨道”选项，在弹出的“添加轨道”对话框里输入要添加轨道的数目和放置位置，如图 8.1.21 所示。

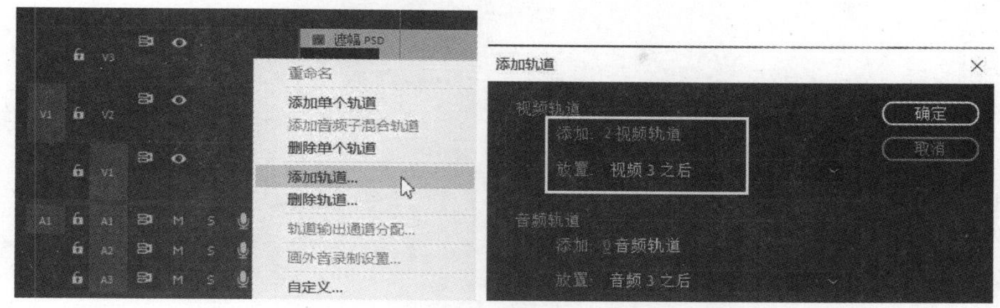

图 8.1.21　添加视频轨道

（4）单击菜单执行“文件”→“新建”→“旧版标题”命令，在弹出的“新建字幕”对话框里设置新建字幕的宽度、高度、时基和名称等，如图 8.1.22 所示。

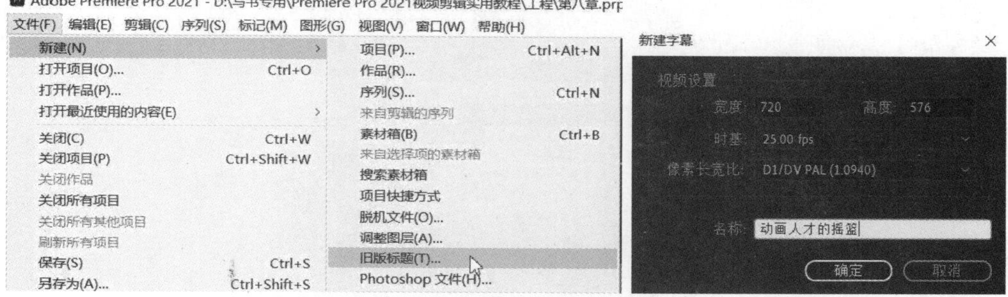

图 8.1.22　设置新建字幕的属性

（5）在弹出的“字幕”窗口输入文字“动画人才的摇篮”，并设置字幕的字体大小、填充和描边属性，如图 8.1.23 所示。

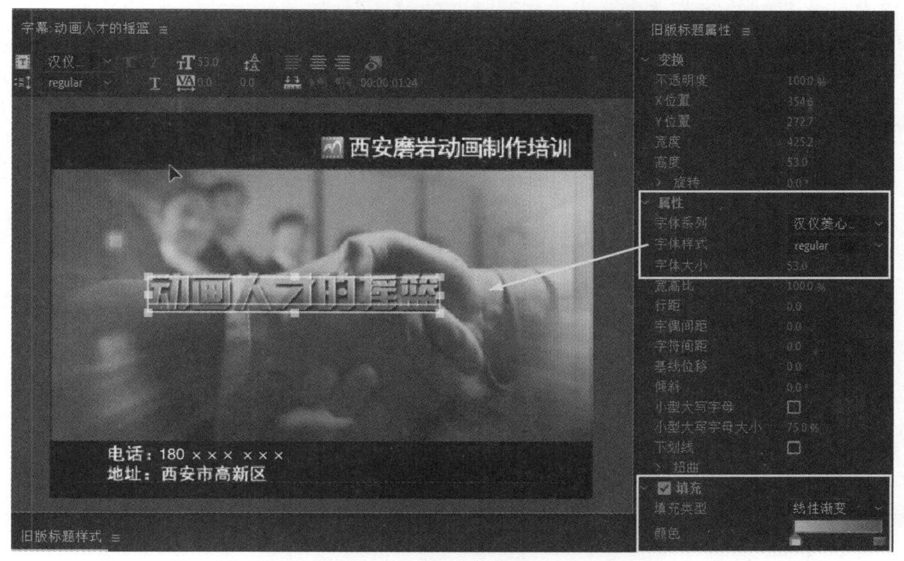

图 8.1.23　设置字幕的属性

（6）从“项目”面板添加“动画人才的摇篮”字幕到时间线“视频 3”轨道，如图 8.1.24 所示。

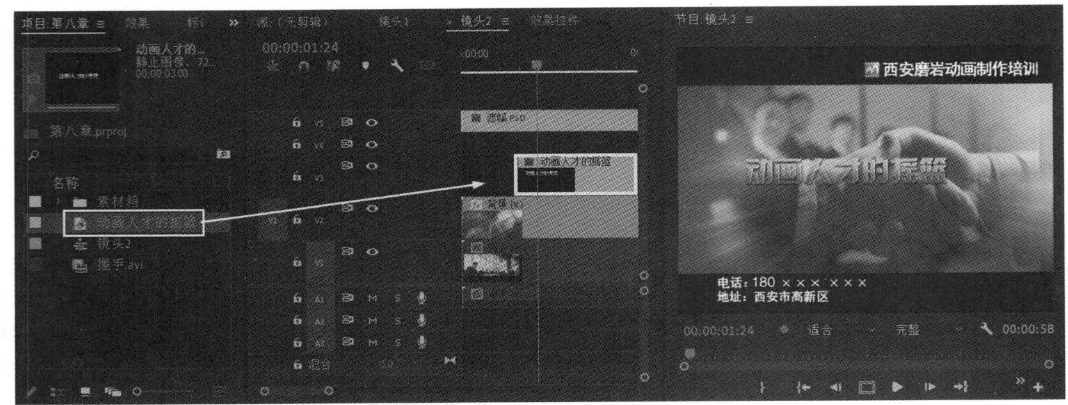

图 8.1.24　添加“字幕”到时间线轨道

（7）从“效果”面板添加“内滑”视频转场到“动画人才的摇篮”字幕，如图 8.1.25 所示。

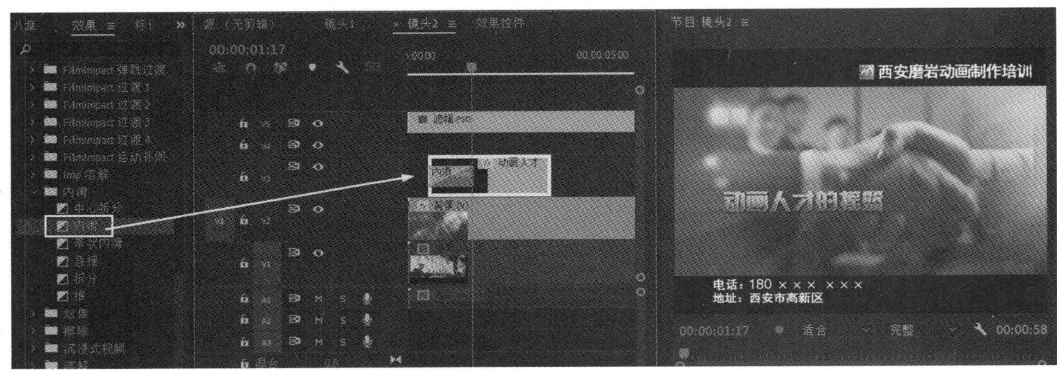

图 8.1.25　添加“内滑”视频转场

（8）在“项目”面板选择“动画人才的摇篮”字幕，按键盘“Ctrl+C”键和“Ctrl+V”键复制并粘贴该字幕，将复制的字幕重命名为“高薪就业的保证”，如图 8.1.26 所示。

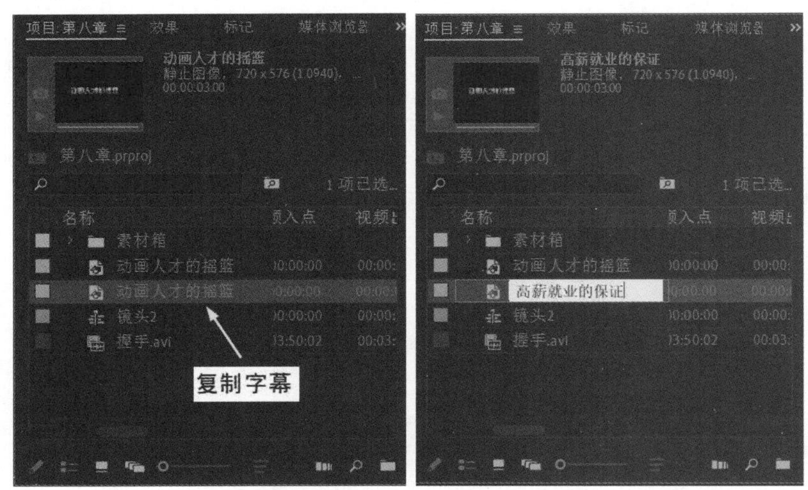

图 8.1.26　复制、粘贴字幕并重新命名

（9）在“项目”面板选择“字幕”后双击鼠标打开“字幕”窗口，调整字幕的位置，如图 8.1.27 所示。

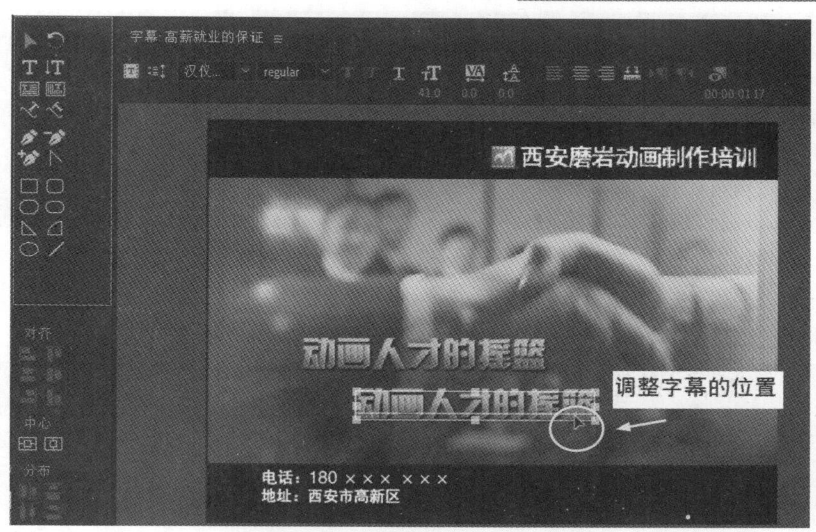

图 8.1.27　调整字幕的位置

（10）利用文字工具 T 在字幕上更改文字的内容为“高薪就业的保证”，如图 8.1.28 所示。

图 8.1.28　更改文字的内容

（11）将“高薪就业的保证”字幕添加到“视频 4”轨道，同样添加“内滑”视频转场，如图 8.1.29 所示。

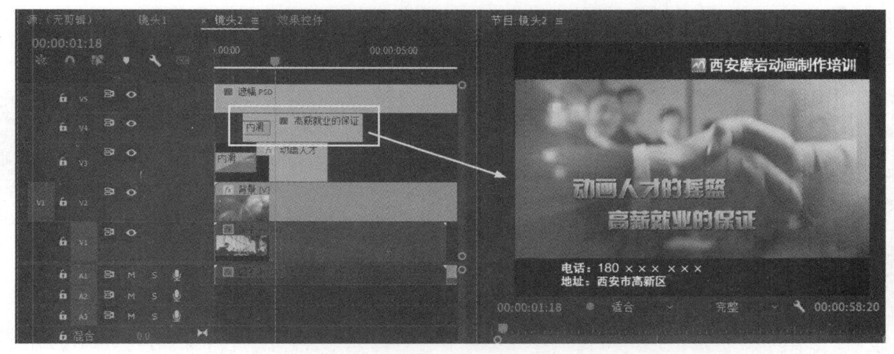

图 8.1.29　添加“内滑”视频转场

（12）完成第二镜头的制作，按空格键预览整个动画效果，如图 8.1.30 所示。

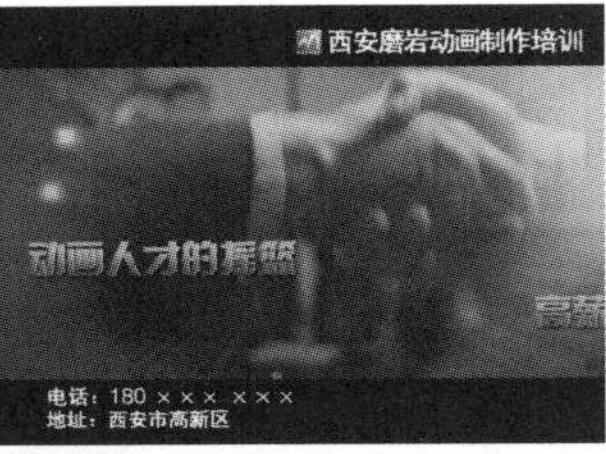

图 8.1.30　第二镜头整个动画效果

（13）新建一个序列命名为“镜头 3”，同样将“镜头 1”里的“背景”“磨岩形象”和“遮幅”等素材复制并粘贴到“镜头 3”时间线序列内，如图 8.1.31 所示。

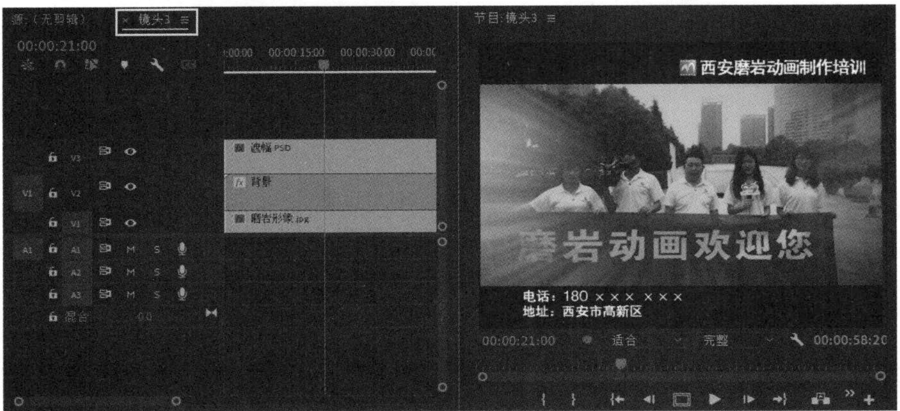

图 8.1.31　复制并粘贴素材

（14）在“轨道”面板上单击鼠标右键选择“添加轨道”选项，在弹出的“添加轨道”对话框里输入需要添加轨道的数目和放置，如图 8.1.32 所示。

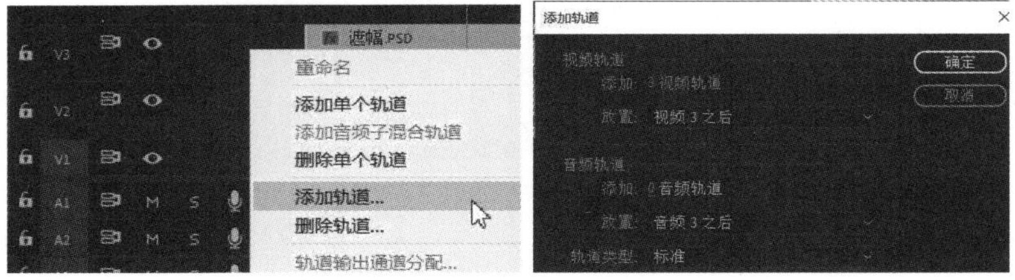

图 8.1.32　添加视频轨道

（15）新建一个“专业素材”序列，导入“3D 班”“玛雅班”“影视后期班”素材到时间线轨道，如图 8.1.33 所示。

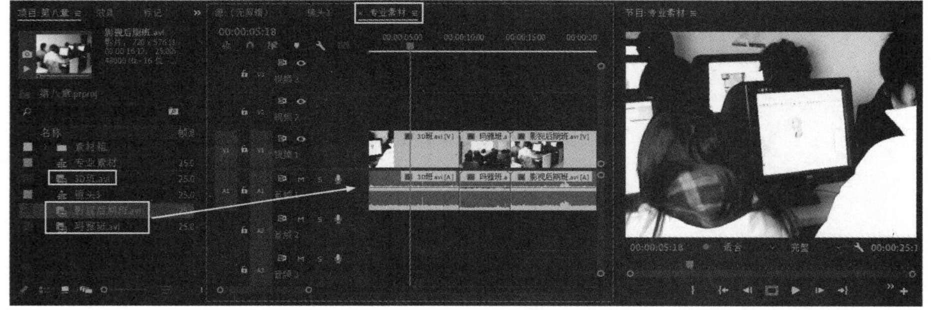

图 8.1.33　添加素材到“专业素材”序列

（16）再次新建一个“镜头 3 素材”序列，将“专业素材”序列和“笔刷”素材添加到时间线轨道，如图 8.1.34 所示。

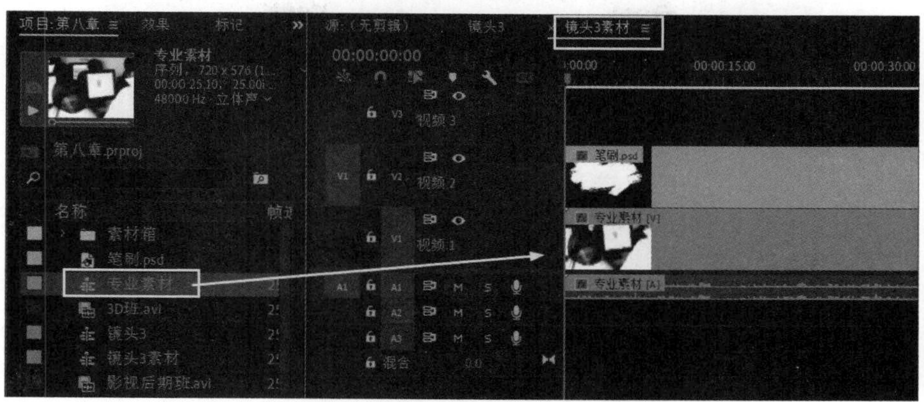

图 8.1.34 添加素材到“镜头 3 素材”序列

（17）给“专业素材”序列添加“轨道遮罩键”特效，详细设置如图 8.1.35 所示。

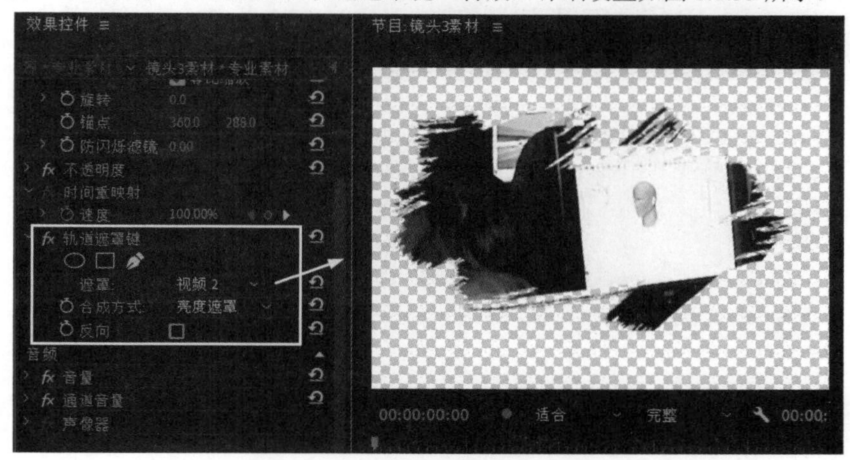

图 8.1.35 添加“轨道遮罩键”特效

（18）从“项目”面板继续将“镜头 3 素材”序列添加到“镜头 3”时间线“视频 3”轨道，如图 8.1.36 所示。

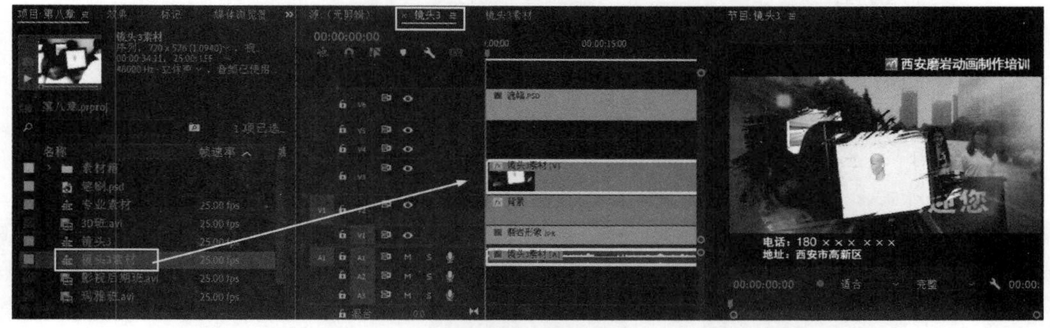

图 8.1.36 添加“镜头 3 素材”序列到“镜头 3” 时间线“视频 3”轨道

（19）创建“影视后期特效班”字幕并设置字幕的字体、字体大小、填充、描边等属性，如图 8.1.37 所示。

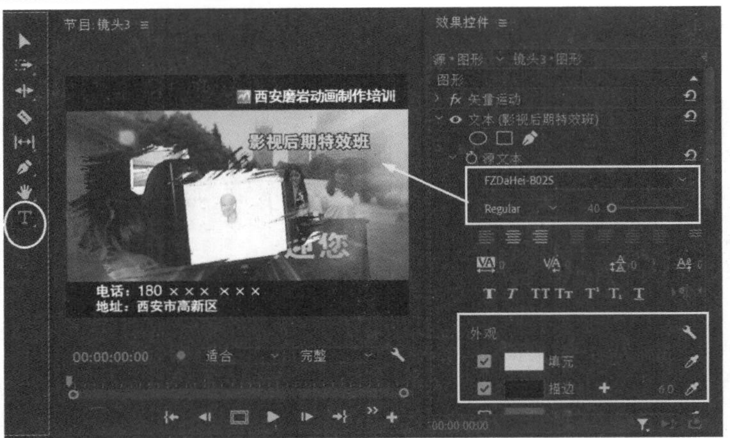

图 8.1.37 创建字幕

（20）在“效果控件”面板给“影视后期特效班”字幕设置“位置”关键帧动画，让字幕从画面右侧进入，如图 8.1.38 所示。

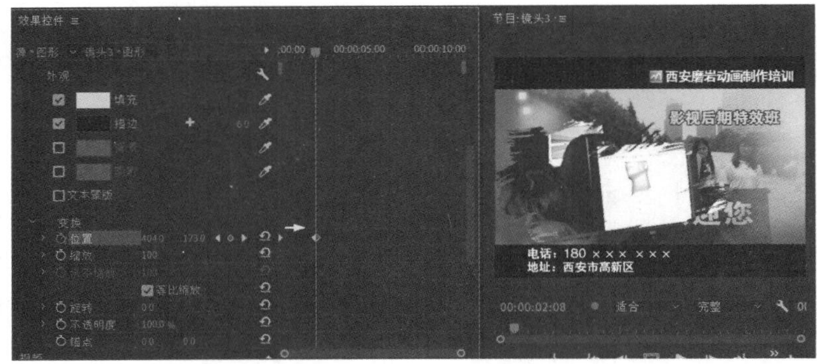

图 8.1.38 添加并设置“位置”关键帧动画

（21）利用同样的方式创建“电视节目制作培训班”“视频剪辑特训班”字幕，完成镜头 3 的制作，预览“镜头 3”动画效果，如图 8.1.39 所示。

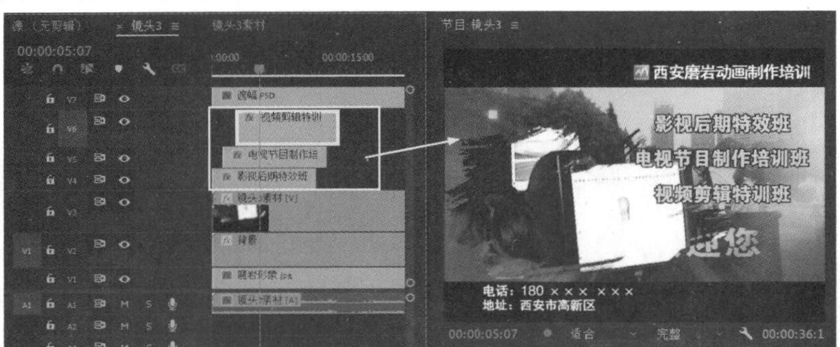

图 8.1.39 预览“镜头 3”动画效果

（22）新建一个序列命名为“镜头 4”，同样将“镜头 1”里的“背景”“磨岩形象”“遮幅”等素材复制并粘贴到“镜头 4”时间线序列内，如图 8.1.40 所示。

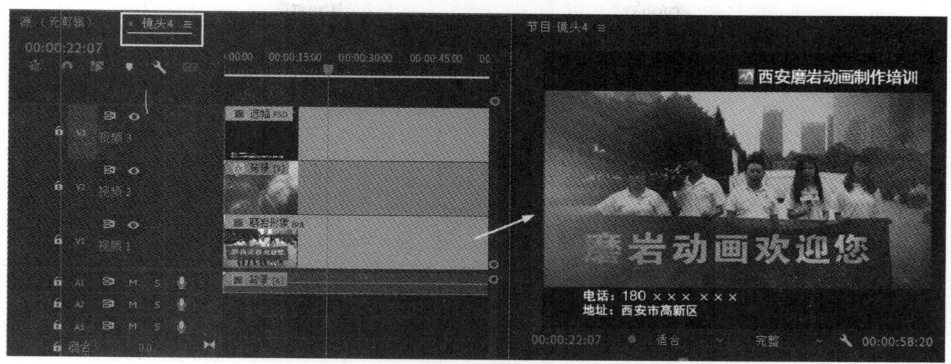

图 8.1.40　复制并粘贴素材

（23）添加视频轨道并创建“地址和电话”字幕，继续导入并添加“学校名字”素材到时间线轨道。最后给“地址和电话”字幕添加“划像交叉”视频特效，并设置“学校名字”素材由屏幕外“砸入”屏幕内的文字关键帧动画，如图 8.1.41 所示。前面内容已经做了详细介绍，在此就不再阐述了。

提示：为了突出“学校名字”字幕，可以给“背景”序列添加“高斯模糊”特效，让背景虚化，详细设置如图 8.1.42 所示。

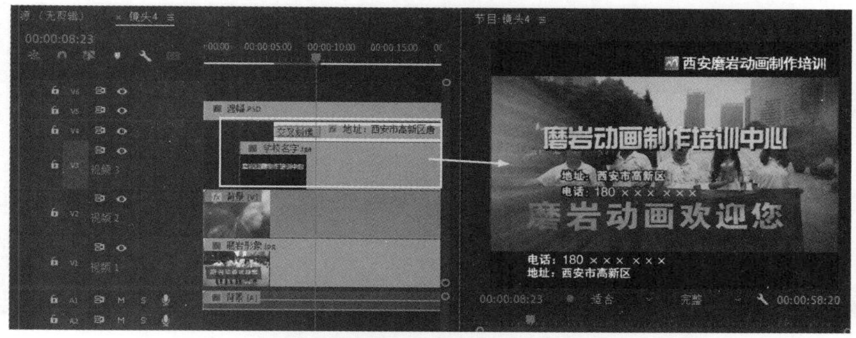

图 8.1.41　添加字幕、素材并设置动画

图 8.1.42　添加“高斯模糊”特效

（24）最后，新建一个序列“最终合成”，将前面制作的 4 个镜头序列添加到“视频 1”轨道，在“音频 2”轨道添加专业配音公司的“磨岩解说”音频素材。按照“磨岩解说”素材内容将声音和画面对齐，在“音频 3”轨道添加广告的“背景音乐”素材，适当降低“背景音乐”的音量，不要超过“磨岩解说”音量，完成整个广告的制作，如图 8.1.43 所示。

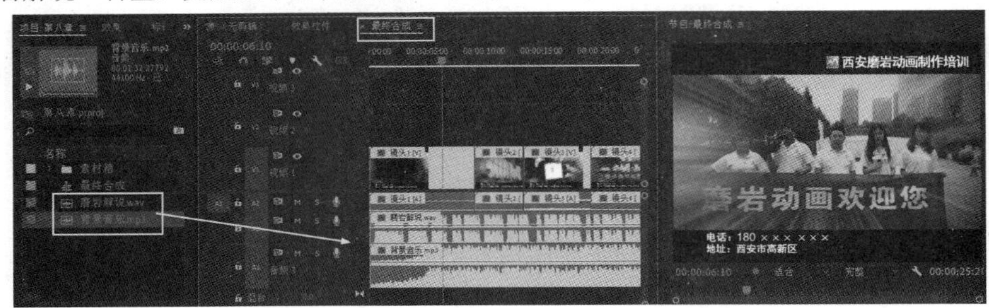

图 8.1.43　完成广告制作

8.2　视 频 输 出

用 Premiere Pro 2021 软件制作完成“学校招生广告”以后，通过最后一步视频输出才能将整个项目素材以及动画输出为视频文件，具体操作步骤如下：

（1）利用鼠标在时间线上设置工作区域，并设置时间线的开始和结束时间，如图 8.2.1 所示。

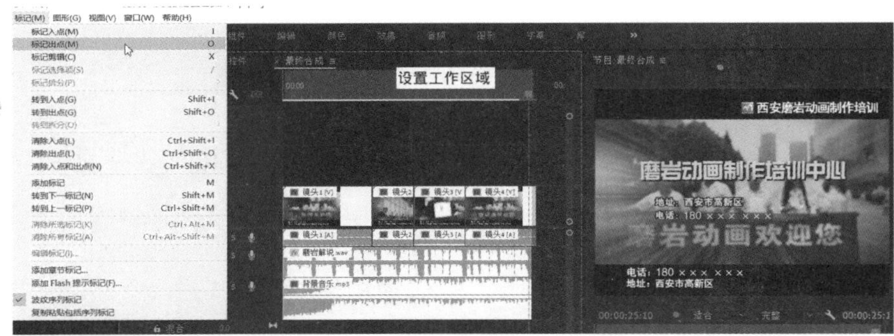

图 8.2.1　设置时间线的工作区域

（2）在“时间线”面板标签处单击鼠标左键选择“最终合成”序列，单击菜单执行“文件”→“导出”→“媒体”命令，如图 8.2.2 所示。

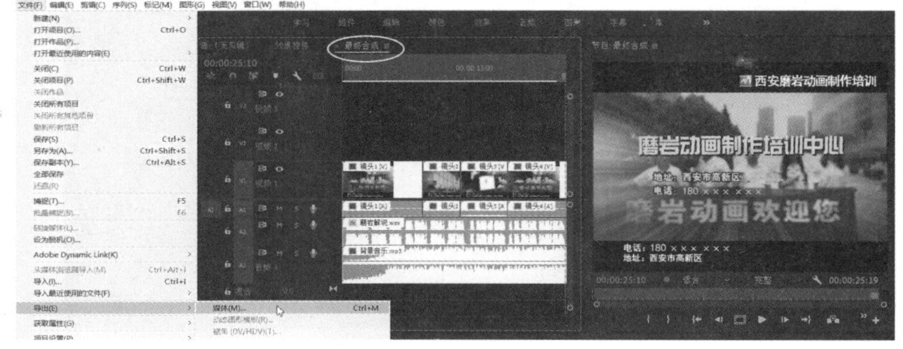

图 8.2.2　导出“媒体”文件菜单

（3）在弹出的“导出设置”对话框里设置导出视频文件的格式为“PAL DV”，并设置视频文件的名称和注释等属性，如图 8.2.3 所示。

图 8.2.3　“导出设置”对话框

（4）根据需要可以在“视频编解码器”下拉列表里选择所需的视频编解码程序，如图 8.2.4 所示。

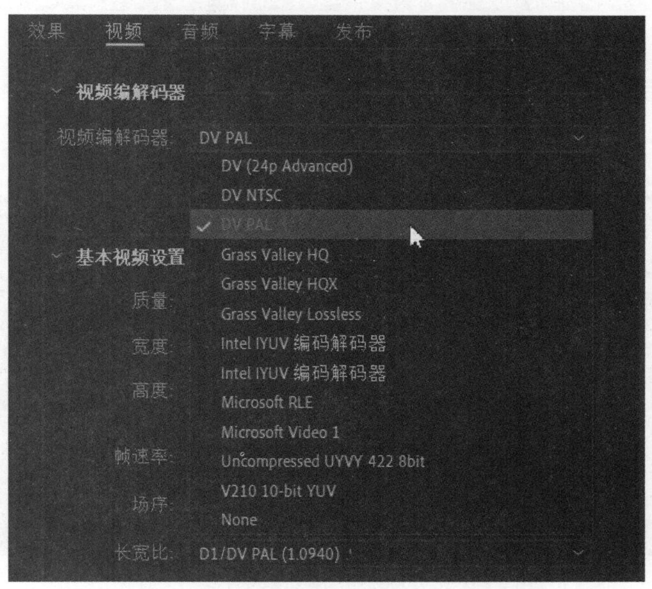

图 8.2.4　选择所需的视频编解码程序

提示： 在“导出设置”对话框里单击裁切工具可以对画面进行裁切，单击设置入点图标和出点图标，可以设置视频的入点与出点位置，如图 8.2.5 所示。

图 8.2.5　裁切画面并设置视频的入点与出点位置

（5）完成设置后单击“导出”按钮以后直接导出视频，单击“队列”按钮自动弹出“Adobe Media Encoder 2021”面板，如图 8.2.6 所示。

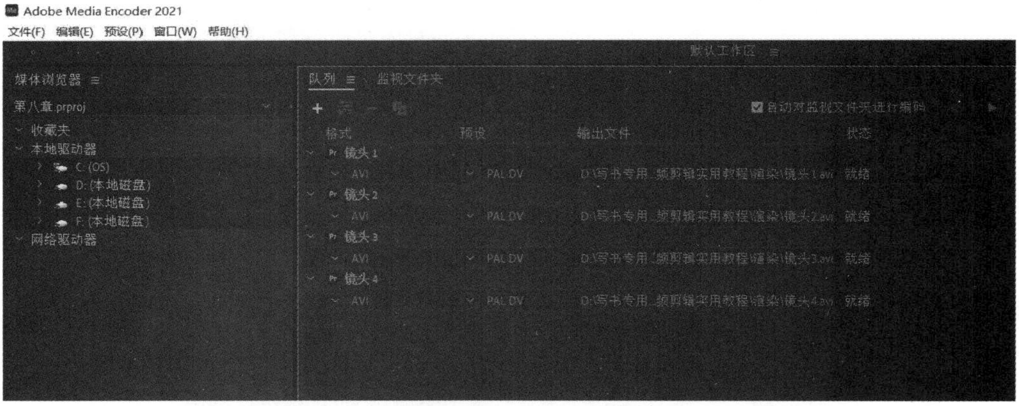

图 8.2.6　“Adobe Media Encoder 2021”面板

注意：在软件的默认情况下“Adobe Media Encoder 2021”面板的界面是以英文显示的，通过鼠标单击菜单执行“编辑”→“首选项”命令，在弹出的“首选项”对话框里设置“语言”为“简体中文”选项，然后重新启动 Adobe Media Encoder 2021 程序，界面变为以中文显示，如图 8.2.7 所示。

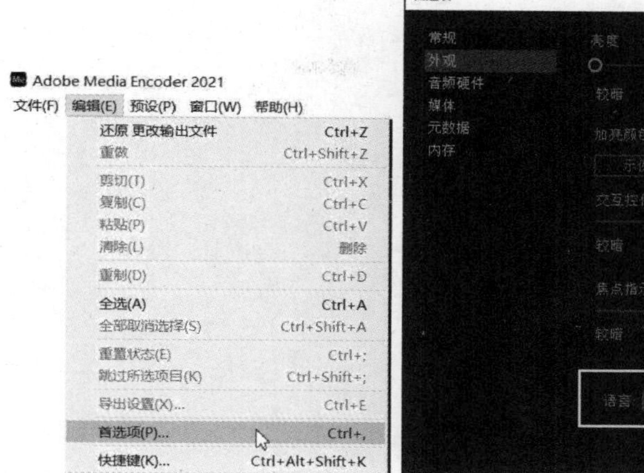

图 8.2.7　设置显示语言

提示：单击菜单执行“文件”→“添加 Premiere Pro 序列”命令，在弹出的“打开”对话框里添加需要导出的“第八章”Premiere Pro 项目文件，单击 确定 按钮可以将添加的项目文件序列批量渲染输出，如图 8.2.8 所示。

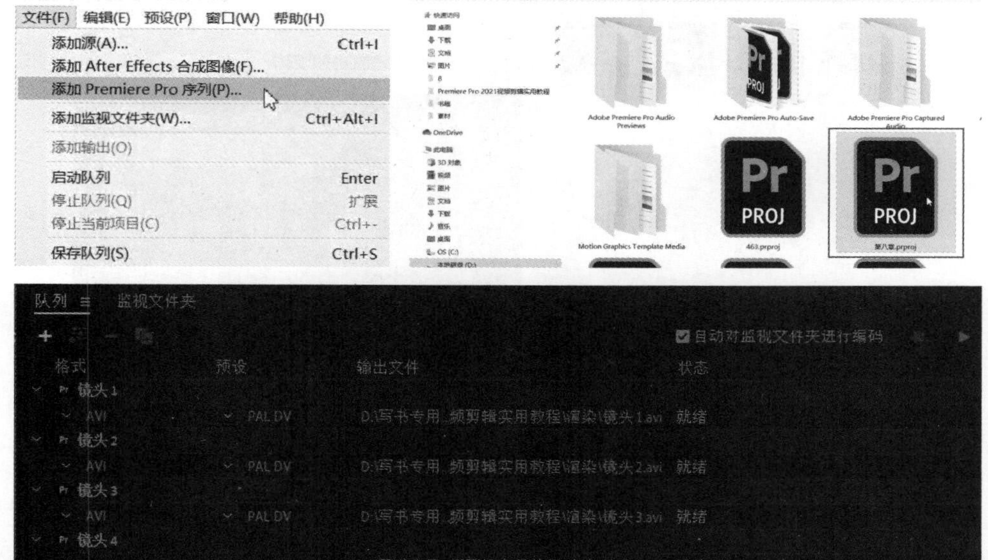

图 8.2.8　添加并导出“Premiere Pro 序列”

（6）完成以上设置后单击开始按钮，渲染输出视频文件，如图 8.2.9 所示。

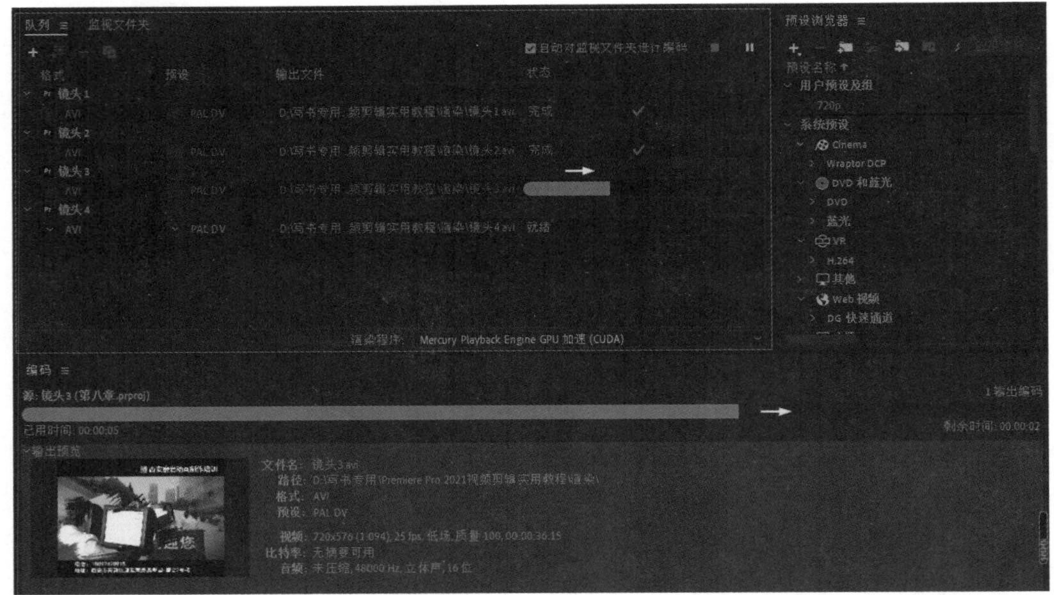

图 8.2.9　渲染输出视频文件

（7）完成渲染以后，利用视频播放软件预览整个作品，如图 8.2.10 所示。

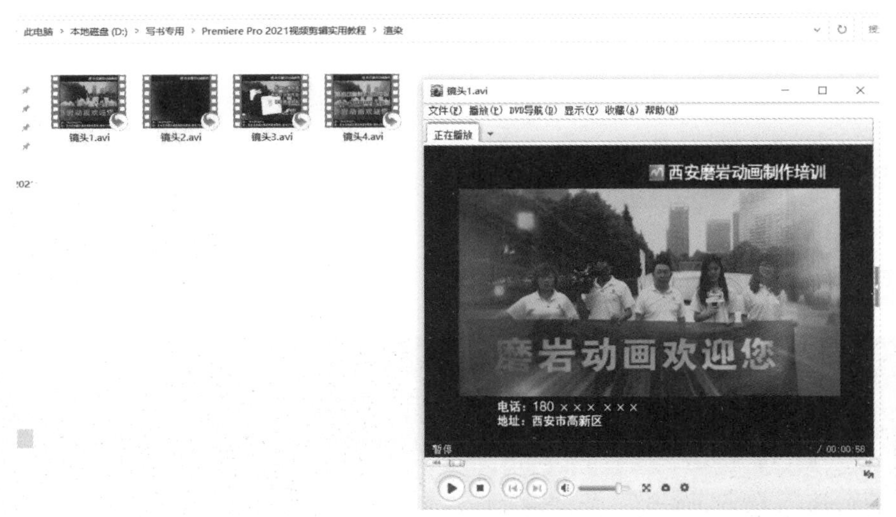

图 8.2.10　预览渲染完成后的作品

本 章 小 结

在本章中，通过制作一段“磨岩动画学校招生电视广告”，对前面所学的知识进行了综合性的复习和巩固，并且介绍了广告成片的输出。通过对本章的学习，读者能够运用视频颜色的校正、轨道遮罩键的应用、视频转场、视频的混合模式等知识，创作出精彩的视频作品。

第 9 章　上 机 实 验

在本章中，通过操作上机实验，对前面所学的一些基础知识进行巩固，以提升实际操作能力，达到学以致用的目的。

知识要点

- “三个人物同屏”效果的制作
- 横屏视频自动重构竖屏的制作
- 片尾制作

9.1　“三个人物同屏”效果的制作

9.1.1　实验内容

本实验的制作主要基于素材的导入、添加到时间线轨道、素材的剪辑和添加“裁剪”效果等知识，最终效果如图 9.1.1 所示。

图 9.1.1　“三个人物同屏”最终效果

9.1.2　实验目的

通过本实验的操作，读者能够熟练运用素材的导入、添加到时间线轨道、素材的剪辑和添加“裁剪”效果等方法和技巧。

9.1.3　操作步骤

（1）单击菜单执行“文件”→“新建”→“项目”命令，或者按键盘“Ctrl+Alt+N”键新建“第九章”项目文件，如图 9.1.2 所示。

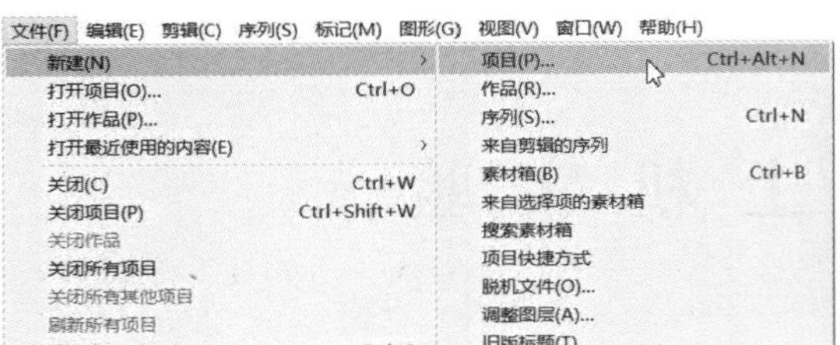

图 9.1.2 新建项目文件

（2）单击 确定 按钮以后接着新建序列，在弹出的“新建序列”对话框里设置序列名称为“三个人物同屏效果”，如图 9.1.3 所示。

图 9.1.3 新建“三个人物同屏效果”序列

（3）在“项目”面板导入“人物沙发休息”素材并添加到时间线“视频 1”轨道，如图 9.1.4 所示。

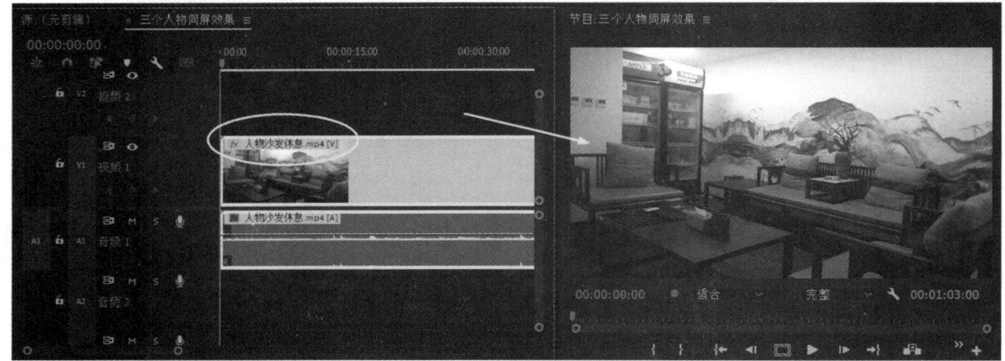

图 9.1.4 添加“人物沙发休息”素材到“视频 1”轨道

（4）拖动播放头指针预览素材，把“人物走进画面”的部分剪掉，详细设置如图9.1.5所示。

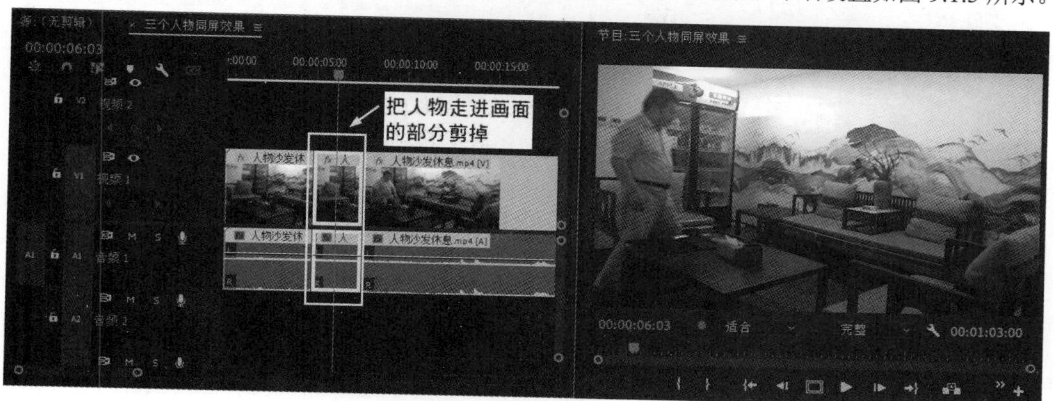

图9.1.5　把“人物走进画面”的部分剪掉

（5）剪掉以后接着给两段素材中间添加“交叉溶解”转场效果，让人物淡入到画面当中，如图9.1.6所示。

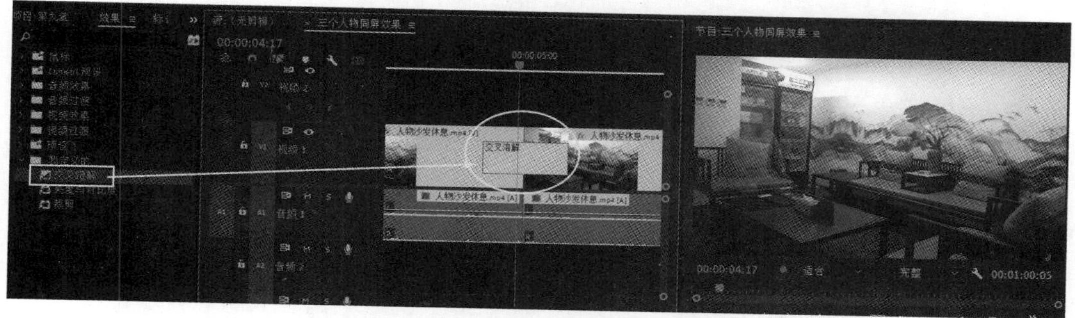

图9.1.6　添加“交叉溶解”转场效果

（6）继续拖动播放头指针预览素材，接着把“人物走向另一个位置”的部分剪掉，如图 9.1.7所示。

图9.1.7　把“人物走向另一个位置”的部分剪掉

（7）按照同样的方法继续把“人物从第二个位置走向第三个位置”的部分剪掉，详细设置如图9.1.8所示。

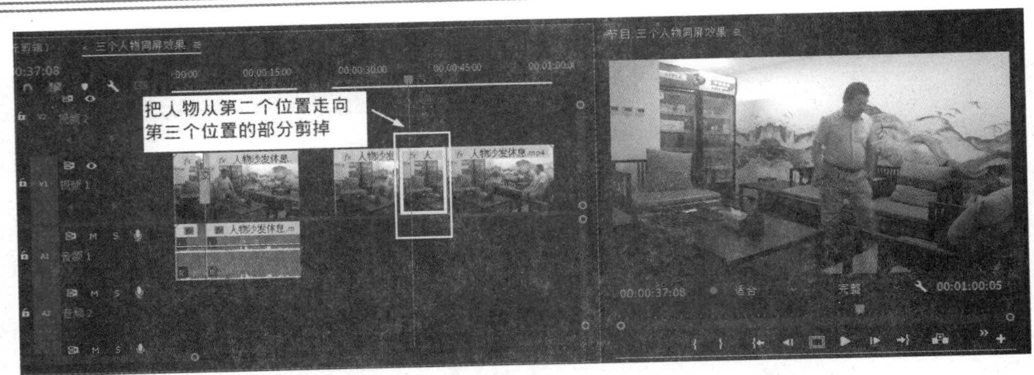

图 9.1.8　把“人物从第二个位置走向第三个位置”的部分剪掉

（8）将“视频 1”轨道上的“人物坐沙发”的第二个位置的素材移动到“视频 2”轨道“人物坐沙发”的第一个位置的上方，如图 9.1.9 所示。

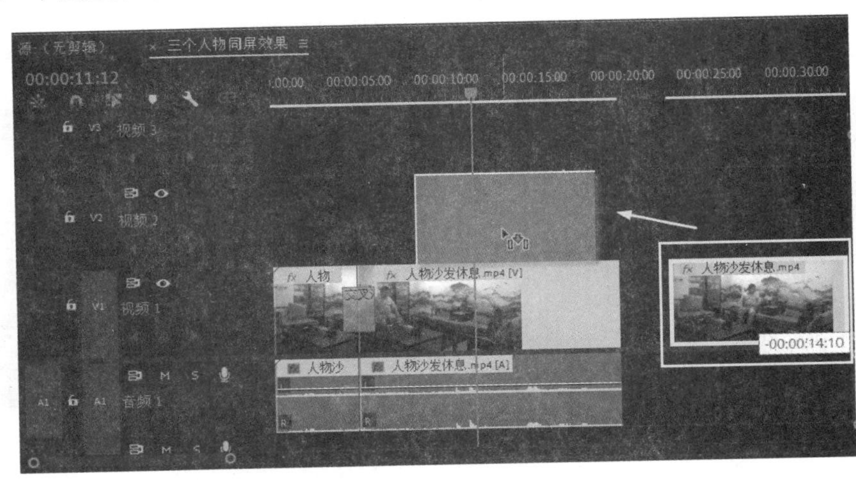

图 9.1.9　移动素材到视频 2 轨道

（9）给“人物坐沙发”的第二个位置的素材添加“裁剪”效果，在监视器窗口用鼠标向右拖动裁剪框，如图 9.1.10 所示。

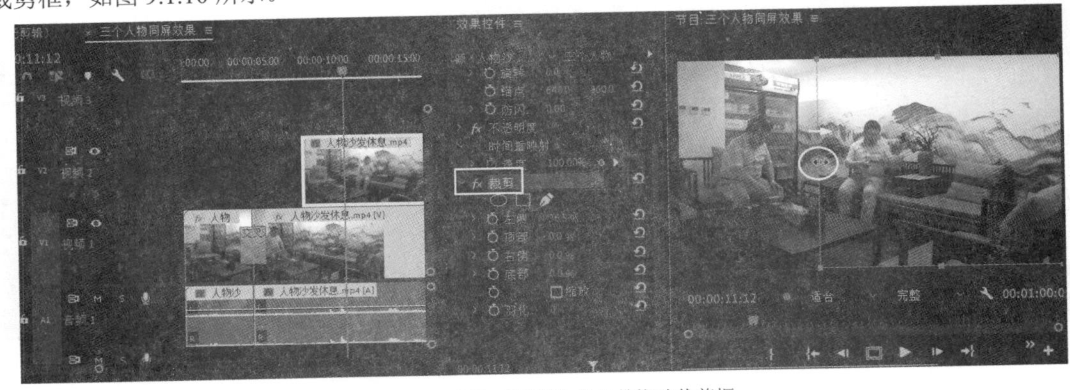

图 9.1.10　添加“裁剪”效果并拖动裁剪框

（10）利用同样的方法将“视频 1”轨道上的“人物坐沙发”的第三个位置的素材移动到“视频 3”轨道“人物坐沙发”的第二个位置的上方，如图 9.1.11 所示。

图 9.1.11　移动素材到视频 2 轨道

（11）给“人物坐沙发”的第三个位置的素材添加“裁剪”效果，详细设置如图 9.1.12 所示。

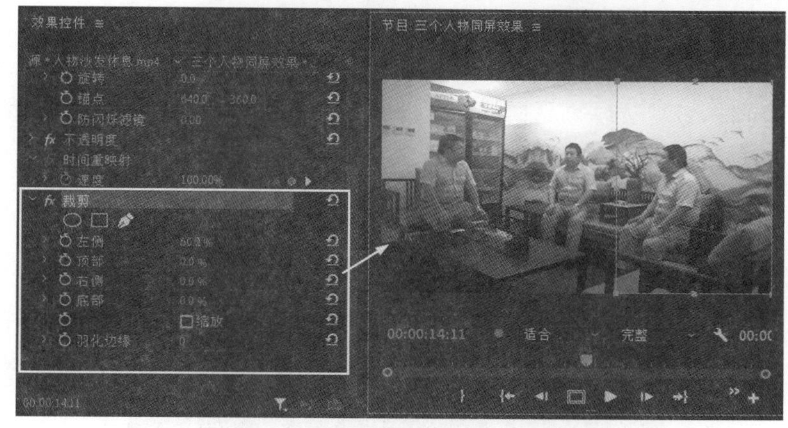

图 9.1.12　添加“裁剪”效果

（12）完成整个“三个人物同屏”效果的制作，最终效果见图 9.1.1。

9.2　横屏视频自动重构竖屏的制作

9.2.1　实验内容

在本实验的操作过程中，主要运用素材的导入、添加“自动重构”效果、手动调整画面位置等知识，最终效果如图 9.2.1 所示。

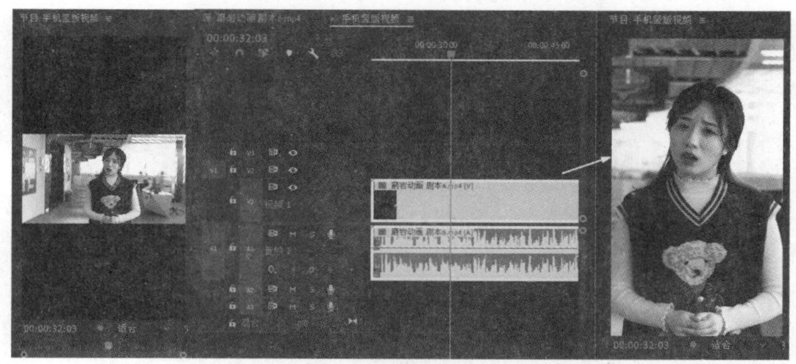

图 9.2.1　最终效果

9.2.2 实验目的

通过本实验，读者能够熟练素材的导入、添加“自动重构”效果、手动调整画面位置等操作。

9.2.3 操作步骤

（1）单击菜单执行“文件”→“新建”→“序列”命令，或者按键盘“Ctrl+N”键，如图 9.2.2 所示。

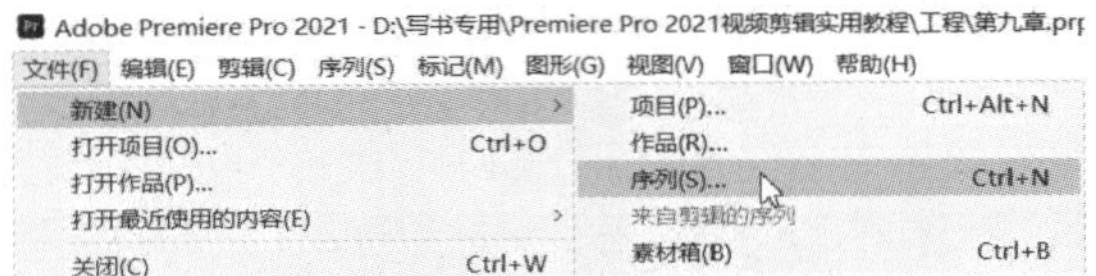

图 9.2.2 “新建序列”菜单

（2）在弹出的“新建序列”对话框里设置序列名称为“手机竖版视频”并设置视频的帧大小尺寸，如图 9.2.3 所示。

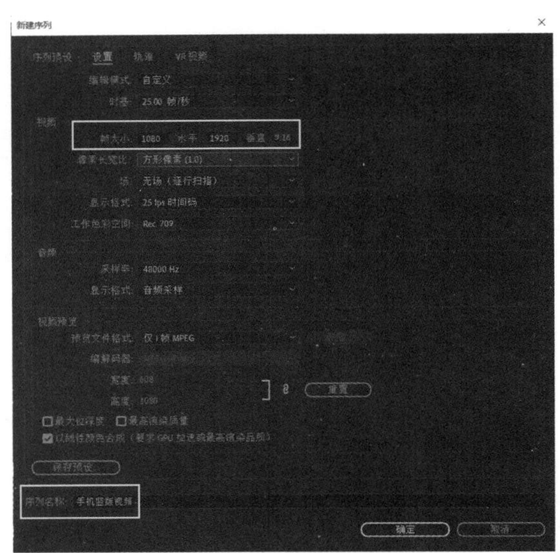

图 9.2.3 “新建序列”对话框

（3）导入“磨岩动画剧本 6”素材并添加到视频 1 轨道，从右侧节目监视器窗口可以看到，导入的视频是横版的，视频上下部分都有黑色背景，如图 9.2.4 所示。

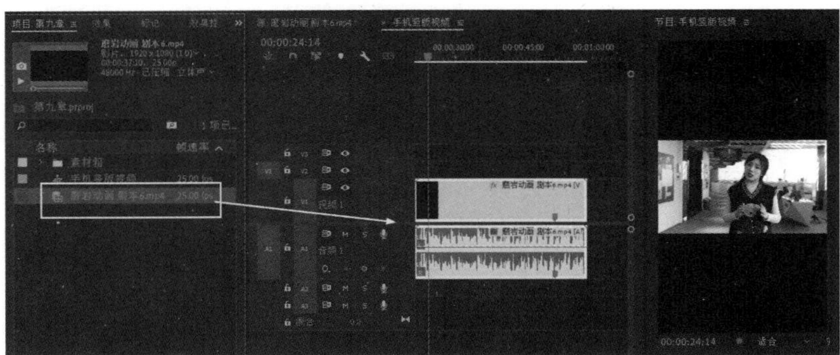

图 9.2.4 导入“磨岩动画剧本 6”素材

（4）在“效果”面板给素材添加“自动重构”效果，如图 9.2.5 所示。

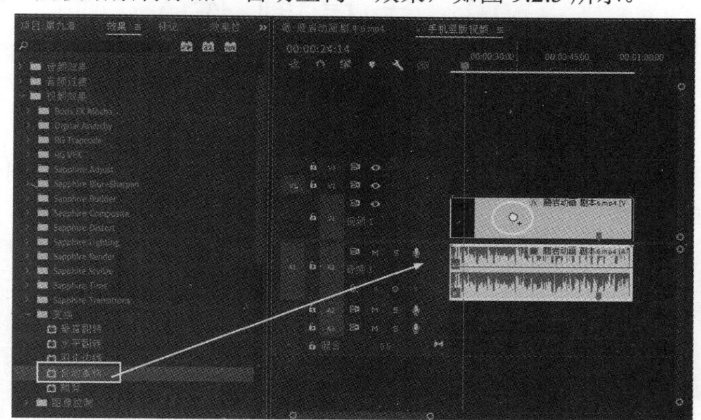

图 9.2.5　给素材添加“自动重构”效果

提示：“自动重构”效果是 Premiere Pro 2021 版新增的功能，可以将横板视频自动裁剪，进行画面二次构图，变成竖版手机视频，如图 9.2.6 所示。

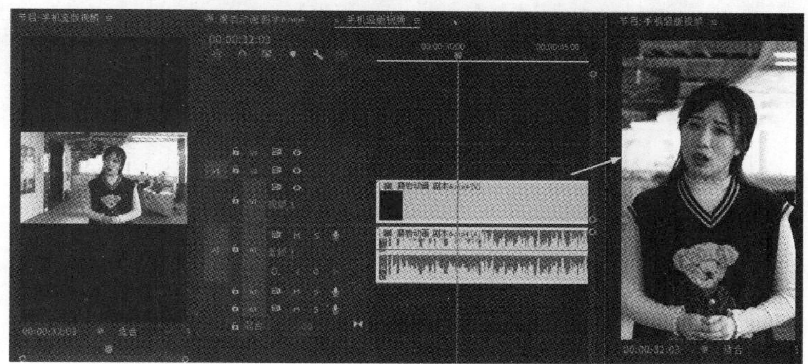

图 9.2.6　添加“自动重构”效果前后效果对比

（5）在“效果控件”面板“自动重构”里勾选“覆盖生成的路径”选项，可以手动调整画面在屏幕上的位置，如图 9.2.7 所示。

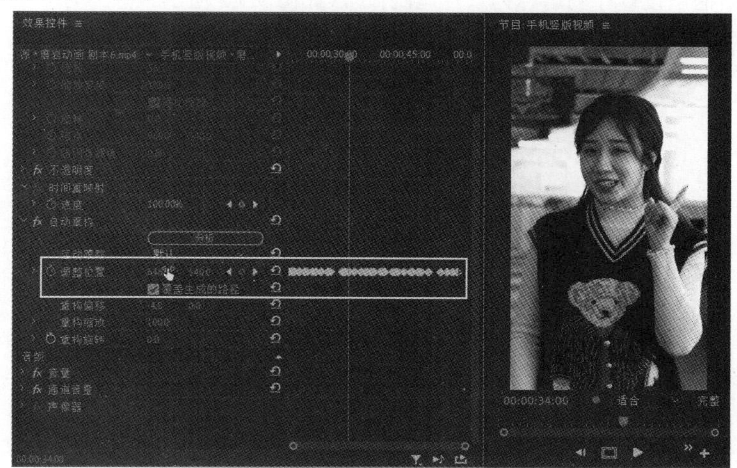

图 9.2.7　手动调整画面在屏幕上的位置

（6）完成横屏视频自动重构竖屏的制作，最终效果见图 9.2.1。

9.3 片 尾 制 作

9.3.1 实验内容

在本实验的制作过程中，主要运用画面的裁切、序列的嵌套、滚屏字幕的制作以及视频的位置、缩放比例关键帧动画等知识，最终效果如图 9.3.1 所示。

图 9.3.1 “片尾制作”最终效果

9.3.2 实验目的

通过本实验的制作，读者能够熟练设置视频的位置、缩放比例和画面裁切的关键帧动画，能够熟练地运用序列嵌套、制作滚屏字幕等知识。

9.3.3 操作步骤

（1）单击菜单执行“文件”→“新建”→“序列”命令，或者按键盘“Ctrl+N”键，在弹出的“新建序列”对话框里设置序列名称为“片尾制作”，如图 9.3.2 所示。

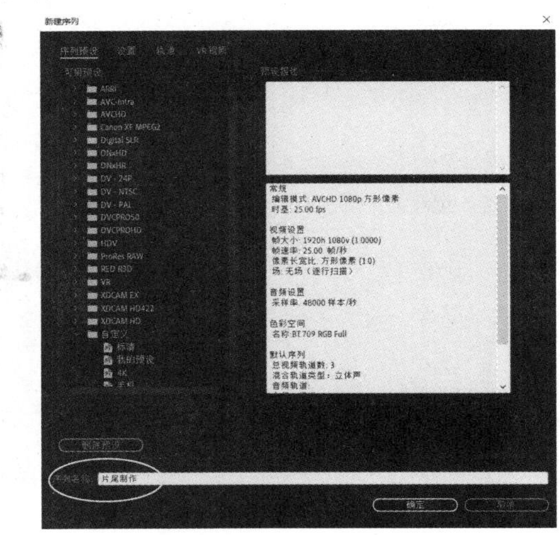

图 9.3.2 “新建序列”对话框

（2）在“项目”面板导入“滚屏背景”素材并添加到“视频1”轨道，如图9.3.3所示。

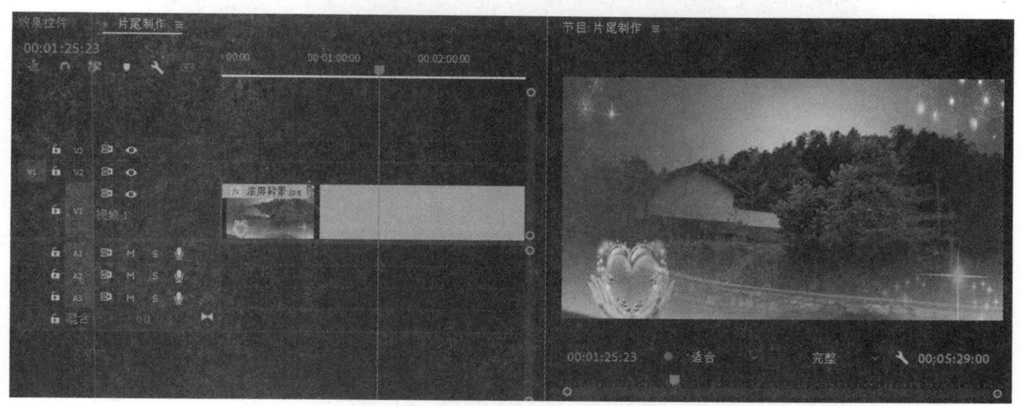

图9.3.3 添加“滚屏背景”素材到时间线轨道

（3）新建“图片描边”序列后导入“全家福”素材，添加到时间线“视频2”轨道，如图9.3.4所示。

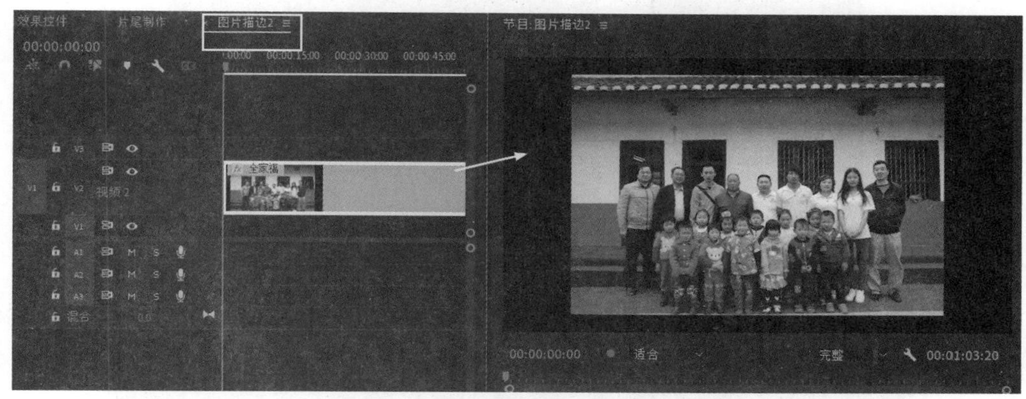

图9.3.4 添加“全家福”素材到视频2轨道

（4）创建白色的“颜色遮罩”添加到“视频1”轨道，如图9.3.5所示。

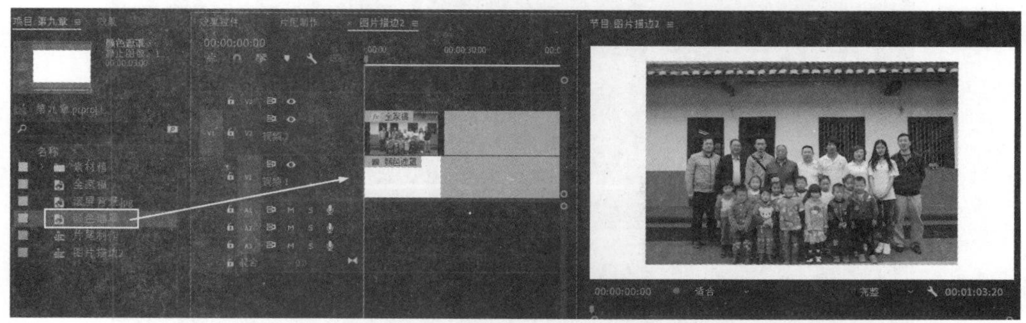

图9.3.5 创建“颜色遮罩”添加到视频1轨道

（5）给“颜色遮罩”素材添加“裁剪”效果，在“全家福”素材周围形成描边效果，如图9.3.6所示。

图 9.3.6　添加“裁剪”效果

（6）在“项目”面板将“图片描边 2”序列添加到“片尾制作”序列的“视频 2”轨道，如图 9.3.7 所示。

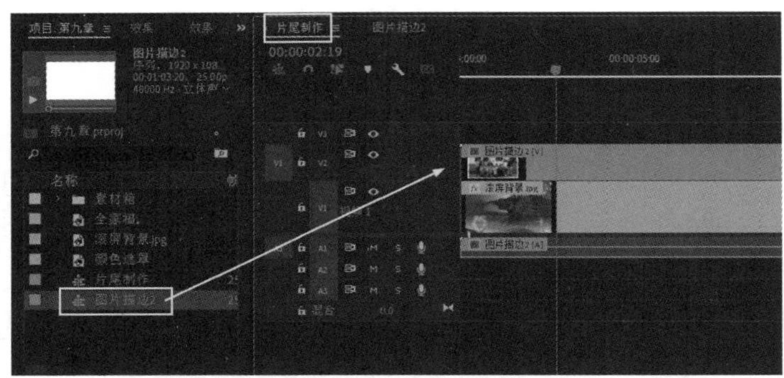

图 9.3.7　将“图片描边 2”序列添加到“片尾制作”序列

（7）在“特效控制台”面板的“位置”和“缩放”上单击启用关键帧动画按钮，设置“图片描边 2”序列由大到小并移动到屏幕的左下角位置，如图 9.3.8 所示。

图 9.3.8　设置“图片描边”序列的关键帧动画

（8）创建“默认滚动字幕”并设置名称为“滚屏字幕”，如图 9.3.9 所示。

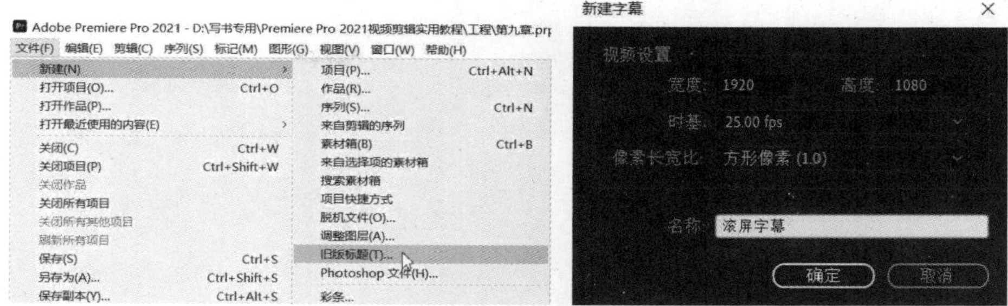

图 9.3.9　创建“默认滚动字幕”并设置名称

（9）在“字幕”面板输入滚屏字幕文字的内容，并设置字幕的属性，如图 9.3.10 所示。

图 9.3.10　输入滚屏文字的内容并设置属性

（10）将“滚屏字幕”文件添加到“视频 3”轨道，如图 9.3.11 所示。

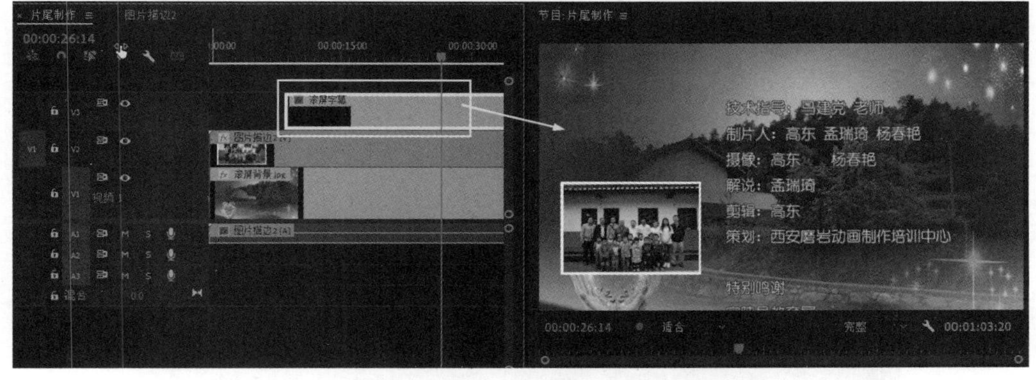

图 9.3.11　添加“滚屏字幕”到视频 3 轨道

（11）在时间线轨道，通过调整“滚屏字幕”的长度来控制字幕向上滚屏的速度，字幕越短滚屏速度越快，反之，字幕越长滚屏速度越慢，滚屏速度的快慢要以人们通常阅读的速度来定，如图 9.3.12 所示。

图 9.3.12 调整滚屏字幕的速度

（12）当末屏字幕上来的时候“全家福”素材应该淡化下去，因此，给“图片描边”序列设置透明度关键帧动画，如图 9.3.13 所示。

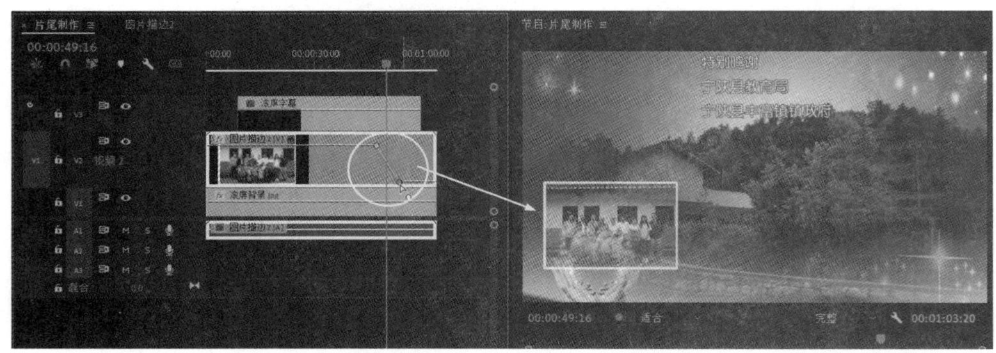

图 9.3.13 设置透明度关键帧动画

（13）继续创建“末屏停留”字幕，并输入文字“西安磨岩动画制作培训中心，如图 9.3.14 所示。

图 9.3.14 创建“末屏停留”字幕并输入文字

（14）将“末屏停留”字幕添加到时间线“视频 3”轨道，如图 9.3.15 所示。

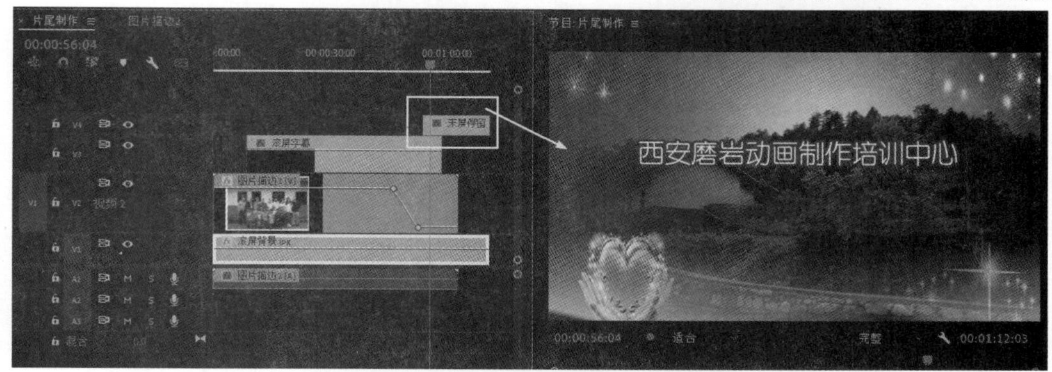

图 9.3.15　添加“末屏停留”字幕到时间线轨道

（15）在特效控制面板给“末屏停留”字幕设置向上滚动的位置关键帧动画，如图 9.3.16 所示。

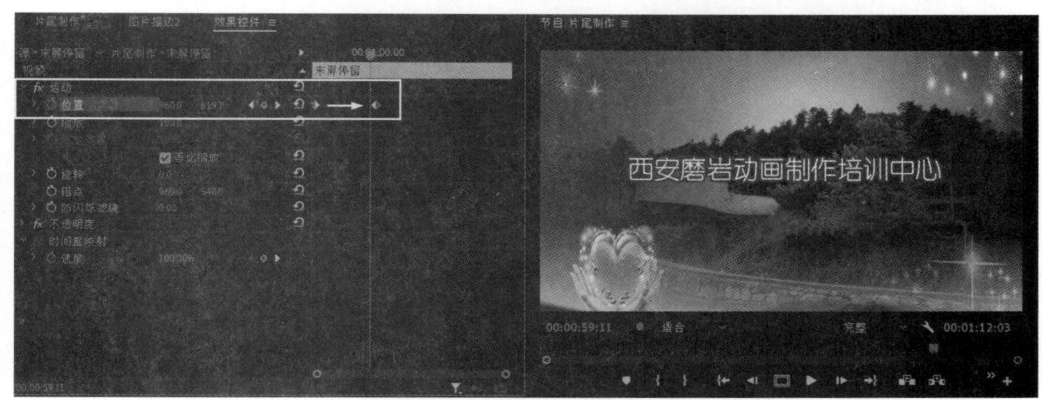

图 9.3.16　设置“末屏停留”字幕位置关键帧动画

（16）完成整个片尾的制作，最终效果如图 9.3.1 所示。

本 章 小 结

在本章中，读者通过操作“三个人物同屏”效果的制作、横屏视频自动重构竖屏的制作和片尾制作等三个上机实验，对前面所学的知识进行了综合性的复习和巩固。通过对本章的学习，读者能够灵活地运用素材的剪辑、添加“裁剪”效果、添加“自动重构”效果、手动调整画面位置、画面的裁切、序列的嵌套、滚屏字幕的制作以及视频的位置、缩放比例关键帧动画等知识，能够合理地运用前面所学的知识创作出精彩的视频作品。